国家"十二五"科技支撑项目课题(2012BAJ22B03)

美 丽 乡 村

——贵州省相关政策及其实施调查

栾峰 奚慧 杨犇 著

同济大学 出版社
TONGJI UNIVERSITY PRESS

内容提要

美丽乡村是实现美丽中国的重要基础,也是国家推进城乡统筹发展的重要战略举措。乡村建设对于贵州(城镇化进程明显缓慢、贫困乡村较为集中的内陆省份),具有重要战略意义。近年来,自遵义市创新性地提出"四在农家·美丽乡村"以来,已经摸索出一条相对成熟的美丽乡村建设路径,而且上升到全省政策层面,引起国内许多省份的关注。本书作者重点调查了涉农政策(包括六项行动计划、休闲农业、传统村落等)从省级政府层面直至地州市、县、乡镇和村多个层面的贯彻实施,剖析典型村庄案例,总结贵州省在美丽乡村建设中的经验。

图书在版编目(CIP)数据

美丽乡村:贵州省相关政策及其实施调查/栾峰,奚慧,杨犇著.--上海:同济大学出版社,2016.5
ISBN 978-7-5608-6314-6

Ⅰ.①美⋯ Ⅱ.①栾⋯②奚⋯③杨⋯ Ⅲ.①乡村规划—研究—贵州省 Ⅳ.①TU982.297.3

中国版本图书馆 CIP 数据核字(2016)第 101467 号

美丽乡村——贵州省相关政策及其实施调查
栾峰 奚慧 杨犇 著

责任编辑 荆 华 **责任校对** 徐春莲 **封面设计** 张 微

出版发行 同济大学出版社 www.tongjipress.com.cn
　　　　　(地址:上海市四平路 1239 号 邮编:200092 电话:021-65985622)
经　销 全国各地新华书店
印　刷 上海安兴汇东纸业有限公司
开　本 787 mm×1092 mm 1/16
印　张 18.75
印　数 1—2100
字　数 468000
版　次 2016 年 5 月第 1 版 2016 年 5 月第 1 次印刷
书　号 ISBN 978-7-5608-6314-6
定　价 100.00 元

前言

      "美丽乡村",已经成为统领我国乡村建设的重要目标,同时也是实现"美丽中国"战略的重要基础性工作。从 2012 年中央首次提出"美丽中国"的建设要求以及 2013 年中央一号文件明确提出建设"美丽乡村"以来,从中央到地方政府,积极推进了"美丽乡村"创建工作。

      "美丽乡村"的内涵丰富,涉及乡村发展的诸多方面。各地在创建过程中,也结合当地情况,积极制定更具针对性的目标和政策举措。以政策为引导,以资金和项目为推动,以"美丽乡村"为统领的多元化目标实现为目的,呼唤社会各界共同关注和共同参与的局面已经形成。"乡愁"、"美丽乡村"也已经成为中国最热的新词。

      作为我国自然遗产和人文遗产,特别是独具特色的多民族传统村落明显较多的省份,以及经济相对落后、城镇化率明显较低和贫困人口最多的省份,贵州省在扶持乡村的政策方面已经积累了较多经验,在"美丽乡村"建设方面也因为"四在农家·美丽乡村"六项行动计划等得到越来越多的关注。

      因此,以贵州省为案例,对涉及"美丽乡村"建设的主要政策及其实施情况开展调查,具有重要的现实意义和理论意义。不仅有利于及时总结经验和推广经验,也有利于在此基础上进一步分析判断和调整优化,进而从更具普遍性的知识理论层面上归纳和提升,创新具有贵州特色乃至中国特色的"美丽乡村"建设理论。

      综合考虑国家在扶持乡村发展的领域分类,以及贵州省涉及"美丽乡村"建设的主要政策归类,我们将政策制定和实施的考察重点,聚焦在贵州省"四在农家·美丽乡村"六项行动计划、传统村落保护、以休闲农业与乡村旅游示范点建设和现代高效农业示范园区建设为主的涉农产业政策等方面。对照《中国农村扶贫开发纲要(2011—2020 年)》所确定的 12 个方面,涵盖或者部分涵盖了农田水利、特色优势产业、饮水安全、生产生活用电、交通以及农村危房改造等几个重要基础领域。

      对纳入考察的政策范畴,按照省级政策、典型地州和市县、典型村庄等不同层面,调查政策的制定及内涵,在各级政府层面的贯彻落实,以及村庄层面的落地实施状况,从而进行归纳和总结。本书包含三大部分。

      第一部分为上篇,是在调研基础上,对于贵州省乡村发展建设政策及其实施情况的整体性介绍及简要分析,主要包括课题调研的总体简介、省级层面的乡村发展建设政策、从地州直至典型村庄层面的相关政策实施状况,以及在上述基础上进行的总结和简析。

      第二部分为下篇,是对最终纳入报告分析的典型村庄案例的分别介绍,采用了每个典型村庄案例一个分报告的方式,这样有助于读者在前一部分聚焦于不同政策及其实施状况的基础上,进一步从典型村庄案例的整体层面上来了解不同类型政策的落地实施状况。

      第三部分为附录,汇集中央文件和贵州省内的政策文件。

编者

2016 年 5 月

目录

下篇 案例

附录

上篇　政策及实施

1　概述

1.1　调研的缘起：背景与目的

1.1.1　面向三农的国家政策与"美丽乡村"缘起

　　农村、农业、农民，以及由此确定的三农问题，直接关系到国家的稳定和发展，一直受到中央的高度关注。改革开放以来，1982 年到 1986 年间，中央连续五年发布以三农为主题的一号文件，创造了中国农村改革史上的专有名词——"五个一号文件"。2003 年 12 月，胡锦涛总书记签署《中共中央国务院关于促进农民增加收入若干政策的意见》。这份 2004 年 1 月下发的文件，遂成为改革开放以来的第六个"一号文件"。自此，中央每年的一号文件均面向三农，已经连续 13 年，成为党和国家高度重视三农的重要标志（附录 A）。围绕着一号文件，从中央到地方，还有更多涉及方方面面的相关政策，深刻影响着中国的三农走向。政策推动改革与发展，也成为三农领域的重要现象，同时也是理解它们发展演变的重要线索。

　　随着国家宏观发展的新理念提出和新战略实施，解决三农问题的政策要求日趋丰富且与时俱进。农村稳定、农业发展、农民增收始终作为解决三农问题的关键。其中，农民增收是贯穿始终的主线，不断推进现代农业发展和社会主义新农村建设成为重要战略举措，目标是实现城乡一体化，达成全面同步小康。

　　回顾历年来的中央一号文件可以发现，我国的涉农政策，已经从早期主要以释放各类体制性束缚为主，向逐渐采取更大倾斜性政策，投入财力、物力等资源来促进三农问题解决的新阶段发展。进入新世纪后，在经过了一些局部领域的改革探索后，2003 年党的十六届三中全会通过的《关于完善社会主义市场经济体制若干问题的决定》，提出了统筹城乡发展的战略性安排，将解决三农问题上升到了新高度，全面推进了农村税费改革，取消农业税，并且一并取消了农村地区的"三提五统"，为此明显加大了对农村地区的财政支持。2005 年，党的十六届五中全会提出了建设社会主义新农村的重要历史任务，以及"生产发展、生活宽裕、乡风文明、村容整洁、管理民主"的具体要求。2007 年，党的十七大进一步提出了建设生态文明的新要求，把 2020 年建成生态环境良好的国家作为全面建设小康社会的重要目标之一。至此，社会主义新农村建设的战略性要求基本明确，各地也在中央的要求下积极行动。

　　"美丽乡村"的提法最早于 2008 年由浙江省安吉县提出。2011 年浙江省提出了《浙江省美丽乡村建设行动计划》。此后，广东省、海南省启动了美丽乡村建设工程，全国各地也掀起了美丽乡村建设的热潮。2012 年党的十八大，在进一步明确推进生态文明建设的基础上，首次在中央层面提出了努力建设"美丽中国"的要求，将推动城乡发展一体化，形成以工促农、以城带乡、工农互惠、城乡一体的新型工农、城乡关系作为实现中华民族永续发展的战略方向。

　　2013 年 1 月，党的十八届三中全会指出，实现美丽中国的目标，首先要解决广大农村的基础设施薄弱和环境脆弱的问题。同年的中央一号文件《中共中央国务院关于加快发展现代农业进一步增强农村发展活力的若干意见》提出了"加强农村生态建设、环境保护和综合整治，努力建设美丽乡村"的要求。美丽乡村作为社会主义新农村建设的升级版，正式在中央一号文件中出现。2014 年 3 月出台的《国家新型城镇化规划（2014—2020年）》，进一步提出了"要建设各具特色的美丽乡村"的要求。2015 年 5 月，习近平总书记在舟山考察时指出，美丽中国要靠美丽乡村打基础。至此，美丽乡村建设，已经成为国内扶助三农领域的统领性战略要求。

　　总体而言，中国的美丽乡村建设，有着生态文明建设的出发点，但作为社会主义新农村建设的升级版，以及统领三农领域工作的战略性要求,已经包含了更为综合性的导引内涵,涉及产业经济发展、基础设施建设、社会事业发展、人居环境整治、自然和历史人文资源保护、社会及文化建设、民主政治建设等诸多方面。

因此,沿着美丽乡村建设的线索,从政策及其实施的角度来理解国家三农领域的实际状况,具有重要的现实意义和理论意义。从政策的角度入手,可以让我们站在更具操作性的层面上,来理解从国家到地方政府的安排,进而思考乡村建设的方向与途径,以及乡村规划的现实可能性;从政策实施的角度来看,也可以让我们从更加接近实践的层面,来理解政策的影响及其实效性,同时也对今后的政策制定及乡村规划的编制具有启发性。

1.1.2　贵州省乡村发展建设政策的丰富实践

围绕着国家的美丽乡村建设部署,全国各地根据自身情况积极探索,创造出各有针对性的政策措施及理念,譬如安徽省的美好乡村、广东省的幸福村居等,都属于地方实践范畴。

贵州省作为我国内地传统的农业省份,城镇化水平明显较低,2014 年城镇化率为 37.8%,仅高于西藏。并且,贵州全省境内 92.5%的面积为山地和丘陵,是全国唯一没有平原支撑的省份,素有“八山一水一分田”之说。特定的自然地形地貌,导致贵州全省村庄居民点散布的现象特别突出。根据 2014 年的统计,贵州全省约有 1.7 万个行政村、9.2 万个自然村,农村人口为 2 177 万人,平均每处自然村仅 200 余人。

作为全国传统的经济不发达地区和农业省份,贵州省 2014 年的第一产业生产总值为 1 029 亿元,按照农村人口核算人均不足 5 000 元。较为落后的经济水平和山地、丘陵为主的自然地形地貌,使得贵州省内的工商业发展不均衡和相对聚集在少量中心城市的现象较为突出。两者意味着,大量农村地区缺乏工商业发展的支撑,相当多地方经济主要依靠农业的农村地区,经济发展水平更加低下。发展经济,因此成为贵州省农村发展的根本问题,但特定的地形地貌和我国的水资源分布,又决定了贵州省在生态保护和建设方面的重要责任。

根据中共中央和国务院印发的《中国农村扶贫开发纲要(2011—2020 年)》,我国的扶贫开发具有高度综合性的特征,主要任务涉及农田水利、特色优势产业、饮水安全、生产生活用电、交通、农村危房改造、教育、医疗卫生、公共文化、社会保障、人口和计划生育、林业和生态等 12 个方面。作为全国贫困人口最多的省份,贵州省的美丽乡村建设,因此必然与农村扶贫开发工作紧密地联系在一起,并且直接关系到国家农村扶贫战略的实施成效,受到中央的高度重视。

历史地来看,贵州省早已将推动农村地区发展作为重要工作,许多乡村政策试验和实践也走在了全国先列。1987 年的湄潭县“增人不增地、减人不减地”的农田承包制度改革试验,至今仍是学界的焦点之一。早在改革开放初期即开展的民族村寨保护工作,也使得贵州成为我国最早开始乡村文化遗产保护和利用的省份。生态博物馆建设、相关保护条例制定、文化遗产保护的“百村计划”等近三十年的政策引领,使得贵州省在传统村落保护与利用方面取得了丰富政策经验。

进入新世纪以来,贵州省扶持乡村发展建设的政策进入了新阶段。2001 年,遵义市余庆县开展了“四在农家”创建活动,已经公认为在全省推广的“四在农家·美丽乡村”政策的开端,受到中央领导的肯定。2002年,贵州省提出了乡村旅游发展的相关政策,明确将旅游发展与农村经济结构调整、扶贫开发和生态保护结合起来,积极发展乡村旅游和观光农业,建立一批乡村旅游示范区或旅游扶贫示范村。2008 年,贵州省率先推进了农危房改造试点,至今也已经上升至国家扶贫开发政策并在全国范围内推广。

在基于地方实践进行积极创新和总结推广的同时,贵州省还多次得到中央的倾斜性扶持,以及国际组织的支持。2012 年,国务院发布 2 号文件《关于进一步促进贵州经济社会又好又快发展的若干意见》,贵州省在乡村发展建设方面受到更为聚焦的扶持。世界银行也先后于 2009 年和 2014 年在贵州启动了两项贷款项目。2009 年，世界银行的"贵州省自然与文化遗产保护和发展项目"启动，计划 7 年投资 5.49 亿元人民币（其中世界银行贷款折合人民币约 3.74 亿元），以保护文化和自然遗产、改善基础设施、培育旅游发展，使项目所在社区（包括少数民族）从中受益为目标，项目涉安顺市、黔东南州、黔西南州和贵阳市等地区，受益人数约为 6.7 万人；2014 年，世界银行支持的"贵州省农村发展项目"启动，计划 5 年投资 8.57 亿元人民币（其中世界银行贷款折合人民币约 6.1 亿元），以解决组织建设与发展、企业参与、市场建设、农民利益保护、基础设施完善、能力培养和监测监督体系等方面存在的瓶颈问题为目标，项目覆盖 3 市 11 县的 63 个乡镇 238 个行政村，将惠及44.42 万人。

由此可见，贵州省在推动乡村建设方面，不仅拥有丰富的实践，而且涉及面广泛，不仅针对中西部落后乃至贫困农村地区的发展问题，而且涉及自然生态和人文遗产保护等方面。对于贵州省乡村建设领域的扶持政策及其实施状况进行考察，可以让我们从更为广阔的视野，了解我国美丽乡村建设的综合性和复杂性，并将更多的关注投向我国广大不发达乡村地区。这样来自实践的和覆盖度相对广泛的考察，也有利于从更为全面和整体性的层面，来引导我们更为深入地思考乡村建设扶持政策在制定及实施方式方面的问题。

1.1.3　聚焦于政策制定及其实施效果的调查

随着国家在战略层面加强对乡村地区发展和保护的政策扶持，以及城市规划转向城乡规划，加强乡村研究已经成为推进乡村规划事业发展的重要基础性工作。在这方面，尽管已经有较多的学科在长期研究中积累了丰富成果，但城乡规划学的实践性和工作对象的特定性，决定了从城乡规划视角开展基础性研究的重要性。

从城乡规划实践的角度来看，了解与乡村有关的政策具有重要的基础性作用。我们很难想象，对于相关政策不甚了解的规划工作者，能够理解乡村运行的规律和趋势、能够合理地对于乡村空间进行统筹安排。从以往的实践来看，不了解乡村的基础特征，不了解与乡村发展和建设紧密相关的政策和法规，正是很多乡村规划屡屡遭遇挫折的重要原因。以至于社会上很多人，也包括城乡规划界的很多人士，只要一听到乡村规划这个词，就迅速地站在了否定者的立场上，甚至都来不及想一想乡村规划究竟是什么。

实际上，随着美丽乡村建设成为国家战略，以及从国家到地方的明显政策倾向，特别是我国快速发展至今所遭遇的越来越突出的生态环境品质下降、食品安全和城乡关系紧张等问题，中国的乡村地区已经吸引了社会各界甚至国际上的大量关注。中国能否通过一系列的政策，解决乡村贫困问题、解决乡村污染问题、解决乡村自然和文化遗产保护问题，进而解决乡村发展瓶颈和乡村基本公共服务能力提升，以及解决乡村景观环境品质提升等问题，早已成为超越了国界，关涉世界经济、环境和稳定发展的重要议题，这也是党中央和国务院屡屡在国际舞台宣布中国扶贫目标的重要原因之一。

然而一旦我们准备去了解乡村及其相关政策时，就会发现其复杂性远远超出想象。这种复杂性的感受与大多已经脱离或者正在脱离农村的人已经不了解乡村，或者不能从更为宏观和整体的层面来理解中国或者某个省乃至某个市县内的乡村地区有直接关系。对于涉及乡村发展建设的有关政策，能够全面了解的人同样不多。至少我们在调查过程中，不只一次地感受到，即使是已经多年投身于乡村建设事业的人士，往往也难以了解，或者说更为全面地了解涉及乡村发展和建设的相关政策。这里的原因或许非常简单，涉及乡村发展和建设的政策实在是太多了。这样一来，仅仅因为乡村政策的重要性，以及很少有人较为全面了解相关政策这点，就决定了开展这项调查的重要意义。

正是在这样的背景下，我们经过谨慎的考虑和商讨，在已经将美丽乡村政策作为调研对象的基础上，进一步明确了将调研的重心聚焦在政策制定和实施两个方面。在前者，希望以贵州省为考察对象，以美丽乡村建设为主题,来相对系统地梳理相关政策及其内涵;在后者,希望以前者为线索,通过对地州和县级政府层面的调查,特别是村庄层面的调查,来相对深入地了解相关政策的实施状况,进而了解政策的实施方式,总结从政策制定到政策实施方面的经验。

1.2　调研的框架:对象与内容

1.2.1　调研对象

在我们的日常工作中,最常见到的现象,就是尽管越来越多的人开始关注涉及乡村发展建设的政策,却少有人能够从整体的层面进行简要的概括。这样就带来了很多问题,譬如由于难以相对全面了解乡村发展建设方面的政策,对于乡村事务的理解就难免偏差,也无法从较为深入地层面来理解乡村发展建设的背景,在编制规划等方面,更难以从既有政策框架的角度提出可行的策略,难免陷入空中楼阁的窘境。这些现实中存在的突出问题,正是我们选择以政策为突破口来了解中国美丽乡村建设的重要原因。

因此,厘清乡村发展建设的政策,成为本项研究的重要出发点。由于贵州省的丰富政策实践,我们将工作的重心放在了对省级相关政策的梳理上。希望通过对政策过程的完整性与时效性、政策内容的针对性和相关性、政策引导背后的资金支持安排等方面的考察,对于扶持乡村发展的政策安排,进行相对完整的框架性的分析,为后续调研政策的实施状况提供重要基础。

政策的执行状况,也是我们非常关心的方面。我国地域广阔,特别是乡村地区的自然、文化和发展状况差异性很大,对于相关政策的制定和实施造成了明显挑战。因此,政策的"好"还是"不好",不能简单地以政策的出发点和执行力度为依据,而是应当以最终的结果为根本考量依据。为此,我们对于政策的执行从两个方面展开调查,其一是从省级政府向地方政策的落实情况,其二是作为最终载体的乡村在政策执行方面的实际情况。但出于精力有限,也出于首先关注可以较为直观观测的发展建设状况的考虑,虽然对从省级政府层面到地方的政策实施过程进行了一些调查,但仍然将调研的主要精力放在村庄,特别是典型村庄。按照我们的设想,从作为结果的村庄的政策执行状况入手,本身也是今后"逆流而上"考察政策在各级政府层面执行落实状况的非常好的出发点。而且从更具直观性的结果入手,也有利于未来由下而上逆向调查时的针对性。

这里还有个不可避免的视角问题需要提前交代。因为城乡规划的专业背景,我们不可避免地将关注的重心首先放在了涉及空间的物质性建设内容方面,各类基础设施的建设、传统村落的保护、村容村貌的整治等,成为本次调研非常突出的关注点。同时,政府在其中所发挥的作用,包括政策引导、资金投入、项目实施等方面,也是我们考察的重要内容。但是这并不意味着我们只关心物质空间的建设而忽视社会和文化等方面。事实上,扶持乡村发展建设的政策实施的社会效果,始终是我们所关心的重要问题,也是我们在开展物质性调查的全过程中所关注的重要方面。但是限于初步调研阶段的精力,以及聚焦于物质性建设的报告方式,我们尽可能将评价方法更为复杂的政策的社会效果的内容,暂时搁置。尽管如此,因为物质空间建设的过程及后果总是不可避免地涉及社会问题和文化问题,报告也不可能站在绝对的客观物质空间立场上来撰写。甚至,我们也必须承认,即使没有明文论述,行文中也时时透着一些立场性的考察,这也与城乡规划专业的终极追求有着直接关系。

1.2.2　政策范畴

在得到贵州省住建厅等相关部门的大力支持的背景下,我们通过检索和部门座谈及走访等多种方法,从执行部门和措施类型两个方面对主要政策进行了梳理归类。在执行部门方面,首先是区分社会组织和政府部门两大类型，前者如世界银行等，后者则主要指中央和省级政府及其相关部门等；在措施类型方面，可以大致分为目标类型和实施方式等方面，前者如生态环境、基础设施、公共服务、村容村貌、传统保护、旅游发展等若干方面，而后者则可以分为资金扶植、项目扶植、其他政策扶植等方式。由于调研的精力，以及充分考虑现阶段地方上的工作重点等因素，我们主要围绕着贵州省正在推进的"四在农家·美丽乡村"工作进行政策梳理，并在此基础上进行了适当扩展。

就政策的分类而言，基于上述各方面的考虑，我们最终将调查研究的政策对象，聚焦在近年来贵州省已经取得一定物质成效的乡村发展建设领域，涵盖了基础设施建设、传统村落保护与利用，以及涉农产业经济发展的项目等方面。具体而言，包括"贵州省'四在农家·美丽乡村'基础设施六项行动计划""贵州省传统村落整体保护利用项目""贵州省休闲农业与乡村旅游示范点""贵州省现代高效农业示范园区"等政策内容。其中，"贵州省'四在农家·美丽乡村'基础设施六项行动计划"包括六大板块的基础设施内容，是一个较为集成的政策包（表1-1）。

1.2.3 典型案例

由于贵州省不仅城镇化水平较低、村庄众多且分散，而且是多民族地区且乡村大多位于山区，使得选择典型村庄案例进行调研，成为深入现场开展调查几乎唯一可行的方法。究竟如何选择案例，就成为影响调研质量的重要问题。

为此，将村庄案例的典型性，作为确定遴选范围的核心标准。同时也考虑到调研队伍的组织状况，以及调研的精力和成本等因素，确定必须严格控制调研村庄的数量，以求尽可能挖掘现场调研的深度，即追求的是以质量而不是以数量来取胜。为此，在初期检索的基础上，充分考虑了省域内不同地域发展特征的代表性问题，提出了初步的典型村庄名录范围。

在此基础上，我们又通过对贵州省相关部门的走访，进一步调整典型村庄的选择方法，以确保典型村庄作为整体能够涵盖所有政策领域。由于"贵州省'四在农家·美丽乡村'基础设施六项行动计划"中六个分项都有示范村庄的评选，"贵州省传统村落整体保护利用项目""贵州省休闲农业与乡村旅游示范点"和"贵州省现代高效农业示范园区"等政策项目都有明确的村庄名录，并且名录上的村庄都已经分别纳入各省级主管部门的示范典型，相关政策已经进入实质性实施，为深入村庄的现场调研提供了可行性。

表 1-1 　　　　　　　　　**贵州省乡村发展建设政策研究对象一览表**

政策对象		牵头部门	政策目标	目前进展
贵州省"四在农家·美丽乡村"基础设施建设六项行动计划	小康房行动计划	省住房城乡设厅	2013—2015年基本完成第一阶段建设任务	人居环境整治
	小康寨行动计划	省财政厅		
	小康路行动计划	省交通运输厅、省财政厅		基础设施建设
	小康水行动计划	省水利厅		
	小康电行动计划	省发展改革委、贵州电网公司		
	小康讯行动计划	省通信管理局、省邮政管理局		
贵州省传统村落整体保护利用项目		省文物局	传统村落保护	2014—2015年完成第一批工程
贵州省休闲农业与乡村旅游示范点		省农委、旅游局	促进产业发展	2011年始历年评选与扶持
贵州省现代高效农业示范园区		省农委		2013年始历年评选与扶持

　　具体而言,通过多种途径,我们获得了不同部门的典型村庄名录,包括省级及省级以下两大类。省级官方途径,一种来自省级或以上新闻媒体的官方网站所正式发布的文件,如贵州新华网发布的小康寨示范点;另一种通过座谈和访谈从省级相关部门直接获取典型村庄名录,如省住建厅提供的 2015 年度小康房农村集中建房示范点,省农委提供的历年贵州省休闲农业与乡村旅游示范点、贵州省现代高效农业示范园区等,省文物局提供的已实施的第一批国保省保集中成片的传统村落保护与利用项目及推荐的调查村庄等。省级以下官方途径,则主要是地州级和县级新闻媒体官方网站正式发布的文件,如小康水、小康路、小康电和小康讯的示范村等。通过信息来源共获得 249 个典型村庄作为此次调查案例的遴选范围。

　　在上述基础上,从三个方面进一步遴选。其一,优先考虑省级官方途径的村庄名录,以确保典型性;其二,尽可能挑选实施了多类型政策的村庄,有利于提高政策实施的典型样本数量,也方便考察多项政策复合实施的状况;其三,兼顾村庄所在地域经济发展水平、地州分布特征,以及民族文化特性等。

　　总体上,已经选择的 249 个典型村庄中,名录源于省级官方途径的约占 80%(图 1-1);两项及两项以上政策复合实施的典型村庄约占 33%(图 1-2);经济发展水平方面,所在县为经济强县和扶贫开发重点县[1]各占约 30% 和 58%,其余为一般水平的县(图 1-3);地州分布特征方面,数量前三位的分别为黔东南州、安顺市和遵义市,分别约占总数的 27%、14% 和 12% 等(图 1-4);民族文化特性方面,汉族村庄约占 53%,其次为苗族,约占 18%,侗族和布依族各占 10%,其余为其他少数民族(图 1-5)。

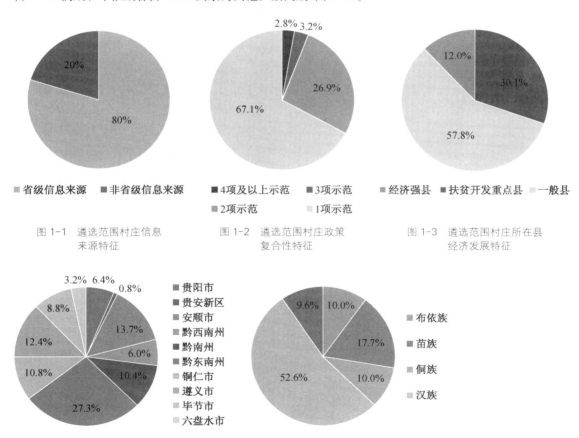

图 1-1　遴选范围村庄信息
　　　　 来源特征

图 1-2　遴选范围村庄政策
　　　　 复合性特征

图 1-3　遴选范围村庄所在县
　　　　 经济发展特征

图 1-4　遴选范围村庄所在地州分布特征

图 1-5　遴选范围村庄民族分布特征

---

[1]　经济强县和扶贫开发重点县名录资料源于 2014 年贵州省统计年鉴。

结合上述各类标准,通过筛选获得 10 个典型村庄案例作为深入调查的对象(表 1-2、图 1-6)。这 10 个案例在建设实施方面涵盖了本次调研的相关政策,并且均为省级官方途径获得的示范村庄,单一政策示范和复合政策示范各半,所处经济强县与扶贫开发重点县的比例约为 2∶3,分布在贵州省 6 个地州、7 个县和 9 个乡镇,民族分布基本均衡。本书中实际收录了 11 个典型村庄调研案例,所增加的案例——高寨村,尽管在政策实施方面的典型性不足,但却可以作为对比案例,以利于读者的深入解读。

1.2.4　政策实施

为了更全面地了解乡村发展建设政策的实施状况,我们将调查的内容分为两个部分,分别是政策实施的

表 1-2　　　　　　　　　贵州省乡村发展建设政策典型村庄调查案例一览表

调查村庄案例	省级示范的相关政策	所属地域			所属县经济水平	民族特征
		地州	县	乡镇		
临江村	小康寨、小康路、小康水、现代高效农业园	遵义市	凤冈县	进化镇	一般	汉族
河西村	小康寨	铜仁市	印江县	朗溪镇	扶贫开发重点县	土家族
兴旺村	省级部门推荐(原"百村计划"保护工程)			合水镇		土家族
合水村	省级部门推荐(原"百村计划"保护工程)					土家族
卡拉村	小康房、小康寨、小康路、小康水、小康电	黔东南州	丹寨县	龙泉镇	扶贫开发重点县	苗族
石桥村	休闲农业与乡村旅游范点			南皋乡		苗族
大利村	传统村落保护与利用项目		榕江县	栽麻乡	扶贫开发重点县	侗族
楼纳村	小康寨、休闲农业与乡村旅游范点	黔西南州	兴义市	顶效镇	经济强县	布依族
刘家湾村	小康房、小康寨、小康路、小康水	六盘水市	盘县	刘官镇	经济强县	汉族
石头寨村	小康寨、休闲农业与乡村旅游范点、现代高效农业园	安顺市	镇宁县	黄果树镇	扶贫开发重点县	布依族

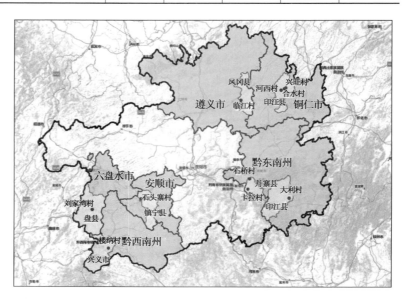

图 1-6　贵州省乡村建设发展政策典型村庄调查案例分布

结果,以及政策实施的过程。如前所述,本次调研最为首要的,是将调研的重点放在了典型村庄案例层面,聚焦在政策实施状况方面,包括村庄相关建设对政策要求的执行程度,以及村民对政策效果的满意程度。通过综合考察,更为全面地了解乡村发展建设政策在总体上的实施效果。而政策的实施状况,则主要包含从省级单位到地方各级政府层面,在具体执行政策方面的相应安排,譬如具体如何操作,以及地方政府层面的针对性安排或者创新性安排等。

聚焦于村庄的政策执行程度调查,包含了两类视角:一类是相关政策措施在各个典型案例村庄中的完成度,另一类是各项政策涉及的典型案例村庄所具有的执行水平。在具体深入典型村庄的调查过程中,我们首先对该村庄所执行的政策类型进行了解,在此基础上又根据政策的执行要求,对于实际的建设情况进行了解,并进一步区分哪些政策要求得到了落实,而哪些政策要求可能因为各种原因尚未落实或者正在落实过程中,由此对有关政策的执行程度做出定性判断。

更进一步了解,则是对政策目标实现满意度的调查。为此,我们主要以政策执行的受众——村民作为主要调研对象。对于扶持乡村发展建设的政策,显然作为政策执行的最终受众,村民的认可是非常重要的测度指标。为此,我们通过走访和深度访谈的方法,首先对生活在典型村庄中的村民是否满意所在村庄的建设情况进行整体性了解,进而聚焦于村民对本村相关政策下的具体相关建设的满意度,进行较为深入的调查。

总体上,虽然所选取的典型村庄案例的数量非常有限,并且所采访的村民数量也同样有限,但是精心挑选的村庄,抵达现场的直接观察,以及在村民中听取意见,仍然可以一定程度上帮助我们较为全面和深入地了解相关政策的实施成效,在很大程度上可以弥补主要以投资和项目数量及实施进展为内容的总结性报告的缺憾。

对于乡村发展建设政策的另一项重要调查,聚焦在政策执行的过程方面。具体来说,就是省级层面的相关政策,通过地州、县,直至乡镇和村庄层面的落实执行状况。如果说基于村庄现场调查可以发现相关政策实施效果及最终落实措施方面的差异,对于在各个层级政府层面的政策落实状况的回溯,则可以在相当大程度上探寻差异性的来源,特别是落实到最为基层的村庄层面的政策措施差异性及政府层面的原因。这样一来,就可以为我们更为全面地理解政策制定及实施过程中的制约因素,提供了进一步深入调查的基础。总体上,在这方面的调查,比较理想的方法,不仅是对所调研村庄在行政隶属方面进行逐级上溯,并基于这一上溯的政府层级,调研各级政府在从上而下落实相关政策时的具体安排,更主要的是对这些相应安排,特别是一些创新性安排或者调整性安排的原因,进行深入了解,并进而形成相互验证的关系。但是这样的调查需要对各个层次相关政府部门及其主要负责同志的访谈,工作量很大。我们在本次课题调研中尽可能地推进了部分调研,但仍有些薄弱,只能留待以后进一步完善了。

1.3　调研的组织:方法与路径

1.3.1　调研方法

根据本次调研的目的,我们采取了综合的调研方法开展工作,包括对各级政策部门主要负责同志的访谈,对相关政策文件的阅读,以及深入典型案例村庄实地踏勘和访谈,同时也采取了一些数理统计分析的方法和地图分析的方法。所有这些调研方法的选择,均以高效地实现调研目的为前提。

在最初确定调研目的和对象后,我们综合性地运用了文献搜集和整理、部门接触和初步沟通、数理统计和地图分析等方面,完成了相关政策的类型建构和典型案例村庄的遴选方法和初步名录。具体而言,除了运用网络调查一些可以公开查阅的政策文件和相关报告及评论外，我们还与贵州省住建厅取得联系，并在其允许和协助的情况下，与相关的省级政府部门取得联系，召开座谈会初步沟通并进一步获得相关政策文件以及各部门的典型村庄名录。在此基础上，我们综合运用数理统计和地图分析等技术方法，对于所有的典型村庄名录，落实其数字地图位置进行综合评价，重点考虑了经济发展条件、区域交通条件、与中心城市的空间和交通区位条件、地形地貌特征、民族类型特征、相关政策及执行进度特征等方面因素，由此形成了典型村庄调查的初步名录，以及相关政策的基本框架。在此过程中还选了部分村庄进行了初步走访调查，进一步积累现场经验。

在上述工作基础上，我们进一步与贵州省相关部门和机构、人士进行沟通，就政策类型、典型村庄遴选、调研的具体内容、现场调研的组织方式等，进行多次的优化调整。通过多方面的准备，我们组建了调研团队，确定了调研计划、优化了调研内容并确定了调研提纲，同时也对具体调研过程中的调研员分工进行了细致安排。

深入到典型村庄调查的一个重要方面，就是对政策实施的具体建设状况和设施运行状况，进行现场踏勘观察（图 1-7）。在预先准备好典型村庄的遥感影像图基础上，调查人员驻村后进行实地踏勘、拍摄照片并在图纸上进行标注，后续又进行影像图的对应确认，为各小组后续针对建设实施状况进行统一评价，提供了重要基础。

在深入到村庄并驻留期间，各个调研小组按照计划，统一采用半结构式问卷开展深入访谈，在村里重点访谈了村干部和村民（图 1-8）。具体的访谈内容则划分为几个方面，设定可资比较的内容框架以及较多的开放性问题，以此引导受访者交谈的兴致。其中，对村干部的访谈重点放在了解全村基本情况和政策实施的总体状况和问题等方面，并请其作为村庄调研的引路人。对于村民，则尽可能考虑差异性，以便最大可能地保障调研对象的代表性和内容的代表性。访谈调研的内容则涉及村庄社会经济、设施服务以及综合环境、村民主观看法和意愿，以及基本的信息如村民个人与家庭情况、生活状况等方面（图1-9、图 1-10）。

图 1-7　调查人员在典型村庄中
进行实地踏勘记录

图 1-8 调查人员与村民和村干部进行面对面的访谈

个人及家庭情况	生活状况与意愿	建设与使用情况
性别年龄	日常生活	基础设施
家庭构成	养老情况	公共设施
文化程度	居住状况	农耕设施
土地情况	工作状况	生态环境
经济收入	迁居意愿	传统风貌

图 1-9 典型村庄村民问卷调查内容

社会经济	设施服务	综合环境
人口概况	生态环境	基础设施
社会构成	传统风貌	公共设施
经济产业	环境卫生	服务成本

图 1-10 典型村庄村干部问卷调查内容

在深入村庄的调研过程中,调研组刻意安排了调研人员的入村和驻村环节,为深入访谈的成功提供了重要支撑条件。具体而言,首先特别强调了入村的"正确性",特别重视介绍人的可信度,包括通过地州及县级部门联系乡镇政府,并主要通过乡镇政府引领到村里拜访村干部,以及通过社会关系联系到村里的能人。事后的总结经验表明,初次入村的可信度对于调研成功与否有着非常重要的影响,它是迅速在调研人员和村干部、村民间搭建起互信桥梁非常重要的环节。同时,另外一个必须注意的环节,就是避免被误解为政府安排的工作人员或者代表政府部门前来调查或为其工作。特别是在一些村民对部分政策有不同意见的情况下,提前表现出来的相对独立的身份,对于获得更为全面的反馈信息,具有不可替代的作用。在这方面,尽快表明调研人员来自高校,并且调研的目标主要在于总结,而并非具体的前来落实某项政策,对于调研人员更为轻松地接触村民,并使其同样在更为轻松的情况下接受访谈,具有非常重要的作用。

进入村庄的另外重要安排,就是对调研人员的"驻村"要求,尽可能地住在村里,并且几天在村里出现,对于调研人员与受访村民间建立熟人关系非常重要。同时,对于初次访谈调研的对象及访谈时间进行严格控制,同样具有重要意义。与通常所见的广散问卷的填表式调研方法不同,我们特别要求严格控制深度访谈村民的上限数量,从而为更宽松的访谈时间和访谈内容的扩展,提供了前提条件。

在具体访谈内容方面,调研组特别强调了深入了解村民对相关政策实施所持有的真实想法和意愿。访谈内容以政策实施为核心,根据"贵州省'四在农家·美丽乡村'基础设施六项行动计划",对涉及的道路、水利、电力、电讯等基础建设以及农房建设和村庄环境整治等方面内容进行着重了解,对于有传统村落保护与利用项目,以及涉农产业项目落地的典型村庄,也针对性地安排了访谈内容,涵盖了各类政策的实施情况、满意程度以及相应的建议等内容。

在完成村庄调研的基础上,调研组进一步对省级相关政策的主管部门,典型村庄所在的乡镇、县或地州政府部门,进行了访谈调研(图1-11)。访谈内容围绕政策的目标,了解在目标导向下采用何种具体实施措施,政策扶持的村庄对象如何选择,典型村庄及其所在行政区划范围内政策是否得到落实,实施结果是否满意等方面。

1.3.2　调研团队

此次课题研究整合了国家"十二五"科技支撑项目课题和上海同济城市规划设计研究院重点课题要求,同时也是同济规划院新设立的乡村规划与建设研究中心重点研究课题。因应国家需要和学科调整,近年来同济大学整合多学科力量,在乡村规划教学、科研、社会实践等方面积极拓展,得到了社会各界的肯定。2015年中国城市规划学会乡村规划与建设学术委员会正式成立并挂靠上海同济城市规划设计研究院,更为同济大学和上海同济城市规划设计研究院积极推动乡村规划事业提供了动力和责任,这也是成立研究中心并承担学委会秘书处职责的重要原因之一。

在梳理重点研究领域的过程中,相关政策成为研究中心的重点方向之一。因为对政策的了解,不仅有助于迅速填补学科在该领域多年来的相关知识缺失,而且可以积极发挥城乡规划学科的学科特征,从国家和各级政府最为关切的视角出发,积极发挥空间规划与众多相关政策紧密相关的优势,在落实政策、反馈政策、协助乡村发展等多个方面发挥积极作用。

正是在这一背景下,在同济大学建筑与城市规划学院和规划院领导的直接关心下,研究中心组织中心研究员、富有经验的规划专业人员,以及城乡规划专业研究生和华东师范大学中国现代城市研究中心的师生共同成立了多达十余人的研究队伍,在资料查阅、现场调研等方面协同工作。自2015年6月份开始筹划该项课

图1-11　调查人员与相关行政部门管理
人员进行走访和座谈

题,到 2015 年 7 月初到贵州初步接洽和初步调研的基础上,于 2015 年 8 月份,组织了 3 个现场调研小组深入典型案例村庄进行调研。

贵州省相关部门的支持,也是该次课题调研的重要保障力量。在初步的省级部门座谈和访谈阶段,省住建厅、农委会、发改委、水利厅、交通运输厅、财政厅、旅游局、文物局、通信管理局、电网公司等部门都给予了直接支持。在深入到典型村庄进行调查阶段,贵州省住建厅村镇处进行了多方联系和安排。最终,在得到了 6 个地州和 7 个县级单位的住建和规划相关行政主管部门,以及 9 个乡镇的政府相关部门的支持下,课题调研得以顺利推进。同时,在调研过程中,课题组也与受访村庄的干部和"能人"建立了友好关系并保持了联系,这为课题组后续多次核实和补充信息,提供了重要的便利条件。贵州省师范大学的但文红教授从前期调研框架形成、调研视角讨论、典型案例村庄选择等方面,给予了直接支持,特别是在初期的村庄预调阶段,还直接带领课题研究组人员深入相关村庄,为课题组初期调研经验的形成,以及调研框架的完善,提供了不可忽视的支持。

因此,课题调研的团队实际上是由课题研究小组、贵州省各级政府相关部门、贵州当地资深专家等共同组成的。这样的调研团队,为课题调研的顺利推进提供了重要保障,也是此次课题研究的重要收获之一(图 1-12、表 1-3)。

表 1-3　　　　　　　　　　　贵州省乡村建设发展政策实施调查村调小组工作安排

村调小组	调研村庄	所属地域			衔接支持
		地州	县	乡镇	
黔北村调小组	临江村	遵义市	凤冈县	进化镇	遵义市住建局相关科室;凤冈县住建局办公室、规划和建管等科室;进化镇书记;铜仁市住建局办公室与规划科;印江县朗溪、合水镇村管站、财政分局和经发办等相关部门
	河西村	铜仁市	印江县	朗溪镇	
	兴旺村			合水镇	
	合水村				
黔东南村调小组	卡拉村	黔东南州	丹寨县	龙泉镇	黔东南州住建局领导;丹寨县住建局、文物局、新农办、旅游办等相关科室;南皋乡、栽麻乡乡长;榕江县住建局相关科室等
	石桥村		榕江县	南皋乡	
	大利村			栽麻乡	
黔西南与黔中村调小组	楼纳村	黔西南州	义龙新区	顶效镇	黔西南州、六盘水市、安顺市以及义龙新区、盘县、黄果树管委会等住建局领导;顶效镇书记、黄果树镇书记及村管所所长,刘官镇村管所所长等
	刘家湾村	六盘水市	盘县	刘官镇	
	石头寨村	安顺市	黄果树管委会	黄果树镇	

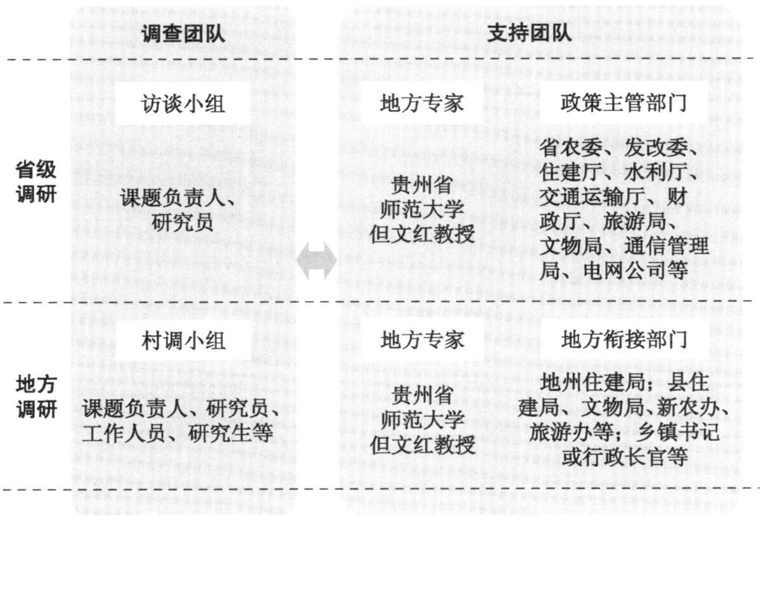

	调查团队		支持团队	
	访谈小组		地方专家	政策主管部门
省级调研	课题负责人、研究员	⟷	贵州省师范大学但文红教授	省农委、发改委、住建厅、水利厅、交通运输厅、财政厅、旅游局、文物局、通信管理局、电网公司等
	村调小组		地方专家	地方衔接部门
地方调研	课题负责人、研究员、工作人员、研究生等		贵州省师范大学但文红教授	地州住建局、县住建局、文物局、新农办、旅游办等;乡镇书记或行政长官等

图 1-12　贵州省乡村建设发展政策典型村庄实施调查的组织

1.3.3 调查路径的实施

此次调查工作从计划到实施历经八个月。因调查聚焦于政策过程本身,故而整个工作每个阶段的推进都环环相扣,依据上一阶段所获得的实际信息进行下一步工作的修正和调整(图1-12)。

研究计划阶段的工作一方面对整个调查进行策划,通过组织多次讨论,并向相关专家进行咨询,形成开题报告,拟定研究方案、调查问卷、访谈大纲以及各项工作的推进步骤等;另一方面则通过对全国和贵州省范围内的乡村发展建设政策进行文献搜索、阅读与整理,简要了解目前全省的相关政策概况,为与各省级行政部门的沟通做好充分准备。在此基础上,访谈小组与省住建厅进行对接联系,沟通研究方案,并由其牵头组织召开了由省内各相关部门参与的专题会议。通过座谈,课题组了解到贵州省近年相关政策及其实施概况。结合文献梳理和部门座谈提供的政策情况,遴选了近年来贵州省通过公共财政投资已落实到村庄建设的相关政策作为此次调查的研究对象。

在确定政策对象的基础上,研究方案的拟定进入细化和优化阶段。这一阶段的工作核心在于遴选有相关政策实施的典型村庄案例作为调查的对象。访谈小组走访了相关政策的部分省级行政主管部门,包括省农委、住建厅、文物局和旅游局等,这些部门一方面介绍了相关政策的制定和执行的总体情况,另一方面也提供了省级层面具有示范性的村庄名录或是获取名录的官方渠道等。与此同时,根据公开发布的官方媒体,课题组进一步获得了其他分项政策的示范村信息,由此整合构成了村庄案例遴选范围,根据设定的标准进行统计筛选,最终确定本次调查的典型村庄案例。

在此基础上,访谈小组进行选点预调,以便对研究方案进行修正和调整。通过村庄实地预调发现,省级政策管理事宜的相关语境对于村干部和村民而言并不一定熟悉,因而需要在问卷和访谈大纲的拟定中加以调整,以便在全面调查过程中能更有效的沟通。另一方面,通过预调了解村庄实际情况,对驻村调查的工作计划进行调整。由此整个调查的工作方案得到进一步完善,为下一阶段的村庄调查做好充分的准备。

实地调查阶段按照工作计划展开,分三个调查小组各负责一个片区内的三至四个典型村庄,根据这些村庄的实际情况尽可能进行驻村工作。驻村调查工作的内容包括了村干部访谈、村民问卷与访谈、村庄实地踏勘等,每天的工作记录在当天完成整理。本次村庄调查较为强调驻村工作一方面是为了尽可能与村干部和村民增加沟通时间,拉近之间的距离,创造良好的沟通氛围,从而获得真实而有效的反馈;另一方面是为了使调查小组成员能更全面地认识和熟悉乡村生活环境,以便用更为贴近的语言与村干部和村民进行交流,提高从事乡村调查的能力。根据村庄调查获得的信息,各个调查小组根据实际需求对典型村庄所在的乡镇、县或地州的相关部门进行联系与走访,了解政策执行过程中的相关情况,并进行记录与整理。

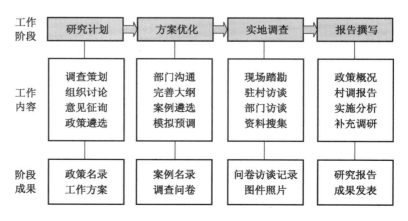

图1-13 贵州省乡村建设发展政策典型村庄实施调查实施的工作路径

　　完成实地调查后,将所获得的政策文献、部门访谈记录以及村庄实地调查的各项资料进行归档和梳理,进入报告撰写阶段。首要的是对本次调查的各项乡村发展建设政策进行概况梳理,厘清其政策发展的脉络、政策目标及实施措施等。其次,针对本次调查的典型村庄案例,根据驻村调查获得的一手资料,辅以相关文献搜索查阅,收集整理村庄基本情况。在此基础上,针对各个典型村庄案例所实施的各项政策及其实际建设情况和效果等内容进行归纳整理,形成村调报告。最后是将典型村庄案例所在的乡镇、县和地州等各层级执行情况进行梳理,分析各项政策在分级实施过程中的实际情况,并进行比较归纳,以了解不同政策之间在实施管理中具有的异同。由此,完成纵贯政策制定、执行和实效整体过程的调查内容(图 1-14)。

1.4　调查的意义：研究与运用

1.4.1　对乡村规划工作的启示

　　本次调查基于贵州省丰富的乡村建设发展政策实践,聚焦于政策过程,对乡村规划事业发展具有重要的启示意义。

　　总体上,城乡规划专业领域较为关注物质性结果的考察研究,并且传统的城市规划领域已经形成了分工细致的格局,以至于很多城乡规划专业人员已经习惯了规划编制和规划实施的截然切分。与之不同的是,乡村规划实际上很难做出非常明确的阶段和类型分工,也难以决然地将规划编制和建设行为进行明确的阶段性切割。乡村建设活动,如果仅存建设工程量的角度,当然比城市里小得多,但传统的乡里社会,以及与城市明

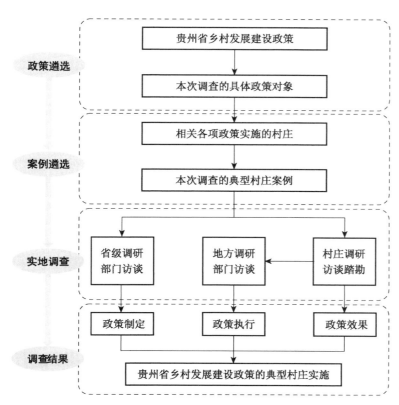

图 1-14　贵州省乡村建设发展政策典型村庄实施调查技术路线

显不同的土地制度和运行方式,使得即使规模有限的建设工程,也常常与方方面面有着或多或少关系,牵扯到众多村庄里人的家庭利益。并且这些看似不大的工程,相比村民的日常生活环境,以及自然环境而言,又往往并非小事。规划设想的时候看起来毫无争议的工程,一旦要推进实施就面临诸多问题的情况屡见不鲜,应对这些看起来突发的变动,往往需要深入群众中去了解和做出积极应对,不仅了解物质空间的整理问题,更重要的是了解这一过程背后的社会关系问题。如果像城市规划那样交一个编制成果,然后就是规划实施的责任,往往不可行。这也是很多地方乡村规划编了几轮,却哪次也没什么大意义,甚至还造成一些破坏的主要原因之一。因此,深入村庄中去,从村庄建设过程和发展过程中去了解相关"安排"的实施状况及可能面临的问题,并不仅仅是研究视角的问题,其实也是对乡村规划工作本质的认识问题。

其二,就是必须清醒认识到,全面准确地了解乡村发展建设相关政策,对于乡村规划编制及实施的重要性。任何规划工作都不是在真空的理想状态下进行的,也不是拿个所谓国内外好经验案例来借鉴抄绘就可以成功的。无论什么样的乡村,总是在一定的背景下,包括自然的地形地貌、交通条件、经济发展水平、文化和社会组织状况,以及一系列相关政策影响下存在和运行的。实际上,乡村规划的编制和实施,同样也是施加于乡村发展与建设的一类特定政策。任何政策的变动,都不可避免地影响着乡村的发展与建设演化特征。因此,深入了解相关政策及其影响趋势,就成为更加贴近实际发展建设需要来编制乡村规划的重要基础性工作。由于涉及乡村发展建设的政策庞杂,久已疏远了乡村的空间规划工作者又往往对这些政策很陌生,实践中甚至经常遇到很多专业工作者不知道有哪些方面的相关政策,或者缺乏一些较为基本的相关政策梳理及判断其影响的分析能力,凡此种种无不直接影响着乡村规划编制的质量,更影响着乡村规划的实施可能。因此,本次课题调研,不仅在于对贵州省相关政策及其实施影响的调研和总结,从而有利于贵州省的乡村规划编制工作,也在于基于贵州省的经验为更多省份的乡村规划工作者提供一种可资借鉴的工作方法和政策解读方法。

1.4.2 对乡村发展建设政策完善的启示

对于本次调查而言,更为实际的应用价值,在于有助于完善乡村发展建设的相关政策制定及实施。本次调研所确定的从省级政策制定直至到地州和县级政府层面的逐级落实,以及由下而上的从村庄层面的政策执行状况而回溯相关政策落实要求的技术路线,为更为全面地理解乡村发展建设政策从制定到实施过程提供了条件。

在我们调研的过程中发现,由于乡村发展建设涉及众多方面,政策也源于多个部门,不仅一般人很难较为全面了解,即使是参与其中的某个部门或者某个环节的工作人员,也往往很难较为全面地了解相关政策及其要求。这种状况也一定程度上造成了一些工作人员较为被动的应对局面,甚至对非本部门政策在理解上的偏差,以至于在操作中总觉得有些掣肘。这种状况,不仅在同级的不同政府部门间存在,在不同层级政府间也同样存在。在未能较为全面地了解相关政策及其关系的情况下,不仅误解或者片面理解的现象常常出现,更主要的是导致对一些确属政策制定和执行中所暴露的问题,也难以准确而及时地发现,只是将其简单地归咎于部门间政策的冲突或者不同层级政府间在政策执行中的偏差。缺乏有效而及时的反馈,政策的完善过程就难以及时启动,导致政策的低效甚至失效。

因此,从相关政策的整体架构入手,针对政策制定及实施,进行较为全面地,特别是深入基层村庄层面的调研,以及由此展开的由上而下的追踪,以及由下而上的回溯,可以在一定程度上弥补上述所指出的问题。随着该项课题的不断深入,相信可以较为全面地展现相关政策制定及实施过程中所存在的问题——究竟是政策制定本身的问题、政策间协同的问题,还是政策实施落实中的问题,从而为相关政策的优化完善,提供积极的反馈意见。

2 近年来贵州省村庄发展建设政策概况

我们必须有一个前提性的认识，就是中央提出的"美丽乡村"建设，并非仅仅限于生态或者环境等某个或某些个领域，而是站在城乡统筹发展、新型城镇化高度上的整体性战略部署。因此，尽管从具体的内容和侧重点等方面看，不同地方的"美丽乡村"政策可能存在一些差异，但从政策的战略目标来看仍然具有一致性，在政策导引的多元性和综合性方面也同样具有一致性。

因此，从"美丽乡村"国家战略层面来看，对于相关政策及其实施状况的调研，最理想的状况应当是全面展开。但是考虑到现实可能性，我们从开始酝酿该项课题，直至前期预调研，尽管在不断调整调研计划和具体调研内容，但总的来说都未将涵盖所有政策类型作为工作目标。因为我们深知涵盖所有政策类型的调研工作的繁复，以及不断出台新的政策和调整已有的政策将会带来的复杂性。

为此，我们从前期酝酿到后期实际调研，对调研的政策范畴仅仅做出了非常有限的扩充，即从最初将传统村落保护利用和"四在农家·美丽乡村"基础设施六项行动计划两大类型七个方面作为考察对象，到最终扩展到产业经济项目的扶持。对于其他的如公共服务设施和功能提升、生态移民等，则不再纳入具体的调研考察计划。这其中的主要原因在于，一是贵州省区别于国内大多省份的突出优势资源——多民族的传统村寨和文化；二是近年来已经在国内颇具影响力的"四在农家·美丽乡村"政策。在后者中，促进产业发展的相关政策里，有相当部分着力于休闲农业、观光农业等方面，与贵州省重点发展生态旅游业、休闲旅游业等方面的部署有着高度一致性。这样的调研布局，一方面可以紧密结合贵州的传统资源优势，另一方面也可以将涉及民生且最为突出的"四在农家·美丽乡村"的相关政策的实施状况纳入考察范畴。

2.1 贵州省村庄发展建设政策的沿革

总体上，贵州省近年来的村庄发展建设政策，主要是以国家层面有关新农村建设和美丽乡村建设的推进工作为引领，结合自身实际情况制定。

2006 年，中共中央发布《关于推进社会主义新农村建设的若干意见》(中发〔2006〕1 号)，提出要通过统筹城乡经济社会发展、推进现代农业建设、促进农民持续增收、加强农村基础设施建设、加快发展农村社会事业、全面深化农村改革、加强农村民主政治建设、切实加强领导等八个方面的措施，全面推进新农村建设，被视为改革开放以来，由中央出面积极推动农村地区全方位发展的一次总动员。

为贯彻落实中央意见，贵州省委、省政府结合自身实际情况，于同年发布了《关于推进社会主义新农村建设的实施意见》(黔党发〔2006〕1 号)，从贵州省的实际出发，深化了新农村建设各方面的发展要求。政策着重强调要结合实际，因地制宜，根据贫困地区、基本解决温饱的地区、人民生活总体上达到或接近小康水平的地区等具体情况分类推进我省社会主义新农村建设。

在此基础上，省委、省政府各部门开展了具体的推进工作。省委农村工作领导小组提出《贵州省社会主义新农村建设"百村试点"实施意见》(黔农领〔2006〕1 号)，要求"十一五"期间在全省范围内抓好 100 个社会主义新农村试点村的建设工作(以下简称"百村试点")，为社会主义新农村建设起到探索路子、积累经验和指导面上的作用。"百村试点"要求结合贵州实际，重点围绕"三建""三改""五提高"(即 335)的内容进行建设，全面完成建基本农田、建优势产业、建公共设施、改建乡村道路、改善人畜饮水、改善人居环境、提高农民收入、提高农民素质、提高社会保障能力、提高民主管理水平、提高乡风文明程度等 11 项主要任务。

省建设厅(现住建厅)就全省村庄整治试点工作发布了《贵州省社会主义新农村建设村庄整治试点工作指导意见(试行)》(黔建村通〔2006〕80号),提出贵州省村庄整治的五项基本内容。其一,优化村庄布局,完善村庄规划;其二,抓好村庄整治工作;其三,提高农房建设水平和质量;其四,积极协调相关部门,共同加快基础设施和社会服务设施建设;其五,建立村庄整治培训制度,加强培训工作等。该政策旨在落实省各级建设行政主管部门在社会主义新农村建设中的重要职责,做好村庄整治工作,改善农民居住条件,改变农村面貌,为农民创造良好的人居环境。

在新农村建设开展的同时,全国范围内与村庄建设相关的政策还包括农村"村村通"工程、农危房改造等政策。农村"村村通"工程起始于20世纪末,是大规模系统性的农村基础设施改造与建设项目,包括了公路、电力、饮用水、电话网、广播电视、互联网等内容,由各个相关部门出台一系列政策加快推进建设,例如交通部"五年千亿元规划",国家计委《关于改造农村电网改革农电管理体制实现城乡同网同价的请示》,国家发展改革委、财政部、广电总局《"十一五"全国广播电视村村通工程建设规划》,信息产业部《农村通信普遍服务——村通工程实施方案》等。贵州省各相关部门为落实和深化"村村通"工程也启动了相应的建设工程。

全国农危房改造工作起始于贵州省。2008年的特大雪凝灾害造成中国南方山区农村大量房屋损坏、倒塌,其中受灾最重、贫困人口最多的是贵州省。灾后,贵州省在全国率先启动农村危房改造工程,通过政府补贴资金和无偿资助等形式,让住在危旧房屋、土坯房和茅草房里的困难群众陆续搬进新居。2008年末,中央在支持贵州省级危房改造试点的基础上,将补助范围扩大至中西部950个县近80万户农村危房的改造。鉴于我国农村危房量大面广,改造任务十分艰巨,2009—2012年全国农危房改造工作仍只立足于在试点范围的基础上逐步扩大。随着试点范围的不断扩大,农危房改造工作自2012年已实现了全国农村地区全覆盖。2013年起,住建部、发改委、财政部三个部门按照党中央、国务院的要求,继续加大农村危房改造力度,完善政策措施,加强指导与监督管理,加快改善广大农村困难群众住房条件。

2012年,国务院发布了《关于进一步促进贵州经济社会又好又快发展的若干意见》(国发〔2012〕2号)文件,根据贵州省作为贫困问题最突出的欠发达省份等基础情况,提出了贫困和落后是贵州的主要矛盾,而加快发展是贵州的主要任务。文件中提出要按照"黔中带动、黔北提升、两翼跨越、协调推进"的空间布局原则,通过加强交通基础设施建设、增强可持续发展能力、壮大特色优势产业、推进新农村建设、发展现代农业、深入推进扶贫开发、加快社会事业发展等措施,进一步促进贵州经济社会又好又快发展,加快脱贫致富步伐,实现全面建设小康社会的目标。

2013年,中央一号文件《关于加快发展现代农业进一步增强农村发展活力的若干意见》(中发〔2013〕1号)提出了要建设"美丽乡村"的奋斗目标,从而转化成为落实美丽中国战略、引领社会主义新农村建设的新战略要求。中央部委和各地按照中央要求,纷纷推进了落实工作。

作为国家重点关注的贫困人口最多的省份,以及率先启动美丽乡村创建的省份,贵州省积累多年政策经验并及时总结地方实践的基础上,将"四在农家·美丽乡村"创建作为指导全省美丽乡村建设的重要战略性要求。

2.2 "四在农家·美丽乡村"基础设施六项行动计划①

2.2.1 政策源起与目标

该政策最初起源于2001年遵义市余庆县率先开展的"四在农家"创建活动。该活动要求采取"七个一"行

---

① "四在农家"指的是四个方面的乡村建设要求,分别是以"富在农家"推动经济发展、以"学在农家"培育新型农民、以"乐在农家"实现文化惠民、以"美在农家"建设美丽乡村。

动和"五通三改三建",将创建活动落到实处。"七个一"行动,即帮助农民找到一条致富增收的路子、家家户户有一幢宽敞整洁的住房、有一套家具和家用电器、安装一部家用电话、掌握一门以上农业实用技术、有一间卫生厨房和厕所、有一种以上健康有益的文体爱好;"五通三改三建"即通电、通水、通路、通电话、通广播电视,改居住环境、改厕、改灶,建文化广播室、对外宣传栏、体育娱乐场所。

在省、地州、县各级政府部门的推动下,"四在农家"创建活动走出余庆,在遵义市全面展开。2005年12月,中央政治局常委李长春到贵州省考察期间,专程考察了遵义县南白镇龙泉村的"四在农家"创建情况,并在听取了省委、省政府的工作汇报后,对遵义市的"四在农家"创建活动给予充分肯定和高度评价。

随着中央"美丽乡村"战略的提出和各部委落实创建活动的试点政策推动,贵州省结合前期工作经验,于2013年发布了《深入推进"四在农家·美丽乡村"创建活动的实施意见》(黔党办发〔2013〕17号),将全省的美丽乡村建设创建活动提到了新高度。该文件要求,按照社会主义新农村建设"生产发展、生活宽裕、乡风文明、村容整洁、管理民主"20字方针,坚持科学发展、统筹兼顾,坚持创建为民、改善民生,坚持发动群众、多方参与,全面深入推进"四在农家·美丽乡村"创建活动,扎实组织实施美丽乡村基础设施建设行动计划,努力培育新农民、倡导新风尚、建设新环境、发展新文化,努力提高农民文明素质和农村文明程度。并进一步明确,在前期已有16 000多个创建点、覆盖9 000多个村、占全省行政村总数50%的基础上,创建点覆盖率每年总体上要以10%的增速递增,力争到2015年创建点覆盖70%以上的行政村,到2017年覆盖90%以上的行政村,到2018年实现"四在农家·美丽乡村"创建全覆盖。通过示范带动、深化拓展,使全省农业更加发展、农村更加繁荣、农民生活更加幸福,到2020年彻底改变贵州农村贫困落后的面貌,实现全面小康。

17号文进一步明确了"四在农家"的内涵要求,提出了加强组织领导、完善工作机制、加大经费投入、营造良好氛围的保障措施,以及统一品牌、科学规划、深化拓展、全面提升的工作要求。在示范推动方面,又进一步明确要求,"结合以县为单位开展同步小康创建活动(黔党发〔2012〕30号,作者注),整合扶贫开发、新农村建设、生态移民工程、通村油路建设、危房改造、村庄整治、农村清洁工程、农村文化建设、一事一议公益性事业建设等项目,集中抓好省、市、县三级示范点创建,通过示范带动,深入推进创建活动"。

随后,贵州省又出台了《关于实施"四在农家·美丽乡村"基础设施建设六项行动计划的意见》(黔府发〔2013〕26号),根据本省的发展特征,在结合"以县为单位开展同步小康创建活动"方面做出了更为明确的部署,将关系到扶贫发展和美丽乡村创建最为基础性的工作,纳入了"小康路、小康水、小康房、小康电、小康讯、小康寨"六项行动计划(以下简称"六项行动计划"),以切实改善农村生产生活条件、推进农村生态文明建设,同时也将其作为拉动投资、扩大内需,优化公共资源配置、推动城乡发展一体化,提高扶贫开发成效、加快农村全面小康建设进程的重要政策安排。

根据文件要求,六项行动计划的总体目标为力争用5~8年时间,建成生活宜居、环境优美、设施完善的美丽乡村。在总目标的引领下,具体目标按照时间和门类进行逐步分解(图2-1)。整个政策实施按照"十二五"期末的2015年、政府任期的2017年、与全国实现同步小康的2020年三个时间节点分为三个阶段,并重点以到2017年为时间节点安排建设时序和资金,划分年度确定工作任务和工程量,在2015年、2017年有阶段性成果。各分项提出相应的分项目标,即建成结构合理、功能完善、畅通美化、安全便捷的小康路;建设安全有效、保障有力的小康水;建设安全适用、经济美观的小康房;建设安全可靠、智能绿色的小康电;建设宽带融合、普遍服务的小康讯;建设功能齐全、设施完善、环境优美的小康寨等。依据分项目标和时序阶段,六项行动计划针对每一分项在各个阶段提出了相关牵头和责任部门所需完成的具体目标任务。

小康路行动计划由省交通运输厅、省财政厅(省农村综合改革领导小组办公室)牵头,到2015年建制村通畅率、通客运率达到75%,2013—2015年建设通组(寨)公路2.4万公里、人行步道1.92万公里;到2017年实现建制村100%通油路、100%通客运,累计建设通组(寨)公路4万公里、人行步道3.2万公里;到2020年全面实现"组组通公路"、原"撤并建"行政村 100% 通畅的目标,累计建设通组(寨)公路 6.5 万公里、人行步道 5.2 万公里。

小康水行动计划由省水利厅牵头,到 2015 年全面完成"十二五"规划农村饮水安全任务(2014—2015 年解决 468.04 万人),2013—2015 年小型水利工程发展耕地灌溉面积 278.04 万亩;到 2016 年全面完成农村饮水安全任务(当年解决 696.96 万人);到 2017 年小型水利工程发展耕地灌溉面积累计 463.4 万亩;到 2020 年小型水利工程发展耕地灌溉面积累计 662 万亩。

小康房行动计划由省住房城乡建设厅牵头,2014 年至 2015 年完成 51 万户农村危房改造任务;到 2017 年累计完成 102 万户农村危房改造任务和 5 万户小康房建设任务;到 2020 年累计完成 178.63 万户农村危房改造任务。

小康电行动计划由省发展改革委、贵州电网公司牵头,到 2015 年农村一户一表率达到 95%,2013 年至 2015 年新建及改造电网线路 2.48 万公里;到 2017 年农村一户一表率达到 100%,新建及改造农村电网线路累计 4.18 万公里;到 2020 年新建及改造电网线路累计 6.75 万公里。

小康讯行动计划由省通信管理局、省邮政管理局,到 2015 年 99% 以上的自然村通电话和行政村通宽带,实现乡镇邮政网点全覆盖;到 2017 年全面实现自然村通电话和行政村通宽带,在 100 个乡镇开办快递服务网点,在 500 个行政村设置村级邮件接收场所;到 2020 年完成同步小康创建活动"电话户户通"目标任务,建成现代邮政。

小康寨行动计划由省财政厅(省农村综合改革领导小组办公室)牵头,实施村寨道路、农户庭院硬化,实施农村改厕、改圈、改灶工程和农民体育健身工程,建设农村垃圾污水处理、照明、文化活动场所等设施。到 2015 年覆盖 2.58 万个村寨;到 2017 年累计覆盖 4.3 万个村寨;到 2020 年累计覆盖 6.9 万个村寨。

2.2.2 工作内容

为落实六项行动计划的具体目标任务,各分项计划都列出了具体的工作内容。其中,小康路、小康水、小

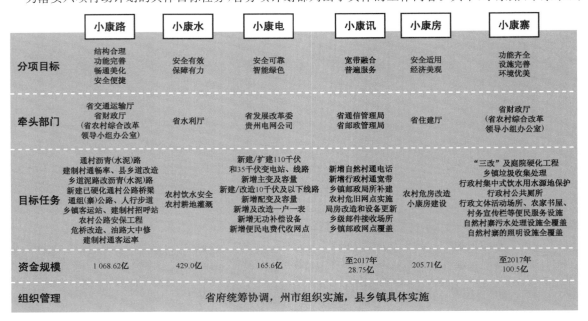

	小康路	小康水	小康电	小康讯	小康房	小康寨
分项目标	结构合理 功能完善 畅通美化 安全便捷	安全有效 保障有力	安全可靠 智能绿色	宽带融合 普遍服务	安全适用 经济美观	功能齐全 设施完善 环境优美
牵头部门	省交通运输厅 省财政厅 (省农村综合改革 领导小组办公室)	省水利厅	省发展改革委 贵州电网公司	省通信管理局 省邮政管理局	省住建厅	省财政厅 (省农村综合改革 领导小组办公室)
目标任务	通村沥青(水泥)路 建制村通畅率、县乡道改造 乡道泥路改沥青(水泥)路 新建已硬化通村公路桥梁 通组(寨)公路、人行步道 乡镇客运站、建制村招呼站 农村公路安保工程 危桥改造、油路大中修 建制村通客运率	农村饮水安全 农村耕地灌溉	新建/扩建110千伏 和35千伏变电站、线路 新增主变及容量 新建/改造10千伏及以下线路 新增配变及容量 新增农村一户一表 新增无功补偿设备 新增便民电费代收网点	新增自然村通电话 新增行政村通宽带 乡镇邮政所补建 农村危旧网点实施 局房改造和设备更新 乡级邮件接收场所 乡镇邮政网点覆盖	农村危房改造 小康房建设	"三改"及庭院硬化工程 乡镇垃圾收集处理 行政村集中式饮水用水源地保护 行政村公共厕所 行政文体活动场所、农家书屋、 村务宣传栏等便民服务设施 自然村寨污水处理设施全覆盖 自然村寨的照明设施全覆盖
资金规模	1 068.62亿	429.0亿	165.6亿	至2017年 28.75亿	205.71亿	至2017年 100.5亿
组织管理	省府统筹协调,州市组织实施,县乡镇具体实施					

图 2-1 "四在农家·美丽乡村"基础设施建设六项行动计划政策目标简况

康电、小康讯行动计划的核心工作在于实施其相应的重点项目,小康寨行动计划的工作内容包含了村寨内各类设施的建设,小康房行动计划的工作内容核心在于制定小康房建设的标准并开展相应的引导工作,同时统筹村庄整治中的各类相关建设。

具体来看,小康路行动计划的重点项目主要包括实施农村公路硬化工程、优化提等工程、畅化工程、安全工程、信息化工程、绿化美化工程、运输通达工程等;小康电行动计划的重点项目包括农村电网改造升级工程、农村用电公共服务均等化工程、农村电网电压质量提升工程以及理顺电网管理体制等;小康水行动计划的重点项目包括示范村建设、小型水利水源工程建设、水利管网建设等;小康讯行动计划中的重点项目包含了“自然村通电话”工程、“行政村通宽带”工程、邮政“乡乡设所”工程、深化村邮工程、邮政网点改造工程、快递下乡工程以及保障农村邮政普遍服务网点运营等。这些与基础设施相关的专项行动计划提出的各类重点项目和工程,都是对其目标任务的深化和具体化。

小康寨行动计划的工作内容较为综合,涉及村庄环境整治和公用设施建设等方面。村庄环境整治的建设内容包括了“三改”工程(即改厕、改圈、改灶)、庭院硬化、集中式饮用水源地保护、污水处理、公共厕所、垃圾的收集、搬运和处理等;公用设施建设主要包括照明设施、文体活动场所等,后者包括场所的设置及简易座位、体育健身器材、农家书屋、村务宣传栏等内容。

小康房行动计划的工作内容与其余五项行动计划相比具有明显的差异,其核心并非是落实具体项目,更多是通过制定标准对小康房建设进行规范与引导,更加强调与其他相关工作的协调统筹。根据该项行动计划,在规定时间内,省住房城乡建设厅应完成《小康房建设技术标准》编制工作,各市(州)、贵安新区应完成《小康房设计图集》的编制工作。之后,各市(州)、贵安新区等选择农村危房较集中和开始实施扶贫生态移民工程的村寨,先行开展小康房建设工作,打造示范点,以点带面带动周边农村住宅的小康房建设。另一方面的工作,则是引导各地根据小康房建设实际需求,积极编制村庄规划,结合村庄整治,抓好路网、水网、电网、通信网、互联网、广播电视网、生态环保网建设,通过支持和引导农村改水、改厨、改灶、改厕、改圈,建设沼气池、文化室、宣传栏、体育或休闲娱乐场所等,推进基础设施和社会服务设施向村庄延伸。

2.2.3　组织管理

为统筹六项行动计划的落实管理,贵州省明确了强调项目推进、分层落实的组织管理方式,将六大类行动计划,按照不同分类明确不同层级政府的责任部门及具体要求,并通过重点项目等方式逐级落实建设。

(1) 各级政府的责任

由省、地州、县、乡镇各级政府部门,建构起分工明确的分级落实六项行动计划的政府组织机制。

省政府负责总体决策及统筹调度。其中,省长需定期听取六项行动计划实施情况汇报,研究解决重大问题。常务副省长、分管副省长分别牵头组织协调推动,建立联席会议制度,研究解决实际问题。省直部门和地级市(州)人民政府、贵安新区管委会组织实施。各项行动计划的具体实施都有明确的牵头单位和责任单位,各单位在沟通协调的基础上,需编制各自的完成实施规划,明确年度任务、具体项目和工作要求,并在省层面出台相应的配套政策措施等。

地级市(州)主要根据省级政府的有关规定和任务要求,成立工作领导小组,制定具体实施意见,对区域内建设任务、资金安排、项目实施等重大问题进行研究和统筹,并推动工作落实。

县、区级政府部门和特区,各自成立工作领导小组,并由主要负责人任组长,分管负责人任副组长,明确组织实施单位和具体责任人。每项计划都要做到有总体部署、有年度目标、有考核细则、有奖惩措施。

乡(镇)负责人和驻村干部主要按照要求,分片包干,定责定岗定时,组织村支两委做好群众发动、征地拆迁、矛盾化解等工作,确保项目顺利实施。

(2)分项计划的组织管理

各个分项计划根据实际分工进一步将组织管理职责深化落实,其中较为核心的是省级工作联席会议制度和分级责任体系。

除小康水行动计划由省水利厅直管并且由各级水行政主管部门直接承担管理职责外,其余五项行动计划都由省政府分管领导或领导小组(小康寨由省农村综合改革领导小组统一领导)作为召集人或组长,各相关部门负责人作为成员,形成全省工作联席会议制度,具体负责行动计划的实施、协调、督促、指导和考核等工作,及时解决计划实施过程中遇到的重大问题等。并且,除小康电和小康讯,其他小康路、小康房、小康寨行动计划都提出了相应的政府分级责任体系,并且强调了县级政府的"主体责任"。

小康电行动计划的全省工作联席会议由省发展改革委、省国土资源厅、省住房城乡建设厅、省环境保护厅、贵州电网公司及各市(州)人民政府、贵安新区管委会等负责人作为成员。

小康路行动计划在全省的工作也采取联席会议制度,由省发展改革委、省财政厅、省环境保护厅、省国土资源厅、省住房城乡建设厅、省交通运输厅、省水利厅、省林业厅、省扶贫办、省旅游局、省移民局、省烟草专卖局及各地级市(州)人民政府、贵安新区管委会等负责同志作为成员。在行动计划落实方面,小康路行动计划坚持"县级主体责任、部门规划管理、逐级目标落实"的原则,各县(市、区、特区)人民政府为实施责任主体,负责统筹各级项目资金的使用,组织落实年度计划,推进辖区内乡村道路的"建、管、养、运"各项工作,以及成立县级质量监督组,提高工程项目管控能力,全力推进行动计划实施;各市(州)人民政府、贵安新区管委会负责组织辖区内规划项目的实施,协调、监督、指导县(市、区、特区)计划执行;省交通运输厅和省财政厅(省农村综合改革领导小组办公室)分别负责统筹村及以上农村公路发展规划实施和村级以下道路规划实施。

小康房行动计划采取了"省级负总体责任、市级负管理责任、县级负主要责任、乡级负直接责任、村级负具体责任"的组织领导体系和责任体系,各市(州)人民政府、贵安新区管委会、县(市、区、特区)人民政府按照目标任务抓好辖区内小康房建设工作(表2-1)。

小康寨行动计划明确县级党委、政府在小康寨建设中承担主要职责,以县为单位整体谋划、整合资源、统筹推进;省市两级加强政策扶持和指导督查,形成上下联动、分工负责的工作格局。

2.2.4 资金投入

六项行动计划预计总投入1 510.68亿元。到2017年预计投入1 422.47亿元,其中小康路行动计划村以上道路预计投入631.62亿元,通组(寨)道路和村内道路预计投入112亿元(不含投工投劳),合计743.62亿元;小康水行动计划预计投入266.5亿元;小康电行动计划预计投入165.6亿元;小康讯行动计划中"通信村村通"预计投入25.53亿元,"便捷邮政"预计投入3.22亿元,合计28.75亿元;小康寨行动计划预计投入100.5亿元;小康房行动计划预计投入117.5亿元。2018—2020年小康房行动计划预计投入88.21亿元,由此该分项计划总投入预计205.71亿元。

资金筹措的渠道主要通过争取国家支持、盘活财政存量、激励企业投入、广集社会资金、运用市场融资等方式解决,但总体上政府投入占据了绝对主导性地位。已明确至2017年六项行动计划投入1 422.47亿元,其中政府将投资1 263.85亿元,企业自筹158.62亿元。具体的资金投放则根据各个分项行动计划内的具体工作内容和建设项目予以安排。

表 2-1　　贵州省"四在农家·美丽乡村"基础设施建设六项行动计划分项政策组织管理

分项政策	组织		职责				
	联席会议召集人	联席会议成员	省级	地州	县	乡镇	村
小康电	省政府分管领导	省发展改革委、省国土资源厅、省住房城乡建设厅、省环境保护厅、贵州电网公司及各市(州)人民政府、贵安新区管委会负责人	负责行动计划实施、督促、指导和考核工作,协调项目实施过程中遇到用地、农民阻工和青苗赔偿等问题,并定期组织开展督查工作				
小康讯	省政府分管领导	省有关部门	负责行动计划的实施、协调、督促、指导和考核等工作,及时解决计划实施过程中遇到的重大问题				
小康房	省政府分管住房城乡建设工作的领导	省有关部门	负总体责任,组织领导和统筹协调全省小康房建设工作	负管理责任,按照目标任务抓好辖区内小康房建设工作	负主要责任,按照目标任务抓好辖区内小康房建设工作	负直接责任,按照乡村规划和《小康房设计图集》等要求,积极引导农民建设	负具体责任
小康路	省政府分管交通运输工作的领导	省发展改革委、省财政厅、省环境保护厅、省国土资源厅、省住房城乡建设厅、省交通运输厅、省水利厅、省林业厅、省扶贫办、省旅游局、省移民局、省烟草专卖局及各市(州)人民政府、贵安新区管委会负责人	省交通运输厅负责统筹村及以上农村公路发展规划实施。省财政厅(省农村综合改革领导小组办公室)负责统筹村级以下道路规划实施	负责组织辖区内规划项目的实施,协调、监督、指导县(市、区、特区)计划执行		为实施责任主体,负责统筹各级项目资金的使用,组织落实年度计划,推进辖区内乡村道路"建、管、养、运"各项工作	
小康寨	省农村综合改革领导小组	省有关部门	加强政策扶持和指导督查,形成上下联动、分工负责的工作格局	承担主要职责,以县为单位整体谋划、整合资源、统筹推进			
小康水	省水利厅直管		省水利厅以农村饮水安全工程和小型水利设施为重点,扎实推进全省农村水利基础设施建设,主要领导亲自抓,列入工作计划和议事日程	各级水行政主管部门要按照本行动计划确定的发展目标任务,明确责任分工,细化工作方案,全力推进			

(资料来源:根据贵州省"四在农家·美丽乡村"基础设施建设六项行动计划各分项政策梳理归纳)

小康路行动计划中,村以上道路建设按"十二五"和"十三五"规划的资金渠道,预计到 2017 年可筹资 631.62 亿元。其中,申请中央车购税 402.95 亿元,整合省级部门资金 19.85 亿元,市县筹集 208.82 亿元。如 2013—2017 年完成规划任务,由省政府与交通运输部签署"先建后补"协议,明确中央补助资金用于省里偿还提前实施规划任务的贷款本息。对于提前实施部分,省级财政每年安排 3 亿元,对完成目标任务并经考核验收的县给予奖补贴息支持。具体实施办法,由省财政厅商省交通运输厅等部门制定。

小康路行动计划中,村以下道路建设与小康寨行动计划的建设资金筹措,主要分为三类渠道。一是安排一事一议财政奖补资金投入,前者到 2017 年可筹 90 亿元,后者在村内公益事业建设方面到 2017 年预计可筹 37.5 亿元;二是争取中央加大对贵州省的支持力度,前者到 2017 年可筹 7.4 亿元,后者可筹资 3 亿元。三是整合资金,前者将整合目前发展改革部门的以工代赈资金、民族事务部门的少数民族发展资金等,作为每年通组(寨)道路、村内道路建设的部分资金来源,到 2017 年预计可筹资 14.6 亿元;后者将整合扶贫旅游专项、新农村建设补助、清洁工程补助、烟草示范工程补助、水库移民后扶补助等 20 余项专项资金 32.95 亿元。除此之外,小康寨行动计划还将争取中央支持农民体育健身工程专项资金 3.6 亿元、环保专项资金 2 亿元,以及市县投入及对口帮扶、社会捐赠等 21.45 亿元。

小康水行动计划中,资金根据其目标任务分为农村饮水安全和有效灌溉两大部分。饮水安全的资金包括完成"十二五"人饮安全规划任务的投入 25 亿元,以及地下水(机井)开发利用投入 79 亿元。其中,机井建设包括了新增机井 7 000 口所需投入的 70 亿元和 1 200 口已打未用成井配套设施建设的投入 9 亿元,前者由省级负责 3 000 口共投入资金 30 亿元,市级负责 1 800 口共投入资金 18 亿元,县级负责 2 200 口共投入资金 22 亿元,后者全部由省级负责。为新增有效灌溉面积所需的小型农田水利建设预计投入 162.5 亿元,主要通过省国土资源厅规划高标准农田建设治理、省财政厅农业综合开发高标准农田建设及中低产田改造治理和省水利厅中央小型农田水利重点县建设等解决。

小康电与小康讯行动计划由于有电力、通信、邮政等方面的公司单位参与运营,资金筹措以企业自筹为主。其中,小康电行动计划约 80% 的资金由企业自筹资金(贷款)解决,预计 132.5 亿元;省发展改革委牵头协调国家发展改革委提高国家资本金补助,力争达到小康电总投资的 20%,预计 33.1 亿元;省级财政则每年对企业自筹部分给予全额贴息补助。小康讯行动计划中企业自筹 26.14 亿元,约占 90%,各级政府投入 2.61 亿元,占小康讯总投资的 10%。

目前唯一有资金缺口的是小康房行动计划,该计划预计总投入 205.71 亿元。按现有中央补助标准可以申请中央补助资金 86.7 亿元;按 2013 年省财政扶贫生态移民资金和农村危房改造资金配套措施,每年可以安排扶贫生态移民搬迁工程 6 亿元,至 2017 年可以统筹用于新一轮农村危房改造及扶贫生态移民搬迁工程共计 24 亿元。此外由市县筹资 6.8 亿元。由此,小康房行动计划至 2017 年可筹措 117.5 亿元,缺口资金 88.21 亿元将在 2018—2020 年解决。

在具体的资金管理政策方面,一是强调省级专项资金的统筹安排。省财政厅组织有关部门制定财政资金整合使用管理办法,指导县级政府按照"渠道不变、管理不乱、各负其责、各记其功"的原则,根据建设规划,从项目申报环节抓起,推进资金整合。

二是强调改革省级财政资金使用方法,以县为主整合资源、组织实施,中央、省、市(州)资金与"以县为单位同步小康目标"进程考核挂钩。除国家有特殊规定的专项资金外,省级各部门相关专项资金 50% 以上按因素法分配到县,其余资金通过竞争立项或以奖代补等方式投入到县,支持有条件的县运用市场机制吸引社会资金参与建设。

三是强调推广一事一议财政奖补机制,动员组织群众投工投劳。充分发挥农民群众的主体作用,尊重农民群众的意愿,建立健全农民群众自建、自管的长效机制。重点支持省级示范村寨特色优势产业发展,推进农村集体经济组织和农民专业合作组织建设,增强村级集体经济实力,促进农村社会经济可持续发展。

2.2.5 政策扶持

为确保六项行动计划的实施,除了明确其政策目标、工作内容、组织方式以及资金渠道外,贵州省还采取了一系列扶持性的保障政策,内容包括了项目用地、审批、减免、监管、考核以及宣传等方面。

(1)分类扶持政策

首要的扶持政策是确保项目用地。要求严格集约节约用地,强化土地利用规划统筹,推进村庄空闲地、闲置地和废弃土地盘活利用,用好土地利用增减挂钩试点等政策,加强农村土地综合整治,保障建设用地需求。县、乡、村要积极配合做好项目建设用地选址工作,提供建设用地,受赠新建公共体育设施的乡村应无偿提供实施项目建设用地。村委会应提供邮件捎转服务场所。

在项目审批程序上尽量简化。减少前置条件,缩短审批时限。技术要求高、施工难度大的项目,通过招投标选择有实力的公司组织实施建设。除此之外的原则上采取一事一议财政奖补办法,由群众投工投劳自主建设或乡村组织施工队伍完成,不得发包、转包、分包。

各项行动计划的项目可减免相关费用。例如依法减免六项行动计划建设新增路款等税费,制定建设项目豁免管理名录;小康电建设项目享受农网项目相关优惠政策,减免管线建设地方规费;公共场所和设施对通信基础设施免费开放,免收"通信村村通"管线穿越公路等基础设施入场、占用等费用。

项目监管包括了质量监管、资金监管和绩效考核等。质量监管由省直牵头部门研究制定具体建设标准,指导工程实施,全程加强监管,未经批准不得随意变更设计、调整概预算、降低建设标准,确保工程质量。对农村非经营性公共基础设施和公共服务设施,建立健全农村公共服务设施运行维护机制,加强后续管护,确保工程长期发挥效益。资金监管严格执行建设项目资金公示制,资金数额、用途、程序、效果等要向农民群众及时公开。审计部门采用前置审计、在建审计、跟踪审计、结算审计和绩效审计等措施,确保资金使用安全高效。由纪检监察机关加强行政监督,严肃查处工程实施中的违纪违法行为。

绩效考核方面,要求省直牵头部门按月调度、按季抽查、半年通报、年终考核。省政府督查室要强化专项督查,督查结果及时通报。统计部门要组织行业主管部门建立六项行动计划统计指标体系,进行季度、半年、年度统计。省政府办公厅要组织有关部门建立六项行动计划考评奖惩办法,定期开展绩效评估,强化绩效考核,严格兑现奖惩,及时有效整改,严肃行政问责。

加强政策宣传,要求充分发挥媒体作用,开展形式多样、生动活泼的宣传教育活动,提高广大基层干部群众的知晓率、认同感、参与度。认真总结成功经验,大力宣传先进典型,形成全社会关心、支持和监督六项行动计划实施的良好氛围。

(2)分项计划的扶持政策

各个分项行动计划中,核心强调了项目建管、工作考核和政策宣传等方面。小康水、小康电和小康路行动计划提出了项目建管政策。其中,小康水行动计划强调完善体系和长效机制,推进小型水利设施产权制度改革,建立以县为单位的农村饮水安全工程统管机构和以省、市、县三级财政预算资金为主的农村饮水安全工程维修养护基金保障制度等;小康电和小康路行动计划一方面强调建立标准体系,如小康电推行基建安全生产风险管理体系,小康路建立农村公路建养信用评价体系等,另一方面,两者按照以点带面、逐步扩大、全面推开的原则,支持条件较好的县(市、区、特区)提前实施项目,如打造"小康电"示范点工程,建立"美丽乡村小康路"规划项目库等。

对工作绩效考核的要求中,小康电与小康讯行动计划明确将目标任务进行分解细化,由省目标办制定具体考核办法,将目标任务完成情况纳入年度目标考核。各级政府将计划纳入重点工作进行督办、考核。对工作不力、影响项目推进的地区给予通报批评,造成严重后果的,追究有关单位和责任人的责任。小康房与小康寨行动计划强调了要将其落实情况纳入到各级政府工作年度考核评价体系中。小康路行动计划则建立"以建定建、以养定建"考评体系,对市(州)、贵安新区、县(市、区、特区)年度计划执行进行综合量化测评。

政策推广宣传受到了所有分项行动计划的重视,通过各类传播渠道,宣传先进典型、经验做法、执行效果等,充分调动和激发群众的积极性和创造力。其中,小康路行动计划还提出加强沿线村民引导和驾驶员教育培训工作,提高爱路护路意识的宣传工作;小康寨行动计划则提出通过规划公示、专家听证、项目共建等途径,广泛动员和引导社会各界力量参与和支持。

2.3 传统村落整体保护利用工作

2.3.1 政策源起与沿革

贵州作为一个多民族聚居的省份,17个世居少数民族在历史进程中形成了许多具有浓郁特色的自然村寨。目前,全省少数民族村寨约有6 000多个,少数民族人口占全省总人口的37.9%。已公布的三批共2 555个中国传统村落中,贵州省有426个,数量居全国第二。

贵州省的传统村落保护经过30年的实践,从民族村寨保护到生态博物馆建设,再到传统村落保护和发展等,在延续传统文化和保存文化多元性等方面取得了丰富经验,对于中国传统村落和文化保护与发展方面也做出了积极的理论与实践贡献。

早在改革开放初期,贵州省就着手开展民族村寨保护工作,成为国内最早开始乡村文化遗产保护和利用的省份。1984年,省文化厅发出了具有重要历史意义的《关于调查民族村寨的通知》文件,在全省范围内开展民族村寨调查保护工作,有选择地保护好具有地方特色和民族风格的民族村寨(包括汉族村寨);对于研究贵州的建筑艺术、民族历史,建立一批露天的民族、民俗博物馆,推动两个文明的建设发挥了重要作用。中央民族学院、同济大学师生参加了部分调查活动。贵州省文化厅和黔东南州文化局在该项工作基础上,及时编辑出版了《民族村寨调查报告》及《民族村寨资料汇编》。

1986年9月,贵州省人大常委会颁发《贵州省文物保护管理办法》,特设"民族文物"一章,明确规定:"对具有地方特点和民族特点,并具有研究价值的典型民族村寨,以及对与少数民族的风俗习惯、文化娱乐、宗教信仰、节日活动有关的代表性实物、代表性场所及具有重要价值的文献资料,要加以保护。"使得该项具有广泛意义的保护工作,纳入了法定层面。

此后,历经多年努力,在调查研究、认真论证的基础上,贵州省有效保护了一批典型民族村寨,如关岭滑石哨、雷山朗德、从江高增、黎平肇兴等村寨全面保护传统建筑、生产工具、生活用具和精神文化等,并且以民族文化村、民族文物村、露天博物馆、村寨博物馆等形式向公众开放。

20世纪90年代,贵州省开始引进国际生态博物馆理论,在中国率先建立生态博物馆,成为民族村寨保护、展示和研究的新形式。典型代表包括六枝的陇戛寨、花溪的镇山村、锦屏的隆里所城、黎平的堂安村和地扪村等。生态博物馆的建设进一步强化了村民文化主人的地位,文化水平等、自主和维护成为鲜明的主题。这一实践的推广,也逐渐为我国文化遗产保护和博物馆领域所认知和应用。

2005年,贵州省文物保护工作结合多年的实践经验,引进了文化景观的理论,指导村寨类文化遗产的保护和利用。2008年10月,贵州省召开了村落文化景观保护和可持续利用国际学术研讨会,形成了《村落文化景观保护和发展的建议》(即《贵阳建议》),受到全国文化遗产领域极大的关注。

2009年,基于历年来贵州文化遗产保护工作的梳理、反思,结合文化遗产资源利用的实际,贵州省文物部门提出文化遗产保护"百村计划",与全球文化遗产基金会、社科文组织、北京大学、同济大学等高校和相关单位进行合作,确立村落文化景观整体保护的理念,旨在有效保护、合理利用文化遗产资源,从全新的角度整体思考乡村传统文化和社会发展的关系,解决文化权益、惠及民生、促进发展等现实问题。

2011年,贵州省委十届十二次全会发布了《中共贵州省委关于贯彻党的十七届六中全会精神推动多民族文化大发展大繁荣的意见》,推出了"实施全省文化遗产保护'百村计划'"这一工程,为全省的传统村落保护工作指明了方向。正是在这一背景下,雷山县控拜村、榕江县大利村、黎平县堂安村、锦屏县文斗村、黄平县塘都村、印江县兴旺村、乌当区渡寨村、遵义县苟坝村成为"百村计划"第一批实施村寨。2012年,贵州省文物局评选出首批四个"贵州省村落文化景观保护示范村寨",即雷山县控拜村、锦屏县文斗村、榕江县大利村和印江县兴旺村等。

与此同时,在联合国教科文组织亚太世界遗产培训与研究中心的推动下,贵州省和法国进行了以乡村文化遗产保护为主题的国际交流与合作。2012年10月,贵州省文物局赴法进行学习考察;2013年8月,举办了中法乡村文化遗产保护研讨会;中法专家在从江县增冲村合作进行了保护技术设计研究等。"百村计划"是一个涵盖文化遗产保护、景观更新、非物质文化遗产、旅游和农业产业提升等方面的综合性、系统性工程。这些围绕"百村计划"进行的乡村文化遗产保护行动,为贵州省传统村落的保护和发展工作,打下了基础。

2014年,全国范围内开始加大传统村落保护工作的力度,住建部、文化部、文物局和财政部等四部门联合发布了《关于切实加强中国传统村落保护的指导意见》(建村〔2014〕61号),旨在通过中央、地方、村民和社会的共同努力,用3年时间使列入中国传统村落名录的村落(以下简称中国传统村落)的文化遗产得到基本保护,具备基本的生产生活条件、基本的防灾安全保障、基本的保护管理机制,逐步增强传统村落保护发展的综合能力。

根据这一政策的指导意见,为进一步指导有关工作,积极稳妥推进中国传统村落保护项目的实施,防止出现盲目建设、过度开发、改造失当等修建性破坏现象,住建部、文化部和国家文物局等三部局又发布了《关于做好中国传统村落保护项目实施工作的意见》(建村〔2014〕135号)。

同年5月,国家文物局启动全国重点文物保护单位和省级文物保护单位(以下简称"国保省保")集中成片传统村落整体保护利用工作,并发布了《全国重点文物保护单位和省级文物保护单位集中成片传统村落整体保护利用工作实施方案》(文物保函〔2014〕651号)。为进一步推动和规范相关工作的开展,国家文物局发布了《关于进一步做好全国重点文物保护单位和省级文物保护单位集中成片传统村落整体保护利用工作的通知》(文物保发〔2014〕27号)等。贵州省2014年有61个传统村落被列入中央财政支持范围,并制定了具体的工作实施方案,以落实相关政策。

在全国传统村落保护工作的推动下,贵州省于2015年4月发布了《加强传统村落保护发展的指导意见》(黔府发〔2015〕14号),旨在通过省、市、县、乡、村五级联动和社会广泛参与,用3~5年时间,使传统村落文化遗产得到基本保护、生产生活条件得到有效改善、具备基本的防灾安全保障能力、建立起有效的保护发展管理机制、培育起稳定增收的特色优势产业,努力让传统村落美起来、强起来、富起来,遏制住传统村落消亡的势头。该文件已经成为贵州省传统村落保护的纲领性文件。

2.3.2　政策目标

贵州省传统村落整体保护利用工作的目标,总体上源于国家四部局发布的《关于切实加强中国传统村落保护的指导意见》和国家文物局发布的《全国重点文物保护单位和省级文物保护单位集中成片传统村落整体保护利用工作实施方案》(以下简称《全国实施方案》)的要求。省文物局制定了《贵州省传统村落整体保护利用工作实施方案》(以下简称《贵州省实施方案》)和《贵州省 10 个国保省保集中成片传统村落整体保护利用工作安排的通知》(2014),进一步提出了明确要求。

《全国实施方案》提出的总体目标为,全面提升 270 个国保省保集中成片传统村落的整体保护利用水平,实现传统村落的可持续发展,并形成可推广、可"复制"的经验与模式。具体要求包括,以省级及以上文物保护单位为重点,传统村落的重要文物古迹、乡土建筑、传统民居基本消除险情,得到全面维修、维护和合理利用;传统村落的非物质文化遗产得到科学发掘和合理利用,乡土文化活态传承的机制基本建立;传统村落的风貌、格局得到保持和改善,自然生态环境得到维护和优化,消防、防灾避险等必要的安全设施以及水、电、路、通讯等基础设施基本齐全,符合村落历史文化价值的特色产业得到培育壮大,原住村民相对稳定,民生状况进一步改善;国家、地方、村落联动,农民发挥主体作用,社会广泛参与的保护与发展新机制初步形成,政策法规配套健全,资源整合富有效率等。

《贵州省实施方案》在此基础上,结合贵州省的情况,按照省委、省政府转型和跨越发展的新要求,立足于继承、弘扬全省优秀传统文化和改善村民生产生活环境,大力实施文化强省战略,通过科学决策、加大投入、强化管理等措施,使全省传统村落的历史环境和传统风貌得到有效保护,村民的文明素质得到显著提高。结合全国性的具体目标,该文件提出,通过 5 年左右时间,逐步完善省内传统村落的公共文化服务设施,科学发掘和合理利用非物质文化遗产,基本建立乡土文化活态传承的机制;重要文物古迹、乡土建筑和传统民居得到全面维修、维护和合理利用,符合村落历史文化价值的特色产业得到培育壮大,村民生产生活的安全隐患基本消除;政策法规配套健全,资源整合富有成效,原住村民相对稳定,民生状况进一步改善,社会广泛参与的保护与发展新机制基本形成等。

在总体工作目标的引领下,全国和贵州省都提出了具体的项目实施目标。全国范围内分三批实施 270 个传统村落整体保护利用项目。第一批 51 个传统村落,2014 年 5 月启动,2015 年 12 月首批文物保护工程项目竣工验收;第二批 100 个传统村落,2015 年 6 月实施,2016 年 12 月首批文物保护工程项目验收;第三批 120 个传统村落,2016 年 6 月实施,2017 年 12 月首批文物保护工程项目验收。

贵州省列入全国集中成片传统村落整体保护村寨共 10 个,其中贵阳市 1 个,安顺市 1 个,铜仁市 1 个,黔东南州 7 个。这些村寨按照全国的项目实施目标分三批实施,第一批为安顺市西秀区七眼桥镇云山村、黔东南苗族侗族自治州榕江县栽麻乡大利村和黎平县茅贡乡地扪村 3 个村寨,2014 年 5 月启动,2015 年 11 月竣工验收。第二批组织编制 7 个入选全国整体保护利用项目的工程总体方案,并争取全部列入全国第二批整体保护利用实施项目名单,2015 年 5 月启动,2016 年 11 月竣工验收。不能列入国家文物局全国第二批整体保护利用实施名单的,经改进后列入第三批整体保护利用实施名单,自 2016 年 5 月启动,2017 年 11 月竣工验收。每批实施时间目标为一年半。

2.3.3 组织管理

《全国实施方案》明确了传统村落整体保护利用工作中各级政府部门的具体任务分工,从国家、省、县、村四级分层推进,为组织管理提供了工作框架。总体上,国家文物局成立由主要领导为组长,分管领导为副组长,国家文物局有关司室负责同志参加的,国保省保集中成片传统村落整体保护利用工作指导小组。省级文物部门也应建立相应机制,起到上传下达的作用。县级政府应建立由主要负责同志挂帅,县四部门和有关乡镇政府负责同志参加的领导小组及县工作机构,建立健全相关工作机制。省级文物部门指派一人参加县级领导小组。县级政府与相关传统村落签订责任书。建立健全"一村一档"制度,做好传统村落项目的检查验收工作,保证质量和进度。

具体的任务分工中,国家文物局在分批实施传统村落整体保护利用项目的工作期间负责协调中央各有关部委的支持;制定工作实施方案;指导编制并审核各传统村落文物保护工程总体实施方案以及具体工程方案;根据四部局培训总体安排对县政府主要负责人和村两委负责人开展或参与开展培训;制定项目管理检查验收办法、乡土建筑保护利用管理导则等相关技术标准等。除此之外,国家文物局的常年职责需积极争取中央财政经费支持;加强对专项资金使用情况的监管;探索个人产权的传统民居修缮补偿办法;组织监督、检查,对实践中好的做法和经验及时进行总结并组织交流和推广;开展宣传报道,扩大项目在全社会的影响等。

省级文物部门在实施传统村落整体保护利用项目的工作期间负责协调省有关部门、地州级政府、县级政府的支持,确定专人负责;督促、指导县级政府和传统村落编制,审核上报相关文物保护工程总体实施方案及工程技术方案;审批省保单位保护方案;组建省级专家组;制定符合本省实际的传统村落保护利用技术指南;组织中期评估、结项验收等。其常年的工作职责还包括对项目实施过程和工程施工进行监管、技术指导,及时向国家文物局通报有关情况,培育本省传统村落、乡土建筑保护维修民间技术队伍,保护和传承传统建造工艺等。

县(市)人民政府对传统村落整体保护利用负主要责任,项目实施工作期间负责将传统村落整体保护利用纳入县域国民经济和社会发展规划,列入县级政府2014—2017年度重点工作,纳入政府领导政绩考核指标;成立政府主要领导任组长,相关部门、乡镇参加的工作领导小组,健全工作机制;协调乡镇人民政府配备专门工作人员,配合做好监督管理;建立资金统筹机制,并在本级财政预算安排固定经费投入。除此之外,县(市)人民政府需制定县级传统村落保护利用管理办法,完善相关制度和长效机制;常年积极探索多元投资渠道,争取社会资金参与;建立健全传统村落文化遗产安全管理制度,切实采取安全措施,增强防范能力;指导相关部门加强协作,做好传统村落保护展示利用、旅游开发、特色产业培育等工作,并以村民为主安排就业等。

县级文物部门则在省及地市文物部门指导、县级政府领导下,积极参与编制传统村落保护发展规划;主导编制相关传统村落文物保护规划;与专业机构建立合作,梳理传统村落现有各类规划,编制相关文物保护工程总体实施方案,以及所含各类工程技术方案;制定保护维修年度工作计划,组织实施传统村落文物保护、公共乡土建筑维修等工程项目,同时做好文物保护工程项目储备;组织实施环境整治和消防、安防等文物安全防护等工程项目等。

村委会负责配合并组织村民参与传统村落整体保护利用工作。相关项目实施工作期间需制定传统村落保护利用相关村规民约。其余工作具有持续性,常年积极向村民宣传传统村落整体保护利用工作的内容和意义,以及相关文物保护知识;组织村民在专业机构指导下参与文物保护工程施工,在专家指导下开展个人产权民居建筑修缮工程;发展适宜产业,增加村民收入;合理分配和使用经营性收入,部分收益返还村民,部分用于传统村落保护。

按照全国层面的任务分工,《贵州省实施方案》中根据本省情况首先针对省级组织管理明确了更为细致的管理部门和任务要求。省文化厅成立传统村落整体保护利用工作指导小组,由省文化厅党组书记和厅长任组长,由副厅长及省文物局局长、副巡视员任副组长,由省文化厅办公室、社会文化处、非物质文化遗产处、省文物局的综合处和资源管理处等相关处室的负责人为成员,统筹开展整体保护利用传统村落文化、文物相关项目管理,全面推进全省传统村落整体保护利用项目的实施。

该小组根据国家文物局对省级部门的任务要求,负责组织部署全省的相关项目实施工作,根据各个整体保护利用传统村落在文化、文物项目上的需求,科学、合理地统筹安排社文、非遗和文物相关项目及资源;组建贵州省国保省保集中成片传统村落整体保护利用工作专家咨询组;组织项目实施工作中期评估和结项验收;组织开展贵州省国保省保集中成片传统村落整体保护利用工作宣传报道,及时向有关部门及社会通报相关情况等。对地方的工作包括督促指导相关县级人民政府组建专项工作领导小组,建立健全各项工作制度;制定整体保护利用项目实施方案和年度工作计划;协调组织相关县级人民政府分管领导和村两委参加培训等。在资金管理方面需协调省级以上相关部门和县级人民政府整合资金项目,建立资金统筹和管理等机制。

其次,明确了组建的省级专家咨询组负责研究提出符合贵州实际的传统村落保护利用技术导则或技术指南;对项目实施过程和工程施工提供专业咨询、技术监管和指导;指导相关县级人民政府做好传统村落展示利用、旅游开发、特色产业培育等工作。

再次,进一步强调了各级的责任。其中,县级人民政府对保护项目的投资安排、项目管理、实施效果负总责。乡镇人民政府要配备专门工作人员,配合做好监督管理。各级行政主管部门各负其责,做好牵头组织和综合协调工作,统筹配置资源,及时落实投资计划等。

在全省整体的工作任务分工的基础上,结合具体的相关项目管理工作,《贵州省10个国保省保集中成片传统村落整体保护利用工作安排的通知》对省传统村落整体保护利用工作指导小组、省级专家咨询以及省文化厅、文物局相关处室提出了更为明确的具体工作任务和时间安排。

2.3.4 项目管理

贵州省传统村落整体保护利用项目的管理流程严格按照国家文物局制定的相关规范,其核心是通过规划编制和实施管理逐步推进。

国家文物局就文物保护工程的立项发布《关于切实做好2014年文物保护工程项目申报工作的通知》(文物保函〔2014〕271号),明确了拟申请2014年国家重点文物保护专项资金的项目须在规定时间内(即2014年5月1日前)完成立项、方案、规划、计划的报审工作。根据国家文物局立项报告的批复文件,凡明确由国家文物局审批的文物保护工程,各省应抓紧将技术方案通过国家重点文物保护项目网络报审系统提交国家文物局审批;凡明确由省级文物部门审批的文物保护工程,各省应抓紧将技术方案通过国家重点文物保护项目网络报审系统直接提交第三方咨询评估机构评估,并根据评估意见进行审批。国家文物局将根据申请对报备的技术方案进行预算控制数审核,并据此建立申请2014年国家重点文物保护专项补助资金的备选项目库。同时,文件中明确了今后文物展示利用将统一纳入文物保护工程范畴,纳入文物保护工程立项和工程技术方案。

关于工程方案的编制工作,国家文物局发布《关于做好2014年传统村落文物保护工程总体方案编制工作的通知》(文物保函〔2014〕650号),明确要求首批启动整体保护利用工作的50个传统村落均应编制《传统村落文物保护工程总体方案》(以下简称《总体方案》)。《总体方案》的编制要求应包括村落概况、文物本体保护修缮、保护范围内环境整治、文物展示利用、消防基础设施建设、工程预算等方面的内容。

具体而言,概况部分应包括传统村落地理位置、历史沿革、占地面积、建筑特色、居住人口、产业发展等基本情况,文物保护单位基本情况、历史沿革及其文物本体构成情况。文物本体保护修缮、保护范围内环境整治和文物展示利用内容应包括了相关的现状评估、照片及图纸;项目的名称及内容说明、图纸等;概念性方案设计及相关说明,初步设计图纸;实施计划等。文物本体保护修缮项目应包括拟修缮的文物本体的工程范围及类型;文物展示利用项目应与保护修缮项目统筹考虑,并做好衔接。

文物保护消防项目应包括消防给水系统、消防设施配置、生产用火用电设施改造、防火隔离设置、电气火灾防范系统等主要内容;具备实施条件的文物建筑内可设置自动报警系统,缺水地区可设置高压细水雾系统。设计方案中应优先使用文物建筑专用消防设施设备。传统村落文物消防工程应选用具有甲级设计资质、实力较强的专业设计单位承担设计方案编制,科学谋划、合理布防,全面提升文物消防工程设计能力。设计方案编制坚持总体设计、突出重点原则,应以全国重点文物保护单位为主体,统筹考虑周边火灾风险大的建筑物、构筑物。

预算编制文本应包括简单的文字说明和预（概）算汇总表，主要包括保护规划方案编制费、文物本体维修费、文物保护范围内环境整治费、消防设施建设费、陈列展示费五方面的内容。其中，文物本体修缮方面的文字说明应包含现状描述内容，如房屋数量、结构形式、建筑面积、损坏程度等等。消防设施建设方面的文字说明应包含现状描述内容，如现有消防设施情况、损坏程度等；修缮范围及内容，如消防设施形式、新增或维修数量等。

针对国保单位的《总体方案》应在规定时间内（即 2014 年 5 月 31 日之前）上报国家文物局审批，针对省保单位的《总体方案》由各省（自治区、直辖市）文物局审批后连同批复文件在规定时间（即 2014 年 6 月 10 日前）报国家文物局备案。

各批被列为全国集中成片传统村落整体保护村寨的项目实施时间通常为一年半：5 月开展规划方案编制、审批；6 月开始由各地按计划开展各项工作，县级政府开展工程项目招投标工作，进入实施阶段；来年 6 月由省级文物部门组织中期评估，12 月由省级文物部门组织验收，国家文物局抽查。

贵州省保护工程项目管理工作按照国家文物局的相关规范要求逐步推进。贵州省传统村落整体保护利用工作指导小组负责督促整体保护利用项目所在县级人民政府、文物部门编制传统村落文物保护工程总体方案，会同文物保护处上报国家文物局审批或备案，组织项目实施工作中期评估和结项验收。组建的省级专家咨询组对项目实施过程和工程施工提供专业咨询、技术监管和指导。

具体而言，由省文物局文物保护处负责督促和指导相关县级人民政府、文物部门编制传统村落文物工程技术方案、保护发展规划、文物本体修缮方案、环境整治方案等及相关预（决）算；国保单位相关方案与国家文物局对接并送国家文物局审批，省保单位相关方案经专家评审合格后报国家局备案；督促指导相关县级人民政府制定传统村落保护维修年度工作计划，组织文物本体保护、修缮工程项目和环境整治等项目储备工作；督促相关县级人民政府、文物部门组织实施整体保护利用项目文物保护、修缮、环境整治和基础设施建设等工程项目，并对相关工程施工进行常年监管。

省文物局监督管理处负责督促和指导相关县级人民政府、文物部门编制传统村落相关文物"三防"方案及预（决）算等；国保单位相关方案与国家文物局对接并送国家文物局审批，组织评审省保单位相关方案并报国家局备案；督促相关县级人民政府、文物部门组织实施整体保护利用项目文物消防、安防等安全防护工程项目，并对相关工程施工进行常年监管。

2.3.5 资金投入

由国家四部局发布的《关于切实加强中国传统村落保护的指导意见》提出，中央财政考虑传统村落的保护紧迫性、现有条件和规模等差异，在明确各级政府事权和支出责任的基础上，统筹农村环境保护、"一事一议"财政奖补及美丽乡村建设、国家重点文物保护、中央补助地方文化体育与传媒事业发展、非物质文化遗产保护等专项资金，分年度支持中国传统村落保护发展。

财政支持的范围包括传统建筑保护利用示范、防灾减灾设施建设、历史环境要素修复、卫生等基础设施完善和公共环境整治、文物保护、国家级非物质文化遗产代表性项目保护。

补助资金的申请原则上以地级市为单位。省级四部门汇总初审后向国家四部局提供申请材料。四部局根据各地申请材料，研究确定纳入支持的村落范围，结合有关专项资金年度预算安排和项目库的情况，核定各地补助资金额度，并按照原专项资金管理办法下达资金。各地按照资金原支持方向使用资金，将中央补助资金用好用实出成效。相关专项资金管理办法有明确要求的，应当同时按照要求另行上报。

由国家文物局发布《全国重点文物保护单位和省级文物保护单位集中成片传统村落整体保护利用工作实施方案》,对中央和地方的相关资金投入,给予了更为明确的要求。财政部、国家文物局按照《国家重点文物保护专项补助资金管理办法》(财教〔2013〕116 号),对传统村落中的全国重点文物保护单位的文物建筑本体维修、三防、保护展示利用等给予重点倾斜,按照《中央补助地方文化体育与传媒事业发展专项资金管理暂行办法》(财教〔2007〕83 号),对省级及以下文物保护单位的本体维修、三防项目给予适当补助。中央财政在转移支付中统筹各类专项资金对传统村落中的基础设施、环境整治等项目给予重点支持。

根据要求,省、县(市)要安排落实传统村落中的省(市、县)级文物保护单位的保护利用项目资金,并积极争取和统筹涉农项目资金,重点解决传统村落基础设施建设、环境整治、特色产业培育等问题,制定优惠政策,引导村民、企业、社会组织等参与传统村落保护,制定产业开发收入反哺传统村落保护的具体措施,逐步建立政府、企业、社会多元资金投入传统村落保护的工作机制。

具体而言,《国家重点文物保护专项补助资金管理办法》明确了该专项资金实行项目管理,由财政部和国家文物局共同建立专项资金项目库,其补助范围包括全国重点文物保护单位、大遗址、世界文化遗产、可移动文物的保护和考古发掘,以及财政部和国家文物局批准的其他项目等。

专项资金申报与审批实行项目库管理制度。项目库分为总项目库、备选项目库和实施项目库等三类。纳入国家中长期文物保护规划或年度计划,并按照规定由国家文物局同意立项或批复保护方案的项目构成总项目库。相关的项目实施单位按要求填报申请材料,根据行政隶属关系和规定程序逐级申报。中央有关部门、省级财政部门和省级文物行政部门审核汇总,将预算申请材料报送财政部和国家文物局,由其双方共同委托第三方中介机构或专家组开展项目资金预算控制数指标评审工作,而后对提交的评审意见进行审核确认,将审核通过的项目列入备选项目库,并通知中央有关部门、省级财政部门和省级文物行政部门。

对列入备选项目库的项目,中央有关部门、省级财政部门和文物行政部门按照重要性和损毁程度,区分轻重缓急进行排序,根据评审意见填报年度专项补助资金申请表并提交申请报告,于每年 4 月 30 日前报送财政部和国家文物局。国家文物局结合具体情况对申报项目进行合理排序,提出纳入实施项目库的项目建议报财政部。财政部根据国家文物局建议,综合考虑资金状况,审核确定当年专项资金预算分配方案,按照规定分别下达中央有关部门和省级财政部门并抄送国家文物局,同时会同国家文物局将相关项目列入实施项目库。

中央有关部门和省级财政部门收到财政部下达的专项资金预算通知后,及时逐级下达至项目实施单位。项目实施单位严格按照批准的专项资金补助范围和支出内容安排使用专项资金。如遇特殊情况需要调整,则逐级报送至中央有关部门、省级财政部门和省级文物行政部门审核同意后,报财政部和国家文物局批准。

专项资金的管理实行年度财务报告制度和结项财务验收制度。项目实施单位在实施年度终了后按规定向中央有关部门、省级财政部门和文物行政部门报送年度决算表,由其进行审核和汇总,于每年 3 月 31 日前分别报送财政部和国家文物局。实施完毕后,项目实施单位按要求编制结项财务验收表和项目决算报告,在 6 个月内向中央有关部门、省级财政部门和文物行政部门提出财务验收申请,经其审核后分别报送财政部和国家文物局备案。中央有关部门、省级财政部门和文物行政部门组织专家或委托第三方机构对项目进行财务验收。未通过验收的由项目实施单位根据验收意见进行整改,按规定程序再次报请验收;通过验收后项目实施单位在一个月内办理财务结账手续。

专项资金管理使用的监督检查和绩效评价由财政部、国家文物局负责。检查或评价结果作为以后年度专项资金预算安排的重要参考依据。中央有关部门、地方各级财政部门和文物行政部门按照各自职责,建立健全的监督检查机制和绩效评价制度。项目实施单位建立健全内部监督约束机制,确保专项资金管理和使用安全、规范。凡有违规行为,财政部和国家文物局给予通报批评、停止拨款、暂停核批新项目、收回专项资金等处理，并依照有关规定追究法律责任。

在《中央补助地方文化体育与传媒事业发展专项资金管理暂行办法》中，明确了专项资金实行项目管理，省级财政部门按照项目管理要求建立专项资金项目库。该专项资金的补助范围包括地方特色剧团、图书馆（室）、文化馆（站）、剧院（场）、特色博物馆、体育设施（场地）、广播电视设施、新闻出版事业单位及其他符合专项资金分配原则的项目。

专项资金的申请由省级财政部门为主体，须于每年 5 月 30 日前，商相关省级文化、文物、体育、广播电视、新闻出版等主管部门，完成对本省（区、市）申报项目的审核汇总，将申请材料报送财政部。

专项资金的审核财政部负责。符合要求的项目纳入当年专项资金补助范围，由财政部下达省级财政部门，同时抄送相关省级文化体育与传媒主管部门。涉及专业性较强项目，财政部商相关中央级相关主管部门后下达专项资金。省级财政部门应在收到财政部下达的专项资金通知后 30 个工作日内将补助经费下达到项目单位。

专项资金的管理建立项目负责人制度，全面负责项目实施中的各项工作。项目单位应按照项目执行规划，为项目的实施提供条件和保障，对项目资金实行单独核算和管理，严格按照财政部批复的项目及预算执行。项目执行过程中，因项目实施环境和条件发生变化确须调整的，须按照申报程序履行报批手续。在项目完成后，项目单位应及时组织项目验收和绩效考评，并就项目执行情况和绩效考评结果撰写总结报告，上报省级财政部门备案，省级财政部门应汇总本省（区、市）项目执行情况和绩效考评情况，并在下年度 3 月底前上报财政部。

专项资金的监督由财政部对实行追踪问效制度，不定期组织专家或委托财政部驻各地财政监察专员办事处、中介机构等，对专项资金项目绩效考评情况进行抽查。抽查结果将作为以后年度专项资金立项审批和预算安排的重要参考依据。财政部将视相关情节轻重，对使用专项资金的项目单位或所在省（区、市）实行缓拨或不予拨款。

贵州省传统村落整体保护利用项目在资金管理上严格按照国家相关规定。省文化厅、文物局各处室和县（市、区）政府及相关部门做好协调工作，在建设实施过程中，依据保护规划制定资金详细使用方案，定期组织有关部门和专家对保护项目建设和资金使用情况进行检查，确保资金专款专用，严禁挤占挪用，同时采取有效措施确保工程质量和建设进度。

2.4 贵州省涉农产业项目的创建工作

2.4.1 政策沿革

贵州省一直把"三农"工作作为全省工作的重中之重，把农民增收作为"三农"工作的重中之重。在全国层面各类涉农产业发展的相关政策推动下，贵州省通过推进休闲农业与乡村旅游以及现代农业的发展政策来实现涉农产业发展，促进农民增收。

贵州省早在 2002 年已经提出了乡村旅游发展的相关政策。中共贵州省委、贵州省人民政府《关于加快旅游业发展的意见》（黔党发〔2002〕20 号）中明确将乡村旅游作为重点之一，将旅游发展与农村经济结构调整、扶贫开发和生态保护结合起来，积极发展乡村旅游和观光农业；选择旅游资源丰富、开发条件好的民族村寨，建立一批乡村旅游示范区或旅游扶贫示范村。

2003 年，贵州省人民政府发布了《关于分解落实省委、省人民政府关于加快旅游业发展的意见的通知》（黔府办发〔2003〕13 号），明确了省旅游局与省农办（扶贫办）作为相关工作主要的牵头承办单位。其中，省旅游局主要负责完成乡村旅游等专项规划;启动巴拉河流域乡村旅游示范点建设等;省农办(扶贫办)主要负责提出利用扶贫、生态建设项目,建设一批乡村旅游示范区、旅游扶贫示范村及观光农业示范点的工作方案,报省政府批准后实施。

2009 年,国务院发布的《关于加快发展旅游业的意见》(国发〔2009〕41 号)提出了乡村旅游的发展,一是实施乡村旅游富民工程,开展各具特色的农业观光和体验性旅游活动;一是要大力推进旅游与文化、农业、林业等相关产业和行业的融合发展。中央政府投资重点支持中西部地区重点景区、红色旅游、乡村旅游等的基础设施建设等。2010 年国务院颁布的《关于加大统筹城乡发展力度进一步夯实农业农村发展基础的若干意见》(中发〔2010〕1 号),提出了把发展现代农业作为转变经济发展方式的重大任务。

为全面落实这两份文件的精神,农业部与国家旅游局于 2010 年发布了《关于开展全国休闲农业与乡村旅游示范县和全国休闲农业示范点创建活动的意见》(农企发〔2010〕2 号),以推进现代农业发展和建设社会主义新农村为目标,以促进农民就业增收为核心,以规范提升休闲农业与乡村旅游发展为重点,坚持"农旅结合、以农促旅、以旅强农"方针,逐步形成政府引导、农民主体、社会参与的休闲农业与乡村旅游发展新格局。文件中阐释了示范创建活动的意义、原则和目标,并对"全国休闲农业与乡村旅游示范县"和"休闲农业示范点"的基本条件、申报范围及程序、认定及管理要求等提出了具体的规范。

根据《中华人民共和国国民经济和社会发展第十二个五年规划纲要》(以下简称"十二五规划")和《全国农业和农村经济发展第十二个五年规划》(农计发〔2011〕9 号),农业部发布了《全国休闲农业发展十二五规划》(农企发〔2011〕8 号),提出到 2015 年休闲农业成为横跨农村一、二、三产业的新兴产业、促进农民就业增收和满足居民休闲需求的民生产业、缓解资源约束和保护生态环境的绿色产业和发展新型消费业态和扩大内需的支柱产业,使得这一创建活动得到了持续性的政策扶持。农业部和国家旅游局于 2011 年至 2013 年陆续发布相关政策文件,包括《关于启动 2011 年全国休闲农业与乡村旅游示范县、示范点创建工作的通知》(农办企〔2011〕10 号)、《关于继续开展全国休闲农业与乡村旅游示范县和示范点创建工作的通知》(农办企〔2012〕4 号)、《关于继续开展全国休闲农业与乡村旅游示范县和示范点创建活动的通知》(农企发〔2013〕1 号)等,推动全国休闲农业与乡村旅游发展走向规范化。

贵州省农委在全国范围的示范点创建活动的推动下,于 2009—2011 年间组织了四次摸底调查(包括 2009 年 8 月、2010 年 11—12 月、2011 年 5 月和 2011 年 8 月),目的是获得统计数据,掌握基本情况,为评定示范点做准备。同时,根据《关于加快旅游业发展的意见》(黔党发〔2002〕20 号)和《贵州省"十二五"农业发展规划》(2011 年)的精神,贵州省还发布了《贵州省"十二五"观光农业发展专项规划(2011—2015 年)》,规划建设一批不同类型、不同层次、不同特色,具有观光、品尝、体验、休闲、度假、教育等多种功能的观光农业景区点,使观光农业成为现代农业的一个重要组成部分。

根据这一专项规划及其年度的工作安排,省农委在 2011 年制定并发布了《贵州省休闲农业与乡村旅游示范点管理办法(试行)》(黔农发〔2011〕198 号),明确了省级示范点的申报、评定、管理等程序;2012 年进一步颁布《贵州省休闲农业与乡村旅游示范点评分细则和标准(试行)》,规范了具体的评定指标。随着各项相关政策逐步进入正轨,贵州省将示范县和示范点的创建活动作为引领休闲农业与乡村旅游发展的重要举措,整合各项涉农建设,推动其有序发展。

除了休闲农业与乡村旅游,推动现代农业发展也是重要的涉农产业发展政策导向。2011 年发布的"十二五规划",强调了加快发展现代农业、拓宽农民增收渠道、改善农村生产生活条件、完善农村发展体制机制等方面的工作。为贯彻落实"十二五规划"精神,农业部于同年发布了《全国农业和农村经济发展第十二个五年规划》(农计发〔2011〕9 号),提出"十二五"时期农业和农村经济发展的总体目标是主要农产品综合生产能力稳步提高,现代农业建设取得明显进展;农民收入大幅提高,农民生活更加殷实;新农村建设取得显著成效,城乡发展更加协调。

国务院根据"十二五"规划,于 2012 年发布了《全国现代农业发展规划(2011—2015 年)的通知》(国发〔2012〕4 号),提出到 2015 年现代农业建设取得明显进展:主要农产品供给得到有效保障;农业结构更加合理;物质装备水平明显提高;科技支撑能力显著增强;生产经营方式不断优化;农业产业体系更趋完善;土地产出率、劳动生产率、资源利用率显著提高等。

在国家政策影响下,2011 年的《贵州省国民经济和社会发展第十二个五年规划纲要》强调指出,要加快农业结构调整和扶贫开发步伐,推进农业产业化发展,积极培育和引进产业化龙头企业,加强农业产业化基地建设,加快形成"龙头带基地-基地联农户"的产业化格局,要求按照"政府指导、市场运作、企业带动、农民参与"的建设模式,把农业产业基地、农产品加工聚集区建设与培育龙头加工企业结合起来,着力建成一批科技含量高、基础设施好、标准化程度高、辐射效应明显的农业产业化示范基地。

同年,国务院发布了《关于进一步促进贵州经济社会又好又快发展的若干意见》(国发〔2012〕2 号),强调了贵州省要发展现代农业,强化农业基础地位,要求在稳定粮食生产的基础上进一步推进农业结构调整,积极发展产业化经营,走高产高效、品质优良、绿色有机、加工精细的现代农业发展道路。为积极拓宽农民增收渠道,要向农业的深度和广度进军,重点发展特色种养、山地农业、设施农业和庭院经济,提高农民家庭经营收入;大力发展休闲农业和乡村旅游,多渠道增加农民收入;培育一批农产品加工示范企业和项目,带动农民就近就地转移就业等。

同年,省农委在国发 2 号文件引领下出台了《关于切实做好国务院关于进一步促进贵州经济社会又好又快发展的若干意见贯彻落实工作的通知》(黔农发〔2012〕55 号),提出了 39 项具体的工作内容、进度及其分管领导、牵头部门和主要责任部门等。这些工作部署中,有相当一部分的示范项目建设内容,例如山区现代农业、生态农业和喀斯特山区特色农业示范区、山地农业机械示范区、蔬菜和精品水果生产基地、园艺作物标准园、茶叶种植基地以及农产品加工示范企业和项目等。

与此同时,贵州省委根据国发 2 号文件精神在十一届二次全会提出推进"5 个 100 工程"重点发展平台建设,即重点打造 100 个产业园区、100 个现代高效农业示范园区、100 个示范小城镇、100 个城市综合体和 100 个旅游景区等,并在《政府工作报告》中明确为 2013 年的重点工作。随后省人民政府发布了《关于支持 5 个 100 工程建设政策措施的意见》(黔府发〔2013〕15 号),开展了包括现代高效农业示范园区在内的"5 个 100 工程"建设。

根据省委、省政府的安排部署,结合各地农业产业发展情况,省农委共筛选出 113 个创建点建设 100 个现代高效农业示范园区,并制定了工作目标和实施方案,计划到 2017 年实现规划设计科学、产业特色鲜明、基础设施配套、生产要素集聚、科技含量较高、经营机制完善、产品商品率高、综合效益显著的目标,成为做大产业规模、提升产业水平、促进农民增收、推动经济发展的"推进器"和"发动机"。

2.4.2　休闲农业与乡村旅游示范点管理

（1）政策目标

全国休闲农业与乡村旅游示范县和全国休闲农业示范点创建活动旨在加快休闲农业和乡村旅游发展,推进农业功能拓展、农村经济结构调整、社会主义新农村建设和促进农民就业增收。通过开展示范创建活动,进一步探索休闲农业与乡村旅游发展规律,理清发展思路,明确发展目标,创新体制机制,完善标准体系,优化发展环境,加快培育一批生态环境优、产业优势大、发展势头好、示范带动能力强的全国休闲农业与乡村旅游示范县和一批发展产业化、经营特色化、管理规范化、产品品牌化、服务标准化的休闲农业示范点,引领全国休闲农业与乡村旅游持续健康发展。具体目标计划从 2010 年起,利用 3 年时间,培育 100 个全国休闲农业与乡村旅游示范县和 300 个全国休闲农业示范点。

贵州省农委在 2011 年发布的《贵州省休闲农业与乡村旅游示范点管理办法(试行)》(黔农发〔2011〕198 号),明确阐释了休闲农业的概念和发展意义。休闲农业是以农事活动为基础,以农业生产经营为特点,把农业和旅游业紧密结合在一起,通过特色农业标准化规模生产、新农村建设等载体,利用农业景观和农村自然环境,结合农业生产、农业经营活动、农村文化生活等内容,吸引游客前来观赏、品尝、购物、习作、体验、休闲、度假的一种新型农业生产经营形态。休闲农业由第一产业向第二产业、第三产业延伸发展,促进传统农业的改造和提高,是城市社会经济发展到一定阶段,居民收入和消费水平提高到一定程度时的必然性产物,是现代农业重要的组成部分,是新农村建设和农民就业增收的重要措施之一。而这一管理办法旨在充分发挥贵州省休闲农业和乡村旅游示范点的示范带动作用,通过示范点的评选与管理,提高整体发展水平。

2012 年省农委发布的《关于命名 2012 年省级休闲农业与乡村旅游示范点的通知》(黔农发〔2012〕108 号),进一步强调了继续开展相关评选活动是为了加快贵州省休闲农业和乡村旅游发展,推进农业功能拓展、农村经济结构调整、社会主义新农村建设和促进农民就业增收。

在贵州省休闲农业"十三五"发展专项规划中,休闲农业与乡村旅游的主要发展目标,一是要提高休闲农业营业收入,年均增长 10%~12%,到 2020 年突破 47 亿元;一是要创建休闲农业示范点 80 个,创建 3~5 个国家级休闲农业与乡村旅游示范品牌。

(2) 管理方式

全国休闲农业与乡村旅游示范县和全国休闲农业示范点创建的管理要求中(农企发〔2010〕2 号),示范县的申报由县级农业和旅游行政主管部门进行综合评估后向县级人民政府提出申报建议。县级人民政府负责向省级农业和旅游行政主管部门提出申请,由其负责示范县初审,并择优报农业部和国家旅游局。示范点的申报由休闲农业单位自愿向县级农业和旅游行政主管部门提出申请,由其对申报单位进行考核与评估,符合条件的可向省级农业和旅游行政主管部门择优推荐。省级农业和旅游行政主管部门初审后择优报农业部和国家旅游局。

农业部、国家旅游局组织有关专家对各地上报的示范县、示范点进行综合评审,并对评审结果进行严格审核和择优确定后进行公示。公示通过的单位,由农业部、国家旅游局发文确认并颁发"全国休闲农业与乡村旅游示范县"或"全国休闲农业示范点"牌匾和证书。对示范县和示范点实行动态管理,违反国家法律法规,侵害消费者权益、危害员工和农民利益现象、发生重大安全生产、食品质量安全事故以及不履行试点示范义务的,将取消其示范县或示范点资格。

贵州省的休闲农业与乡村旅游示范点管理中(黔农发〔2011〕198 号),示范点由地州农委按照示范点评分标准条件组织申报推荐,由贵州省休闲农业与乡村旅游领导小组办公室组织考评组,对申报资料符合要求的申报点,按照示范点评分标准、评分细则等进行现场考评。考评结果报贵州省休闲农业与乡村旅游领导小组审定后在贵州省农委网站进行公示,经公示无异议的,由贵州省农委、贵州省旅游局共同下文命名、授牌。

省级示范点同样实行动态管理,有效期为三年。审核通过并挂牌命名的示范点在第三年(有效期内)按程序申报复评,工作程序与示范点命名相同。对复评不符合条件要求的,取消命名。有效期内示范点接受贵州省休闲农业与乡村旅游领导小组办公室的具体管理,由其组织年度抽查审核,审核内容包括旅游安全、服务质量、综合管理、经济社会效益、生态环境保护等;或委托地州农委进行年度抽查审核,县(市)农牧局进行日常管理服务。在年审或日常管理工作中发现违规情形时,由贵州省休闲农业与乡村旅游领导小组办公室核实,报请省休闲农业与乡村旅游领导小组审定后,撤销其示范点称号。对在管理工作中发现的其他问题,要求其限期整改,整改达不到要求的撤销其示范点称号。

2012 年省农委将《贵州省休闲农业与乡村旅游示范点评分细则》与《贵州省农委休闲农业与乡村旅游示范点评分标准(试行)》作为《关于申报 2012 年度贵州省乡镇企业发展资金扶持项目的通知》(黔农办发〔2012〕97 号)的附件正式公布。评分细则中将休闲农业与乡村旅游分为以原始景观和遗址为依托的乡村休闲观光型、以自然气候为依托的避暑度假型、以特色作物栽种来吸引游客采摘蔬果的农业观光型、依附景区景点发展的乡村田园观光型、以少数民族原生态文化为依托的文化体验型、以城市为依托的城郊农家乐型等六大类型。评分最高为 100 分,评定得分在 60 分(含 60 分)以上,方具有被评定为"省级休闲农业与乡村旅游示范点"的资格,具体实施时将分数按由高到低顺序排列,按每年给定示范点名额进行筛选。评分标准中包括了交通条件、基础设施、旅游安全、餐饮住宿、休闲活动项目价值、综合管理、经济效益、社会收益、生态环境保护等 9 类标准,具体涉及 29 中项和 76 小项细分标准。

(3)财政扶持

2012 年省农委在《关于申报 2012 年度贵州省乡镇企业发展资金扶持项目的通知》(黔农办发〔2012〕97 号)中,将休闲农业与乡村旅游示范点项目列入 2012 年省级乡镇企业发展资金的扶持范围,并明确了资金扶持项目的申报条件及要求、程序等。相关示范点项目各地州分别推荐 2 个(其中,遵义市的名额不含桐梓县),项目类型包括评分细则中提出的六大类休闲农业项目。申报的"示范点"要体现农业与旅游的结合、与农业产业化、新农村建设的结合,对促进农民就业增收有示范带动作用。申报"休闲农业与乡村旅游示范点"的经营主体同步申报"休闲农业与乡村旅游项目"。对经审核批准的省级休闲农业与乡村旅游示范点,进行命名、授牌。

项目申报程序按照属地管理和自下而上逐级申报的原则进行。即项目单位向所在县(市、区、特区、开发区)农业管理部门申报,提出省级乡镇企业休闲农业扶持资金申请,各县(市、区、特区、开发区)农业管理部门审核、筛选、签署意见并盖章后,向所属地州农业委员会申报。各地州农业委员会根据申报项目,汇总、审核、筛选、签署意见、盖章后,按照统一规定的申报材料,报省农业委员会农产品加工处和农村服务业发展处受理。

自 2012 年开始,乡镇企业发展资金扶持项目申报通知每年由省农委发布,遵循扶优、扶强、扶特的工作原则,以贴息为主、补助为辅,以扶持省级农业园区项目为主、园区外企业为辅,重点扶持范围为农产品加工项目和休闲农业与乡村旅游示范项目。就休闲农业与乡村旅游示范项目的扶持范围而言,通常为上年度被认定的国家级休闲农业与乡村旅游示范县、本年度被认定的省级休闲农业与乡村旅游示范点项目,以及经检查验收合格的本年度前被认定的省级示范点优强项目。各地州申报名额每年有所微调。申报类型和条件在 2013 年后更为强调以高效农业园区内的休闲农业与乡村旅游项目为主,要和美丽乡村、新农村建设、农村清洁生产和农业产业化等相结合。2015 年开始,在申报示范项目时分为贴息项目和补助项目,前者按农产品项目的要求上报,后者原先要求如实填报申报书及提供相关材料。

各地申报扶持项目后,经省财政厅与省农委研究,将年度省级财政预算安排的乡镇企业发展专项资金下达给各地州、有关省直管县,并做出具体的事项通知。例如在《关于下达 2013 年省级乡镇企业发展资金的通知》(黔财农〔2013〕51 号)中提出,各级农业主管部门和获得资金扶持的企业组织项目实施要严格按照《贵州省乡镇企业发展基金使用管理试行办法》(黔乡企局通字〔2003〕122 号)和《关于申报 2013 年贵州省乡镇企业发展资金扶持项目的通知》要求。

下达的专项资金补助项目实行合同管理。获得补助资金的单位要逐级与农业主管部门分别签订《2013 年省级乡镇企业发展专项资金使用合同》。即地州农委与省农委签订合同,各县(市、区、特区)农业主管部门与各地州农委签订合同,各项目承担单位与县(市、区、特区)农业主管部门签订合同。合同执行期间,各级财政部门和农业主管部门要加强项目资金的管理监督,各项目实施单位要按照签订的合同制订切实可行的实施方案。

各项目实施单位要加强项目建设痕迹管理,涉及政府采购的遵照属地管理原则,按相关程序办理;涉及农资直补农户的,要严格按照相关公示程序进行补贴公示。同时要明确专人加强项目财务资料、档案资料管理,确保资料的真实性、完整性和严肃性。

根据《贵州省省级财政专项资金管理办法》(黔府办法〔2012〕34号)的有关要求,所安排的专项资金除用于贴息补助的外,其他全部按照"先建后补、以奖代补"模式建设实施。即由项目实施单位先行垫支建设,项目建设完成经验收合格的,及时拨付补助资金;项目未通过验收之前,各地不得预拨项目资金。原则上50万元(含)以上的项目由省级组织验收;50万元以下20万元以上的委托地州验收;20万元以下的由县级验收。省级验收时,县级以上审计部门出具的审计结论是项目验收的前置条件,验收合格的省级下达兑现奖补资金文件及时拨付项目资金;未通过省级验收并在规定时间内经整改仍然达不到验收标准的,不予兑现奖补资金并列入黑名单,同时停止该县相关项目的安排。

各县、各项目实施单位还须严格资金管理,设立专账,确保专款专用。项目完成后,项目实施单位要将项目实施情况和资金使用情况以书面形式报告所辖区域的财政局、农业主管部门,再由各地州农委汇总后上报省财政厅、省农业委员会。

2.4.3 现代高效农业示范园区的建设

（1）政策目标

2013年《贵州省人民政府工作报告》中明确提出了围绕"四化"同步,大力推进"5个100工程"重点发展平台建设。现代高效农业示范园区作为重要的组成部分,其创建工作要发挥山地特色和比较优势,突出园区重点产业培育、优化品种、提高品质、打造品牌,丰富产业内容,延长产业链条,扩大园区产业规模;积极引导农业种养大户、专业合作社、龙头企业等参与园区建设,推进各类生产要素向园区聚集配置;加强园区基础设施和综合服务能力建设,保障道路、灌溉、用电、信息畅通便捷,加强农业技术推广,强化农产品质量安全监管;重视园区农产品市场开拓,运用传统和现代流通方式,扩大农产品市场占有率;抓紧制定出台示范园区总体规划和政策意见,以点带面,典型引路,推动农业示范园区建设有序展开。

在总体要求的引领下,现代高效农业示范园区的建设工作自2013年逐年推进,历年发布相关建设工作方案,统筹部署整年的建设工作,如省人民政府办公厅《关于印发贵州省100个现代高效农业示范园区建设2013年工作方案的通知》(黔府办发〔2013〕17号)、省农业园区联席会议办公室关于印发《贵州省现代高效农业示范园区建设2014年工作方案》的通知(黔农园办发〔2014〕2号)、省人民政府办公厅《关于印发贵州省现代高效农业示范园区建设2015年工作方案的通知》(黔府办函〔2015〕41号)等。

2013年工作方案提出,全面启动113个园区创建工作,建设园区主要基础设施、打造园区生产基地、培育园区经营主体、销售园区生产商品、园区效益逐步显现,重点打造30个配套设施基本完善、生产功能基本完备、产业体系基本建立、农产品质量安全信息全程追溯试点工作基本完成、产业化经营体系基本形成、示范效应显著的省级重点示范园区。

2014年计划在继续推进2013年安排的省级示范园区创建工作的基础上,从在建地州、县级农业园区中遴选一批进入省级示范园区行列,使省级现代高效农业示范园区发展到200家以上,更大范围、更高程度调动各方积极性,更加有效地发挥示范带动作用;农业园的支撑平台加快建设、园区形象加速提升、园区功能逐渐完善、产业水平不断提高,建成50个基础设施基本完善、产业体系基本形成、综合效益初步显现的"引领型"示范园区,带动全省现代高效农业示范园区建设工作向更高水平发展。

2015年的工作目标是继续扩大农业园区规模,省级农业园区数量发展达到350个以上。大力实施省级重

表 2-2 2013—2015 年贵州省现代高效农业示范园区建设工作重点任务

2013 年	2014 年	2015 年
1. 出台相关政策文件； 2. 完成园区建设规划编制工作； 3. 推进园区基础配套建设； 4. 构建园区公共服务体系； 5. 加大招商引资力度； 6. 加强园区建设指导工作	1. 进一步加快基础配套设施建设； 2. 着力培育园区经营主体； 3. 强化公共服务体系； 4. 加强支撑平台建设； 5. 大力开展招商引资活动； 6. 创建品牌和开拓市场； 7. 深化黔台农业交流合作	1. 强化基础配套设施建设； 2. 加强科技创新和技术推广； 3. 加强公共服务体系建设； 4. 大力培育农业园区经营主体； 5. 加大招商引资力度； 6. 扩大对外交流与合作； 7. 加强市场品牌建设

点农业园区提升工程，支持建成 75 个配套设施完善、主导产业突出、生产功能完备、产业体系建全、综合效益明显、示范效应显著的引领型示范农业园区，带动全省农业园区发展。

在各年度工作目标的引领下，方案中明确了历年的重点任务（表 2-2）及其每项任务的责任单位，总体而言工作内容由硬件转向软件建设，核心的任务为基础配套设施建设、公共服务体系构建、加大招商引资等，前期较为聚焦在规划编制和建设指导上，后期则更为关注培育经营主体和创建品牌等。

（2）组织方式

为确保贵州省 100 个现代高效农业示范园区建设工作的有序推进，省人民政府办公厅 2013 年发布了《关于建立贵州省 100 个现代高效农业示范园区建设工作联席会议制度的通知》（黔府办函〔2013〕58 号），成立了以分管省领导为召集人，共 32 家省直有关部门（单位）负责人为成员的现代高效农业示范园区建设工作联席会议。联席会议办公室设在省农委，省农委主任兼联席会议办公室主任，成员单位各明确 1 名处（室）负责人为联络员。

联席会议的职责是贯彻落实省委、省人民政府决策部署，研究制定现代高效农业示范园区的发展规划和政策措施，下达目标任务，研究决定有关重大事项，协调解决现代高效农业示范园区建设中的相关重大问题。

联席会议办公室负责联席会议日常事务的联络和协调；检查、督促各地、各有关部门贯彻落实省委、省人民政府以及联席会议关于现代高效农业示范园区建设工作的决策部署情况；对存在的重大问题进行调查研究，提出需要由联席会议研究解决的问题建议，协调解决工作推进过程中遇到的具体问题；督促指导现代高效农业示范园区的规划、建设、管理工作；收集汇总、分析处理现代高效农业示范园区的信息、数据，及时编报工作动态信息，提供宣传资料；负责联席会议召开的筹备、组织和会务工作，起草会议纪要；完成联席会议交办的其他工作。

联席会议原则上每季度召开一次，或根据工作需要临时召开。会议由召集人主持，或召集人委托副召集人主持。议定事项以联席会议名义印发会议纪要，有关地方和成员单位抓好贯彻落实，由联席会议办公室负责督办。一般性工作由联席会议办公室负责，必要时召开会议研究并经与会部门同意后，可以联席会议纪要等形式印发有关方面落实。

农业、发展改革、财政、国土、水利、交通运输、科技、气象、电力、税务、金融等省有关部门（单位）依据各自职责为园区建设提供支撑和保障。其中，省农委负责指导茶叶、水果、优质粮油、特色杂粮、特色渔业和非贫困县的蔬菜、畜牧、观光农业园区建设；省扶贫办负责指导中药材、核桃和贫困县的蔬菜、畜牧、观光农业园区建设；省林业厅负责指导油茶、花卉苗木园区建设；省烟草专卖局负责指导烤烟园区建设；省财政厅、省粮食局、省供销社负责指导部分园区建设。各地州人民政府、贵安新区管委会，各县（市、区、特区）人民政府负责本辖区园区建设组织领导工作。

在后续 2014 和 2015 年度的工作方案中，园区建设工作在组织管理上强调了全面落实县（市、区）党政主要负责人是园区建设第一责任人的考核机制和责任机制，建立和完善省、地州、县（市、区、特区）各级专门工作机构,形成各级党委、政府强力领导下,主管机构牵头负责,部门协调配合、上下联动、合力推进的工作机制。充分发挥各级联席会议统筹协调各方作用,研究解决农业园区建设发展中涉及的重大问题。各地各联席会议成员单位要结合自身实际,制定年度工作实施方案,落实农业园区建设工作责任。

(3) 管理流程

根据 2013 年的重点任务,由贵州省农会、财政厅、扶贫办、林业厅、粮食局、烟草专卖局和供销合作社联合社等单位联合发布了《贵州省现代高效农业示范园区建设规划编制导则》(以下简称《编制导则》)和《贵州省现代高效农业示范园区建设标准》(以下简称《建设标准》)(黔农发〔2013〕51 号),要求各地州相关部门按照要求抓紧组织园区规划编制工作,以保证现代高效农业示范园区建设工作的顺利开展,提高园区建设水平。

其中,《编制导则》提供了相关规划编制的成果内容框架,包括总则、园区基本情况、指导思想、基本原则和目标、园区布局和主要建设内容、重点建设项目、投资估算和资金筹措、效益分析、项目组织与管理、环境保护和生态建设、保障措施以及相关附图等。《建设标准》则从规划设计、建设规模、设施装备、科技应用、组织化程度、商品化率、产品质量、保障措施、综合效益等九个方面对现代高效农业示范园区提出了具体标准。

为推进省级现代高效农业示范园区建设目标的实施,省联席会议办公室于 2014 年开始组织省级示范园区的绩效考评以及申报工作,先后发布了《关于印发 2013 年贵州省 100 个现代高效农业示范园区绩效考评工作方案的通知》(黔农园办发〔2014〕1 号)、《关于做好 2014 年省级现代高效农业示范园区申报工作的通知》(黔农园办发〔2014〕3 号)、《关于印发 2014 年全省现代高效农业示范园区绩效考评工作方案的通知》(黔农园办发〔2014〕23 号)以及《关于做好 2015 年省级现代高效农业示范园区申报工作的通知》(黔农园办发〔2014〕24 号)等。

在绩效考评的工作方案中,明确了考评时间、范围、内容、方法、程序及其工作要求等内容。考评时间通常为第一季度组织开展并完成,考评范围为当年建设的省级农业园区。考评内容涉及农业园区的组织领导、规划编制、资金投入、基础建设、主体培育、科技支撑、生产经营和信息服务等方面,其中 2013 年的绩效考评较为关注组织领导和规划编制等,2014 年则更关注科技支撑和信息服务等方面。在考评程序上,2013 年采取现场考评与综合评审相结合的方式,前者占 70%,后者占 30%;2014 年在此基础上分县级自评、地州级测评和省级综合评价三个阶段进行,最后的评分由市级测评和省级综合评价两个部分组成,前者占 90%,后者占 10%。根据评分结果对农业园区进行排序,对排名最后 13 位的园区黄牌警告,连续两年被黄牌警告的园区淘汰出省级农业园区;根据排位划分引领型、发展型和追赶型农业园区三种类型,进行分类指导与管理。

在申报工作的通知中规定了省级农业园区的申报范围、条件、程序、材料和时间等要求。具体而言,各县(市、区、特区)在建的地州极、县级农业园区中建设基础较好,与当地主导产业结合紧密,能够用 3~5 年的时间按照《建设标准》。建成示范带动作用明显高标准的现代高效农业示范园区可提出申请。申报流程按照指标限额采取逐级申报的方式,由县(市、区)人民政府组织相关部门共同商定,而后以县(市、区)人民政府名义向地州农业行政主管部门申报,由地州农业部门会同相关部门共同协商审核,经地州人民政府同意后,统一汇总报省联席会议办公室。省联席会议办公室组织专家组对申报园区进行现场考查,在此基础上再统一进行专家评审,最终确定进入省级园区名单。申报材料中须附有申报农业园区规划。

为加强对全省各地现代高效农业园区的监测管理,省联席会议办公室于 2014 年发布了《关于实行贵州省 100 个现代高效农业示范园区统计报表制度(试行)的通知》(黔农园办发〔2014〕14 号),正式实行农业园区统计报表制度。其中规定了统计范围、统计口径、调查内容以及上报的时间要求等,由此完善以县为主体、地州把关、省级汇总的统计工作机制,做到全面准确客观地反映工作推进情况和农业园区建设发展水平。

（4）财税支持

贵州省为支持"5 个 100 工程"的建设制定了各类政策措施。其中，省人民政府《关于支持 5 个 100 工程建设政策措施的意见》（黔府发〔2013〕15 号）中明确提出了相关建设的财政政策，包括加大财政资金的支持；建立绩效考评体系；加强存量资金整合；督促市县积极筹措资金等。

资金的筹集以项目为载体，企业投资为主体，市场融资和政府投资相结合。省级财政预算安排给省级各部门的专项资金采取以奖代补、先建后补、贷款贴息等多种形式引导和扶持相关建设；根据存量和增量资金的投入情况和项目进展逐年加大对相关建设的投入。

省直各主管部门会同财政部门，按照"奖快促慢"的原则建立健全绩效考评机制与考评奖励资金用于基础设施建设贷款贴息和融资担保体系建设的机制。省级财政投入的资金根据上一年度绩效考评结果或竞争立项等方式进行分配。

整合现有省级各类专项资金，按照统筹安排、各记其功的原则，资金主管部门的权限保持不变。省直各主管部门商省财政厅，根据中央补助和省级预算安排可用于相关项目建设的资金情况，拟定年度存量资金整合使用计划。对整合的存量资金按不少于资金总量的 50% 以"因素法"①进行分配，切块下达。

各地州、县（市、区、特区）政府根据项目规划和建设等情况，结合本级实际和财力可能，除安排一定的资金用于"5 个 100 工程"外，对中央及省级补助的专项资金可按《贵州省省级财政专项资金管理办法》（黔府办发〔2012〕34 号）规定，将投向相近或目标一致的专项资金统筹安排。除另有规定外，省补助地县的专款可由地县用于本级"5 个 100 工程"融资平台注册资本金。

从 2013 年起，中央对下转移支付由专项转移支付调整为一般性转移支付，对用于"5 个 100 工程"的补助资金，由省财政厅按"因素法"直接补助到地县。项目涉及的土地出让收益，除按规定必须计提的专项资金外，全额用于"5 个 100 工程"政府性基础设施建设。

同时，文件中还提出了相应的税收政策，强调了用足用好各项税收优惠政策；优化纳税服务环境；规范税收执法等内容。除税法明确规定实行审批的减免税外，对其他减免税一律实行"报备即享受"，税务机关不再增设任何审核、核准或变相审批手续。各级税务机关明确责任部门和联系人具体负责支持"5 个 100 工程"项目建设，免费赠送最新税收政策宣传资料，协助纳税人办理涉税事务，推动网上办税服务，畅通诉求渠道等。对"5 个 100 工程"项目除国家确定的检查和举报外，税务机关一律不得进行税务检查，对确需检查的，应报经省级税务机关批准同意后才能检查。

对于省级现代高效农业示范园区建设工作而言，在历年的工作方案中都提出了相关的财税支持政策，总体投入主要依靠省级农业园区专项资金，并辅以贷款贴息、以奖代补、先建后补等的财政支持。

2013 年，省财政从省级现代农业特色优势产业发展资金中安排 3 亿元，通过竞争立项或建立绩效目标考核评估机制，采取多种形式支持园区建设。各级及各有关部门则调整支出结构，整合各项涉农资金，鼓励和引导社会资金合力支持园区建设。进入园区的企业享受国家农业生产用水、用电扶持政策和当地招商引资各项优惠政策。

2014 年，省级农业示范园区专项资金达到 2 亿元，并且加大贷款贴息和以奖代补支持力度。制定有效的资金整合方案，整合各项涉农资金，集中支持农业园区创建，切实发挥好财政资金的引导作用。财政专项资金的安排以园区建设规划为依据，突出重点、统筹兼顾。各年度资金的安排原则、支持环节和支持重点由省联席

---

① 因素分配法是财政常用的资金分配方法。一般按照各地经济条件、财力、人口或者财政供养人员数、上期相关工作业务量、工作实施情况、资金管理和财务管理情况、上期工作绩效考核结果等因素设置相应的分值和权重（占比），对一定量的资金额度进行计算分解，得出不同地区或者不同项目的资金指标数。

会议研究决定。

2015年，相关财政政策与2014年相近，在强调加大财政投入力度的基础上，着力构建政府推动、企业主动、金融促动、社会互动的多元投入机制。市、县要从本级财政预算安排农业园区专项资金。

（5）政策扶持

在《关于支持5个100工程建设政策措施的意见》（黔府发〔2013〕15号）中，相关建设的政策措施还涉及土地、金融、环保、人才等方面的扶持。除此之外，还有一些其他的扶持政策，例如推行项目审批核准代办制、推行大客户服务制、支持绿色建筑、容积率奖励以及改革户籍制度等。

土地政策中强调科学统筹规划，保障建设用地增量，多渠道解决建设用地需求，支持土地储备融资，加强农业示范园区土地整治，实施奖励优惠政策等。围绕现代高效农业示范园区建设，大力开展土地整理工作，将现代高效农业示范园区纳入"百万亩"土地整治工程建设规划，并在年度实施方案中优先安排。鼓励农民以土地折价入股参与现代高效农业示范园区建设和经营。园区内凡直接用于农业生产的临时配套设施用地，均作为设施农用地办理手续，不纳入农用地转用范围，不占建设用地指标。

金融政策强调加大信贷支持，深化融资创新，完善金融服务。建立金融机构支持"5个100工程"建设的联席会议、信息报送制度等；引导设立针对相关项目的创业投资、风险投资、产业投资基金，提高农业保险品种和区域的覆盖面，实现政策性农业保险对现代高效农业示范园区的全覆盖；推动农村信用社和邮储银行在相关区域范围内优先增设服务网点，对纳入信用体系的项目实行充分授信。

环保政策中加快环保基础设施建设，切实加强环保服务。其中，加强现代高效农业示范园区内规模化畜禽养殖场（小区）污染防治减排项目建设，采取"以奖代补"方式，支持畜牧业养殖污染治理；对"5个100工程"实施项目环评联络员制度，开展一对一服务，指导、支持项目业主开展环评文件的编制、审批等工作。

人才政策强调扎实开展人才引进，加强人才培养，注重人才使用。围绕"百千万人才引进计划"建立"5个100工程"高层次人才、岗位信息库，积极开展各类国内高层次创新人才寻访活动；每年举办"5个100工程"专题培训班、省级高级研修班，参加国家级高级研修班或赴国（境）外培训；鼓励选派协调能力强、具有相同相近专业知识的人才到"5个100工程"重点项目、重点企业工作。

在省级现代高效农业示范园区的建设工作方案中，按照上述文件的要求提出加大政策扶持的力度要求，根据土地、金融、人才、科技等方面的实际需要出台相关配套文件，为推进农业园区建设发展提供有力政策支撑。

2013年的工作方案中，较为具体地提出了金融、用地和人才方面的扶持政策。例如在强化金融服务方面鼓励金融机构大力支持园区建设，建立农业项目优先贷款和最低利率贷款机制。支持符合条件的园区龙头企业上市融资、发行债券。加快推进园区农业保险、烟叶保险和森林保险等工作，鼓励各地将园区内其他特色品种纳入地方政策性保险试点，实现政策性保险全覆盖。在保障建设用地方面，大力推进园区土地流转，鼓励农民以土地承包经营权折价入股参与园区建设和经营，年度新增建设用地计划向园区内的农业龙头企业和农民合作社加工项目倾斜。强化人才支撑则希望省内大中专院校、科研院所积极为园区培养各类专业人才，允许和鼓励事业单位科技人员进入园区发展农业和相关产业，以科研成果参股、领办或新办企业，鼓励大学生和返乡农民工到园区创业就业等。

2014年的工作方案中，则特别强调要研究出台"强化资金统筹推进农业园区建设"和"金融部门支持农业园区建设"等实施意见，为全省园区建设提供更有力的支撑。2015年的工作方案强调了要切实把农业园区建设用地纳入年度计划统筹安排，优先保障农业园区基础设施建设、农产品加工、冷链物流市场、休闲农业设施及重大项目用地需求，城乡建设用地增减挂钩等综合开发利用试点项目和用地指标，要优先安排用于农业园区建设项目。

3 小康房行动计划政策实施状况

3.1 省级政策概况

3.1.1 政策沿革

2006 年,为贯彻落实《中共中央、国务院关于推进社会主义新农村建设的若干意见(中发〔2006〕1 号)》,省委、省政府结合贵州省实际,制定了《中共贵州省委贵州省人民政府关于推进社会主义新农村建设的实施意见》,提出住房改造问题以及小康房建设的初步概念:引导和帮助农民重点解决住房改造问题,向农民免费提供经济安全适用、节地节能节材、具有地方特色、乡村特色和民族特色的住宅设计图样,引导居住偏远的单家独户向村寨、公路沿线和城镇适度集中。

2008 年,贵州省开始实施农村危房改造“万户试点”和“扩大试点”工程,于 2008 年 4 月进行农村危房改造摸底调查,并于 2009 年全面启动农村危房改造工程。为确保 2009 年度农村危房改造工程顺利实施,贵州省住房与城乡建设厅制定《贵州省农村危房改造工程 2009 年度实施方案》,对 2009 年农村危房改造的改造时限、改造对象、改造方式、政府补助标准、改造数量和资金筹集等几方面做了详细介绍和明文规定。2008 至 2013 年期间,在中央向贵州省下达农村危改任务 138 万户的基础上,贵州省共投入资金 167 亿多元,基本完成第一批摸底调查统计在册的农村危房改造工作。

2012 年上半年,贵州省启动实施扶贫生态移民工程,计划在 2012 年至 2020 年的 9 年时间内,将居住在深山区、石山区、集中连片贫困地区的 47.7 万户、204.3 万农村贫困人口搬迁出来。近期,省政府又明确 2015 年启动实施扶贫生态移民工程“三年攻坚行动计划”,打造 100 个精品工程,引领和推动全省扶贫生态移民工程转型升级,实现跨越。依照该计划,2015 至 2017 年间,将打造 100 个扶贫生态移民精品示范工程,其中乡村旅游型 50 个、城镇商贸型 30 个、园区服务型 20 个。

2012 年上半年贵州省启动实施扶贫生态移民工程,计划在 2012 年至 2020 年的 9 年时间内,将居住在深山区、石山区、集中连片贫困地区的 47.7 万户、204.3 万农村贫困人口搬迁出来。目前,省政府明确 2015 年启动实施扶贫生态移民工程“三年攻坚行动计划”,打造 100 个精品工程,引领和推动全省扶贫生态移民工程转型升级,实现跨越。依照该计划,从 2015 至 2017 年,将打造 100 个扶贫生态移民精品示范工程,其中乡村旅游型 50 个、城镇商贸型 30 个、园区服务型 20 个。

由于贵州省地处山地丘陵地区,山寨布局分散,且经济水平较低、贫困人口较多,农村建设缺乏科学的规划引导和管理,农民住房存在着较为普遍的水平较低、功能不全、设施不配套、质量安全有隐患等问题,加上近年来自然灾害频发,各地均不同程度产生了新的农村危房。为解决 2008 年 5 月—2013 年 6 月期间全省新增的农村危房 178.63 万户,贵州省 2013 年在前期经验基础上,全面深入推出了“四在农家·美丽乡村”基础设施建设六项行动计划——小康房行动计划。

3.1.2 政策目标

《贵州省“四在农家·美丽乡村”基础设施建设——小康房行动计划(2014—2020 年)》将小康房行动计划的工作目标分为总体目标和阶段目标。

总体目标阐述了在危房改造基础上引导农民住宅建设的大方向,可以概括为逐步实现农村住宅向安全适用、功能配套、布局合理、特色鲜明、节能环保方向发展。

阶段目标分为三个板块，分别为农危房改造、农村住房提升改造为小康房，以及引导农户自建房达标小康房。其中，农危房改造，要求从2014年起平均每年完成25.5万户的改造任务，2015年累计完成51万户改造任务，2017年累计完成102万户改造任务，2020年累计完成178.63万户改造任务；农村住房提升改造，要求2017年累计完成5万户小康房建设任务。在上述基础上，阶段目标还包括在相对集中的村寨，引导农户自建房按照达到《小康房建设技术标准》。

3.1.3 组织管理

1）小康房标准建设管理

在省级层面，小康房行动计划采用工作联席会议制度。省政府分管住房城乡建设工作的领导担任召集人，省有关部门为成员单位，全面负责全省小康房建设工作的组织领导和统筹协调。各地州人民政府、贵安新区管委会、县（市、区、特区）人民政府按照目标任务抓好辖区内小康房建设工作。并且，为确保小康房建设工作的顺利实施，行动计划要求逐步形成"省级负总体责任、市级负管理责任、县级负主要责任、乡级负直接责任、村级负具体责任"的组织领导体系和责任体系。各地州、贵安新区、县（市、区、特区）还要将小康房建设工作纳入年度目标绩效管理，强化领导，加强检查，并将年度考核情况报省联席会议。

在小康房建设方式方面，贵州省提倡各地州、贵安新区选择农村危房较集中和开始实施扶贫生态移民工程的村寨，打造示范点，以点带面带动周边农村住宅的小康房建设；积极编制村庄规划，结合村庄整治，抓好路网、水网、电网、通信网、互联网、广播电视网、生态环保网建设；通过支持和引导农村改水、改厨、改灶、改厕、改圈，建设沼气池、文化室、宣传栏、体育或休闲娱乐场所等，推进基础设施和社会服务设施向村庄延伸，不断改善农村生产生活环境。

在小康房建设标准方面，以省编制的《小康房建设技术标准》为基础，辅以《贵州省农村小康房建设指引（试行）》和《贵州省农村小康房典型设计图纸》，要求新增的农村危房和扶贫生态移民安置房直接按照小康房建设标准进行改造和建设。小康房建设标准分为基本要求和标准要求两大板块，标准要求中又有规划控制、建设用地限额、建设控制指标、户型空间、结构安全、防灾减灾、配套基础设施七个方面。

（1）规划控制

按照《中华人民共和国公路安全保护条例》，公路两侧，国道、省道从道路水沟外边缘线起20米，县道从道路水沟外边缘线起15米、乡道10米内不得建小康房。禁止在高速公路两侧边沟外缘30米和立交桥通道边缘50米内修建小康房；铁路两旁修建小康房，应符合《铁路安全管理条例》；小康房不得任意侵入河道、水体、林地、绿地等划定的保护范围；涉及水源保护区的小康房建设项目，应符合《贵州省饮用水水源环境保护办法（试行）》；天然气输气管线、高压线走廊两侧的小康房建设项目，应符合《石油天然气工程设计防火规范》《建筑设计防火规范》《贵州省电力设施保护办法》；按照国家《新农村农房规划建设管理实施办法》，重要设施及烟花爆竹等易燃易爆危险物品厂房、仓库规定的安全距离及隔离带内，不得建小康房；历史文化名镇名村保护范围内的小康房建设项目，应符合保护规划的要求控制措施。

（2）建设用地限额

根据《贵州省土地管理条例》规定，宅基地用地面积，城市郊区、坝子地区每户不得超过130平方米；丘陵地区每户不得超过170平方米；山区、牧区每户不得超过200平方米。建设用地必须符合土地利用规划，不得占用耕地（基本农田）建房，不得在禁止建设区域内建房，对于超过用地限额的既有农房，不得占用宅基地以外土地进行扩建、改造。

（3）建设控制指标

按照《贵州省以县为单位开展全面建设小康社会统计监测工作实施办法》，小康房的人均住房建筑面积不得小于 30 平方米；户均建筑面积按照农村家庭 4～5 人/户估算（《2013 贵州省统计年鉴》显示全省家庭户规模为 3.1 人/户）户均建筑面积 120～150 平方米为宜，每户建筑面积最大不宜超过 250 平方米。此外，集中建设的小康房，还对容积率、建筑密度、绿地率等指标，提出应符合相关规划的要求。这也就意味着，村庄规划，已经成为必须前提。

（4）户型空间

按照规定，小康房应有卧室、起居室（厅）、厨房、卫生间等基本功能空间；卧室、起居室（厅）、厨房应有直接采光、自然通风，其面积不应小于：双人卧室为 15 平方米，单人卧室为 9 平方米，兼起居室的卧室为 12 平方米，厨房 5 平方米，卫生间 3 平方米；层高不宜超过 3 米，不应低于 2.5 米；应设阳台，应考虑设置一定面积的屋顶平台，满足晾晒功能，阳台及屋面栏杆高度不应小于 1.2 米；户内楼梯的净宽，当一边临空时，不应小于 0.9 米，当两侧有墙时，不应小于 1.1 米。楼梯踏步宽度不应小于 240 毫米，高度不宜大于 175 毫米；当外窗台距离楼地面的净高低于 0.9 米时，应有防护措施；应至少有一个居住空间获得日照，当一套小康房中居住空间超过 4 个时，其中至少有两个获得日照，冬至日日照不宜低于 1 小时的标准；卧室、起居室（厅）宜布置在与噪声源背向的一侧，即与噪声源相邻的墙应采取隔音措施；应根据村民的使用要求，在宅基地范围内设置附属生产用房。

（5）结构安全

小康房的结构设计应满足《建筑结构可靠度设计统一标准》，使用年限不应于 50 年，结构和结构构件必须满足安全性、适用性和耐久性要求；同一房屋不应采用木柱与砖柱混合的承重结构，也不应在同一高度采用砖（砌砖）墙、石墙、土坯墙、夯土墙等不同材料墙体混合的承重结构；结构形式宜符合就地取材，因地制宜的原则，选用经济适用的结构形式。

（6）防灾减灾

小康房应严格执行《农村防火规范》、《建筑设计防火规范》和《贵州省农村消防管理规定》，建筑周围应考虑消防车的通行和扑救场地；防洪应按现行国家标准《防洪标准》的相关规定执行，根据洪灾型（河洪）、山洪和泥石流）应采用工程防洪与非工程防洪相结合的措施；小康房的新建工程应按照国家《建筑抗震设计规范》和《镇（乡）村建筑抗震技术规程》，以及地方现行有关规定进行设防；防风应符合《建筑结构载荷规范》。

（7）配套基础设施

小康房入户道路应硬化；庭院内一侧或两侧应设置排水沟渠或埋设排水管道；设置完善的污水收集和污水排放等设施；设置完善的供水设施；庭院内应设置相应的照明设施，按照《建筑照明设计标准》设计；供配电设施应完善，并应采取防雷接地、线路保护等措施，防止因电气故障引发火灾等安全事故；供电、电信网络、有线电视等配套设施应齐全，并按照相关标准进行设计。

2）农村危房改造管理

在农村危房改造管理方面，贵州省住建厅于 2015 年制作了《贵州省农村危房改造政策明白卡》，规范了政府补助申报条件、危房等级评定标准、政府补助标准以及政府补助申请程序。具体规定如下：

（1）补助申请条件

补助申报以户为单位，由户主提出申请，申请人必须同时具备三个条件。

其一，居住在城镇规划区范围外，且是房屋产权所有人；

表 3-1　　　　　　　　　　　　　　　　　　农危房补助等级

类　别	五保户、低保户一级危房	困难户一级危房	一般户一级危房户	五保户二级危房户	五保户三级危房户	低保户、困难户、一般户二级危房	低保户、困难户、一般户三级危房
户均补助（万元）	2.23	1.23	0.83	0.85	0.7		0.65

其二,属于 2008 年和 2013 年农村危房摸底调查时统计在册的危房户;

其三,属于农村五保户、低保户、困难户、一般户任意一种类型。

但有下列情形之一的农户不能享有农村危房改造标准:已建有安全住房的;住房困难、拥挤、需要分户的;已实施过改造的农户。

（2）农危房补助标准如表 3-1 所示。

（3）农危房申请程序可概括为:

户主向户籍所在地村民委员会提出申请→村民委员会进行调查核实后在村公示,公示期满上报乡(镇)人民政府或农危改领导小组→乡(镇)人民政府或农危改领导小组审核后在乡(镇)公示,公示期满上报县(市、区)人民政府或农危改领导小组→县(市、区)人民政府或农危改领导小组审查,将审批结果在乡(镇)公示。公示期满后批准为改造对象。从这一流程中可以看出,乡镇在其中主要发挥辅助性的收集和公示材料并进行审核,审查和审批则由县级人民政府有关部门负责。

3.1.4　资金筹措

农村危房改造资金主要来源于三部分:中央补助资金、省级财政补助资金以及市、县财政匹配资金。其他类别的小康房建设资金,主要源于各地州、贵安新区、县(市、区、特区)财政设立的小康房建设专项资金,并统筹村庄整治专项资金和农村村级公益事业一事一议财政奖补专项资金,形成"政府引导、部门帮助、社会赞助、农民自助"的多渠道投入机制。

3.2　行动计划的分级实施管理

3.2.1　目标任务分解

调查中发现,地州级政府在《贵州省小康房行动计划》的目标任务基础上,分别根据自身实际情况,在各地州小康房行动计划标准文件上制订了各自的目标任务,主要是顺延省级文件要求,并对省级目标任务进行延伸与细化,并将大目标分解到了下属各个县区。

但从细节来看,各个地州的目标任务仍各有侧重。总体上,各地州都对提升改造做出了明确的任务分解要求,差别主要体现在农危房改造和村庄整治方面。安顺市的小康房建设目标,没有具体的农危房改造要求,而是侧重于结合农村住房提升改造的小康房建设,铜仁市则在省目标任务的基础上又增加了村庄整治的具体目标(表 3-2)。

县区级小康房行动计划的目标任务受所属地州的影响,不同地区的小康房行动计划文件差距较大。部分县级单位,小康房目标是标准化的地州级任务目标的延续,如榕江县的小康房建设目标仍分为农危房改造、农村住房建设提升以及建设技术标准编制三个部分;部分县级单位,小康房目标则按照地方实际制定,可实施性较强,如丹寨县的小康房建设目标仅为农危房改造,2014 年至 2017 年度计划完成 16 000 户的农村危房改造任务,2018 年至 2020 年度计划完成 7 633 户农村危房改造任务;凤冈县的建设目标,则随着时间推进有所侧

表 3-2 各地州小康房行动计划目标任务

城市	安顺市	黔东南州	铜仁市	遵义市	黔西南州
农村危房改造		从2014年起,平均每年完成6.2万户农村危房改造任务;2015年累计完成12.4万户农村危房改造任务;2017年累计完成24.8万户农村危房改造任务	从2014年起,平均每年完成4.5万户;2015年累计完成9万户;2017年累计完成18万户;2020年累计完成31.48万户	从2014年起,平均每年完成3.6万户农村危房改造任务;2015年累计完成7.2万户农村危房改造任务;2017年累计完成14.4万户农村危房改造任务;2020年累计完成24.58万户农村危房改造任务	2014年计划完成50 000户农村危房改造任务;2015年计划完成30 000户农村危房改造任务;2016年计划完成20 927户农村危房改造任务;2017年累计完成100 927户农村危房改造任务
结合农村住房提升改造的小康房建设	2014年5月,启动小康房试点工作,选取600户农户作为小康房试点;2015年完成1 000户小康房建设;2016年完成1 800户小康房建设;2017年完成2 000户小康房建设	从2014年起,每年任务3 000户;到2017年累计完成1.2万户小康房建设任务	从2014年起,平均每年完成1 375户农村住房提升和改造任务;2015年累计完成2 750户;到2017年累计完成10 000户	2017年累计完成10 000户小康房建设任务	2017年前全州累计完成10 000户小康房建设任务
村庄整治			从2014年起,平均每年完成85个村的村庄整治任务;2015年累计完成185个村;2017年累计完成327个村;2020年累计完成591个村		

重,2014—2015年完成8 500户农危房改造任务和230户小康房的建设,2016—2017年完成18 456户农村危房改造任务和690户小康房建设,2018—2019年则在农危房改造基本完成的基础上,完成580户小康房的建设。总体上呈现出加快推进农危房改造进程、稳步推进小康房建设的进程特征。

3.2.2 小康房建设组织的分级实施状况

（1）行动计划管理方式的分级实施状况

在小康房行动计划管理制度方面,各地州的管理制度各不相同。

安顺市、黔西南州、遵义市沿袭贵州省的组织管理体系,即采取工作联席会议制度,由地州政府分管住房城乡建设工作的领导担任召集人,地州农村危房改造工程领导小组涉及单位为成员单位,全面负责全地州建设工作的组织领导和统筹协调。

铜仁市、黔东南州的组织管理则是成立小康房建设工作领导小组及办公室,工作重点是组织有关单位开展课题研究,制定相关规划和政策措施,分解下达目标任务,对各县市进行指导、督促检查和考核验收,并协调解决各县市推进小康房建设过程中遇到的具体问题。

县区单位小康房行动计划的管理体制差距较大。部分县直接在地州的组织管理下实施，并没有指明具体的管理措施，如遵义市凤冈县；部分县沿袭地州的管理体制，如黔东南州丹寨县县政府成立小康房建设工作领导小组，负责全县小康房建设的监督检查和指导工作，并督促各乡镇也要成立相应的小康房建设工作领导小组。

（2）小康房建设标准的分级实施状况

在小康房建设标准方面，各个地州大多在省级技术标准基础上，结合地方实际情况编制了小康房设计图集。县级单位主要按照地州或县住建局编制的小康房设计图集推进建设。农村危房改造和扶贫生态移民安置房建设通常要求直接达到小康房建设标准，部分县级单位在省级标准上保留了一些地方特色性要求。

黔东南州分布着较多的传统村落，且广大农村居民的住宅为木质建筑。提升木质住宅的建筑水平，达到"工厂标准化生产，大众模块化建造"目标，州政府采用新技术、新材料完成了样板房建造（功能验证）阶段工作，从 2014 年起，开始在全州各县市推广实施黔东南苗侗民居工厂化建房，以此实现小康房的标准化建造。

遵义市采取了结合当地实际情况分类指导小康房建设的模式。对现有房屋，凡是符合规划要求和基本住房安全的，按要求美化打造，节约资金和资料；对现有房屋不符合规划要求和基本住房安全的，则要求拆除重建，不能勉强进行外立面涂刷、加盖戴帽等措施，以免造成表面"一团光"、里面"险烂脏"的危房工程。

六盘水市的盘县制定了明确的小康房最低建设标准，但更主要的是允许甚至强调差异化建设。在最低标准方面，包括必须有客厅、厨房、卫生间等要求，目的是通过硬件设施的建设，改变过去不良的生活习惯。如果不按照标准建设，政府部门就不会通过验收，虽然允许村民入住，但不会给予相应的补助。这种方法保持了一定的弹性，从管理的角度为村民按照自己意愿建造房子预留了口子。从实际调查来看，农户基本会按照标准建设，因为这样可以得到政府给予的补贴。特别对于经济比较困难的家庭而言，这些补贴就非常重要，譬如实际搭建一个灶台只需 700 元，相比因此获得的补贴，还可以另外赚到些钱。相比在住房建设方面允许差异化，盘县更加注重提升公共设施和空间的品质，这也有利于不断提高村寨的公共建设品质。

（3）小康房建设方式的分级实施状况

在小康房建设方式方面，各个地州在省级提倡的"以点带面"建设方式上略有不同。安顺市和遵义市总体上都要求结合农村危房改造工程启动小康房试点工作，安顺市为此选取了三个县（区）600 户农户作为小康房试点，而遵义市则进一步细化选点要求，但将具体工作放到县里安排，要求选择农村危房较集中和先期已实施扶贫生态移民工程的村寨开展小康房建设试点工作，并且要求结合村庄整治推进基础设施建设和社会服务设施建设向村庄延伸，不断改善农村生产生活环境。

与遵义市类似，铜仁市要求农村住房提升和改造与农村一级危房改造、扶贫生态移民、农村集中建房等项目结合起来同步实施，并进一步明确要求以铁路、高速公路、梵净山专线和国省干道沿线 200 米可视范围的农房提升改造为重点。村庄整治任务则是与小康寨行动计划同步安排，并以"5 个 100 工程"周边村庄、近江河沿岸和重点旅游村寨，以及传统村落为整治重点，以改善人居环境、促进生态文明为目标，积极配合全市小康寨打造，主动融入村庄整治项目，按照整村整寨打造模式推进。

黔西南州的小康房建设工作，要求结合小康寨行动计划打造示范点，以点带面带动周边农村住宅的小康房建设；黔东南州的小康房建设，要求结合特色小城镇、"美丽乡村"示范村、推进村、扶贫生态移民搬迁村寨、旅游村寨等选择示范。

落实到县级层面的小康房建设，又具体分为几种不同方式。其一是以村寨为基本建设单元，整村整寨的建设；其二，以房屋为基本建设单元，允许单独针对某栋住房的建设或改造；其三就是两种方式结合。六盘水的盘县，小康房建设就以村寨为基本建设单元来推进整村整寨的建设，集中建房点由政府确定几种情况并最终确定选点。对于选定的集中建房点，政府负责基础设施建设，土地使用费用和建房费用则由村民自行承担，但政府对老、弱、病、残等村民给予相应的倾斜政策。如果人均住房面积未达到 30 m²，可申请在集中建房点建房。在规划标准方面，宅基地面积按照国家标准每户为 120 m²。在调查中了解到，如果转变生活习惯，例如改变物品随处堆放的习惯，该面积基本够用。但这也意味着，对于一些传统习惯深厚的地区或者人家，该项工作推进也会遇到些困难。

3.2.3 农村危房改造组织的分级实施状况

相比省级的原则性规定，县级农村危房改造的组织工作就更加细致，不仅普遍采取了层层落实改造指标的方式，各地还根据自身情况制定了差异化的政策。

隶属铜仁市的印江县，针对农危房改造发放的《印江自治县农村危房改造工程明白卡》中，明确规定了农危房改造的申请人标准、审批程序以及补助等级的划分。

（1）申请人必须拥有当地农业户籍并在当地居住，且是房屋产权所有人；是最近一轮农村危房摸底调查时统计在册的危房户；属于农村五保户、低保户、困难户、一般户任意一种类型。

（2）审批程序上，按照"农户申请—村委会调查核实—乡（镇）审查—县级审批—张榜公示—同意改造"的程序执行；

（3）户均补助等级由危房等级与家庭困难程度相结合评定为六级，补助标准则与省有关规定相同。

黔东南的丹寨县 2014 年完成了 3 600 户的农危房改造，具体实施过程中采取了按农户的不同经济条件设定差异化补贴的方式。农户按照经济条件分为一般、困难、低保、无保四个级别，大级别下均又分为一二三级，各级补贴从 5 000 元至 22 300 元不等。危房改造户的申请流程为"农户向村提出申请→村委审核向乡镇申报→乡镇向县住建局、民政局申报，审核通过后，款项一次性或按工程进度分期，由县财政下拨款项→乡镇财政→农户一卡通"。危房改造的指标分配，则依据优先安排受灾农户、优先安排 2013 年提前实施的农村危房改造户、优先安排 2008 年统计在册的剩余未下达的台账数、优先安排"两山"扶贫攻坚涉及村寨的危改户、优先安排残疾人、农村独生子女、二女绝育户的原则。此外，还明确规定了农危房改造的实施对象必须以现居住的合法建筑为前提。违章建筑或不达危房标准的不予补助；已纳入拆迁范围的危房不予重建补助；凡是近年来已享受过政府建房补助、新建砖瓦房让给子女居住而自己现仍住危房的也不能列入危房改造范围。在农危房改造的实施上，则结合与"两山"扶贫攻坚、少数民族村寨、扶贫生态移民工程、地质灾害移民搬迁和治理以及小康房建设。优先安排符合条件的扶贫生态移民实施农村危房改造，并整合资金配合实施扶贫生态移民工程。已列入扶贫生态移民搬迁的农村危房，不得在原址进行改造，避免改造后又搬迁而造成浪费。

3.2.4 资金筹措渠道与补助方式的地方性差异

地州级小康房行动计划的具体资金筹措主要分为两个大板块，农村危房改造资金和其他类别小康房建设资金。农村危房改造资金主要来源于中央和省级补助资金（含生态移民补助资金）、地级和县级匹配资金四个部分；其他类别小康房建设资金的来源是村庄整治专项资金、"一事一议"财政奖补专项资金，以及县区自筹，具体总结如表3-3。

表 3-3　　　　　　　　　　　　　　　各地州资金筹措情况

城市	安顺市	遵义市	铜仁市	黔西南州
农村危房改造资金	总额：改造完成 7.4 万户需 8.68 亿元	总额：改造完成 24.58 万户共需 26.88 亿元	总额：改造 31.48 万户共需 39.58 亿元（含生态移民 3.32 亿元）	总额：改造危房 100 927 户需 11.90 亿元
	组成：申请中央和省补助资金 6.76 亿元，市、县财政匹配资金 1.92 亿元	组成：中央省级匹配资金 18.51 亿元，市级匹配资金 5.87 亿元（每年匹配 0.84 亿元）；县级匹配资金 2.04 亿元，（仁怀市市级匹配 1 147.75 万元和县级匹配资金 3 575.53 万元自行负责）	组成：中央和省补助资金 33.91 亿元（含生态移民 3.32 亿元）；市级财政匹配 1.14 亿元；县级财政配套 4.53 亿元	组成：中央及省级补助资金 8.95 亿元；州级财政补助资金 0.33 亿元；县级财政匹配资金 2.62 亿元
其他类别小康房建设资金	设立小康房建设专项资金；统筹美丽乡村、村庄整治专项资金和农村村级公益事业"一事一议"财政奖补专项资金	设立小康房专户统筹管理，形成"政府引导、部门帮助、社会赞助、农民自主"的多渠道投入机制	农村住房提升和改造、村庄整治资金皆由各区（县、开发区、高新区）自筹，市级财政对工作开展较快、目标完成较好的区会采取"以奖代补"的方式给予奖励	设立小康房建设专项资金；统筹村庄整治专项资金和农村村级公益事业"一事一议"财政奖补专项资金

表 3-4　　　　　　盘县南皋乡 2014 年度农危房改造各级政府补助资金构成和标准　　　　　　（单位：万元）

级别	补助资金	户均补助标准
中央	220.79	—
省级	119.5	0.25
州级	47.8	0.1
县级	71.7	0.15
合 计	459.79	—

在农危房改造的资金补助方面，部分县区在具体的补助方式上与省级规定不同。在盘县，无论是否农危房的农户，都可以向银行申请最多不超过 3 万元、最长 7 年的房屋贷款，政府奖励贷款的 20%（6 000 元），并且贴息两年（4 000 元）。被评定为农危房的住户，还可以在上述补助的基础上获得其他形式的补助，以鼓励农危房直接改造为小康房标准的住房。从该县南皋乡 2014 年度农村危房改造的补助资金来源来看，中央拨款的占比最高，达到了总额的 48%；其次为来自省里的拨款，达到 26%；其三为来自县级政府拨款，占比达到 15.6%，明显高于州政府拨款比重（10.4%），也揭示出省、县两级政府在地方政府拨款农危房改造方面，承担着更主要的职责。

在农房改造提升的资金补助方面，地州层面并未明确出台相关标准，部分县区则制定了地方补助政策。遵义市凤冈县的农户住房改造提升的补贴标准是县里补贴 70%，村民自筹 30%，最高补贴资金不超过 1.6 万元。例，花 2 万元，政府补贴 1.4 万元，农民自筹 6 000 元；花 3 万元，政府补贴到最高 1.6 万元，农民就需要自筹 1.4 万元。补助资金由县小康办具体负责发放。改造时需要先做预算，采用"先交费改造再补贴"的模式，村民房屋建筑面积在 120m² 以下的交纳 6 000 元，以上的交纳 8 000 元，由政府请施工方或农户自请施工方按照黔北民居升级版进行改造，经验收后对改造费用多退少补。

在以小康房为建设标准的集中建房拆迁补偿方面，实施了集中建房的县区的资金补助方式也各不相同。丹寨县在县城规划区内设置了 3 处集中建房点，用于拆迁户的安置需要。被拆迁户的土地征用后，政府按规定给予村民每亩 3 万 4 千元的补偿，具体的补偿方式分为两种。其一，是 1∶1 给予已造好的房子，有 90 平方米和 130 平方米两种选择,高度均在 4 层以下(即卡拉新城模式);另一种是提供户均 140 平方米的宅基地,由农户自行建房。此外是政府统一新建的生态移民住房,拆迁户也可以购买。另外,针对非拆迁农户,可每人补助 7 000 元让农户进入规划的新区,相当于推进城镇化、农户进城。实际操作中,用于生态移民的住房售价较低,(生态移民房的价格为 1 400 元/平方米),其价格低于商品房价格(2 000 元/平方米)。

3.3 典型村庄层面的行动计划实施情况

3.3.1 小康房的整体建设情况

我们本次调研的典型村庄,都有 2013 年后推行的农危房改造项目。特殊的是黔西南州顶效镇楼纳村,该村虽然有农危房改造计划,但利用的却是新农村建设资金,严格意义上来讲不算六项行动计划小康房政策下的建设项目。

2013 年后按小康房标准落实建设的村庄包括铜仁市印江县合水镇兴旺村、黔东南州榕江县龙泉镇卡拉村、黔东南州丹寨县南皋乡石桥村(农危房直接按小康房建设标准改造)、铜仁市印江县朗溪镇河西村、遵义市凤冈县进化镇临江村。

2013 年后有农房改造和提升的村庄有遵义市凤冈县进化镇临江村(农房改造提升是重点)、丹寨县南皋乡石桥村、六盘水市盘县刘官镇刘家湾村。

2013 年后有集中建房的村庄有黔东南州龙泉镇卡拉村。其中有集中建房的规划但还未实施的村寨有黔东南州榕江县栽麻乡大利村、安顺市黄果树管委会黄果树镇石头寨村。

3.3.2 2013 年前农危房改造的实施情况

铜仁市印江县合水镇兴旺村从 2011 年开始进行新农村建设,2011 年和 2012 年两年通过与农危房改造项目结合,已经将村内沿 S304 和两条主要通组路两侧的房屋重新修整、改造和粉刷,使得建筑风格较为整齐,具体政策实施分为两类,一类为农户自行粉刷,政府给予农户一定补助;另一类则由政府雇施工队进行粉刷。

遵义市凤冈县进化镇临江村于 2008 年已经进行过摸底工作,建立了危房系统,2000 年起开展了黔北民居改造工程。2013 年小康房行动计划出台,全村在现有危房系统上继续推进农危房改造,并开始了新一轮黔北民居升级版改造工程。

黔东南州丹寨县龙泉镇卡拉村曾在 2012 年之前进行过农危房改造,但没有查明准确数量。本次调查所采访到的一名农户介绍说,2010 年他建造房子时享受到了政府给予的农危房补贴,所建造的房子紧挨年久失修、已不能住人的老房子。新房子一层为厨房和厕所,二层为卧室,其中一层水泥房由自家出钱建造,二层的框架是政府完成的,最后自己铺木板并完成内饰,自己一共花了约 3 万元,政府补贴了 1 万元。南皋乡石桥村在 2009 年启动危房改造,2010 年正式实施,全乡 2000—2012 年共完成危房改造 1 637 户,下达的指标覆盖到每个行政村。

安顺市黄果树镇石头寨村 2012 年改造了十多户农危房,目前仅剩下 2 户农危房。农危房多数为村民用自己的钱加政府补贴自行改建完成。

黔西南州义龙新区顶效镇楼纳村,2013 年前利用新农村建设资金进行危房改造,危房共 52 户(今年约 20 户),每套补助 6 000~7 000 元。设计标准在重点区域按村里统一标准建造,非重点区域自行建造。本村自行组织施工队进行施工,每队规模 3~5 人。据了解,手艺好的工匠 500~600 元/天,普通为 200~300 元/天,搬运工 100 元/天。

六盘水市盘县刘官镇刘家湾村,全村农危房约 110~120 户,已改造了三组(大凹子)、四组(常山丫口)共

12 户农危房,每户政府最多补贴 1.2 万元、低保户 1.4 万元。为了避免出现村民翻新后又颁布集中建房政策,造成村民损失,村委会近两年已没有上报农危房指标。

但深入典型村的调查也发现,一些评定过的农危房改造项目,实际上处于空置状态,一些尽管评定为农危房实际上也不影响使用,但为完成指标仍然按照补贴标准和自筹资金推行了农危房改造。

3.3.3 2013 年前村民主导房屋建设的实施情况

铜仁市印江县合水镇兴旺村,在实施小康房政策前,已有部分居民从山上的老宅搬下,基本上是一些有一定经济实力同时又追求更舒适居住条件的村民。这些村民通常会选择在交通条件便利的道路两侧新建房屋,通过与其他村民交换田地、在自家田地上新建,或者结合政府修建水利设施等大型工程,获得调整赔偿性的宅基地建设新房。

铜仁市印江县朗溪镇河西村,自 2007 年开始进行"新农村建设",并以甘川为重点打造区域,试图以点带面推行新农村建设。甘川 3 个自然村作为新农村示范点,获得较多政策扶持,进行了道路建设和房屋修缮等工作。但当时并未出台统一、正式的民居修缮标准,主要是按照土家族民居的式样来改造和修缮。目前,甘川已经基本上完成了房屋改造,房屋质量和外观均较好。2009 年,政府出台了土家族民居修缮补贴标准:三间为一栋,五间为两栋,每栋补贴 7 000 元。并确定了土家族民居改造与修缮的样式:白墙、雕花窗、坡屋顶等。一直到目前为止,河西村房屋修缮、改造样式及补贴方案仍旧沿用这一标准执行。

安顺市黄果树镇石头寨村,大规模的自主建房起源于 2004 年、2005 年安顺市黄果树风景名胜区波升乡村旅游有限责任公司进行的旅游开发。在此过程中,村民得到公司的征地补偿后,大多很快在山下自己建造新房。2004—2009 年为自主建房高峰期,2012 年之后基本就没有村民住在山上了。据统计,石头寨村新建房屋80 栋,其他两个居民点共新建 60 栋,总共 140 栋。

图 3-1 石头寨村房屋风貌

图 3-2 楼纳村房屋风貌

黔西南州义龙新区顶效镇楼纳村,主要的建设活动始于 2007 年,当年村委以 6.5 万/亩的价格征用对门耕地后自行进行修路开发,路两侧新辟宅基地以 50~60 元/平方米批给村民进行自主建房。村民建房的立面设计如果符合村里的统一规定可以得到 1 万~3 万元/套的补贴。

3.3.4 2013 年后农危房改造项目实施情况

深入典型村庄的调查发现,各地的补助方式各有不同,涉及补助的类型、补助金额,以及补助发放的时间和程序等方面。

铜仁市印江县各镇村在具体推行农危房改造时有差异,不仅体现在跨镇村庄上,也体现在同镇不同村庄上。合水镇合水村,2014 年仅有 1 户进行农危房改造,补助费为 6 500 元;2015 年 5 户申请农危房改造的村民,每户补助都是 6 500 元;同样是合水镇,兴旺村的农危房为 80 栋,2014 年实施了 2 户,2015 年至今实施 8 户,提供资金都为 5 000 元/户,并且采用了分两次发放补贴的方式。山上村民搬迁下山后,山上老宅主要用作附属房屋来堆放杂物、柴草等;朗溪镇河西村,近年来的农危房改造主要集中在除甘川以外的自然村寨,2015 年获得了镇村管所划拨的 19.49 万元危改补助。河西村的农危房改造补助评级由村委会评定,上报镇政府审查核实,再由村里公示,通过之后则由镇政府监督改造和验收。施工人员由村民自请,很多都是由本村或其他村有相关经验和技术的村民来施工。据了解,这种施工技术人员一天工费 200 元左右,包吃,有时候还要每天给一包烟。

遵义市凤冈县进化镇临江村在 2013 年小康房行动计划颁布之后,结合黔北民居改造,开展了新一轮农危房改造。村里近几年又新增了一些危房。按照程序,这些危房的数量和分布尚待新一轮摸底核实后向上级政府申请危房改造指标,然后经小组评议补助等级并将评议结果公示后再上报审批,审批通过后由村民自己组织改造工程(自改或承包),完工后由上级政府验收通过后再经镇财政分局将补助金额通过农村信用社发放到村民账户。不同于国家标准,临江村的补助标准分为 5 级,对应的补助金额分别为 22 300 元、8 300 元、7 000元、6 500 元、6 000 元。据村主任介绍,由于村内本来户数就少,且特困户评定标准高,因此补助为 1 万元以下的约占 80%。临江村的农危房改造,大原则是以坚固安全为主,2013 年和 2014 年分别完成了 100 户、200 户左右的农危房改造,2015 年计划完成 100 多户农危房改造。

黔东南州丹寨县,龙泉镇卡拉村在 2012 年至 2014 年无农危房改造指标,2015 年获得了 11 户农危房改造指标,尽管按照要求上报,却未通过审核,最后下达的通过审核的名单全部被调整为高速公路上视线可及范围内的房屋,其中仅有 2 户的房屋是确有较为急迫的改造需要;南皋乡石桥村在 2014 年改造了 100 余户农危房,2015 年改造 80 户,约占据南皋乡 478 户危房改造指标的 17%,为南皋乡危房改造的重点村。按照困难等级,石桥村危房户每户补助 6 500~22 300 元不等。补助金为验收合格后一次性发放到村民手中。

黔东南州榕江县,栽麻乡大利村的小康房建设计划,主要体现在农危房改造方面。大利村的农危房改造工程从 2007 年就开始了,自小康房行动计划实施后,2013 年改造了 7 户,2014 年改造了 6 户,都是由村民自行完成的。大利村 2015 年没有获得农危房改造指标。栽麻乡希望 2016 年将危改指标整合,以便覆盖到大利村全部民居(不包括之前已经补助过危改的民居,以及 2012 年后新建的民居)。大利村的农危房的改造资金落实程序为,由财政局拨款到乡里,村民完成农危房申请手续,开工建设后到乡里进行报销。主要由乡里监督,财政局验收,然后分批发放补贴款。主体工程完成后,拨款约 50%的补助款,住宅完工后,住建局、民政局和乡里联合验收合格后,拨款剩余的 50%。

3.3.5 2013 年后小康房标准建设项目的实施情况

相比农危房改造项目,所调查典型村庄里的小康房标准建设项目的实施情况差异度更大,不仅涉及程序、还涉及纳入小康房标准建设的项目内容及建设标准等更多方面。

遵义市凤冈县,进化镇临江村于2013年结合小康房行动计划启动了黔北民居改造,申请了市级"四在农家·美丽乡村"建设示范点,改造的标准为"保护、美观、舒适"。2014年,临江村临坪组、联合组2个大组5个自然小组统一改造225户,完成指标(250户)的90%,且均为在原房屋的基础上进行的改造提升。

黔东南州丹寨县,南皋乡石桥村将小康房标准建设与旅游服务设施需求相结合。《南皋乡美丽乡村石桥示范村创建基本情况》表明,为满足旅游服务需要,石桥村完成了游客服务中心楼房1栋、商品交易木楼4栋和石桥景区作坊群,以及古纸园工作楼的建设等县一级新增小康房建设任务。

黔东南州榕江县,栽麻乡大利村是传统保护村落,目前暂无小康房建设指标任务。考虑到大利村村民新建民居的旺盛需求,榕江县住建局联合栽麻乡、大利村共同沿利侗溪在村寨下游新选址了7~8亩地,作为大利传统村落新居的建设点,规划在新寨建设15户,该设想已经在大利村传统村落保护规划和历史文化名村规划中得到体现。

六盘水市盘县,刘官镇刘家湾村在以小康房标准自主建房方面,自2010年以来达到100套以上。大多数村民是将老房子拆了新建,平均每户村民的宅基地面积约为120 m²,少部分村民宅基地面积可达200~300 m²,通常都建三层。现状村民房主要顺地势和沿通村公路分布,正房朝向以南向通村公路为主,附属用房大多垂直于正房,形成典型的庭院式布局。正房以1~2层砖混结构平房为主,村寨内的附属用房主要为棚圈、厕所、杂物房等,多为棚房或简易房。

图3-3　刘家湾村自主建房

3.3.6   2013 年后集中建房建设项目的实施情况

结合小康房计划实施集中建房项目,有利于促进适当集中,较为经济地建设基础设施和公共设施,发挥集聚效应,但从实施状况来看,也面临着村民需求差异性大、集中建房选点与原宅基地存在一定距离或者资金短缺等问题,需要进行较多的协调工作。

安顺市黄果树镇石头寨村,黄果树管委会 2014 年即已确定集中建房地块并进行了测绘,主要为解决临时建房困难户,如人口多房子小的家庭,但目前仍无资金支持,难以实施。

黔东南州丹寨县,龙泉镇卡拉村的集中建房,主要用于拆迁安置小区卡拉新村。2014 年第一批小康房任务 41 户,第二批小康房任务 38 户,均落在卡拉新村。卡拉新村内建设有别墅型单体建筑 42 栋,总建筑面积 11 000 m²,总占地面积 16.19 多亩,最初推进拆迁安置规划时,村民大多希望政府将建设费用直接发给农户使用。但有关部门没有采纳该意见,推进了集中统建的进程,2014 年 8 月底,项目实施完成了小区房屋主体室内外装修及配套的道路、绿化、管网、水电安装等工程建设,总投资近 1 861 万元。随着项目建成,越来越多的村民觉得比较满意,开始纷纷统一购买,最终确定的方案是由村民自行选择面积,购房款则由村民的拆迁费用和县里给的补贴组成,超出部分则由村民按照 1 100 元/m² 付费购买。

3.4   典型村庄层面实施中的主要问题

3.4.1   农危房改造补助的指标管理失配

农危房改造作为一项福利政策,在改善贫困家庭住宿困难,解除危房隐患等方面,发挥了积极作用。但有限的政府财政补助,以及为此而形成的指标配置管理方式,也在实施过程中遭遇了一些问题。

年度农危房改造指标,尽管清晰化和标准化了福利政策的落实,但有限的指标为其带来了稀缺性。尽管为了公平性,各地普遍采取了由上而下的指标分配和由下而上申报结合的方式,但诸多因素的影响,仍然造成指标管理失配等问题。譬如迫切需要改造的村民房屋,因种种原因不能及时获得指标;一些位于景观地位较突出的村民房屋,即使严格来看并未达到危房程度,也更容易获得农危房改造指标;一些较具能力的村民,尽

图 3-4　卡拉新村房屋风貌

管房屋条件不算太差,也比较容易率先获得农危房改造指标等。此外,也存在着基层乡镇政府确定申报的房屋指标,却在下达中另行调整的现象,直接影响了基层部门的积极性。

这种有限指标失配的现象,不仅影响了有真实需求的农危房户的改造,而且使得一些没有获得改造名额的村民产生不满情绪,甚至影响有关部门的公信力。

3.4.2　补助资金有限对非常贫困户申请积极性造成一定制约

作为一项福利政策,农危房改造资金仅针对确有需维修危房进行修缮,却并不能满足居住条件的明显改善。但是包括地方政府,以及很多农户,基于可以理解的原因,都常常将农危房改造与旧住房条件改善直接挂钩。

但是房屋拆除重建,或者大修所需要的资金,都超出了农危房改造的资助力度。譬如调查中发现,农危房改造通常的支出都在十万元甚至几十万元间,这与通常只是几千元的农危房改造补助相比,自然相去甚远。这种现象的存在,经常导致获得资助的家庭也有所不满的现象,批评该项政策"资助力度不够"的现象时有发生。更重要的是,也经常导致那些真正非常贫困的家庭,因为无法自筹必须自行承担的资金,在申请农危房改造指标方面也明显积极性不高,出现"有申请资格的无自筹资金"和"有自筹资金的无资格申请"的问题。

正是为了解决这一问题,很多地方都在统一标准的基础上,做出了一些针对性的调整。较为普遍的作法,就是适当划分不同档次,以便对维修程度明显不同的房屋提供差异化的资金资助。这种变通,一定程度上改善了补助资金有限的制约问题,但对于特别贫困的家庭,仍然需要采取更为综合性的措施,才能从根本上改变资金不足问题。

3.4.3　资助指标有限与发放迟缓带来的改造迟缓等问题

除了前面提到的对非常贫困户的申请积极性带来一定影响,有限的补助资金还造成指标配置有限,因而延缓了改造申请的落实速度,原本为了更具针对性的差异化资助标准,也面临着实施难度较大。此外,规范资金使用管理所普遍要求的先建后补方式,客观上影响了申请意愿和建设进程问题。

调查中发现,由于需要改造的农村和危房太多,而年度补助资金毕竟有限,使得一些正常申请者也可能拿不到指标,如所调查的大利村,当年获得资助户数就明显少于现实需求,导致一些村民不满。

同时,尽管有关方面出于好意划分不同资助档次,以求精准化扶持,但调查中也了解到,一些村庄认为这样大大增加了基层的工作难度,因为不仅评价困难,而且实际资助额度差异也在实施过程中经常遭受一些村民质疑,一些村干部建议还是统一危改补贴标准更为妥当。

此外,由于采取了更加规范而有力的资金管理方式,大多地方将资金发放置于施工完成后,但也客观上造成了危房户需要在建设过程中投入更多资金,甚至导致一些人因为担心拿不到补助,而在推进工程时产生临时动摇的现象,也一定程度上影响了申请者的热情。

3.4.4　村民对小康房标准自主建房的积极性不高

虽然从省级政府到地方采取了多种方式,如制定图集、加强宣传,甚至与其他一些政策如生态移民等捆绑来推广小康房标准建设,但实施过程中也面临着一些问题。其中的关键性问题,就是该项政策缺乏配套或者激励性的资金。

实地调研发现,由于缺乏相应的资金资助,很多村庄参与小康房标准建房的积极性不高,特别是自主建房者主动达标小康房标准的更少,缺乏资金和其他配套性政策,是非常突出的关键性问题。

为此,在实际的基层工作中,很多情况是将小康房标准建设与前述其他类似政策要求捆绑,譬如与农危房改造和集中安置、生态移民政策等结合。然而正如前述指出的那样,这样的措施又面临着补助资金不足,甚至因为相比如农危房改造更高的建设标准而加剧补助资金不足问题。

针对上述情况,一些地方在实际操作中,采取了积极引导、事后认定的方式。即按照一定的标准,组织人员到各地对各类政策性建房或者村民自己建房的房屋进行检验认定,凡是符合小康房标准的,即向上申报达标。

3.4.5 片面推行集中建房,遭遇诸多现实压力

调研村寨中,除卡拉村,其余村寨均无集中建房计划进入实施阶段。卡拉村在建房过程中,村民也更倾向于政府直接给地、给钱然后自己来建,但意见并没有被接受。一些受访干部认为,集中建房的主要现实问题如下。

其一,集中建房计划尽管给了用地指标(一个建房点给3~4亩地),却没有给予更多的资金支持,使得实施过程中征地拆迁和基础设施建设所需要的大笔资金难以落实。

其二,大多集中建房的选址往往与大部分村民已经熟悉的日常生活和生产空间较远,明显影响了村民生活和生产的便利性,也提高了村民生活和生产的成本。

其三,集中建房会产生紧密的公共空间,村民以往的生活习性会影响其他住户的卫生状况。例如多户房屋会沿街集中建设,村民脚上沾有泥土会弄脏道路,将垃圾堆放在自家周围的习惯也会影响到其他住户及整体的卫生状况。

其四,集中建房的每户住房面积相比传统住房明显减少,房屋空间安排上也与村民传统的生产和生活习性不同,使得村民缺少饲养家禽和家畜的空间,也缺少了较大的农具、薪柴储藏和粮食晾晒的空间,特别在初期推广阶段很难被村民接受。

通过实地调研发现,如果村民的生产和生活方式依旧,集中建房就更不容易为村民所接受。那些生产和生活方式已经发生较为明显改变的村民,特别是能够看到实际实施效果的情况下,就更容易接受新的住房形式。譬如在我们所调查的安顺市黄果树管委会黄果树镇石头寨村,因村民的田地基本已被征用或流转,村民的生产方式和生活方式也随之发生改变,因此对集中建房的要求就较为强烈。与此同时,除了住房形式的改变,积极推动文明建设,改变原有的生活习惯,对于推行新住房也具有重要意义。

3.4.6 历史建筑保护所面临的问题

贵州是传统村落数量最多也最为丰富的省份之一,但是传统村落的风貌存在于每天都在生活和生产着的现实社会中,传统建筑物和空间不能适应当前需要,或者当地村民开阔了眼界后,积极要求推动发展和改变村落的落后面貌等情况,都对历史建筑的保护造成了很大威胁,涉及理念、经济、技术等若干方面。

最为常见的,是村民,特别是已经在外打工时间较长的村民,由于开阔了眼界,将传统的村容村貌通通归之为落后,希望在改善居住条件的同时,能够让自家房屋风貌跟上现代化步伐。譬如简单的拆除老房屋,转而建设多层的钢筋混凝土房屋,或者更换铝合金门窗、墙面贴瓷砖等,无不与此有关。如何在动态改善村民生活条件的同时,适当保护传统风貌,而不是片面地固化地保留传统风貌,涉及从价值观到技术方法等若干重要议题。

在现实层面,保护传统村容村貌不仅意味着发展建设方式受到制约,还经常导致更高的成本,这对并不富裕甚至很多比较贫穷的村民而言,更难以接受,甚至因此对保护的要求非常排斥。譬如在石头寨村,由于用石头建房的造价比用砖要高将近一倍(100 m²的宅基地建一层石头房需要花费 10 万元),且由于村内青壮年大多出门打工,建房由 5 年前的家家户户相互帮忙变为聘请施工队建房,成本大大增加。如果单纯地要求村民来承担保护所带来的成本而没有直接的经济回报,效果可想而知。村民更多地建造现在各地普遍较为常见的混凝土房屋,也就可以理解了。

传统村落的建房标准与小康房标准间存在矛盾也是重要问题之一。2012 年开始的新建房,为达小康房中的抗震要求,先做了平屋顶,但为了在外形上达到传统村落的要求,在平屋顶上又架了坡屋顶,内部也采用钢筋混凝土结构,造成材料、形式上与旧有建筑不统一,也提高了成本。

此外,还有些大型公司,在村落里进行改扩建或者新建设施以满足旅游发展的需要,但一些建设活动也造成了传统村落风貌的破坏。

3.4.7 村寨内违章建设现象普遍及其成因

虽然从法理等方面来说,违章建筑的拆除等处理是有法可依的,但实践中却因为复杂的原因而难以及时处理,这又进而制约了对新违章现象的及时纠正力度。

较为常见的,是一些村庄里已经不再批宅基地,但客观上又由于人口增加和婚姻等原因而产生新的宅基地需要。由于缺乏必要的如集中建房等导引政策,以及相对地处偏远而管理乏力,使得违章建设行为难以及时纠正,形成示范效应,经常引发违章现象的成规模出现。

一些已经申请并搬迁到新宅基地的农户,由于种种原因如缺乏人力物力,以及对外影响不大等原因,未及时拆除老房屋,时间一长也容易出现原户主继续使用,造成事实上的两处宅基地现象,也形成了违章。

近年来,一些返乡农民的出现,为很多村庄带来了新的理念和发展思路,譬如发展民宿等,但也事实上造成了违章建设现象的存在。地方上在处理这种问题时,往往更加谨慎,避免打击这些返乡客的积极性,也希望因此为地方经济发展带来新的动力。

当然也有更为常见的,一些小康房标准建设的村寨,由于小康房在房屋规模和房间布局等方面常常与传统习惯形成很大不同,一些村民自发采取了一些措施,也常常客观上影响到庭院和房屋从面积到形式等方面的问题,值得注意。

(a) 石头寨沿河新建建筑影响桂家河整体景观   (b) 石头寨桥头改建的四层宾馆,体量过大

图 3-5　石头寨村的自主建房

4 小康寨行动计划政策实施状况

4.1 省级政策概况

4.1.1 政策沿革

村寨的综合治理是我国社会主义新农村建设的国家战略中的重要环节,覆盖面大,对农村环境改善深入。2006 年中央以 1 号文件的方式发布了《关于推进社会主义新农村建设的若干意见》,其中第十七条"加强村庄规划和人居环境治理"条款指出:"随着生活水平提高和全面建设小康社会的推进,农民迫切要求改善农村生活环境和村容村貌。各级政府要切实加强村庄规划工作,安排资金支持编制村庄规划和开展村庄治理试点……引导和帮助农民切实解决住宅与畜禽圈舍混杂问题,搞好农村污水、垃圾治理,改善农村环境卫生。"2008 年国务院农村综合改革工作小组又出台了《关于开展村级公益事业一事一议财政奖补试点工作的通知》。2009 年,环境保护部推出农村综合环境整治项目,并出台了《中央农村环境保护专项资金环境综合整治项目管理暂行办法》。

在国家相关部门的政策基础上,贵州省政府各有关部门陆续推出了省级层面的相关政策,涉及村庄整治、村级公益事业一事一议财政补贴、农村环境保护专项资金等几个主要方面,在省级层面上落实了具体的政策安排。2013 年,国家提出美丽乡村建设要求后,贵州省积极改革创新,整合了在村寨环境整治方面的相关政策,统一纳入到"四在农家·美丽乡村"基础设施建设六项行动计划中,称为小康寨行动计划。以下分类简介下相关政策的沿革情况。

（1）村庄整治

2006 年,贵州省建设厅印发《贵州省社会主义新农村建设村庄整治试点工作指导意见》,目的是选择一批试点村庄(第一批共 60 余个),从村庄规划入手,以村容村貌整治为主要内容,实现村庄路面硬化、人畜分开、厕所卫生、排水畅通、新旧水塘明暗有序、垃圾收集和转运场所配套、房屋安全经济美观并富有特色、污染得到有效控制、村容村貌总体整洁优美,农民素质得到明显提高,农村风尚得到有效改善,达到"布局基本合理、设施基本配套、环境较为整洁、村容村貌美化"的目标。到 2011 年,投入大量资金共进行了 1 000 多个村庄的村庄整治。

2013 年开始推出的六项行动计划,覆盖了当初村庄整治的所有内容。其中,"小康寨"行动计划是对村庄整治工作最主要的延续,并且更加强调了对自然村寨的覆盖。

（2）一事一议财政奖补

一事一议财政奖补是农村税费改革后,中央出台的一项新的强农惠农政策,以农民民主议事为前提,以农民自愿筹资筹劳为基础,通过民办公助的方式,政府对农民群众急需的村级公益事业建设项目给予适当奖补。

2008 年末,根据国家政策,贵州省农业厅出台了《贵州省村民一事一议筹资筹劳管理实施办法》,规定筹资筹劳的使用范围为:村内农田水利基本建设、道路修建、植树造林、农业综合开发有关的土地治理项目和村民认为需要兴办的集体生产生活等其他公益事业项目;议事范围为建制村。一事一议财政奖补工作按照规划先行、重点突破、先议后筹、先筹后补的原则,实行奖补项目确定自下而上与奖补资金安排自上而下相结合的机制。

2009 年到 2013 年,贵州省开展村级公益事业建设一事一议财政奖补工作以来,各级财政累计投入奖补资金 22.4 亿元,累计修建垃圾收集点 4 860 个、公共厕所 6 300 座、文体活动场所 20 多万平方米,安装路灯 12 860 座,项目覆盖全省 6.7 万个自然村寨、1 025 万人,覆盖率分别为 34%的自然寨,28.8%农村人口。

2013 年开展六项行动计划后,根据一事一议财政奖补工作的要求,该奖补资金成为小康寨行动计划的主要资金来源之一。

(3) 农村环境保护专项资金

为规范使用中央农村环境保护专项资金,贵州省财政厅及环保厅于 2009 年出台《贵州省农村环境保护专项资金管理暂行办法》,明确专项资金分为两类,实行"以奖促治"方式的专项资金,以及实行"以奖代补"的专项资金。

"以奖促治"资金重点支持以下内容:农村饮用水水源地保护;农村生活污水和垃圾处理;畜禽养殖污染治理;历史遗留的农村工矿污染治理;农业面源污染和土壤污染防治;其他与村庄环境质量改善密切相关的环境综合整治措施。"以奖促治"资金主要用于符合以上内容的农村环境污染防治设施或工程支出。

"以奖代补"资金重点支持通过开展生态示范建设,达到有关生态示范建设标准的村镇。主要用于农村生态示范成果巩固和提高所需的环境污染防治设施或工程,以及环境污染防治设施运行维护支出等。

该方法第八条规定,各地、县在申请专项资金的同时,应通过地、县级财政和村庄自筹落实农村环境污染防治设施或工程建成后的运行费用,以确保环境综合整治的持续效果。

作为小康寨行动计划中的重要资金组成,该专项资金的使用依据为《贵州省农村环境保护专项资金管理暂行办法》;在管理方面,实行县级财政报账制,县级财政、环保部门来加强专项资金拨付工作的审核和管理,确保专款专用、专项核算,不得截留、挤占和挪用。

4.1.2 政策目标

《省人民政府关于实施贵州省"四在农家·美丽乡村"基础设施建设六项行动计划的意见》(黔府发〔2013〕26 号)中,提出小康寨行动计划目标为围绕建设功能齐全、设施完善、环境优美的小康寨,按计划确定的目标任务,实施村寨道路、农户庭院硬化,实施农村改厕、改圈、改灶工程和农民体育健身工程,建设农村垃圾和污水处理、照明、文化活动场所等设施。该项行为计划到 2015 年覆盖 2.58 万个村寨,到 2017 年累计覆盖 4.3 万个村寨,到 2020 年累计覆盖 6.9 万个村寨。

该文件附件中,对小康寨行动计划提出的总体目标分为四个部分:由住建局重点完成村庄整治,环保局重点完成集中式饮用水源地保护,体育局重点完成村级体育设施建设,综改办重点打造示范村寨,并对示范村寨提出了"五化"目标。2013 年至 2020 年的建设总体目标及三个阶段目标如图 4-1 所示。

"五化"目标

(1) 道路硬化:通寨路、村内步道、农户庭院实现水泥路面硬化。

(2) 卫生净化:实现垃圾收集、堆放、搬运和处理有序,污水定向排放并进行净化处理,建有公共厕所等。

(3) 村庄亮化:对村庄和民居建设统一规划、村内道路及公共活动场所安装照明设施等。

(4) 环境美化:道路两侧、公共闲散地和村庄周围环境绿化,村寨周边的小堰塘、村内用于美化环境及解决生活用水的小型引水工程等建设,实现"山青水秀"。

(5) 生活乐化:包括文体活动场所、农家书屋、农家超市等方面的建设,丰富农民群众的物质和精神生活。

图 4-1 小康寨行动计划中示范村寨"五化"目标

2013—2020 年，在对全省文、体、环、卫及便民设施建设统一规划的基础上，按照人口集中优先的原则，到 2020 年计划完成 6.9 万个自然村寨建设，新增覆盖人口 1 598 万人，累计覆盖 2 623 万人，占预计农村户籍人口 3 729 万人的 70%。省住房和城乡建设厅计划完成 5 000 个村的村庄整治；省环境保护厅计划完成 800 个行政村的集中式饮用水源地保护；省体育局计划完成 1 303 个乡（镇）和 14 000 个行政村的村级体育设施建设。省农村综合改革领导小组办公室计划重点打造 4 000 个示范村寨，实现"五化"目标。

2013—2015 年，计划覆盖 2.58 万个自然村寨建设，新增受益人口 599 万人，累计受益 1 624 万人。实施 121 万户"三改"及庭院硬化工程，计划对 840 个乡镇开展垃圾收集处理工作，开展 300 个行政村集中式饮用水源地保护工作，修建 0.71 万个行政村的公共厕所及文体活动场所、农家书屋、村务宣传栏等便民服务设施，实现 1.35 万个自然村寨的污水处理设施全覆盖，新增安排 23.6 万台套太阳能照明设施，实现 2.58 万个自然村寨的照明设施全覆盖。

2016—2017 年，计划覆盖 1.72 万个自然村寨建设，新增受益人口 400 万人，累计受益 2 024 万人。实施 80.2 万户"三改"及庭院硬化工程，计划对 560 个乡镇开展垃圾收集处理工作，开展 200 个行政村集中式饮用水源地保护工作，修建 0.48 万个行政村的公共厕所及文体活动场所、村务宣传栏等便民服务设施，实现 0.9 万个自然村寨的污水处理设施全覆盖，新增安排 15.65 万台套太阳能照明设施，实现 1.72 万个自然村寨的照明设施全覆盖。

2018—2020 年，计划覆盖 2.6 万个自然村寨建设，新增受益人口 599 万人，累计受益 2 623 万人。实施 121 万户"三改"及庭院硬化工程，计划对 840 个乡镇开展垃圾收集处理工作，开展 300 个行政村集中式饮用水源地保护工作，修建 0.71 万个行政村的公共厕所及文体活动场所、村务宣传栏等便民服务设施，实现 1.35 万个自然村寨的污水处理设施全覆盖，新增安排 23.6 万台套太阳能照明设施，实现 2.58 万个自然村寨的照明设施全覆盖。

4.1.3 项目工程

贵州省六项实施意见中还进一步提出了小康寨实施的项目类型，其内容与其附件《贵州省"四在农家·美丽乡村"基础设施建设——小康寨行动计划（2013—2020 年）》略有不同，主要区别是在六项实施意见中提出了实施村寨道路的建设内容，而小康寨行动计划的项目工程中未提及，但通过六项实施意见的其他内容，可以判断村寨道路属于小康路行动计划范畴，故在下文中以小康寨行动计划所确定的八项建设内容为准。小康寨行动计划中八项建设内容分别为："三改"工程；垃圾收集、搬运、处理；集中式饮用水源地保护；污水处理；公共厕所；照明设施；庭院硬化；文体活动场所等。具体内容如下：

（1）"三改"工程

按照以农户自建为主，政府奖励补助的原则，对农户实施改厕、改圈、改灶"三改"工程，着力改善农民群众生活环境，倡导科学健康文明的生活方式。

（2）垃圾收集、搬运、处理

原则上每户安装 1 个垃圾桶，每村配置 1 个垃圾箱，每乡配置 1 辆搬运车，每县建设 1 个垃圾填埋场或垃

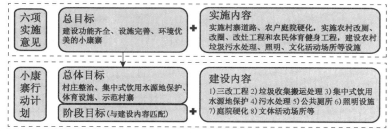

（资料来源：通过《贵州省"四在农家·美丽乡村"基础设施建设——小康寨行动计划》整理）

图 4-2 小康寨行动计划建设内容及目标示意图

坂焚烧厂,探索建立健全农村垃圾户清理、村收集、乡搬运(处理)、县集中处理的运行机制。

(3)集中式饮用水源地保护

划定集中式饮用水水源保护区,完善环保设施(界碑、界桩、警示牌和围网等),加大饮用水水源环境监管力度,定期开展水质监测,开展水源地保护,进行环境污染集中整治,确保水源水质安全。

(4)污水处理

按照"先规划、后建设,先地下、后地上"的原则,修建排污沟或铺设排污管道,实现雨污分流,确保村寨生活污水收集处理率不低于 50%。

(5)公共厕所

原则上保证每个行政村建有公共厕所,逐步完成农村公共厕所的全面覆盖,改善农村公共环境质量,农民群众环保意识明显提升。

(6)照明设施

原则上以太阳能灯具为主,布局及功能要美观有效,灯源、灯杆高度、蓄电池、电池板等技术参数配置要经济适用,每天正常照明时间不低于 5 小时,三年之内由供应商免费维修。

(7)庭院硬化

通过农户自建为主,政府奖励补助的方式,引导农户对自家庭院进行硬化,改善农村人居环境,为提升农村居民幸福感创造必要的条件。

(8)文体活动场所等

围绕丰富农民群众精神文化生活,建设文体活动设施、村务宣传栏等,为实现农民生活乐化创造条件。文体活动设施包括场所及简易座位、体育健身器材等;农家书屋、村务宣传栏等纳入相关美丽乡村行动计划。

4.1.4 组织管理

根据《贵州省"四在农家·美丽乡村"基础设施建设——小康寨行动计划》中的"工作保障措施",小康寨行动计划的实施管理有五个要点,分别为:

(1)建立健全组织领导机构

在省农村综合改革领导小组的统一领导下,建立联席会议制度,明确各单位职责和任务。将小康寨行动计划与同步小康驻村帮扶等相结合,借助工作组(队)的力量推进实施。

(2)加强资金保障

预计到 2017 年共需资金 100.5 亿元(其中:"三改"工程约 20.12 亿元;垃圾收集、搬运、处理约 14 亿元;集中式饮用水源地保护约 2 亿元;污水处理约 22.5 亿元;公共厕所约 4.75 亿元;照明设施约 15.7 亿元;庭院硬化约 10.06 亿元;文体活动场所等约 11.37 亿元)。

(3)健全工作机制

坚持"党政引导、村寨自治、部门服务、资源整合"和"政府补助、部门指导、社会赞助、群众自建"的运行、投入机制。县级党委、政府在小康寨建设中承担主要职责,以县为单位整体谋划、整合资源、统筹推进。省地两级加强政策扶持和指导督查,形成上下联动、分工负责的工作格局。

(4)完善考评机制

将小康寨行动计划落实情况纳入地州人民政府、贵安新区管委会、县(市、区、特区)人民政府工作实绩考核评价体系,纳入全面建成小康社会考评体系,每年对地州、贵安新区、县(市、区、特区)工作推进情况进行量化考核。

（5）营造良好的工作氛围

充分发挥电视、广播、报刊、网络等媒体的作用，开展形式多样、生动活泼的宣传教育活动，形成全社会关心、支持和监督小康寨建设的良好氛围。通过规划公示、专家听证、项目共建等途径，广泛动员和引导社会各界力量参与和支持小康寨行动计划。

4.1.5 资金筹措

在加强资金保障的内容下，行动计划提出了 7 种资金筹措方案，概括起来，既包含向中央争取专项资金，也包括动用地方各级政府财政，并重点加强专项资金、部门计划资金、一事一议财政奖补等基金的统筹使用，同时也提出了积极创新投入机制，拓展融资渠道的要求。各部分详细要求如表 4-1 所示。

4.2 行动计划的分级实施管理

4.2.1 目标任务分解

在项目内容细化方面，地州一级与省级所制订的项目内容相互承接，仅个别指标要求或者表述上有所不同。县一级在延续上一级项目任务的基础上，大多在要求上有所提高或细化。如盘县制定了更为详细的技术要求，对八项内容的建设材料、建设方式等都加以细化，例如第七项庭院硬化，盘县明确规定了硬化的厚度等数据指标。

在具体指标上，2013 年至 2015 年贵州省及其各地州的目标分解数据，以及所调研县的阶段目标分别如表 4-2 至表 4-3。

表 4-1   小康寨行动计划资金筹措方案

1. 统筹安排存量资金	省住房城乡建设厅、省环境保护厅、省体育局、省农村综合改革领导小组办公室等部门整理专项资金，并在项目资金上向小康寨行动计划重点倾斜
2. 一事一议财政奖补	年均投入 8.1 亿元，到 2017 年累计投入 40.5 亿元
3. 争取中央支持农民体育健身工程专项资金	2013 年，各级财政安排 1 200 万元（其中，省级彩票公益金安排 400 万元，市、县安排 800 万元），中央补助 4 800 万元。2014—2015 年，从省级彩票公益金中安排 3 000 万元（其中，省级专项彩票公益金 1 000 万元，省体育局留存的体育彩票公益金 2 000 万元），省级一事一议财政奖补资金中安排 3 000 万元用于农民体育健身工程。按此计算，2013—2015 年中央和省筹集村级农民体育健身工程专项资金 3.6 亿元，完成农民体育健身村级工程覆盖率 55%
4. 环保专项投入	省环境保护厅每年投入省级专项资金 1 500 万元，争取环保部支持 2 500 万元，到 2017 年累计投入 2 亿元
5. 整合相关专项资金	按资金用途整合新农村建设补助资金、清洁工程补助资金、烟草示范工程补助资金、水库移民补助资金等 20 余项专项资金，到 2017 年计划累计整合 32.95 亿元
6. 市、县筹措资金	通过调整地方支出结构、预算安排、对口帮扶、社会赞助等渠道筹措资金 21.45 亿元
7. 创新投入机制，拓展融资渠道	探索通过财政贴息方式，支持依法取得的农村集体经营性建设用地使用权、生态项目特许经营权、污水和垃圾处理收费权以及林地、矿山使用权等作为抵押物进行抵押贷款，引导金融资金参与小康寨建设

通过以上措施可筹措资金 100.5 亿元，基本满足小康寨行动计划 2013—2017 年的资金需求

资料来源：《贵州省"四在农家·美丽乡村"基础设施建设——小康寨行动计划》

表 4-2　　　　典型村庄所在各地州小康寨行动计划 2013—2015 年目标任务分解

地区及城市	贵州省	黔东南州	铜仁市	黔西南州	六盘水市	遵义市
覆盖行政村(个)		1 053				1 600
覆盖村寨(个)	25 800		1 079	2 580		
新增受益人口(万)	599	70	18			
累计受益人口(万)	1 624	230	42			
村庄整治(个)						
集中式饮用水源覆盖行政村(个)	300	48	300	30	2	40
村级体育设施建设(个行政村)	7 100	1 053	1 000	710	160	1 600
示范村寨(个)					33	
"三改"及庭院硬化(万户)	121	21	10	12.1	2.6	15
开展垃圾处理(个乡镇)	840	126	15	60	20	
公共厕所覆盖行政村(个)	7 100	1 053	220	710	160	1 600
污水处理设施覆盖行政村(个)	13 500	1 053	1 079	1 350	230	
照明设施覆盖行政村(个)	25 800	1 053	1 079	2 580		1 600
照明设施(万台)	23.6	3.2		2.36	0.52	
其他			完成 12 个重点乡村旅游示范村寨建设			

资料来源:典型村庄所在各地州小康寨行动计划政策文件。

表 4-3　　　　典型村庄所在各县小康寨行动计划 2013—2015 年目标任务分解

地区及城市	丹寨县	榕江县	印江县	凤冈县
所在地州	黔东南州	黔东南州	铜仁市	遵义市
覆盖自然村寨(个)	195	54(行政村)	140	70
累计受益人口(万人)	9.42	17.65	17	5
集中式饮用水源地保护(个村寨)	161	2	5	
"三改"及庭院硬化(户)	1 000	8 500	20 000	
修建公共厕所及文体活动等服务设施(个)	25	92	118	
开展垃圾收集(个乡镇)	6	5	10	
污水处理设施覆盖自然村寨(个)	66	50(行政村)	73	
太阳能路灯(盏)	3 273	1 100	390	
照明设施覆盖自然村寨(个)	39	54		
示范村(个)				70

资料来源:典型村庄所在各县小康寨行动计划政策文件。

　　乡镇层面的小康寨行动计划目标与上级有所不同。根据调查及对所调研村庄的建设项目表进行分析可以发现,乡镇对于六项行动计划的实施目标不再是分为六项进行整理,而是针对每个村制定详细的项目计划表,有个别村庄制定的项目计划仍以六项分类,大多数则不再进行分类。

　　由以六项行动计划进行分类的项目表中可以看出,小康寨的建设内容与上级制定的"五化"目标和八项建设内容大部分一致,但也有部分目标建设项目未被纳入其中,或有部分不属于目标建设项目被列入小康寨。例如刘家湾村"三改"被纳入小康房,大利村、石桥村消防设施与停车场建设被纳入小康寨,石桥村的寨门建设被纳入小康寨等。

4.2.2　分级组织管理

根据贵州省小康寨行动计划的总体目标以及工作保障措施这部分内容,各地州小康寨行动计划的组织管理模式在责任部门及组织领导模式上有所不同。

(1) 地州级组织管理模式

各地州小康寨行动计划总体目标中的负责部门与省级有关规定在部门隶属上保持一致,明确由住建局重点完成村庄整治、环保局重点完成集中式饮用水源地保护、体育局重点完成村级体育设施建设。地州层面的示范村建设通常都由综改办负责,但是安顺市有所不同。此外,各地州小康寨行动计划的具体责任部门和组织机制方面也各有不同。

黔东南州、遵义市、铜仁市在地州农村综合改革领导小组的统一领导下建立联席会议制度,将小康寨行动计划与同步小康驻村帮扶等相结合,借助工作组(队)的力量推进实施。其中,铜仁市对组织领导的内容进行了进一步细化。

黔西南州要求以各级分管领导为组长,相关单位为成员成立各级领导小组(州、县、乡镇)。州级和县级领导小组负责工作的指导和协调,乡镇领导小组负责工作落实。

安顺市与省级要求不同。总计划中要求县级单位需成立领导小组,强调要选好配强村级领导班子,强调村级组织要在小康寨创建工作中起到基础作用。

总的来说,地州级并非小康寨行动计划的实施主体,更多起到下拨资金和指导下级工作的作用。从文件上看,铜仁市对于省政府的小康寨行动计划组织管理方案有大量补充和细化,提出了更高的要求和明确做法(表4-4)。安顺市相较于省政府文件有所简化。而其余四个地州则大部分沿袭省级指示,仅做少量改动和补充。

(2) 县级组织管理模式

各县级单位小康寨行动计划组织管理有两类情况:

一是县级成立六项行动计划领导小组,由农村综合改革领导小组牵头,县委、县政府主要领导为组长,所有相关部门领导均为成员,建立联席会议制度,统一组织六项工作,并以示范村为工作重点。进行示范村建设时,项目不再区分六小项,而是直接分配到各部门,如丹寨县、盘县。

表 4-4　　　　　　　　　典型村庄所在各地州小康寨行动计划责任部门

铜仁市	安顺市	黔东南州	黔西南州	遵义市	六盘水市
牵头单位:市财政局 责任单位:各区、县人民政府,大龙开发区、大兴高新区管委会、市发改委、市民宗委、市国土资源局、市环保局、市住建局、市农委、市文体广电局、市林业局、市旅游局、市扶贫办、市扶贫生态移民办、市移民局、市供销社、市烟草专卖局等	牵头单位:市财政局(市农村综合改革领导小组办公室) 责任单位:各县(区)人民政府(管委会)、市发改委、市民委、市国土资源局、市环保局、市住建局、市规划局、市农委、市文广局、市林业局、市体育局、市旅游局、市扶贫办、市移民局、市卫生局、市供销社、市烟草专卖局等	各级住建、环保、体育、财政(综改)等相关部门	州财政局、州环保局、州水务局、州文广局、州体育局、州卫生局、州住建局、州林业局、州旅游局、州扶贫办、州移民局、州民宗委、州农委、州烟草局以及各县(市、新区)党委、政府	各县(市、区)人民政府、新蒲新区管委会、市财政局(市综改办)、市文明办、市发改委、市民委、市国土资源局、市环保局、市住建局、市农委、市文体广电局、市林业局、市旅游局、市扶贫办、市移民局、市供销社、市烟草专卖局等	市财政局会同市环保局、市国土资源局、市住建局具体调度

资料来源:典型村庄所在各地州小康寨行动计划政策文件。

表 4-5   典型村庄所在各县小康寨行动计划责任部门

丹寨县	榕江县	凤冈县	印江县	盘县
牵头单位:县住建局、财政局、发改局、环保局、卫生局、文广局、旅游办、新农村办 主体单位:各乡镇、村,配合单位:县属各单位	县财政局、县扶贫办、县环保局	牵头单位:县财政局 责任单位:各乡镇人民政府、经济开发区、县发改局、县民族事务局、县国土局、县环保局、县住建局、县农牧局、县文体旅游局、县林业局、县扶贫办、县供销社、县烟办、县城管办等	由县农村综合改革领导小组办公室牵头,县住建局、国土资源局、环保局、文旅局等部门参与	市财政局会同市环保局、市国土资源局、市住建局具体调度

资料来源:典型村庄所在各县小康寨行动计划政策文件。

表 4-6   典型村庄所在各地州及县小康寨行动计划资金渠道

资金渠道	地州	县
统筹存量资金(住建局、环保局、体育局、农委)	黔东南州、黔西南州、铜仁市、遵义市	丹寨县、凤冈县、榕江县、印江县
一事一议财政奖补(财政)	安顺市、黔东南州、黔西南州、铜仁市、遵义市	丹寨县、凤冈县、榕江县、印江县
积极争取体育专项	安顺市、黔西南州、铜仁市、遵义市	
加大投入环保专项	安顺市、黔东南州、黔西南州、铜仁市、遵义市	丹寨县、榕江县、凤冈县、印江县
整合相关专项资金	黔东南州、黔西南州、铜仁市、遵义市	
县(市)筹措资金	黔东南州、黔西南州、铜仁市、遵义市	丹寨县、榕江县
金融渠道	黔东南州、黔西南州、遵义市	丹寨县、榕江县
其他	安顺市、遵义市	

资料来源:通过典型村庄所在各地州及各县小康寨行动计划政策文件整理所得。

二是县级成立六项行动计划领导小组,下设对应的工作组,工作组领导为牵头单位领导,如凤冈县,小康寨工作组为县财政局负责,其他部门配合,负责内容为小康寨和村级以下小康路。

三是成立由县政府分管领导任召集人,县财政局、县文广局、县环保局、县卫生局及各乡镇人民政府负责人为成员的联席会议制度,具体负责行动计划实施、督促、指导和考核小康寨行动计划工作,如榕江县、印江县(表4-5)。

4.2.3 资金筹措渠道

小康寨行动计划的资金筹措均以"渠道不变、管理不乱、各负其责、各记其功"为原则,建设资金主要通过整合中央、省和地州存量资金;争取一事一议财政奖补资金;合理安排中央、省和地州各类专项资金增量;地州、县和乡镇各渠道筹资等方式解决。各地州及县小康寨行动计划所采用的资金筹措渠道如表4-6所示。

(1)统筹安排存量资金

由各级住建部门、环保部门、体育部门、综改办等对现有专项资金进行清理,在项目资金安排上向小康寨行动计划重点倾斜。

(2)加大一事一议财政奖补投入

由各级财政部门负责其资金下拨,全省计划一事一议财政奖补资金投入小康寨建设年均达 8.1 亿元,到2017 年累计投入 40.5 亿元。

地州级小康寨行动计划中,一事一议财政奖补资金渠道有两类:一是从地州一事一议财政奖补资金投入小康寨建设,如遵义市、黔东南州、黔西南州。其中,遵义市计划未来年均投入达到1.3 亿元,到2017 年累计投入

7.04亿元;黔东南州计划年均投入0.97亿元,到2020年累计投入7亿元;黔西南州计划年均投入6600万元,到2017年累计投入2.63亿元;二是争取中央及省级一事一议财政奖补资金,同时配合市县财政配套资金,如铜仁市和安顺市。其中,铜仁市2013年争取中央和省一事一议财政奖补资金2亿元,市县安排0.8亿元,计划每年增长10%,2017年累计投入小康寨建设资金15.4亿元;安顺市从2013年到2017年,计划每年争取中央和省级一事一议财政奖补资金4500万元,县级财政安排1500万元,5年共计投入一事一议财政奖补资金3亿元。

县级小康寨行动计划中,丹寨县、印江县明确了一事一议财政奖补数额。其中,印江县明确中央及省级配套一事一议财政奖补资金4050万元,另有县级财政配套资金1600万元,共计5650万元;丹寨县尽管未详细说明资金来源,但明确至2017年累计计划投入8213.24万元。

（3）农民体育健身工程资金

在地州小康寨行动计划中,用于农民体育健身工程的资金有三个渠道,分别为中央支持农民体育健身工程专项资金、省级财政资金及地州体育彩票公益资金。

铜仁市、遵义市资金来源全部为中央支持,其中遵义市到2017年计划争取投入0.27亿元,铜仁市共计争取0.3亿元。

安顺市、黔西南州资金来源同时涉及这三种渠道,其中安顺市明确每年争取中央和省资金362万元,市级体彩公益金安排104万元实施农民体育健身工程。黔西南州计划到2015年通过这三类渠道,共争取资金3600万元。

县级小康寨行动计划中,丹寨县、印江县明确了其农民体育健身工程建设任务投入经费数额,分别为333万元、600万元,但未说明其资金来源。

（4）加大环保专项资金投入

地州小康寨行动计划中的环保专项资金共有三种渠道,中央环保部支持资金、省环保厅支持资金、地州环保局资金投入。

安顺市资金来源为中央环保部,计划向环保部申报农村环境保护项目59个,所需资金共12000万元。

铜仁市、遵义市资金来源为中央和省级环保资金,其中铜仁市每年争取省级环保专项投入1500万元,争取环保部支持2500万元,到2017年累计投入2亿元。遵义市计划争取中央、省农村环境整治专项资金共2750万元。

黔东南州资金来源为省环保厅。其州环保局计划每年争取环保厅支持1000万元,到2020年累计投入0.8亿元。

黔西南州资金来源为省环保厅及本州环保局,其中州级专项资金计划每年150万元,省环保厅计划争取每年250万元,到2017年累计投入2000万元。

县级环保专项资金分为省环保厅下拨资金及县环保局投入资金两部分,丹寨县计划争取省环保厅支持13219.29万元,累计投入18884.7万元。印江县计划投入330万元,并未说明资金渠道。

（5）整合相关专项资金

按资金用途整合新农村建设补助资金、清洁工程补助资金、烟草示范工程补助资金、水库移民补助资金等20项专项资金用于小康寨行动计划。黔东南州、黔西南州、遵义市、铜仁市、印江县均明确了到2017年的该部分资金投入总额。丹寨县提及这类资金来源,但未给出计划投入数额。

（6）县（市、新区）筹措资金

通过调整地方支出结构、预算安排、对口扶贫、社会赞助等渠道筹措资金,黔东南州、黔西南州及遵义市均在计划中明确了该类资金渠道至2017年的计划投入总额,分别为5.27亿元、1.74亿元及1.27亿元。铜仁市、丹寨县、榕江县未给出明确资金数额。

（7）创新投入机制，拓展融资渠道

探索通过财政贴息方式，支持依法取得的农村集体经营性建设用地使用权、生态项目特许经营权、污水和垃圾处理收费权以及林地、矿山使用权等作为抵押物进行抵押贷款，引导金融资金参与小康寨建设。

（8）其他渠道

安顺市提出，从 2013 年到 2017 年，每年争取中央和省安排的移民后期扶持项目相关资金 2 570 万元，5 年共计 12 850 万元，整合用于安顺市小康寨的道路等基础设施建设。

遵义市"四在农家·美丽乡村"省、市、县资金投入预算中，省文明办每年补助 400 万元，市级财政投入 4 000 万元，各县（市、区）投入不低于 2 000 万元，到 2017 年计划累计整合 16.2 亿元。

4.3　典型村庄层面的行动计划实施情况

4.3.1　小康寨的整体建设情况

（1）2013 年以前的建设背景情况

根据调研，典型村庄 2013 年六项行动计划开展之前的基础设施建设情况各不相同，尤其是小康寨涉及的各项建设，背景情况差异较大。

典型村庄中基础条件较好的为刘家湾村、河西村甘川自然寨、合水村、卡拉村、楼纳村及石头寨村。这些村庄中，刘家湾村、合水村、卡拉村均距离镇区较近，尤其合水村就在合水镇的镇区范围内，可以利用镇上资源，负责部门也容易监管指导，六项开展之前基础设施就已经有过较大规模建设。

卡拉村紧挨县城，作为龙宫山景区的农家乐接待村，以及成功发展村庄品牌产业的典范，2013 年之前已经进行过多轮建设。2006 年作为州级新农村建设试点村，卡拉村累计投入新农村建设资金 44.12 万元，农业综合开发及农田水利工程建设已完成，实现了"六通"工程，建成了村卫生室，完成了改厨、改圈、改厕"三改"工程，新建（或改扩建）房屋 14 栋，硬化村寨道路 7 500 m²，建沼气池 52 口，沟渠防渗 2.5 km，庭院硬化 446 m²，建成步行桥 1 座、芦笙看台 1 个、乒乓球场 1 个、文化活动室 1 个，组建文艺队 1 支、协会 1 个、农家乐 3 家，完成反季节蔬菜种植基地建设 100 亩、稻鱼工程基地 50 亩、烤烟基地 70 亩。2009 年，卡拉村通过生态文明村建设评选，争取到资金 100 余万元，用于扩建村综合活动室 80 m²，新建村级卫生公厕 1 栋，建成垃圾焚烧池 3 个，安放垃圾箱 18 个，完成村内 3 800 余米的生活排水沟改造，以及村内干道、农户庭院绿化（美化）4 000 余 m²。卡拉村已经完成"三改"95 户，改造进村道路和村内生活步道 5 800 m²；完成村内人饮工程建设，农户饮用卫生水合格率达 100%；完成全村 114 户农户电网改造；建成村芦笙坪 450 m²，完成村内风雨桥、寨门、长廊等建设，扶持村内 8 户农户开办"农家乐"。

河西村也早在小康寨政策实施之前就开始了村庄基础设施建设和环境整治工作。2007 年，河西甘川就开始了"三改"（改厕、改圈、改灶）工作。当年 9 月开始改厕，经验收达标后，卫生局补助每户 250 元；改厕过程伴随着改圈，现每家都有化粪池；改灶是自发行为，主要为年轻人生活习惯改变而引起的。历年来，"一事一议"财政奖补项目也大量落实于甘川，如 2010 年就通过"一事一议"资金申请渠道安装了路灯。

石头寨村于 2004 年由黄果树旅游集团股份有限公司对其基础设施进行了投资建设。自 2012 年"和谐家园"项目开展以来，石头寨村作为"四在农家·美丽乡村"全国性示范点，共完成基础设施建设 20 余项，完成投资 1.3 亿元。六项行动计划颁布前，村内基础设施硬件就已经非常完善。

2011 年 5 月 8 日，时任国家副主席的习近平来到楼纳村调研，楼纳村就此展开了整村推进式的基础设施建设。近年来，该村整合省民委帮扶资金、宁波帮扶资金等各类资金近 4 000 万元，进行基础设施建设，并使用新农村建设专项资金 100 多万元改造和亮化楼纳街道，打造"新农村的精品典范"。同时，还利用农业综合开

合水村污水沟渠　　　　　　　　　　　　　　楼纳村河道治理

卡拉村垃圾焚烧池　　　　　　　　　　　　　　芦笙广场

图 4-3　典型村寨在小康寨行动计划前的建设成果

发项目专项资金 570 万元治理河道近 3 公里,改善了楼纳河流域 6 000 亩土地的排洪、排涝和周边群众的休闲问题;利用安全饮水项目资金 200 多万元,实施安全饮用水供水管网工程建设,解决了 4 000 余人的安全饮水问题。

基础条件相对较差的村庄为合水镇兴旺村、临江村、大利村、石桥村。临江村及石桥村的建设主要在 2013 年后开展,兴旺的基础设施条件较差,虽然每年也申报项目,但审批较慢。

(2)已经完成的相关建设项目

通过实地考察和访谈,截止到 2015 年 8 月,所调研的典型村里(表 4-7),八项建设内容中,6 个村实施过"三改"工程,但均未全覆盖;各村均有一定程度的垃圾处理措施;8 个村开展了一定程度的污水处理建设,但完成集中处理的仅卡拉村;8 个村庄拥有公共厕所,数量因需求而不同;8 个村庄拥有照明设施;5 个村实行过环境美化建设,如绿化种植、河道整治等;所有村庄均有至少一个文体活动场所,但种类数量有所不同;6 个村实施过庭院硬化,均由政府补贴,村民自行施工,有 3 个村完成了户户硬化。

(3)项目计划安排及其实施情况

在小康寨行动计划开展后,制订明确项目计划表并给出数据的村寨有 5 个,分别为刘家湾村、大利村、石桥村、卡拉村和石头寨村。所有计划项目如表 4-8 所示。

表4-7 截至2015年8月典型村村庄已完成的小康寨相关项目汇总表

村别	刘家湾村	大利村	石桥村	卡拉村	石头寨村	兴旺村	合兴村	河西村甘川	临江村	楼纳村
垃圾处理	垃圾箱10个；2014年，提供垃圾车一部	2015年，垃圾焚烧池1个	2013年，垃圾箱155个；2013年，垃圾池2个	2009年，垃圾焚烧池3个；垃圾箱18个；2013年，垃圾车1部，增加垃圾桶数量	通过"村寨垃圾收运系统"项目进行垃圾箱，垃圾桶的设置	1个垃圾池	1个垃圾池自备垃圾桶	3个垃圾池	2个垃圾池	2013年开始垃圾集中回收处理
污水处理	无	2014年，分片植物处理池1个	2012年，排污沟建设；2013年，排污沟整治3 203米	2008年，沟渠防渗2.5公里；2009年，村内3 800余米生活污水改造；2013年，污水处理厂	有多处地下排污管网	无	沿街道每家每户门前都有排水沟渠	污水沟渠	通村路两侧和重点区有排水沟渠	部分村寨埋管雨污分流
公共厕所	3个	2015年，1个	2013年，2个；2014年，1个	2009年，1个	4个	无	无	1个	1个	1个
村庄亮化（照明设施）	路灯224盏（除第八组外均有照明）	无	2014年，景观路灯850盏；2013年，太阳能路灯50盏	55盏	路灯124盏	无	无	村民筹资安装太阳能路灯	太阳能路灯22盏	2013—2015年全部覆盖路灯
环境美化	由县林业局投资建设绿化	无	2013年，美化绿化	2009年干道、农户庭院绿化约4 000平方米；2014年美化绿化工程	"微田园"改造；步道、绿化、休闲桌椅	无	无	未提及	未提及	2008年完成河道整治
生活乐化（文体活动室、活动场、广场等）	有体育设施、活动场、活动广场等	活动室	2013年，休闲凉亭3个；2013年，声堂广场1个	2008年建成步行桥1座、芦笙看台1个、文化活动室1个；2009年扩建村综合活动场80平方米；2014年综合服务中心、标准篮球场，羽毛球场各2个、乒乓球台4个、广播站等其他设施	农家书屋、健身设施	图书室、远程教育中心、老年活动室	图书室、远程教育中心	社区活动中心（健身设施、图书室、活动室、凉亭、室外活动场地600平方米/月）	3个文化健身广场	图书室、文化室；2013年，文化广场
"三改"工程	"三改"工被纳入小康房，在进行中	无	未提及	2007年第一次；2009年完成"三改"	未提及	2012年，改厕110户	未提及	80%～90%完成三改	2个示范寨基本实现三改	未提及
饮用水源地保护	未提及	未提及	未提及	未提及	未提及	未提及	未提及	未提及	未提及	未提及
庭院硬化	2014年，全部实现硬化	无	2014年，600平方米	2008年，446平方米	未提及	村民自行硬化	未提及	全部实现硬化	90%硬化	2014年户户完成

资料来源：通过实地调研及与村干部、村民访谈收集资料整理所得。

计划中的小康寨项目为 54 项,自 2013 年计划制订开始至 2015 年 8 月,已完成项目 25 项,进行中 12 项,启动率 68.5%,完成率 46.2%,接近一半。总的来说,所调研村庄的基础背景差异较大,所需要的建设量也不同,2013 年后上级政府的计划安排也不同。其中,大利村建设刚刚处于起步阶段,尚没有完成项目(虽然获得计划表为 2015 年的,但通过访谈村干部了解到,2013 年至今并未实施过小康寨相关的项目);卡拉村自 2013 年开始整村推进美丽乡村示范村建设,由县成立领导小组直接执行项目并监管项目进度,项目完成率最高,为 71.4%。

在所有项目中,照明设施落实情况最好,共 5 个相关项目均已落实;三改项目和污水处理设施的落实情况最差。根据调查,三改项目采用政府补贴居民自己完成的方式,由于污水处理设施的成本较高,如果村民积极性不高或不愿自己出钱就难以推进,因此执行难度较大,落实情况较差。另外,小康寨行动计划中有一项工程为集中式饮用水源地保护,所有调研村庄均未实施该项目(表 4-9、表 4-10)。

表 4-8　　典型村庄小康寨行动计划项目计划表及其实施情况

村　别	刘家湾村	大利村	石桥村	卡拉村	石头寨村
垃圾处理	垃圾箱 242 个; 收集箱 10 个	垃圾箱 100 个; 垃圾转运站 10 个	垃圾箱 155 个; 垃圾池 2 个	垃圾池 2×20 平方米; 垃圾转运站 1 座; 垃圾箱 39 个	垃圾桶、箱及转运
污水处理	自然寨排水沟 4 000 米; 农户污水循环池 304 个	排水沟 8 000 米; 污水处理系统	污水处理系统	农村环境综合整治 (污水处理)	正在修建污水处理厂
公共厕所	3 个	3 个	4 个; 旅游接待停车场公厕 1 个		4 个
村庄亮化 (照明设施)	路灯 224 盏		景观路灯 850 盏; 太阳能路灯 50 盏	55 盏	路灯亮化
环境美化	庭院花池砌筑 6 069 米; 庭院美化 5 328 平方米; 景观树 1 530 棵		美化绿化; 新村内绿化; 新村河堤美化	美化绿化工程	"微田园"改造; 步道、绿化、休闲桌椅; 控制性屏障绿化; 慢行系统及河道景观
生活乐化 (文体活动场所等)	活动广场 2 660 平方米; 健身器材 4 套	农民文化场所 1 500 平方米	休闲凉亭 3 个	综合服务中心; 标准篮球场、羽毛球场各 2 个; 乒乓球台 4 个; 广播站等其他设施	
"三改"工程	改灶 179 户; 改圈 176 户; 改厕 157 户 (算入小康房)		圈改、厕改	改厕 120 户	
集中式水源地保护					
庭院硬化	11 019.7 平方米	600 平方米			
其他		消防设施	消防栓 23 套		
		停车场	特色寨门 2 个		
			停车场 800 平方米 标识标牌 85 块		

资料来源:通过访谈及各类调研资料整理所得。

表 4-9 　　　　　　　　　制定项目计划表的典型村庄小康寨项目计划完成情况表

村　别	刘家湾村	大利村	石桥村	卡拉村	石头寨村	合计
项目计划(个)	15	7	17	7	8	54
已完成项目(个)	5	0	10	5	5	25
进行中项目(个)	3	2	3	2	1	12
项目启动率	53.3%	28%	76.5%	100%	75%	68.5%
项目完成率	33.3%	0	58.8%	71.4%	62.5%	46.2%

资料来源:通过访谈及各类调研资料整理所得。

表 4-10 　　　　　　　　　　　　典型村庄小康寨项目实施情况汇总表

项　目	2013 年前已实施	2013 年后实施	计划但尚未完成实施
垃圾处理	刘家湾村、石桥村、卡拉村、石头寨村、兴旺村、合水村、河西村、临江村	刘家湾村、大利村、卡拉村、石头寨村、楼纳村	刘家湾村、大利村、卡拉村、石桥村、临江村
污水处理	石桥村、卡拉村、石头寨村、合水村、河西村、临江村、楼纳村	大利村、石桥村、卡拉村	刘家湾村、大利村、河西村、临江村、石头寨村
公共厕所	刘家湾村、卡拉村、石头寨村、河西村、临江村	大利村、石桥村、楼纳村	大利村
村庄亮化(照明设施)	刘家湾村、卡拉村、合水村、楼纳村、河西村	刘家湾村、临江村、石桥村、石头寨村、楼纳村	大利村、兴旺村、河西村
环境美化	卡拉村	刘家湾村、卡拉村、石桥村、石头寨村	刘家湾村、石桥村、石头寨村
生活乐化(文体活动场所等)	刘家湾村、石桥村、大利村卡拉村、石头寨村、兴旺村、合水村、河西村、临江村	刘家湾村、卡拉村、石桥村、石头寨村、河西村、临江村、楼纳村	刘家湾村、大利村
"三改"工程	卡拉村、河西村、兴旺村	刘家湾村、临江村	刘家湾村、石桥村、卡拉村
饮用水源地保护	楼纳村	无	无
庭院硬化	卡拉村、兴旺村	刘家湾村、石桥村、河西村、临江村、楼纳村	
其他		石桥村	

资料来源:通过访谈及各类调研资料整理所得。

4.3.2 　"一事一议"财政奖补项目的实施情况

"一事一议"财政奖补项目是小康寨行动计划的重要组成部分,涉及的主要工程项目有道路硬化、庭院硬化、路灯等。具体操作方式可以分为多种方式。

(1) 政府出资供料、村民投工投劳

第一类"一事一议"财政奖补项目为政府出料,村民投工投劳,典型项目为道路硬化(属于小康路)和庭院硬化。实施步骤为村委按需上报申请项目,由县级政府审批通过后,批准奖补资金。乡镇财政办用上级下发的一事一议专项资金购买建筑材料,发放到村,村两委和村民确认材料质量后即可动工,劳工由得益村民自行提供。若涉及集体共用的场所,村两委可以召集自愿出劳的村民,或是要求所有村民集资聘请工程队进行。如刘家湾村利用一事一议资金进行了庭院硬化,政府出材料,由村民自行建设或扩建,2014 年基本完成全部庭院硬化(图 4-4)。

（2）政府投资和建安

第二类"一事一议"财政奖补项目为利用资金直接购买安装设施。如村庄亮化工程，在经村委上报申请，县级政府审批通过后，由县级或乡镇财政部门直接购买照明设施并安装。考虑到村中照明设施的走线问题，利用"一事一议"财政奖补资金安装的照明设施大多数是太阳能路灯。在所调研的典型村庄中，共有 7 个村利用"一事一议"财政奖补资金安装了照明设施并投入使用，分别是刘家湾村安装路灯 224 盏、临江村安装太阳能路灯 22 盏、石桥村利用 2012 年财政奖补资金于 2013 年安装了太阳能路灯 50 盏、石头寨村利用 2014 年财政奖补资金安装路灯 124 盏，楼纳村于 2012 年、2013 年、2014 年财政奖补资金分三批完成了全村道路亮化工程。但石头寨村的村民表示，2014 年安装的路灯大部分现在已经不能使用，其余村寨的太阳能路灯暂时还没有质量问题（图 4-5）。

(a) 村民使用硬化庭院晾晒农作物　　　　　(b) 村民使用硬化庭院休憩活动

图 4-4　刘家湾村的庭院硬化成果

(a) 刘家湾村　　　　　　　(b) 石桥村　　　　　　　(c) 石头寨村

图 4-5　利用一事一议财政奖补资金安装的路灯

（3）纳入其他项目统筹使用

第三类为利用"一事一议"财政奖补项目资金投入其他项目统筹使用，如石桥村垃圾池、公厕等项目建设及河西村公厕建设。由于丹寨县为典型的示范村打包建设，由县级领导小组直接统筹各类项目的负责部门和资金，因此一事一议财政奖补资金也被整合进推进示范村的建设资金中。同样的情况可能也存在于丹寨县卡拉村，但仍需要深入调研确认。

2013年，石桥村被列入第二批中国传统村落名录，同年又被列为丹寨县第一批12个推进村之一，由南皋乡人民政府牵头实施，完成投资1 000万元（表4-11）。2014年，石桥村被列为丹寨县4个州级美丽乡村示范村之一，完成投资1 038.8万元。这部分资金中，即包含一事一议财政奖补资金。2015年，石桥村旅游扶贫小康寨建设项目启动，整合到位的资金总额350万元，其中财政扶贫资金150万元、财政一事一议小康寨项目资金100万元、村庄环境治理专项资金100万元（图4-6）。

表4-11 　　　　　　　　　石桥村2013年利用一事一议财政奖补资金建设的项目表

项　　目	完成时间	资金来源
公厕2个	2013年	世行贷款、2012年度一事一议财政奖补
垃圾箱155个	2013年	世行贷款、2012年度一事一议财政奖补
垃圾转运站1个	2013年	一事一议财政奖补
休闲凉亭3个	2013年	2012年度一事一议财政奖补
人行桥1座	2013年	2012年度一事一议财政奖补
特色寨门2个	2013年	世行贷款、2012年度一事一议财政奖补
太阳能路灯50盏	2013年	2012年度一事一议财政奖补

资料来源：通过访谈及各类调研资料整理所得。

图4-6　石桥村利用一事一议财政奖补资金建设的设施

4.3.3 各部门分管小康寨项目的实施情况

由各相关部门分管实施的小康寨项目分为两类，分别为以村为单位进行整体打包建设的项目，以及按照单一项目推进的建设。不同类型项目简要介绍如下：

（1）以村为单位整体打包的项目

该类项目由县级领导小组制定项目计划表并统筹分配到各部门分管实施。这种情况下，项目为村两委初步申报，乡镇审核，县领导小组参考后结合相关规划确定最终项目计划表，分配到各部门进行执行。项目计划表中可能会有部分由乡镇负责的项目，或是村集体出资的项目（如丹寨县），但大部分为县级单位利用本部门资金直接招标执行，乡镇和村两委起传达、协调作用。按这种模式实施小康寨行动计划的村寨为丹寨县卡拉村、石桥村、凤冈县临江村、黄果树管委会石头寨村、盘县刘家湾村。

丹寨县县政府成立了新农村建设的领导小组，专门负责六项行动计划项目的统筹实施。该领导小组已经制定三年行动计划，另外，每年会制定该年度的实施方案，具体落实到村落实到点。在三年行动计划中，所有项目又分为年度实施项目和规划建设项目。年度实施项目为省、州已经审核，并有拨款资金的项目，规划建设项目为县内计划要完成但尚未获得资金支持的项目。

各类项目的上报方法为：村级按需求上报，由乡镇整理提交新农办，新农办提交县政府办审核，县政府办再提交县委讨论，最后确定最终的实施方案，并将其落实到负责部门，从而推进落实，每季度进行考核。

卡拉村作为丹寨县第一个省州级美丽乡村示范村和标准化试点村，是全县打造的重点，再加上卡拉村正位于丹寨县城关镇龙泉镇，由县政府的领导小组直接领导组织项目实施，投入大、责任分配明确、项目落实快，比如2013—2014年间，各负责部门需每月三次提交项目进度表（表4-12）。全村的建设效果因此较为明显。

在卡拉村的三个小组中，卡拉新村的设施建设最为完善。一个重要原因是卡拉新村是该区域建造高速公路时划定的移民安置区，完全新建，没有任何历史遗留问题，项目推进快。因此，卡拉村2014年末居民基本入住，经过半年多的使用，居民们对各项设施基本满意。

卡拉村其他居民组也同样享受了基础设施的改善，目前能够得到村民认可的设施有村内步道（已全部硬化）、污水管道、照明设施以及环卫设施（图4-7，图4-8）。

石桥村2014年评选为丹寨县美丽乡村示范村，同时也是国家传统村落和重要的旅游型村庄。为了更好地统筹各类规划和项目建设，石桥村目前的建设由旅游局直接负责统筹落实，示范村项目与旅游局项目重合或矛盾时，由乡镇与旅游局协商完成。在石桥村所有建设项目中，省行项目资金来源明确，确定项目内容后全部实施，其余项目在乡镇与旅游局协调后也基本能顺利完成。可惜的是，2015年6月的一场洪水，石桥村的一部分建设成果被冲毁（表4-13）。

表 4-12　　　　　　　　　　　**卡拉村小康寨行动计划项目计划及实施情况表**

村　别	垃圾处理	污水处理	公共厕所	照明设施	环境美化	文体活动场所	三改	庭院硬化
卡拉村	垃圾池 2×20 平方米 垃圾转运站 1 座 垃圾箱 39 个	农村环境综合整治（污水处理）	已完成无计划	55 盏	美化绿化工程	综合服务中心、标准篮球场、羽毛球场 2 个、乒乓球台 4 个、广播站及其他设施	改厕 120 户	已完成
完成	垃圾箱 13 个 手推车垃圾车	完成		完成	完成	完成	改厕 12 户	

资料来源：通过访谈及各类调研资料整理所得。

(a) 文体设施　　　　　　　　　　　　　　　(b) 绿化

图 4-7　卡拉村美丽乡村示范村建设中的建成项目

卡拉村基本完成"卫生净化"

环卫设施方面,2009 年卡拉村作为州社会主义新农村试点村,曾建有两处垃圾池一个公厕。后在 2013 年起的美丽乡村建设中,由环保部门购置了设备,共有 13 个垃圾箱、3 辆手推车及一辆垃圾车。同时由村集体维持环卫运行,自 2013 年起为村庄环卫每年投入 8 万元。公厕有一名保洁员专门打扫,村内另有 2 名保洁员,他们的月工资为 1 500 元。垃圾由村长进行运送,满了就运,运至距离约 8 公里的县城内垃圾转运站,这项工作给予村长的报酬为每月 1 300 元,包括垃圾车的油钱和维修费用。目前基本运作顺利,除了在旅游旺季时垃圾产量大,会遇到来不及及时清出的问题。

排污设施方面,卡拉村全村均铺设排污管道或暗沟,并在下游建有污水处理池,进行全面的净化处理后再排入河道。

图 4-8　卡拉村环卫设施、保洁员公示及污水处理池

表 4-13　　　　　　　　　　　石桥村小康寨行动计划项目计划及实施情况表

项目	垃圾处理	污水处理	公共厕所	照明设施	环境美化	文体活动场所	三改	庭院硬化	其他
石桥村	垃圾箱 155 个 垃圾池 2 个	污水处理系统	4 个	景观路灯 850 盏	美化绿化; 新村内绿化; 新村河堤美化	休闲凉亭 3 个	圈改、厕改	600 平米	消防栓 23 套; 寨门 2 个; 停车场 800 平方米; 标识标牌 85 块
完成	垃圾池 垃圾箱十来个 (大部分毁坏)	污水池 2个未使用	3 个,1 个在建	完成	部分完成	完成	未启动	完成	完成 (标牌毁坏)

资料来源:通过访谈及各类调研资料整理所得。

表 4-14　　　　　　　　　　　　2013—2014 年石桥村小康寨建设项目清单

项　目	完成时间	资金来源
公厕 2 个	2013 年	世行贷款、2012 年度一事一议财政奖补
垃圾箱 155 个	2013 年	世行贷款、2012 年度一事一议财政奖补
垃圾转运站 1 个	2013 年	一事一议财政奖补
休闲凉亭 3 个	2013 年	2012 年度一事一议财政奖补
人行桥 1 座	2013 年	2012 年度一事一议财政奖补
特色寨门 2 个	2013 年	世行贷款、2012 年度一事一议财政奖补
庭院硬化 600 平方米	2014 年	2014 年度美丽乡村示范村建设，2.5 万元
消防栓 23 套	2014 年	世行贷款、2014 年度美丽乡村示范村建设
景观路灯 850 盏	2014 年	2014 年度美丽乡村示范村建设
太阳能路灯 50 盏	2013 年	2012 年度一事一议财政奖补
停车场 800 平方米	2013 年	世行贷款
标识标牌 85 块	2014 年	2014 年度美丽乡村示范村建设

表 4-15　　　　　　　　石桥村世行贷款项目第一批 90 万美元建设项目清单

建设项目	具体内容	建设项目	具体内容
道路广场	村内步道 2.5 公里	非物质文化遗产保护与发展	旅游服务与信息中心 150 平方米
	停车场 800 平方米		造纸作坊遗址保护
市政工程设施	给水管 2 000 米		古寨门洞修复
	垃圾池		指示标识 50 块
	公厕		文化遗产标识 200 块
	垃圾箱 50 个		家庭造纸作坊保护 26 处
	排水沟 1 600 米	风貌整治与保护	民居维护 30 户
	污水处理池 200 立方米		村寨环境治理
	消防栓 25 套		河道治理
	消防栓 25 套		—

资料来源：贵州省利用世界银行贷款实施文化与自然遗产保护和发展项目。

　　根据《南皋乡美丽乡村石桥示范村创建基本情况》和访谈调查，2013 年来，石桥村的小康寨建设用 2012 年世行贷款第一批 90 万美元，以及整合"一事一议"财政补助资金和各部门配套资金，共完成公厕建设 2 个、安装垃圾箱 155 个、修建垃圾转运站 1 个、修建休闲凉亭 3 个、人行桥 1 座、特色寨门 2 个、庭院硬化 600 平方米、安装消防栓 23 套、景观路灯 850 盏、太阳能路灯 50 盏、建成停车场 800 平方米、完成标识标牌 85 块（表4-14）。由于世行贷款的使用需要明确工程内容，并由丹寨县旅游发展办公室负责，因此以上大部分建设项目为丹寨县旅游发展办公室与南皋乡政府协商合作完成。

　　另外，由丹寨县旅游发展办公室独立使用世行贷款实施，通过投标招商工程队承包的方式，开展了停车场（800 平方米）、村内步道（1.6 公里）、给水管（2 000 米）、排水沟（1 600 米）、污水处理（200 立方米）、消火栓（25套）、垃圾箱（50 个）、垃圾池、公厕、河道治理、村寨环境治理等基础设施的配建项目（表 4-15）。

　　石头寨村的小康寨建设随着旅游业的发展以及六项行动计划的开展成果较为明显，主要体现在其环境整治方面，包括垃圾处理设施、公厕的建设以及环境美化建筑亮化等工程上（表 4-16）。然而，这种整村推进的大规模改造亮化，在石头寨村也并未受到一致好评。

表 4-16　　　　　　　　　　石头寨村小康寨行动计划项目计划及实施情况表

项目	垃圾处理	污水处理	公共厕所	照明设施	环境美化	文体活动场所	三改	庭院硬化	其他
计划	垃圾桶、箱及转运	污水处理厂	4个	路灯亮化	"微田园"改造 步道、绿化、休闲桌椅 控制性屏障绿化 慢行系统及河道景观			庭院较少 "微田园"改造	穿衣戴帽工程
完成情况	完成	进行中	完成	完成124盏	2015年3月开始，进行中				完成

资料来源：通过访谈及各类调研资料整理所得。

表 4-17　　　　　　　　　　刘家湾村小康寨行动计划项目计划及实施情况表

项目	垃圾处理	污水处理	公共厕所	照明设施	环境美化	文体活动场所	三改	庭院硬化
计划建设	垃圾箱242个；收集箱10个	自然寨排水沟4 000米；农户污水循环池304个	3个	路灯224盏	庭院花池砌筑6 069米；庭院美化5 328平方米；景观树1 530棵	活动广场2 660平方米；健身器材4套	改灶179户；改圈176户；改厕157户	11 019.7平方米
建设成果	收集箱10个；垃圾车1辆（乡镇负责运营）	无	3个	主路太阳能路灯照明（带太阳能板），许家寨子组内路灯照明			部分完成	已基本全部实现庭院硬化

资料来源：通过访谈及各类调研资料整理所得。

　　刘家湾村2014年编制"四在农家·美丽乡村"新农村建设示范点项目（表4-17），大凹子经县农业局按相关文件要求，申报并获省级批复为提高型示范点。项目包括建设公厕、太阳能路灯、移动垃圾处理系统、庭院硬化、"三改"（改厕、改灶和改圈）39户等，已完成50%以上。"三改"工作、太阳能路灯、垃圾桶、垃圾车的采购工作均按计划处于实施阶段，项目建设计划12月底前完成。

　　刘家湾村从2014年5月份开始"小康寨"建设，9月份便完成所有项目。在如此短暂的时间内完成"小康寨"的建设，原因有二：一是由于自身发展基础较好且紧邻刘官镇建成区，刘家湾村在水、电、路等基础设施方面建设已经没太大问题，盘县在刘家湾村实施的六项行动计划主要集中在环境整治方面，例如功能设施的完善；二是刘家湾村在高等级公路沿线，是对外展示风貌最为重要的村庄之一，该村还有六盘水市组织部的驻村领导干部，对行动计划在短时间内实施起到了很大作用。

　　刘家湾村新制定的小康寨建设项目计划，已按期完成的项目有垃圾处理、公共厕所、庭院硬化；部分完成的项目有照明设施、"三改"工程；未完成的项目为污水处理。其余项目建设情况不详。

　　临江村所在的凤冈县要求各乡镇坚持以小康寨为统领，其他五项行动计划围绕小康寨来实施。小康寨选点实行村寨（组）—村（社区）—乡镇—县领导小组办公室（县文明办）逐级申报程序，县领导小组办公室按照"谁积极主动、谁优先建设"原则确定当年六项行动的选址。扶贫资金、上海烟草、新农村建设资金，共筹资1.5亿元，用于2014年道路、院落硬化、绿化、民居改造等项目。

　　临江村基本按照县级政策执行小康寨行动计划，只是每年实施的具体项目会根据实际情况有所不同。联合组小康寨示范点项目由遵义市农委监管，凤冈县农牧局建设，项目总投资35万元，涉及农户"三改"12户、农户庭院硬化12户、垃圾池1个、果皮箱20个、文体活动场所1 100平方米、公厕1座、太阳能路灯22盏，整体实施情况较好，完成度高。

　　2014年，临江村打造小康寨2个，即为所调研的临坪组和联合组，都被评为2014年"四在农家·美丽乡村"新农村建设小康寨示范点。2015 年预计在临江村实施 98 个小康寨项目,总投入约 6 501 万元,包括村内道路建设、庭院硬化、垃圾收集箱设置、"三改"工程、集中式饮用水源地保护工程、公共厕所、照明设施和其他。预计实施的示范型小康寨为泡桐、会龙 2 个组。其中泡桐组还将作为县级精品店打造,贵州省农委和遵义市农委计划在临江村泡桐组投资 155 万元(省财政 65 万元,市财政 90 万元)进行污水处理试点,其他村民的污水主要排放至自家的化粪池。2017 年预计实施的示范型小康寨为毛栗、秀竹 2 个组(表 4-18)。

表 4-18　　　　　　　　　凤冈县小康寨行动计划项目计划及实施情况表

项目	垃圾处理	污水处理	公共厕所	照明设施	文体活动场所	三改	庭院硬化
负责部门				一事一议和烟草公司			村民自行出资
临平组联合组	垃圾池	全村主要通村路两侧和重点建设地区(如九龙山庄)排水沟渠及处理设施	1 个	主要道路和活动场地的太阳能路灯	3 个活动广场	基本实现"三改"	全部完成
完成	完成	进行中	完成	完成	两个完成一个在建	不理想	尚未 100%实现

资料来源:通过访谈及各类调研资料整理所得。

　　总的来说,整村推进的项目建设效率更高,完成度也更高,这主要得益于县级领导小组的有力监管与资金统筹。这类村庄的筛选一般按照两个标准,一是选定高等级公路沿线的村寨,二是选定景区周边的村寨,刘家湾村、卡拉村、石桥村均为这类典型村庄。然而,整村推进的项目,村民参与度普遍较低,有可能发生与村民期望不符的情况,并且由于其地毯式推进的建议方式,整体风貌易呈现面子工程的现象,考察中也发现部分设施的质量较差(图 4-9)。

(a) 小康寨示范点挂牌

(b) 垃圾池

(c) 污水管道

(d) 公共厕所

(e) 垃圾箱

(f) 广场

图 4-9　临江村小康寨建设成果

（2）按村庄具体需求单个安排实施的小康寨项目

这类项目的实施步骤一般为，村两委按需写报告提交乡镇审核，并提交县相关部门，由县相关部门负责确认建设需要，并招标工程队承包。建设过程中，乡镇负责上传下达，村两委及村民负责监管工程质量，工程队执行。较为典型的是环保局，负责的环卫设施及污水处理设施项目；林业局负责的环境美化工程项目。另有如公共厕所、文体设施这类建设项目，没有明确的对应部门，但通常也是由县安排相关部门负责建设。

在所调研的典型村庄中，楼纳村、河西村、大利村均有这类项目实施。

楼纳村是较为典型的通过村两委不断向上申请建设项目而逐步推进村庄基础设施建设的案例。由于楼纳村在六项行动计划开展之前已经完成了大量基础设施建设与环境整治，小康寨建设因此以项目为单位单独实施，并非整村推进。如 2013 年由成都军区支援西部大开发投资 800 万元建设的占地 1 万余平方米"军民同心民族文化广场"，以及同样由成都军区支援建设的公共厕所 1 处。

在村两委的积极争取下，楼纳村内的环卫设施运营较好，自 2013 年开始至今已维持了两年。对门处设有集中垃圾收集点 1 处，其余村寨垃圾收集由每户定时将垃圾置放在附近垃圾桶处，由镇环卫处出车每日巡村收集运至镇垃圾焚烧厂。道路清洁由义龙新区补助，村内 10 名环卫保洁员分片区进行打扫，保洁员由本村村民担任，月工资 1 000 余元。

同时，楼纳村自 2012 年起利用新农村建设资金 300 多万元改造民居，带动农户投入 414 万余元，实现民居房屋改造 239 户（其中民居改造 187 户，危房改造 52 户），实现了民居美化亮化改造。该民居亮化工程由镇政府因旅发大会的召开启动，于 2012 年实施第一批在对门广场周边，2013—2014 年实施第二批在大寨，村民在相应改造中如保留坡屋顶即可获得适当补助。

河西村甘川自然寨为县级小康寨示范点，因此相较其他村寨能够更优先得获得建设项目。河西村小康寨行动计划实施主要由镇"三办三中心"负责，村委会协助实施，村民自建或发包建设。除了"一事一议"财政奖补资金支持的建设项目外，甘川自然寨通过上报申请项目完成了建设村级文体活动场所，室外活动场地面积约 600 平方米，设有篮球场、健身设施、广场等。

榕江县大利村通过向环保局申请项目，于 2015 年初完成了垃圾焚烧池及其配套道路建设，并正在筹备排污设施建设。

总的来说，由村向上逐级申报建设项目的审批及实施效率相对较低，相对于整村推进的项目，实施周期更长，也没有固定的监管实施方，往往需要依靠村两委不断积极争取，才能够获得较为明显的建设成果。

4.3.4 其他小康寨建设项目的实施情况

一是村集体资金与上级政府补贴资金共同支持建设的项目。这类项目的执行主体通常是村两委，具体组织管理方式并不明确。如丹寨县卡拉村部分垃圾收集设施。

二是上级政府补贴，村民自己实施的项目。补贴资金来源不确定，由村两委和乡镇领导共同向村民宣传实施。如"三改"工程。

三是村民自己出资并实施的项目。典型项目包括庭院硬化、"三改"工程，以及部分环卫设施。在所调研的 11 个村庄中，兴旺村、河西村、临江村及楼纳村，均为村民自行完成庭院硬化，其中河西村、楼纳村通过鼓励宣传，已完成全部硬化，临江村已完成 90% 硬化。总体上，村民自己出资建设环卫设施的情况主要出现在村内的度假山庄内。如河西村甘川的垃圾池由琢玉山庄在 2013 年前筹资建设，且在 2015 年前由他们家自己出资进行清理，2015 年开始由村参与共同筹资负责清理回收。

4.4 典型村庄层面实施中的主要问题

4.4.1 以自然村寨为基础的建设方式容易造成村寨间发展不平衡现象加剧

多个自然村寨分散布局、寨间距离较远且各寨发展不均衡,是贵州省农村地区村庄格局中的典型特征。小康寨建设计划的实施,大多以自然村寨为基础推进,实施中就经常面临着实施了计划的村寨与其他村寨相比,各方面差距拉大的现象。一些条件较好的村寨,甚至因为树典型等原因,持续受到更多关注并不断发展改善,而其他较为偏远的村寨就很难获得更多关注,自然村寨间的差距进一步拉大,引起村民的不满、甚至矛盾。

如河西村,其村庄格局沿河横向布局,南北狭长,除两个集中居住片区外,其他村寨的规模相对较小且布局较分散。新农村建设以来,大部分设施建设均以甘川为重点,2013年后甘川又被评为小康寨示范点,虽然有村级活动中心设在甘川,但距其较远的村寨村民使用公共设施非常不便,基本不会前往使用这些设施。除此之外,河西村仅甘川拥有完备的路灯照明,其他村寨只有个别有路灯,而且难以申请一事一议资金补助。包括垃圾收集设施,也仅有甘川有3个垃圾池,其他村寨均为自行焚烧垃圾。由于河西村将建设重点倾向于甘川,全村基础设施建设不均衡,甘川村民与其他村寨村民的生活质量差距有明显增大的现象。

同样的情况也出现在卡拉村。卡拉村虽然为一村一寨,但村寨分为三个组片,虽然距离不远,建设水平也有相当大的差异。三个组片中,新村是大规模征用的村庄集体建设用地,采用统规统建方式,易于安排各项建设,因此申请实施的项目最多,成效也最显著。而一组和老村是村内主要的人口聚集区域,虽然更需要整治基础设施和服务设施,但是一直以来较难开展,部分老村村民仍然是人畜混居,卫生条件不好(图4-10)。

4.4.2 听取群众意见仍不充分,部分项目认可度不高

部分项目的工程方案没有对群众进行充分宣传解释,造成群众积极性不高,导致对项目认可度不高。以大利村污水处理工程为例,由于地形复杂,挖渠以及在地下铺设管道有技术上的困难,并且工程量大,铺管所需资金无力承担,县级部门和栽麻乡计划利用沟渠排至村内的既有水塘,通过水生植物来净化污水,以降低污水处理成本和工程技术难度(图4-11)。但实际调研发现,广大村民对门前消防池塘改造成污水池的做法并不认可,村民们还是希望选取寨角的一处空地来统一建设污水处理池,将全村的污水通过沟渠管道排到一块进行集中处理。

图4-10 卡拉村新村风貌与老村人畜混居环境

大利村内污水现状直排到利侗溪,牵头单位环保局针对村内民宅的地形差异,确定了两种分类引导的污水处理方案:第一种方案主要针对寨内地势平坦地带的污水处理,分片收集,集中处理。污水进入排污暗沟后顺地势分别排放至紧贴利侗溪的四处污水稳定塘(图),利用种植净化的水生植物来达到净化效果,在雨天可以有溢流井的效果,一个池塘大约可以处理约10户人家排放的污水,改造一个氧化塘花销约2万元,并且只需要建设少量管渠,有利于降低项目成本;第二种方案主要针对位于地形较高的村民,对其污水通过安装过滤装置进行净化,进而排入河道。

污水处理工程由县环保局找施工队直接实施排污设施和垃圾房。通过与正在施工的包工头访谈得知,县环保局给工程队的指示是要做地埋沟渠统一处理,但由于前述的排污方案涉及使用村民门前池塘处理污水,大利村村民不同意,尤其是紧贴池塘的村民担心污水排入宅边池塘会产生气味和其他环境污染,也担心这种污水处理方式的处理周期太长,效果不明显,并且后续没有管理维护,一旦停用会造成较大污染。于是村里还需要再和环保局协商,工程队暂缓开工。

分片污水处理的稳定塘

图4-11　大利村污水处理项目处处碰壁

图4-12　石头寨村热闹的水上烧烤及冷清的新建烧烤长廊

又如,石头寨村为了整治乱占河道经营烧烤的问题,在小康寨项目中建设了"烧烤长廊",建设面积达3 260平方米。并完成马口休闲公园2 664平方米,生态环境和景观风貌得到明显改观(图4-12)。但是水上烧烤正是石头寨村的特色,环境清幽的"烧烤长廊"却不亲水,这种改变直接造成人气低迷,也不受当地人欢迎,而影响村庄面貌的水上烧烤却依然存在,建设并未达到预期的效果。

4.4.3　筹资筹劳困难,群众积极性不高

列入小康寨计划的一事一议财政奖补项目,政策本意为概算补助的物资投资,实际项目工程尚需要群众投劳来完成。然而如今外出务工青壮年劳力多,筹资筹劳存在一定的困难。虽然村民是美丽乡村建设的直接受益者,也是村庄建设的主体,但积极性、主动性未被充分调动,投工投劳不足。

在所调研的典型村庄中,实际为村民投工投劳的小康寨建设项目仅有庭院硬化,因为庭院是村民自家财

产故能够调动其积极性。而其余的公共设施,往往很难召集到足够的村民参与建设。

4.4.4 参与部门、资金来源、技术规程等方面缺乏统筹协调

小康寨建设涉及多个部门,是联合各部门的行动计划。尤其像大利村、石桥村等传统村落,除了农委牵头的六项行动计划领导小组外,还有旅游局,文物局等多个单位负责村庄的各类建设活动,这些项目中小康寨项目也占了很大比重,多个部门是否能够协调好成为决定成效的关键性环节。譬如,传统村落整体利用保护资金、世行贷款等资金有极为严格的监管机制,这部分资金不能与美丽乡村建设的资金互相整合,因此会产生同一个项目有两个负责单位,有两类资金投入的情况。

石桥村就是这类典型村庄,大量建设项目均由南皋乡政府与旅游局协商完成。例如步行风雨桥的建设,旅游局利用世行资金建设桥基,而南皋乡政府利用一事一议资金建设木质风雨桥结构。在这种繁杂的程序和反复协调的影响下,项目的进度常常被拖慢,日后维护也较难分清具体责任方。

除了不同责任方之间的协调之外,还有相关建设与其他规范不符,最后导致设施不能使用的情况。如石头寨村公厕,建造选址时未考虑到污水排放对河道的污染,在河道边建造完成后被禁止使用,导致资金和人力的浪费(图4-13)。

4.4.5 部分工程造成独具特色的传统村容村貌被不同程度破坏

所调研的典型村庄有卡拉村、石头寨村、楼纳村、河西村进行过村庄风貌整治,即立面整治。这些整治工程,明显改善了村容村貌,但由于存在着一些协调方面的原因,也出现了部分村庄的村容村貌协调不足,甚至有所破坏的现象。

其中,卡拉村和石头寨村的立面整治工程较为典型。卡拉村2013年进行过立面整治,但此后对农民新建房的风貌没有控制,2015年又有新的项目为高速路沿线建筑进行了靓丽工程,粉刷了与原有风格不同的白底黄条新漆。连续的冲击,造成卡拉村的建筑风貌协调性明显受到影响。

石头寨村的立面整治,采用了较多装饰性措施,但是这种方式与传统的石头寨风貌并没有多少延续性(图4-14、图4-15)。项目实施后,村民也普遍认为不如原来的建筑立面和风貌美观。并且,工程质量较差,甚至部分还有安全隐患,造成一些村民的不满。

图4-13 石头寨村因环境污染问题被叫停的公厕

穿衣戴帽工程，即建筑墙面整治，以形成统一的村落风貌。按照小康寨的政策内容，这项工程应该不能算入小康寨。但由于村庄整治涵盖了立面整治，且本次调研的村庄有5个村庄均进行了墙面整治，因此在此稍作介绍。

以石头寨村穿衣戴帽工程为例，石头寨村自2012年"和谐家园"项目开展以来，作为"四在农家，美丽乡村"全国性示范点，共完成基础设施建设项20余个，完成投资1.3亿元，穿衣戴帽工程是其中的一项重要工程。在2014年3到9月完成了所有非石头墙面建筑的仿石头贴面装饰，以及窗框装饰。

石头寨村原以全石头建造的居住建筑而得名，墙面使用石块打磨成砖砌起，屋面则以片岩作瓦。对于穿衣戴帽工程，所采访的村民普遍认为，该项工程虽然进度快、全覆盖，但最终影响了村庄的原始风貌，非常难看，而且装饰材料质量差，屋顶铺的石板瓦以及墙面贴面瓦，目前已经开始出现剥落和损坏，并不令人满意。

墙面贴仿石砖(左)窗框装饰(右)损坏的屋面风貌现状

图4-14　石头寨村的穿衣戴帽工程

村容村貌整治的主要内容为建筑立面整治，卡拉村进行了两次。2013年共投资660万元将老村和一组的房屋的水泥或砖砌部分刷上木纹漆以统一风貌，并在一组有浮雕墙等项目。2015年，随着高速公路沿线亮化，凡是高速公路看得见的房屋全部刷上了黄条白底的新漆。这两次的立面整治，使得卡拉村三个片区风貌出现了较为明显的差异，尤其在老村，有四种完全不同立面的建筑，与传统村落和谐的村容村貌形成了较为明显的反差。

(a) 卡拉新村风貌

(b) 卡拉村一组步道硬化效果、浮雕栏杆及建筑风貌

(c) 卡拉老村风貌(包括纯木危房，仿木漆立面，违建建筑，亮化工程新立面)

图4-15　卡拉村混乱的村貌整治

表 4-19   黄果树镇石头寨村创建工作项目推进表

序号	项目名称 分解项目	项目概算	施工单位	开工日期	竣工日期	备注
1	强弱电及给排水管网改造	120				
2	公厕改造	20				共 4 个公厕
3	"微田园"改造	200				村庄庭院
4	村寨垃圾收运系统	20				垃圾桶、箱及转运
5	三个小岛景观打造	70				步道、绿化、休闲桌椅
6	路灯亮化	20				一期基本结束后安装
7	三语标识	10				一期结束后安装
8	村民自建区	800				省规划院按总规选点设计
9	一组团	210				示范带动
10	二、四组团	420				结合村民意愿二期实施
11	上山步道	100				部分修整、部分新建
12	三组团	200				结合村民意愿二期实施
13	祭祀台	200				考虑二期
14	蜡染一条街	50				景观、门头处理
15	啤酒小吃街	200				景观、门头处理
16	表演场	20				增加绿化、休闲桌椅
17	布依水乡画廊	20				考虑二期
18	布依村落建设控制性屏障绿化	300				涉及征地,由村支两委协调
19	匝道口大棚拆除	100				园区对接
20	慢行系统及河道景观	200				慢行系统部分考虑二期
21	石板街(穿寨公路改造)	200				考虑二期

资料来源:石头寨村驻村干部提供资料。

表4-20　卡拉村"小康寨"项目实施情况表

卡拉村"小康寨"相关项目

项目名称	建设内容	投资估算（万元）				实际投资	牵头单位	过程中的相关调整	2013年制定的完成时限	最终完成时间
		项目	地方配套	自筹	合计					
村内步道通硬化	677.47米×2米	3.24			3.24	10.2	财政局	包含庭院硬化	2013年11月	2014年1月
机耕及人行步道	机耕道1730米,人行步道2000米	32.2			32.2	5.5	财政局	于2014年2月调整为排正村的硬化通组路	2014年6月	2014年1月
农村环境综合整治项目治理	污水处理					48	环保局	第一片区污水处理工程完成	2014年3月	2014年1月
农村环境综合整治项目治理	垃圾池2×20平方米;垃圾转运站1座;垃圾箱39个	73	107		180		环保局	购置1辆垃圾清运车,3个可装卸式垃圾清运箱,3辆手推车	2014年3月	2014年1月
路灯	55盏	27.5			27.5	27.5	住建局		2013年10月	2013年购买124盏路灯,2014年6月完成安装
综合服务中心	村两委活动室、便民服务中心、卫生室,计生室,社区服务中心	7	1183.9		1190.9	50	组织部 龙泉镇 卫生局 计生局 民政局	未新建卫生室	2014年6月 2014年7月 2013年12月 2013年6月 2013年7月	2014年6月
文体设施	标准篮球场、羽毛球场各2个;乒乓球台4个;广播站及其他设施	5			5		文广局		2014年6月	
民族陈列馆	1000平方米	116	50	80	246	116	民宗局		2014年12月	2014年12月
村人口广场	1540平方米	192.4	192.4		192.4	300	住建局	与服务区停车场合并,总共投资300万元	2013年12月	2014年4月
芦笙广场景观改造	改造	50			50	50	农业局		2013年12月	
村容村貌整治项目	立面整治建筑46栋,民居32栋,旅游地产106 206平方米	557	3000		3557	660	住建局	完成立面整治	2014年8月	2014年1月
改厕项目	农户改厕120户	20.4			20.4	3.24	卫生局	完成12户	2013年12月	2014年10月
寨门	1个		20		20	18	住建局		2014年10月	2014年1月
服务区停车场	1个		70		70		住建局		2013年10月	2014年4月
第二片区美化绿化工程			20		20		龙泉镇		2014年3月	

注:2013年后从卡拉村"示范村"建设项目中选取了与小康寨任务相关的项目,总结了"美丽乡村"卡拉示范村建设重点项目调度表所得。缺失2013年及2015年数据。

资料来源:通过访谈及《丹寨县卡拉村"美丽乡村示范村》整理所得。

5　小康路行动计划政策实施状况

5.1　省级政策概况

5.1.1　政策沿革

农村通路是我国"村村通"工程中的重要内容之一。20世纪90年代末期,国家开始增加农村的"村村通"建设投入,进入到21世纪,在社会主义新农村建设的国家战略中又提升到了更高地位。"要致富,先通路",2006年中央以1号文件的方式发布了《关于推进社会主义新农村建设的若干意见》,明确要求进一步加强农村公路建设,到"十一五"期末基本实现全国所有乡镇通油(水泥)路,西部地区基本实现具备条件的建制村通公路。中央各部门为此纷纷制定相关领域的发展规划,交通部门提出"十一五"期末使全国具备条件的所有乡镇和建制村通公路,95%的乡镇和80%的建制村通沥青(水泥)路,为社会主义新农村建设提供交通保障的战略目标。农村地区的公路建设,也被作为扶贫开发事业和农村发展长效机制的重要载体。

贵州省不仅城镇化率明显较低,而且地形地貌和历史发展等原因也造成农村地区呈现出明显的居民点分散且相当部分位于偏远山区,成为农村地区的公路"村村通"工程的重要制约因素。贵州省为此也积极创造条件,推进相关工作,改善农村地区的交通条件,于2003年启动了农村公路建设工程,并在"十五"期间实现了地(州、市)通高等级公路、县县通柏油路、乡乡通公路(2002年)、85%的行政村通公路。

"十一五"期间,贵州省又将重点放在了攻坚农村公路建设方面,明确了因地制宜地按照多样化的标准建设1万公里以上的农村公路,实现90%以上乡镇通油路和95%以上行政通公路的发展目标。

《贵州"十二五"农村公路发展规划》提出,一是2012年实现100%的乡镇通沥青(水泥)路和100%的建制村通公路,"十二五"期末力争实现50%的建制村通沥青(水泥)路;二是农村公路更加安全,包括危桥改造、安保工程、灾害防治、已建成公路新建桥梁等,提高农村公路的抗灾能力和安全水平;三是农村公路网络更加优化,包括县乡道改造、连通工程等,提高农村公路的网络化水平和整体服务能力。截至2014年12月,贵州省农村公路基本实现了"乡乡通油路、村村通公路"的目标。

2013年,农村公路建设纳入到省委、省政府启动的"四在农家·美丽乡村"创建活动,并以"小康路"名义进入到六项行动计划范畴(图5-1)。

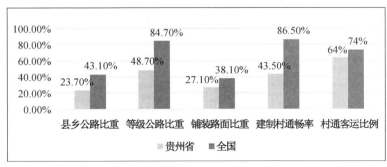

资料来源:根据贵州省小康路行动计划整理数据所得。

图5-1　2012年年底贵州省农村公路建设水平及全国平均水平

2010年，贵州省开始实施《贵州省农村公路建设养护管理办法》，部分重要条目如下：

规划建设方面，第八条规定：乡道和村道规划由县级人民政府交通运输主管部门协助乡（镇）人民政府编制，报县级人民政府批准，并报省人民政府交通运输主管部门、地州人民政府或地区行政公署交通运输主管部门备案。乡（镇）人民政府编制村道规划，应当征求沿线农村集体经济组织的意见，必要时还应当举行听证会，听取村民的意见。第十二条规定：农村公路建设项目勘察、设计、施工、监理以及与工程建设有关的重要设备、材料等的采购，符合国家和省工程建设项目招标范围和规模标准规定的，应当进行招标。农村公路建设项目工程监理达不到招标条件的，由建设单位直接委托具备相应资质的工程监理机构或聘请具备相应资格的技术人员组成监理组进行监理。

养护管理方面，第十八条规定，村道的保养工作在乡（镇）交通运输管理站的指导下由村民委员会负责。第二十二条规定，村民委员会应当将村道两侧边沟（截水沟、坡脚护坡道）外缘起不少于1米的土地纳入公路用地管理范围。

资金筹措与管理上，提出农村公路建设、养护实行政府投入为主，鼓励社会各界共同参与的多渠道筹资机制，并明确农村公路建设和养护资金由县级人民政府交通运输主管部门实行专户管理、专项核算、专款专用。农村公路养护大、中修和改建工程资金，需由省级财政按照中央转移支付的规模和标准安排，省人民政府交通运输主管部门下达。

5.1.2　政策目标

小康路行动计划提出了"公路上等级、路网趋优化、管养全覆盖、通行提能力、安全有保障、环境更优美、建成小康路"的总体要求，计划2013—2020年间全省投资过千亿，实现"村村通油路、村村通客运、组组通公路、村寨路面硬化"的总体发展目标，希望通过一系列工程，大力提高农村客货交通运输质量和水平，全面改善乡村出行条件，努力构建城乡交通运输一体化，为实现与全国同步全面建成小康社会提供强有力的交通运输支撑和保障。为此，计划提出了攻坚突破、全面推进、巩固提高三个阶段。

第一阶段为攻坚突破阶段，时间为2013—2015年。该阶段要求打好集中连片特困地区农村公路建设攻坚战，投入400余亿元，建成通村沥青（水泥）路4.2万公里，建制村通畅率达到75%。同时实施一系列的县乡道改造、新建和改造桥梁等工程，全面启动示范推进通组（寨）公路，以及人行步道、乡镇等级客运站、建制村招呼站等一系列工程建设，大幅提升建制村通畅、客运通达、通组（寨）公路和村内道路硬化覆盖率，降低农村公路交通安全事故率，提高乡村道路通行能力，支持具备条件的地区适度超前发展。

第二阶段为全面推进阶段，时间为2016—2017年。该阶段要求全面实施小康路各项工程，建制村通畅率达到100%，全面实现"村村通油路、村村通客运"。

第三阶段为巩固提高阶段，时间为2018—2020年。该阶段期间要求进一步健全农村公路管养体系，提升农村公路管理水平和道路优良率，推进农村公路网络化、信息化、绿化美化发展，全面提高农村群众出行质量。农村公路重点监控路段信息化管理覆盖率达到100%，乡村道宜林路段绿化美化率大幅提升，全面实现"组组通公路"、原"撤并建"行政村100%通畅的目标，全面完成乡村道路建设各项扫尾工程。

5.1.3　项目工程

在推进实施方面，小康路计划提出了实施农村公路"硬化、畅化、安全、优化提等、信息化、绿化美化、运输通达"七大工程的要求,具体项目工程如下。

（1）农村公路硬化工程

要求统筹兼顾生态移民规划、新农村建设,合理确定乡村道路建设时序、建设重点,分步有序推进建制村、原"撤并建"行政村通村公路和通组(寨)公路三项硬化工程,进一步优化农村群众出行条件,有效服务村寨环境整治和新农村建设。

（2）农村公路畅化工程

要求建立"政府主导、交通主力、部门参与、分级负责、群管群养"的养护机制,推进管养工作常态化,实现有路必养、养必优良,有路必管、管必到位,全面提升管养水平,确保已建成农村公路基本通畅。

（3）农村公路安全工程

要求深入开展农村公路安全隐患排查,着力推进隐患整治和农村公路安保工程,新建、改建、扩建农村公路大力推行交通安全设施与公路建设主体工程同时设计、同时施工、同时投入使用。建立农村公路超载超限治理工作保障制度,大力整治道路货物运输源头超限行为,构筑群防群治的治超体系。建立桥梁定期检测、风险点动态监管和应急处置制度,全面提升农村公路安全水平和应急保障能力。

（4）农村公路优化提等工程

要求结合 5 个 100 工程的实施,加快建设一批具有县乡际出口通道功能,连接工业园区、农业产业区园、旅游景区和矿产资源开发地的经济路、产业路,全省县乡公路三级及以上公路比重提高到 15% 以上,实现重点工业园区、示范小城镇、现代高效农业示范园区、旅游景区等所在地有等级公路连接,农村物流点、旅游点等结点对外通行条件明显改善。

（5）农村公路信息化工程

要求大力推广卫星定位客运安全监管、路政巡查和源头治超监控等现代信息技术的应用,采用信息化管理手段,整合农村公路项目计划、建设进度、养护管理、运输监管、路政管理等系统,努力提高农村公路信息化管理水平。

（6）农村公路绿化美化工程

要求坚持"融入本土、形式多样、节约节俭、大方美观",科学设计沿线景观,着力打造生态乡村路、人文景观路、产业景观路。加大公路两侧违法建筑、非公路标志牌和"脏、乱、差、丑"综合整治力度,营造良好车辆通行环境。

（7）要求运输通达工程

要求加快乡镇客运站、村招呼站建设,基本形成以乡镇客运站为支点、农村招呼站为网络的农村客运体系。到 2020 年,实现 100% 的乡镇有客运站、100% 建制村有招呼站。制定农村客运发展扶持政策,建立"以城带乡、干支互补、以热补冷"的资源配置机制,推行片区经营、延伸经营、捆绑经营,适度扩大农村客运经营自主权。有重点、分阶段发展"乡(镇)村公交",促进农村客运安全、便捷、经济、舒适发展,更高层次满足群众出行需求。

5.1.4 组织管理

为推进实施,贵州省建立了全省"四在农家·美丽乡村"小康路行动计划工作联席会议制度,由分管交通运输工作的省政府领导召集相关部门负责同志定期研究推进工作(图 5-2)。同时,加快理顺农村公路管理体制和机构,明确责任主体并逐级落实目标,从财政、计划、群众参与、监管体系、良好环境等多个方面入手,推动落实实施的相关措施。

表 5-1   小康路建设责任主体

各县(市、区、特区)人民政府	统筹各级项目资金的使用 组织落实年度计划 推进辖区内乡村道路"建、管、养、运"各项工作
各市(州)人民政府、贵安新区管委会	组织辖区内规划项目的实施 协调、监督、指导县(市、区、特区)计划执行
省交通厅	统筹村级以上农村公路发展规划实施
省财政厅(省农综改办)	统筹村级以下道路(通组公路和村内人行步道)规划实施

资料来源:根据贵州省小康路行动计划整理。

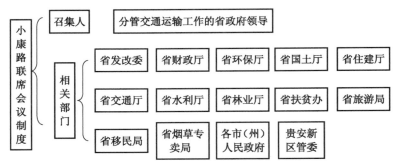

图 5-2 贵州省小康路联席会议制度   资料来源:根据贵州省小康路行动计划整理。

在具体实施上,明确了"县级主体责任、部门规划管理、逐级目标落实"的原则,并将其纳入到全省目标综合考核,实行挂牌督办。其中,省交通厅负责统筹村及以上农村公路发展规划实施,省财政厅(省农村综合改革领导小组办公室)负责统筹村级以下道路规划实施;各地州级人民政府、贵安新区管委会负责组织辖区内规划项目的实施,协调、监督和指导县(市、区、特区)计划执行。各县(市、区、特区)人民政府作为实施责任主体,负责资金统筹,并组织落实年度计划,推进辖区内乡村道路"建、管、养、运"等各项工作(表 5-1)。

《贵州省"四在农家·美丽乡村"基础设施建设——小康路行动计划(2013—2020 年)》还在四个方面对小康路行动计划的其他组织管理做了要求。

(1)加强计划管理

要求各地州、贵安新区、县(市、区、特区)按照适度超前原则,科学编报年度建设计划。各级交通运输部门建立"美丽乡村小康路"规划项目库,实行信息化动态管理。

省发改委、省财政厅和省交通厅视地方政府建设资金到位和投工投劳情况,统筹下年度计划安排。省财政厅会同省有关部门,按照集中安排原则联合下达通组(寨)公路、村内道路硬化项目计划,建立"以建定建、以养定建"考评体系,对市(州)、贵安新区、县(市、区、特区)年度计划执行进行综合量化测评,根据测评情况适度核增(减)地州、贵安新区次年乡村道路建设各项计划规模,最大限度调动地方积极性。

坚持先行先试、以点带面、逐步扩大、全面推开,支持自然条件、经济状况、政策配套较好的县(市、区、特区)通村公路硬化、通组(寨)公路建设、村内道路硬化建设、客运发展等项目提前实施。分批选取积极性较高的经济强县(市、区、特区)、集中连片特困地区县(市、区、特区)作为试点开展工作,积极组织开展示范乡镇、示范路创建活动,发挥示范带动作用。

（2）动员群众参与

要求改革农村公路建设模式,按照农村公路群众"自建、自管、自养、自用"原则,由各地州、贵安新区、县(市、区、特区)建立完善一事一议财政奖补工作制度,发动农民群众主动、自愿调整土地和投工投劳,以充分调动基层积极性并降低建设成本,解决农村公路建设和养护投入不足问题。

制定贷款、税收、原材料保障等支持政策,对通村沥青(水泥)路、通组(寨)公路、村内道路硬化项目统一实施"以奖代补",推广通村沥青(水泥)路改造"群众打底子、政府铺面子"做法,对含通组(寨)公路、村内道路硬化,一律推行一事一议财政奖补、群众投工投劳、村组自建自养的模式。

（3）建立监管体系

要求全面推行发展规划、建设计划、补助政策、招标过程、施工过程管理、质量监督、竣工验收、资金使用"八公开",推进公开领域向客运线路审批事项、执法领域、人事管理、站场建设审批四个领域拓展,实现行业监管向社会监督转变。

建立农村公路建养信用评价体系,加强工程招投标或竞争性选择建养单位管理工作,认真落实廉政合同制度。分级建立农村公路巡查监察制度,重点对招投标、转包分包、原材料采购等进行监督检查,实现关口前移、超前防范。强化质量安全管理,逐级落实质量安全管理责任,由省交通建设工程质监局负责"美丽乡村小康路"建设质量监督指导工作;地州、贵安新区、县(市、区、特区)交通运输部门具体负责组织本辖区质量监督工作,督促项目业主落实质量安全主体职责、质量问题举报调查办理等监管制度。加强环境保护监管,减少农村公路建设可能对环境产生的影响,保护和改善农村生活环境与生态环境。

（4）营造良好环境

要求各地各部门强化服务意识,采取切实有效措施,加强项目前期和施工环境治理工作,共同营造稳定、和谐的工作环境。

县(市、区、特区)调动群众积极性和创造力,加强沿线村民引导和驾驶员教育培训工作,提高爱路护路意识,营造有利于乡村道路发展的社会环境。新闻单位加大宣传力度,宣传先进典型、经验做法、执行效果等,为行动计划实施营造良好氛围。

5.1.5　资金筹措

小康路行动计划的资金筹措渠道有四类:

（1）加大财政投入

省财政每年安排一般预算 5.52 亿元对提前实施的 2.76 万公里通村沥青(水泥)路项目实施补助;每年安排 3.55 亿元对乡道泥路改沥青(水泥)路、已硬化通村公路桥梁建设项目实施"以奖代补"。

省财政厅(省农村综合改革领导小组办公室)统筹安排一事一议财政奖补资金、生态移民工程资金,重点用于通组(寨)公路建设,同时积极争取国家支持。

（2）整合使用资金

按照"渠道不变、用途不乱、统筹使用、各记其功"原则,整合省发展改革、国土、农业、水利、林业、扶贫、移民、烟草等部门资金用于乡村道路建设。其中,省发改委每年安排中央预算内资金 2 亿元以上用于通村公路硬化;省国土资源厅、省农委、省水利厅、省扶贫办、省移民局、省烟草专卖局每年分别投入资金 2 亿元、0.14 亿元、0.32 亿元、0.6 亿元、0.65 亿元、2 亿元以上用于乡村道路建设。

（3）多种形式筹措资金

鼓励采取出让公路冠名权、广告权、路域资源开发权等多种方式,推进农村公路建设和养护。广泛动员和引导工商企业、民营企业、外出成功人士、爱心人士等参与农村公路建设。支持农村客运站场及配套服务设施市场化、多元化运作筹集资金。积极探索农村集体经营性建设用地使用权、集体项目特许经营权以及林地、矿山使用权等作为抵押物进行抵押贷款,引导金融资金投入。

（4）加强农村公路养护资金投入力度

省交通运输厅以 2013 年为基数,按一定比例递增安排成品油消费税用于农村公路养护。各地州人民政府、贵安新区管委会、县（市、区、特区）人民政府将乡村道路建设及农村公路小修保养资金纳入财政预算,并按一定比例逐年递增,加快推进农村公路建设融资（表 5-2）。

5.2 行动计划的分级实施管理

5.2.1 目标任务分解

《贵州省"四在农家·美丽乡村"基础设施建设——小康路行动计划（2013—2020 年）》部署了全省小康路建设的总体目标及阶段目标,以及重点实施的七大工程项目和目标,并将其分解到各地级市（州）。

安顺市、黔东南州、遵义市在工程项目上均延续省级要求,确定七大工程项目,项目内容与省级要求相符。铜仁市、六盘水市根据自身情况,调整了工程项目类型。如铜仁市工作重点概括为六类,内容与省级略有不同。

同时,各地州均明确了 2013 年至 2015 年小康路行动计划的具体任务目标,如表 5-3 所示。

表 5-2 贵州省小康路行动计划资金筹措方案

	部门	资金	用途
1. 加大财政投入	省财政	5.52 亿元	补助提前实施的 2.76 万公里通村沥青（水泥）路项目
		3.55 亿元	对乡道泥路改沥青（水泥）路、已硬化通村公路桥梁建设项目实施"以奖代补"
	省财政厅（省农村综合改革领导小组办公室）	一事一议财政奖补资金、生态移民工程资金	通组（寨）公路建设
2. 整合使用资金	省发改委	中央预算内资金 2 亿元以上	通村公路硬化
	省国土厅	2 亿元	乡村道路建设
	省农委	0.14 亿元	
	省水利厅	0.32 亿元	
	省扶贫办	0.6 亿元	
	省移民局	0.65 亿元	
	省烟草专卖局	2 亿元	
3. 多种形式筹措资金	出让公路冠名权、广告权、路域资源开发权等多种方式；农村客运站场及配套服务设施市场化、多元化；农村集体经营性建设用地使用权、集体项目特许经营权以及林地、矿山使用权等作为抵押物进行抵押贷款,引导金融资金投入		
4. 加强农村公路养护资金投入力度	省交通厅	递增安排成品油消费税	农村公路养护
	各级政府	将小康路建设纳入财政预算	推进农村公路建设融资

资料来源：根据贵州省小康路行动计划整理。

在县一级小康路行动计划中,榕江县完全承袭上级政策;印江县、盘县在上级政策要求基础上有所简化。其中盘县在 2013 年六项行动计划实施之前通村路就实现了 90% 以上的覆盖率,甚至完成了盘县交通局制定的通村油路规划中 2020 年的建设指标;凤冈县、丹寨县在上级政策要求的基础上,对小康路行动计划提出了更为有针对性的计划目标。

以丹寨县为例,由于通村沥青(水泥)路项目建设进度快、安保等附属工程完善,该县被省交通运输厅列为小康路试点县,计划 2015 年年底实现建制村村村通沥青(水泥)路,2018 年实现村村通水泥(油路),2020 年组组通公路全部硬化。为此,通过分析县内道路交通的现状和目标,丹寨县制定了更为详细的建设规划,明确了各级公路的建设目标,以及各个重要公路建设项目的名称的责任单位,如 G321 线改扩建项目确定:协助凯里公路局完成 G321 线公路建设 29.5 公里。

凤冈县详细制定了每年村(级)以上小康路建设的具体任务目标,如表 5-4 所示。

表 5-3　　　　贵州省及调研州、市小康路攻坚突破阶段目标(2013—2015 年)

城市	贵州省	遵义市	铜仁市	黔东南州	安顺市	黔西南州	六盘水市
总投资(亿元)	433.42	71.619	78		33.5	61.9	13.6
建成通村沥青(水泥)路	42 000	5 200	5 600	8 000	3 300	4 813.3	1 762.3
原"撤并建"行政村通村沥青(水泥)路(公里)		3 000					
县乡道改造(公里)	1 860	300	731	163	214		19.2
乡道泥路改沥青(水泥)路(公里)	1 500	190	546		50		
新建已硬化通村公路桥梁(延米)	15 000	2 000	1 256	2 000	1 000		
新建与硬化通组(寨)公路	24 000	4 100	3 000	8 000	500	10 747	699
新人行步道(公里)	19 200	3 300	2 000		700	6 832	
农村公路安保工程(公里)	4 500	560	264.4	1 000	500		
危桥改造(延米)	16 500	2 400	1 342	3 000	1 000		
油路大中修(公里)	1 200	230	509		80		
新建乡镇等级客运站(个)	424	24	58	36	31		
建制村招呼站(个)	17 300	2 000	1 506	1 516	1 571	1 073	

资料来源:根据各地州小康路行动计划整理。

表 5-4　　　　　　　　　凤冈县村级以上小康路计划任务表

序号	建 设 内 容		单位	建设规模	投资估算(万元)	建设年限
1	通村沥青(水泥)路	建制村	公里	90.3	6 321	2014 年
		撤并建前建制村	公里	160	5 600	
2	乡镇客运站		个	1	60	
3	建制村招呼站		个	50	75	
	小　　计				12 056	
1	通村沥青(水泥)路(撤并建前建制村)		公里	100	3 500	2015 年
2	危桥改造		延米	100	100	
3	乡镇客运站		个	1	60	
	小　　计				3 660	

（续表）

序号	建 设 内 容	单位	建设规模	投资估算（万元）	建设年限
1	通村沥青（水泥）路（撤并建前建制村）	公里	150	5 250	
2	通村公路桥梁	延米	80	100	2016 年
3	危桥改造	延米	186.9	187	
	小　计			5 537	
1	通村沥青（水泥）路（撤并建前建制村）	公里	145	5 075	
2	通村公路桥梁	延米	90	153	2017 年
3	危桥改造	延米	80.7	81	
	小　计			5 309	
1	通村沥青（水泥）路（撤并建前建制村）	公里	170	5 950	
2	通村公路桥梁	延米	95	162	2018 年
3	危桥改造	延米	45	45	
	小　计			6 157	
1	通村沥青（水泥）路（撤并建前建制村）	公里	165	5 775	
2	通村公路桥梁	延米	105	179	2019 年
3	危桥改造	延米	52	52	
	小　计			6 006	
	总　计			38 723	

资料来源：凤冈县小康路行动计划。

表 5-5　　　　各地州小康路行动计划组织管理模式（六盘水市除外）

各县（市、区）人民政府	统筹各级项目资金的使用
	组织落实年度计划
	推进辖区内乡村道路"建、管、养、运"各项工作
市（州）交通运输局	统筹村级以上农村公路发展规划实施
市（州）财政局（市农综改办）	统筹村级以下道路规划实施

资料来源：各地州小康路行动计划政策文件。

5.2.2　分级组织管理

（1）地州级组织管理

除六盘水市外，各地州均要求各县（市、区）人民政府为小康路实施责任主体，统筹各级项目资金、组织落实年度计划，并负责推进辖区内乡村道路"建、管、养、运、安"各项工作。地州交通运输局统筹村级以上道路规划实施，地州财政局（地州农村综合改革领导小组办公室，简称"市农综改办"）统筹村级以下道路规划实施。在此基础上，黔西南州出台《推进〈黔西南州"四在农家·美丽乡村"基础设施建设——小康路行动计划实施方案〉的指导意见》，对小康路行动计划的实施提出了更为具体的组织管理要求；铜仁市级以上公路的建设管理主体略有不同，要求市交通运输局负责统筹村及以上农村公路发展规划监督实施，其中铜仁桃源公路开发有限公司是承担县乡公路改造的主体责任，市公路处承担通村油路的统筹、监督责任。

小康路行动计划的组织管理均由分管交通运输工作的市政府领导任召集人，其余相关责任部门负责同志为成员成立领导小组建立联席会议制度（表 5-5）。

六盘水市自市一级即成立六项行动计划办公室，对六项行动计划进行统筹管理。其小康路行动计划的责任主体与其他地州相同，为市交通部门，但由于其管理模式自地州至县级均为六项行动计划办公室统一调度，因此与其他地州有所不同。

（2）县级组织管理

县级政府为小康路行动计划的实施主体，其责任分配模式与地州级一致，由交通运输局负责村级以上农村公路发展规划实施，县财政局（县农村综合改革领导小组办公室）负责统筹村级以下道路规划实施。

榕江县、印江县、丹寨县要求由责任领导（交通局及财政局）牵头组织协调推动，建立联席会议制度，明确年度任务和工作要求，具体负责行动计划实施、督促、指导工作。盘县承袭六盘水市的六项行动计划组织模式，以六项行动计划办公室为组织管理核心。

凤冈县级以上小康路建设的牵头单位为县交通运输局，责任单位有经济开发区、县发改局、县国土局、县农牧局、县水务局、县林业局、县扶贫办、县移民局、县烟办、各乡镇人民政府。另有县财政局负责牵头组织村级以下小康路的建设。

5.2.3　资金筹措渠道

各地州及县级单位小康路行动计划均按照"渠道不变、用途不乱、统筹使用、各记其功"的原则进行资金筹措。安顺市、遵义市、黔东南州、铜仁市以及印江县、榕江县资金渠道与贵州省小康路行动计划相符，共四类。

（1）加大财政投入

安顺市、遵义市、黔东南州均要求地州级财政安排资金用于通村沥青（水泥）路项目，使用地州级财政资金对乡道泥路改沥青（水泥）路、已硬化通村公路桥梁建设项目实施"以奖代补"，并由地州财政局统筹安排一事一议财政奖补资金、生态移民资金用于通组（寨）路建设。

铜仁市计划整合省级财政资金9.07亿元，投入市级财政及县级财政资金0.5亿元、0.2亿元用于乡村道路改造及同村沥青公路建设，另外市级财政负责统筹一事一议及生态移民资金用于通组（寨）道路建设（表5-6）。

印江县要求争取省财政用于提前实施的通村沥青（水泥）路项目实施补助资金1 000万元以上，乡道泥路改沥青（水泥）路、已硬化通村公路桥梁建设项目实施"以奖代补"资金600万元以上。由县发改委、财政局负责整合"一事一议"财政奖补资金、生态移民工程资金用于通组（寨）公路建设。

榕江县要求县财政局（县农村综合改革领导小组办公室）统筹安排一事一议财政奖补资金、生态移民工程资金，重点用于通组（寨）公路建设，同时积极争取省、州支持。县财政根据上级项目安排匹配资金。

（2）整合使用资金

遵义市、黔东南州、安顺市、铜仁市，以及榕江县、印江县均计划整合发展改革委、国土、农业、水利、林业、扶贫、移民、烟草等部门资金用于乡村道路建设。其中，安顺市明确这类资金将用于农业产业园区内和周边路网等基础设施建设。遵义市、黔东南州及印江县在其小康路行动计划中明确了各部门每年的资金投入计划数额（表5-7）。

表 5-6　　　　　　　　安顺市、遵义市、黔东南州及铜仁市小康路财政投入方案　　　　　　　　单位：元

安顺市	遵义市	黔东南州		铜仁市		
市财政局	市财政局	州财政局		省级财政	市级财政	县级财政
每年5 000万	共计2.08亿	每年1亿	每年0.7亿	9.07亿	0.5亿	0.2亿
交通建设项目的前期工作	通村沥青（混凝土）路、乡道泥路改沥青（砼）路、原撤并前行政村通达通畅项目的实施计划补助	对提前实施的5 000公里通村沥青（水泥）路项目实施补助	乡村道路改造及同村沥青公路建设	乡村道路改造及同村沥青公路建设		

资料来源：安顺市、遵义市、黔东南州及铜仁市小康路行动计划政策文件。

表 5-7　　　　遵义市及黔东南州小康路行动计划相关政府部门每年资金投入统计表　　　单位:万元

政府部门	发改委	国土局	农委	水利局	扶贫办	移民局	烟草专卖局
遵义市	700	3 000	200	400	700	700	>3 000
黔东南州	4 000	4 000	3 000	6 000	1 000	1 000	>4 000
印江县	350	350	30	55	100	—	>350

资料来源:遵义市及黔东南州小康路行动计划政策文件。

（3）多种形式筹措资金

遵义市、黔东南州、安顺市、铜仁市,以及印江县、榕江县在此资金筹措渠道的要求上均与省级文件保持一致。

（4）加大农村公路养护资金投入力度

遵义市、黔东南州、安顺市、铜仁市均明确市级财政及县级财政要加大农村公路养护资金的投入,并逐年递增,其要求与省级文件一致。榕江县及印江县也在其小康路行动计划中明确县财政会将乡村道路建设及农村公路小修保养资金纳入财政预算,并按一定比例逐年递增,加快推进农村公路建设。

5.3　典型村庄层面的行动计划实施情况

5.3.1　小康路的整体建设情况

村级以上道路建设方面,本次调研的典型村庄,2013 年开展小康路行动计划均已建有通村公路,但质量差距较大,如大利村通村公路为单车道四级公路,而合水村和兴旺村均有高等级省道通过,因此各村道路建设需求不同。

例如,河西村的甘川自然村,为了方便村庄与外界联系,2002 年由村民自愿集资修建甘川大桥,政府只出很少资金。据当地村民介绍,当时每人出资数百元不等,一般为 200 元/人,在村庄能人的带动下,村民主动参与了村庄建筑、道路、环境的建设和整治,取得了不小的成效。又如卡拉村,2005 年左右由村两委利用发展鸟笼产业所获得的村集体资金进行了通村道路的硬化,连接卡拉村与县城道路。石桥村通乡路曾在 2004、2005 年左右进行了扩建改造,实现了通村道沥青路面。

由于典型村庄均已通路,2013 年小康路行动计划出台后,各村的通村道路建设主要是修补和升级。进行升级建设的有临江村、卡拉村、石桥村及石头寨村,修缮项目有大利村通村公路修缮及石桥村灾后道路修缮。

村内通组路及连户路方面,所调研各村在小康路行动计划开展前均已经开展过村内道路硬化工作。尤其是 2009 年“一事一议”财政奖补政策出台后,村内道路的建设有了资金基础,村民也更愿意投入到村庄的建设中。河西村自 2006 年由村内能人筹集资金,并借助其他项目修通组路和连户路。2009 年“一事一议”财政奖补政策出台后,村内又进行了多轮通组路及连户路硬化,均由政府提供物资,由村民出劳力建设。据了解,利用“一事一议”财政奖补资金进行村级以下道路建设的方式,在小康路行动计划出台前就已经普遍实施,所调研的典型村庄也均采用过该种方式,但这些村庄在 2013 年实施行动计划前均未完成全村的通组路及连户路硬化工作。

2013 年后,刘家湾村、石桥村、卡拉村、石头寨村、河西村、临江村均有项目实施。其中利用“一事一议”财政奖补资金,由村民出劳力建设的为石桥村、河西村和临江村。

客运方面,仅印江县实施“幸福农村小康车”,其主要目的是提升公共交通的服务水平。2013 年前,石头寨村、石桥村、卡拉村已有较为正规的公共小巴,河西村、合水村、兴旺村、临江村有过路客运车辆可停车载客、大利村、刘家湾村、楼纳村无正规的公共交通(图5-3)。总的来说,公交进村的可行性并不高,主要原因就是受益人数有限,很难维持运营。比如楼纳村2005年曾有过公车站,但因运营不善隔年便取消了。

从调研的典型村庄的通村公路、通组(寨)路、联户路、乡村客运及小康路建设基本情况来看,村庄通村沥青(水泥)路均已完成,有7个村庄已实现百分百通组(寨)路硬化,4个村庄已实现100%组内道路硬化。所调研的典型村庄中,有8个村实施了小康路行动计划(表5-8)。

5.3.2 村级以上建设项目的实施情况

根据小康路行动计划中的基本分类,交通运输局负责村级以上农村公路发展规划实施,为此专门考察村级以上道路建设项目的实施情况。

铜仁市"幸福"农村小康车

2014年9月以来,铜仁市以开展"四在农家·美丽乡村"六项基础设施建设行动为依托,全力实施农村客运"幸福农村小康车"进农家工程。到2014年年底,全市已开通客运乡镇168个,行政村2 425个,农民出行更加方便、快捷。

为加快推进农村客运发展,铜仁市积极探索"区域分片包干"制、AB补充支援等经营方式,允许在同一区域内,对赶集地域进行车辆补充和调配,优化运力资源,同时积极开展车辆改造,扩大车型、增加车辆座位数、对车身进行统一喷绘,增加农村客运的可识别性,并采取疏堵并举、标本兼治的措施,强化农村客运市场监管,加大三轮车、摩托车、微型车等非法营运查处力度,为农村客运创造良好的环境。

截至2014年年底,有农村客运班线460条,日发班次2 600班;农村客运车辆1 709辆27 915座,比2009年分别提高66.7%和47%;农村客运班线通达深度和覆盖面得到了全面提高。

资料来源:新华网贵州日报2015年4月30日新闻。

图5-3 铜仁市"幸福农村小康车"进农家工程简介

表5-8 调研11个村庄道路建设情况

村别	通村公路	通组(寨)路	联户路	通客运	小康路
石头寨村	已通、硬化、柏油	100%	100%	有	有
刘家湾村	已通、硬化、柏油	100%水泥路面	部分未硬化,大多为狭窄山路或泥石路	无,仅有私营小巴	有
石桥村	已通、硬化、水泥	大簸箕寨已完成	80%已硬化	有	有
卡拉村	已通、硬化、柏油	100%水泥或石板路面		设有公交站点	有
大利村	已通、硬化	100%青石板路面		无,仅有私人小巴	有
楼纳村	已通、硬化、油化	仅对门组主干路是柏油路面,其余均为水泥路(达90%)以上	70%以上为水泥路面	无	有
河西村	已通、硬化、柏油	尚有2个小组未完成,其他10个组为硬化水泥路面		过路镇级、县级班车	有
合水村	已通、硬化、柏油	还有一组未通,其他组为水泥路面		县镇班车终点站,过路镇级、县级班车	无
兴旺村	已通、硬化、柏油	已通,2条为新修水泥路面,S304省道部分路段也为通组路	90%已修好但尚未完全硬化	过路镇级、县级班车	无
临江村	已通、硬化、水泥	80%已建成水泥路面、20%规划好但尚未建成	重点打造的临坪组、联合组已完成水泥路面硬化	过路镇级班车	有

资料来源:根据访谈和调研所获资料整理所得。

在所调研的典型村庄中,这类项目有 6 个,分别为临江村 6.5 m 宽通村公路修建、印江县 S304 省道扩建(涉及合水镇三个村)、卡拉村 2.2 公里通村及环村沥青公路修建、石头寨村 1.5 公里沥青路修建、石桥村通乡公路水泥硬化、大利村新通村公路修建及现有通村公路修缮。

(1)临江村 6.5 米宽通村公路修建

临江村通村路水泥路面硬化是借助小康路行动计划完成的,由国土局出资建设。这条 2013 年开始修建的 6.5 米宽的通村公路共占地 136 亩,由政府出面协调土地使用的调整。通村公路所占用村民承包地和集体用地,均为村民无偿提供。调查中了解到,涉及的村民因为通村路为自己服务的原因,同意按照分摊面积自愿无偿贡献各自家里的田地,由政府拨款给予一定的青苗补偿,这样就大大降低了建设的投入。目前,主要通村公路已建成且质量较高。

(2)印江县 S304 省道扩建

调查中,县交通厅正在对 S304 省道印江至新民段进行改扩建,政府以 62 元/平方米(含青苗费 4 元/平方米)的价格进行了征地。

(3)卡拉村 2.2 公里通村及环村沥青公路修建

2013 年,卡拉村成为丹寨县首个“美丽乡村”建设示范村,由县新农办牵头成立了工作领导小组,整合各部门推进建设。卡拉村的小康路分为两段,一是连接城市道路金钟大道与卡拉村环线的 400 米大道,于 2013 年末完工;二是环一组与卡拉新村的 2.2 公里环线,于 2014 年 10 月完工。两条道路均为双车道柏油路,宽 16 米,建有人行道并种植了行道树,并装饰以鸟笼特色风格的路灯。这两条道路连接了卡拉村各个片区的主要道路,成为村民常用的车行道路(图 5-4,表 5-9)。

表 5-9　卡拉村“小康路”项目实施情况

项目名称	建设内容	投资估算及筹资方案(万元)				实际投资(万元)	牵头单位	2013 年制定的完成时限	最终完成时间
		项目	地方配套	自筹	合计				
与村内环线道路新增道路连接城市道路(含 2.2 公里环线)	3 173.63 米 × 16 米	308	253.8		561.8	1 200	住建局	2014 年 3 月	2014 年 10 月
400 米大道	386.20 米×16 米	545			545		住建局	2013 年 6 月	2013 年

资料来源:通过访谈及《丹寨县卡拉示范村“美丽乡村”建设重点项目调度表》整理。

(a)卡拉村环村沥青路

(b)卡拉村进村400米大道

图 5-4　卡拉村通村与环村路建设情况

（4）石头寨村 1.5 公里沥青路修建

2014 年新维修沥青乡村道路 1.5 公里，作为村内主要的通村路。该路在历年建设中已经铺过 3 次沥青（2004 年、2009 年、2014 年），并一直保持原来的宽度（图 5-5）。

（5）石桥村通乡公路水泥硬化

2013 年美丽乡村建设启动后，由丹寨县交通部门牵头，对石桥村、太平村 7～8 km 左右的通乡公路进行了水泥硬化，石桥村实现了建制村通沥青（水泥）路。该工程平均 1 km 花费约 45 万元，共花费约 315 万元。工程由投标公司实施建设，无需村民投工投劳。该通乡公路质量较好，但如今部分路段被洪水冲毁，正在维修中。

（6）大利村通村公路修缮

随着外来游客增加，车流量增大，加上当年的雨量较多，路面受到很大冲击，造成大利村通村公路上坑洼很多，并且多处路段出现山体滑坡现象，且路边树木茂密，部分枝条生长到了路面上，影响了村民的出行及游客的行车安全（图 5-6）。

2015 年 7 月，由交通局为通村路的修补提供了材料。为了抢抓工期，村支两委召开群众大会，决定全村每户至少出一个劳动力，对通村公路进行全面清理和维修。为此，300 多名村民接受动员，分工协作，铲杂草、铺石子、运砂浆、打路基，积极投入了通村路的修补工作。外出打工实在没办法回来的村民，也主动出资，以补助修路村民的伙食费的方式参与了建设。

图 5-5　石头寨村沥青通村路

(a) 修缮后的大利村通村公路

(b) 施工中的新通村路

图 5-6　大利村通村路建设情况

除修补现有公路,根据 2015 年六项行动计划表,大利村计划在利侗溪的下游新建一条新通村路,同时修建新寨门和停车场,建成后可以减少现有入村路的弯道,增加安全性。该公路建设由县交通局负责,利用一事一议财政奖补资金方式购买材料,村内出劳力进行建设,村内劳力不足的情况下,部分工人的工资也由政府资金提供,该通村路长 6.05 公里,计划投资 180 万元。

目前已完成新公路的地形图测绘,刚刚开始进入实施阶段。

5.3.3　村级以下建设项目的实施情况

根据小康路行动计划中的基本分类,县财政局(县农村综合改革领导小组办公室)负责统筹村级以下道路规划实施,为此对村级以下道路建设项目的实施情况进行了调查。

具体而言,刘家湾村、石桥村、卡拉村、石头寨村、河西村、临江村 6 个村均有村级以下小康路建设项目实施。其中利用"一事一议"财政奖补资金,由村民参与建设的为石桥村、河西村、临江村;由责任部门统一招标实施的为石头寨村、卡拉村、刘家湾村。

利用"一事一议"财政奖补资金进行小康路建设的典型村庄为河西村。2013 年前,河西村甘川自然寨已经利用"一事一议"财政奖补资金完成了寨内道路硬化。2013 年六项行动计划出台后,河西村小康路建设主要集中在除甘川以外的其他村寨的通组路和连户路建设。

如 2014 年,河西村通过"一事一议"财政奖补规划项目共建设小康路 2 条,包括石坪至下河西通组路 1.5 公里和村内连户路 2 公里,其中通组路是发包建设,投资 22 万元;连户路为村民自己实施,投资 14 万元(图 5-7、表 5-10)。截至调查期末,仍有部分村寨没有完全实现通组路和连户路硬化,因此仍在继续争取资金补助。

表 5-10　　　　　河西村村级公益事业建设一事一议财政奖补规划小康路项目

项目名称	项目属性 (新建/改建等)	建设规模				投资概算(万元)			建设 方式	建设 年限
		长 (米)	宽 (米)	高或厚 (米)	其他	合计	财政奖补	投劳折资 (50 元/天)		
石坪至下河西通组路	新建	1 500	4.5	0.45	受益人口 1 000	22	21	1	发包	2014 年
村内联户路	新建	2 000	1.2	0.2	受益人口 1 300	14	8.5	5.5	自建	2012 年

资料来源:郎溪镇财政部门。

图 5-7　河西村小康路建设成果

　　除河西村外,石桥村、楼纳村也借助一事一议财政奖补资金完成了约80%的村内道路硬化工作。其中楼纳村连户路621条21公里已基本实现全覆盖,2015年正在进行最后8个组的道路硬化,全村进组水泥路面改造率超90%,进户水泥路面改造率达70%以上。石桥村2013年通过一事一议财政奖补资金,完成大簸箕寨通组路建设。2014年以来,已完成80%的连户人行步道硬化。但2015年6月的一场洪水,冲毁了石桥村的大多道路,需要再次投入资金进行修建或维修(图5-8)。

　　县级相关负责部门统筹招投标建设村级以下小康路的典型村庄为刘家湾村、卡拉村与石头寨村。三村均为美丽乡村示范村或小康寨示范点,制定有详细的建设计划表,并基本按计划推进。卡拉村由财政局牵头,共投资10.2万元,其中含3.2万元州级美丽乡村示范村项目资金,于20114年初完成677.5米的村内步道硬化,即在原水泥硬化的基础上加铺石板铺地。刘家湾村小康路整治规划的项目计划表如表5-11所示。

表5-11　　　　　　　　刘官镇刘家湾村小康寨整治规划中小康路概算表

时间		项目名称	工程数量(公里)	建设类型(新建、改建)	单价(万元/公里)	资金(万元)	备注
2015年上半年实施	大凹子、常山丫口	主路	0.876	改建	50	43.35	三组、四组
		串户路	0.683	改建	16	10.92	三组、四组
2015年下半年实施	刘家湾、陆官塘	主路	1.45	改建	54	43.35	一组、二组
		串户路	1.3	改建	16	20.8	一组、二组

资料来源:盘县刘官镇刘家湾村"刘家湾、陆官塘"小康寨整治规划

(a) 石桥村连户路建设成果　　　　　　　　　(b) 石桥村被破坏的通组路

图5-8　石桥村村级路建设情况

图5-9　石头寨村村级以下道路建设成果

石头寨村由外来机构联合项目协助推进示范村建设,该项目计划投资 100 万元对上山步道进行部分修整和新建,第一期已经完成。步行街项目计划投资 200 万元对石板街(穿寨公路改造)进行二期建设。但截至 2015 年 7 月底,石头寨村上山步道和石板街(穿寨公路改造)步行街二期建设尚未开始(图5-9)。

5.4 典型村庄层面实施中的主要问题

5.4.1 计划实施中牵涉与村民协商,经常成为较大的难题

小康路的建设涉及村民的土地利益,尤其是通村道路拓宽或新建道路等项目,均需要与村民协商。尽管部分情况下,这种协商很顺利,譬如临江村的道路建设过程中,村民自愿让出土地支持修建道路,使得工程推得非常顺利,建设成果也得到了村民的好评。但很多情况下,计划实施涉及与村民协商的多个环节,成为影响计划实施的主要难题,并且不仅涉及土地调整,也涉及村民与建设方之间的矛盾(图5-10)。

5.4.2 自上而下推进的部分村级道路建设,未能充分了解和响应村民需求

小康路的建设是为了方便居民出行,尤其是连户路需要适应不同村民的各项出行需求。因此,能否充分了解村民的实际出行需要,并且在建设中急村民所急,成为村民对项目实施评价的重要依据。

从实际情况来看,使用"一事一议"财政奖补资金进行连户路修建,不仅可以节约建设成本以便更快地提

> 2015 年 6 月,石桥村发生百年一遇的洪水,导致村内大量基础设施被冲毁。2013 年刚刚通过美丽乡村建设完成的水泥通乡道路被冲坏,调研期间刚好正在维修,导致该道路暂时不能通行,车辆只能通过拐入另一条小道通行前往南皋乡。然而这条小道是由石桥村一位能人潘老三为了自己的古纸作坊而自行修建的便道,承载能力有限,车流量一大,特别是重型车辆通行,不可避免地会造成道路毁坏。
> 因此,潘老三在自家道路上设置栏杆,阻止卡车通行,而自己则站在路口,仅放行确实有通行需求的小型车辆。为此,村民甚至请来了交警进行协调,潘老三要求如果重型卡车要通行必须要补偿费用以修缮道路,但是施工队不能接受这个要求,导致了矛盾的产生。

问题路段交警正在协调问题

图 5-10 石桥村维修道路引发古纸厂老板与施工队纠纷

高硬化连户路的覆盖率,而且有利于调动村民积极性。从实际情况来看,由于村民在建设中获得了实施权,可以更为自主地决定道路修建的宽度,一般建设成果的整体满意度较高。

然而,在一些自上而下整体推进的示范村建设中,由于加快建设进程的需要,未能让村民及时参与其中进行充分沟通,也出现了一些建成道路未能充分考虑村民实际出行需要的情况,造成了人力物力的浪费。

调查中发现,有的典型村庄,已经建成的连户路仅1.5～2.5米宽,且大多是狭窄的山路或泥石路面,车辆无法交错,部分道路也未能硬化。一些2013年赶工完成的道路,甚至已经出现路面破损的现象,村民的意见较大。

卡拉村修建的环卡拉新村沥青路,建设质量优良,但是因为环路的相当部分位于相对偏远的无人居住地域,使用度很低。由于环路的设计和建设,很多村民必须绕路进村,也影响了村民的使用意愿。调查中发现,多数村民选择走花坛中自行开辟的捷径,导致环路的使用效率较低。

5.4.3 有限的建设投入,难以满足不断提高的村民意愿

随着美丽乡村工程的推进,村民对于改变自身生活环境的意愿变得更加强烈,期望也明显提高。很多村民已经不再满足于仅仅是有路可行,而是希望走的更加方便。特别是随着部分村民生活水平的提高,对于机动车通达的要求也越来越高,使得村民对通村路和连户路的建设标准,有了越来越高的要求。

然而,一方面相当部分村寨位于崎岖山区且自然村寨的分布相对分散,道路建设较为困难,一方面贵州相当多的传统村落建筑密度较大且受到保护要求而不能随便拆改,使得连户路的修建非常困难。在村民尚未能充分认可传统村落保护的价值和要求,以及未能就连户路建设与村民进行充分沟通的情况下,这些困难导致了村民的不满情绪。譬如大利村,村民希望能够加宽村寨内部的巷道到3～4米宽,这样也能满足车辆的通行,然而由于传统村落及其保护的原因,无法满足这一要求并且只能维护巷道宽度1～2.5米左右。村民的意愿得不到满足。

6 小康水行动计划政策实施状况

6.1 省级政策概况

6.1.1 政策沿革

加强水利建设,历来是中国农村的重要事务。贵州省虽然水资源较为丰富,但是特有的地形地貌和分散的村寨格局,以及经济不发达等原因,导致农村水利设施的基础薄弱,工程性缺水问题较为突出。为此,早在实施美丽乡村建设政策之前,贵州省就积极推动了农村地区的水利工程建设。

2011年,省水利厅根据省"十二五"规划编制工作方案(黔府办法〔2009〕146号)要求,依据《中共贵州省委关于制定贵州省国民经济和社会发展第十二个五年规划的建议》和《贵州省国民经济和社会发展第十二个五年规划纲要》,编制了"十二五"水利发展专项规划。根据该规划,"十二五"期间的水利总投资1 033.32亿元,规划建成黔中水利枢纽一期工程等一批骨干水源工程,在建、新建水利工程分别新增供水量6.8亿立方米、28.3亿立方米,到2015年供水量达到127.1亿立方米,人均供水量达到321立方米/年。

在农村地区,省水利"十二五"提出了具体要求,解决农村饮水安全人数1 299.8万人,完成病险库除险加固829座,新增有效灌溉面积777万亩,农村人口人均基本口粮田灌溉面积达到0.5亩,新增中小水电装机100万千瓦;治理大江大河支流10条、重点中小河流348条和山洪沟108条,治理河长2 082公里,保护人口734万人,保护耕地176万亩;新增水土流失治理面积10 000平方公里,新增河湖生态修复面积55平方公里。

截至2012年年底,贵州省已建成蓄、引、提等水利工程6万余处,其中小(二)型以上蓄水工程2 300余处,建成"小塘坝、小渠道、水泵站、小堰闸、小水池(窖)"工程50余万处,全省农村饮水安全达标人口1 480.66万人,现有水利工程灌溉面积2 129.22万亩,农村人均基本口粮田达到0.42亩。

针对农村水利基础薄弱,工程性缺水问题突出,特别是大中型骨干水源工程未能覆盖的乡村存在大量耕地缺乏灌溉和农村群众饮水不安全问题,2013年推出的"四在农家·美丽乡村"小康水行动计划,给予了重点安排。

6.1.2 政策目标

《贵州省"四在农家·美丽乡村"基础设施建设——小康水行动计划(2014—2020年)》将小康水行动计划的工作目标分为两部分,分别是农村饮水安全目标和农村耕地灌溉目标。

其一是农村饮水安全目标。2013—2016年,全部解决所涉及12 913个行政村1 415.4万人(2013年已实施250.4万人,余1 165万人)的饮水安全问题。具体包括:已经纳入国家饮水安全规划但尚未实施的718.44万人;在国家饮水安全规划编制时因各省区平衡而调减的68万人;早年已实施农村"渴望工程""解困工程",但因建设标准低且工程老化,年久失修的466.13万人;因生态移民需配套供水设施的130.26万人;因修建交通设施、矿山开采等项目建设造成水源枯竭、污染等而产生新的饮水安全问题的32.57万人。到2016年全面完成农村饮水安全任务。其中,2014—2015年解决468.04万人,2016年解决696.96万人。

其二是农村耕地灌溉目标。2013—2017年,基本解决行政村周边100亩以上集中连片耕地的灌溉问题。2013—2015年小型水利工程发展耕地灌溉面积278.04万亩;2016—2017年小型水利工程发展耕地灌溉面积185.36万亩;2018—2020年小型水利工程发展耕地灌溉面积198.6万亩。

6.1.3 工程项目

贵州省小康水行动计划的重点工程项目分为三类：

(1) 示范村建设

按照资金有保障、农村群众居住集中、耕地集中连片、缺水较严重、靠近县城(产业园区)、群众积极性高等原则,在全省优选出 1 277 个示范村,解决 128.9 万农村群众的饮水安全问题。

(2) 小型水利水源工程建设

建设小型水利水源工程(小塘坝、小泵站、小堰闸、小水池、小水窖)23.4 万个。

(3) 水利管网建设

建设灌溉渠道 4.63 万公里、农村供水主管道 6.5 万公里。

6.1.4 组织管理

小康水行动计划由省水利厅牵头,各地州级人民政府、贵安新区管委会、县(市、区、特区)人民政府,省发展改革委、省财政厅、省国土资源厅、省农委、省移民局、省烟草专卖局等为责任单位。具体组织管理措施主要有：

(1) 建立小康水行动计划联席会议制度

《贵州省"四在农家·美丽乡村"基础设施建设——小康水行动计划联席会议制度》文件中规定,省、市、县政府分管领导为召集人,水利部为牵头单位,各有关部门负责人为成员,成立联席会议办公室,及时研究解决推进过程碰到的困难和问题,统筹组织和实施。

(2) 编制技术规范,强化建设规范管理

制定了《贵州省地下水(机井)利用工程建设管理办法》《贵州省水利建设"三大会战"地下水(机井)工程项目管理规定》《贵州省水利建设"三大会战"地下水(机井)工程项目施工技术要求》(表 6-1)。

(3) 完善建管体系,建立长效机制

加快推进小型水利设施产权制度改革,充分调动农民和社会力量参与小康水行动计划建设和设施管护的积极性,完善基层水利服务体系。以县为单位,建立农村饮水安全工程统管机构和以省、市、县三级财政预算资金为主的农村饮水安全工程维修养护基金,建立保障制度,确保工程长期发挥效益。

6.1.5 资金筹措

小康水行动计划整合资金来源包括财政转移支付、土地出让金、小型农田水利建设专项资金、农村饮水安

表 6-1   四在农家·美丽乡村——小康水建设标准

		建 设 内 容
主要标准	农村饮水安全标准	供水水质:符合国家《生活饮用水卫生标准》(GB 5749—2006)的为安全,符合《农村实施〈生活饮用水卫生标准〉准则》为基本安全
		用水量:人均生活用水量不低于 55 L/(人·天)为安全,35～55 L/(人·天)为基本安全
		用水方便程度:人力取水往返时间不超过 10 分钟为安全,10～20 分钟为基本安全
		供水保证率:水源供水保证率不低于 95%为安全,90%～95%为基本安全。采用水池、水窖供水的保证 70～100 天干旱能连续供水
		管理体制:建立以县为单位的农村饮水安全工程供水统管机构
	耕地灌溉标准	灌溉保证率 75%～95%,抗旱天数 30～50 天。

全、农业综合开发、土地开发整理、农村扶贫开发、以工代赈等不同渠道资金,统筹用于小康水行动计划,形成合力,提高效益。

根据计划,到 2017 年需投入资金 266.5 亿元。其中,农村饮水安全总投资 104 亿元、小型水利灌溉设施建设总投资 162.5 亿元。小型水利灌溉设施按照 2013 年测算,中央和省级每年用于小型农田水利建设的资金大概 10.5 亿元,2013—2017 年能投入 52.5 亿元,可解决 138 万亩。整合农发部门资金 26.9 亿元、国土部门资金 81 亿元,分别解决 110 万亩和 215 万亩农田的灌溉;实施 15 个中型灌区建设,每个投资 1 500 万元,共计 2.1 亿元。

根据计划,筹措的资金,应按照"政府主导、市场参与、统筹使用、形成合力"的原则,进行整合并集中投入,以确保工程建设顺利实施。

6.2 行动计划的分级实施管理

6.2.1 目标任务分解

地州级政府在《贵州省小康水行动计划》的目标任务基础上,分别根据自身的实际情况,在各地州级小康水行动计划标准文件基础上制订了各自的目标任务。从地州级标准文件中可以发现,地州层面基本顺延了省级文件的脉络,目标任务也分为两大块:农村饮水安全目标与农村耕地灌溉目标(表 6-2、表 6-3)。

表 6-2   各地州小康水行动计划——农村饮水安全目标任务

	总目标	2013 年(已完成)	2014—2015 年	2016 年以后
贵州省	2013—2016 年,全部解决所涉及 12 913 个行政村 1 415.4 万人的饮水安全问题	已实施 250.4 万人	解决 696.96 万人	
黔东南州	2014—2017 年累计解决 99.646 4 万人		2014 年解决 26.862 8 万人;2015 年 22.665 1 万人	2016 年解决 40.472 8 万人;2017 年 9.645 7 万人
黔西南州	2013—2020 年累计解决 160 万人	解决农村人口 29 万人;学校师生 6 万人	2014 年解决 30 万人;2015 年 25 万人	2016、2017、2018 年解决 18.75 万人,2019 年 9.53 万人,2020 年 4.22 万人
安顺市	2013—2016 年解决全市 86.29 万人农村饮水安全问题	2013—2015 年共解决 58.65 万人		2016 年解决 27.64 万人
遵义市	2013—2016 年,通过实施农村饮水安全、地下水(机井)利开发利用等工程,新建小水窖 105 996 口,打深井(100 米以上)1 313 眼,配套已成深井 306 眼,打浅井(100 米以下)4 432 眼,铺设农村供水管网 3.16 万公里等工程,全部解决所涉及 1 603 个行政村 343.5 万人的饮水安全问题	实施 75.22 万人——不含农村学校师生 5.3 万人	2014 年解决 80 万人;2015 年解决 85.01 万人	2016 年解决 103.27 万人
铜仁市	2013—2016 年解决 1 828 个行政村的 179.01 万人的饮水安全问题	已实施 27.8 万人	2014—2015 年解决 118.95 万人	2016 年解决 32.32 万人

表 6-3 各地州小康水行动计划——农村耕地灌溉目标任务

区域	总目标	2013—2015 年	2016—2017 年	2018—2020 年
贵州省	2013—2017 年,基本解决行政村周边 100 亩以上集中连片耕地的灌溉问题	小型水利工程发展耕地灌溉面积 278.04 万亩	小型水利工程发展耕地灌溉面积 185.36 万亩	小型水利工程发展耕地灌溉面积 198.6 万亩
黔东南州	2013—2020 年完成小型农田水利建设 1 469 处,涉及 16 各县 1 469 个村,解决灌溉面积 109.14 万亩	2014 年完成小型农田水利建设 308 处,涉及 16 个县 308 个村,解决灌溉面积 16.42 万亩; 2015 年 498 处,涉及 16 个县 308 个村,解决灌溉面积 26.42 万亩	2016 年完成小型农田水利建设 498 处,涉及 16 个县 347 个村,解决灌溉面积 24.95 万亩; 2017 年 316 处,涉及 16 个县 316 个村,解决灌溉面积 24.94 万亩	
黔西南州	2013—2020 年新增、改善农田灌溉面积 74 万亩;小型水利水源工程 47 183 处,新增、防渗改造渠道 7 357 公里,新建农村供水管道 7 300 公里			
安顺市	2013—2017 年基本解决行政村周边 100 亩以上集中连片耕地的灌溉问题	小型水利工程发展耕地灌溉面积 27.59 万亩	小型水利工程发展耕地灌溉面积 23.05 万亩	小型水利工程发展耕地灌溉面积 15.36 万亩
遵义市	2013—2020 年,通过实施小型农田水利重点县、农业综合开发、土地开发整理、农村扶贫开发、财政一事一议、以工代赈等项目,改建、配套微型水库 4 007 口,新建微型水库 799 口,新建小水池 13 300 口,建设小渠道 0.8 万公里等微型水利工程 13 万余处,发展耕地灌溉面积 116.68 万亩	小型水利工程发展耕地灌溉面积 52.53 万亩	小型水利工程发展耕地灌溉面积 26.31 万亩	小型水利工程发展耕地灌溉面积 37.84 万亩
铜仁市	2013—2020 年全市发展耕地灌溉面积 68.88 万亩	基本解决行政村周边 100 亩以上集中连片 29.93 万亩耕地的灌溉问题	基本解决行政村周边 100 亩以上集中连片 19.29 万亩耕地的灌溉问题	小型水利工程发展耕地灌溉面积 20.66 万亩

在县(区)级层次上,小康水行动计划目标任务延续了地州的要求,也分为两大板块:农村人饮安全项目和农村耕地灌溉项目,但各个县(区)的目标侧重各不相同(表 6-4、表 6-5)。

表 6-4 各县(区)小康水行动计划——农村饮水安全目标任务

地区	总目标	2013—2015 年	2016—2018 年
丹寨县	2013—2018 年,全面解决农村人饮安全问题。	全部解决所涉及 161 个行政村 16.14 万人的饮水安全问题。	—
榕江县	—	其中,2013 年已实施 32 415 人,2014—2015 年解决 68 585 人	2016 年解决 66 200 人

（续表）

地区	总目标	2013—2015 年	2016—2018 年
凤冈县	—	2014 年解决龙泉镇及 13 个小康示范村 64 575 人口饮水不安全问题，新打机井 55 眼；建设项目 68 个； 2015 年解决 13 个乡镇 39 507 人饮水不安全问题。新打机井 30 眼，建设项目 48 个	2016 年解决 13 个乡镇 50 027 人饮水不安全问题； 新打机井 28 眼，建设项目 54 个
印江县	—	2014—2015 年解决 8.07 万人饮水安全	2016 年解决已实施因水源水质水量等因素反渴人口 10.7 万人，并建设地下水机井 176 眼，全面完成农村饮水安全任务

表 6-5　　　　　　　　各县（区）小康水行动计划——农村耕地灌溉目标任务

区域	总目标	2013—2015 年	2016—2018 年	2018—2020 年
丹寨县	2013—2018 年，基本解决行政村周边 100 亩以上集中连片耕地的灌溉问题	建设完成小型水利工程发展耕地灌溉面积 11 557 亩	建设完成小型水利工程发展耕地灌溉面积 40 246 亩	—
榕江县	2014—2017 年，基本解决行政村周边 100 亩以上集中连片耕地的灌溉问题	小型水利工程发展耕地灌溉面积 36 750 亩	小型水利工程发展耕地灌溉面积 17 150 亩	小型水利工程发展耕地灌溉面积 25 725 亩
凤冈县	—	2014 年解决龙泉镇 682 亩耕地灌溉任务及 11 个乡镇（除琊川镇、蜂岩镇 2 个乡镇外）8 165.25 亩的耕地灌溉任务； 2015 年解决 11 个乡镇（除龙泉镇、王寨乡和石径乡 3 个乡镇外）4 865.15 亩的耕地灌溉任务	2016 年解决 12 个乡镇 14 785.25 亩的耕地灌溉任务（龙泉镇、石径乡除外）； 2017 年解决 13 个乡镇 7 197.67 亩的耕地灌溉任务（龙泉镇除外）。 2018 年解决何坝乡、花坪镇、蜂岩镇、土溪镇、天桥乡及王寨乡 6 个乡镇 2 892.85 亩的耕地灌溉任务	2019 年解决天桥乡、石径乡和王寨乡 3 个乡镇 936.83 亩的耕地灌溉任务
印江县	2013—2017 年，全部解决行政村周边 100 亩以上集中连片耕地的灌溉问题	2014—2015 年小型工程发展耕地灌溉面积 4.97 万亩；2016—2017 年小型水利工程发展耕地灌溉面积 4.13 万亩	2016—2017 年小型水利工程发展耕地灌溉面积 4.13 万亩	2018—2020 年小型水利工程发展耕地灌溉面积 4.6 万亩；到 2020 年共发展耕地灌溉面积 13.7 万亩

各地州级、县（区）级小康水行动计划重点建设项目见表 6-6。

表 6-6　　　　　　　　各地州级、县（区）级小康水行动计划重点项目

州/市/县	重点建设项目
黔东南州	骨干水源工程
黔西南州	"饮水安全示范村"建设
安顺市	示范村建设；小型水利水源工程建设；地下水（机井）利用工程
遵义市	示范村建设；微型水利等小型水利工程建设；建设小型水利工程 13 万余处
铜仁市	示范村建设；小型水利水源工程建设
印江县	重点水源工程建设；农村饮水安全建设；小型农田水利建设
榕江县	示范村建设；小型水利水源工程建设。建设小型水利水源工程 800 个；水利管网建设。建设灌溉渠道 680 公里，农村供水主管道 1 060 公里

6.2.2 分级组织管理

在小康水行动计划管理制度方面,各个地州级牵头部门和责任单位基本相同。由水利水务部门负责牵头,各级人民政府、管委会、发改委、财政局、国土资源局、农委、移民局、烟草专卖局等为责任单位。各级负责六项行动计划总调度的单位有所差异。遵义市、安顺市由市政府负责总体调度,六盘水市成立了六项行动计划推进领导小组办公室负责六项行动计划的总调度,设在市农委。

各个地州基本都建立了六项行动计划联席会议制度。其中,安顺市还成立了小康路、小康水、小康寨、小康电、小康房、小康讯专项联席会议。每月,各县(区)政府(管委会)向各专项联席会议办公室报送当月及月度累计实施情况,专项联席会议办公室进行汇总分析,撰写"六项行动计划"调度情况专报,报市"六项行动计划"联席会议办公室审定(表6-7)。

在县级层面,丹寨县由新农办负责县六项行动计划的月度和年度调度汇总分析工作。盘县成立了六项行动办,由乡(镇、街道)编制需实施的项目和资金计划,报县六项行动办,由县六项行动办、县财政局、县水利局等有关单位完成审核,再报县六项行动领导小组审批。

进一步向基层乡镇层面的组织实施,基本都是以工程项目的方式,以各个乡镇为实施主体单位。项目通常采取自下而上申报方式,向上级水利部门申请,同时建立起农村饮水安全工程统管机构,以及以省、地、县、乡镇四级财政预算资金为主的农村饮水安全工程维修养护基金,以乡(镇)为小康水项目财政预算的基层单位。而具体的项目实施,则通常采用市场化方式委托专门的项目公司承担。

6.2.3 资金筹措渠道

在资金筹措上,各个地州级行动计划的整合资金来源基本相同,包括财政转移支付、土地出让金、小型农田水利建设专项资金、农村饮水安全、农业综合开发、土地开发整理、农村扶贫开发、以工代赈等。小康水资金筹措和具体分配实施有所不同。

安顺市农村饮水安全工程通过"十二五"农村饮水安全规划任务和列入"美丽乡村"农村饮水安全实施计划两方面方面推进。小型水利灌溉设施建设资金主要来源于水利渠道资金小型水利设施建设项目和整合财政部门高标准农田建设、国土部门土地开发治理、发改部门以工代赈等资金(表6-8)。

表6-7 各地州、县(区)小康水行动计划牵头部门与责任单位

区域	牵头部门	责任单位
省级	省水利厅	各市(州)人民政府、贵安新区管委会、县(市、区、特区)人民政府,省发展改革委、省财政厅、省国土资源厅、省农委、省移民局、省烟草专卖局等
黔动南州	州水务局	各县(市)人民政府、凯里经济开发区、州发改委、州财政局、州国土资源局、州农委、州移民局、州烟草专卖局等
黔西南州	州水务局	各县(市)人民政府、义龙新区管委会、州发改委、州财政局、州国土资源局、州农委、州移民局、州烟草专卖局等
六盘水	市水利局	各县(区)人民政府(管委会)、市发改委、市财政局、市国土资源局、市农委、市移民局、市烟草专卖局等
安顺	市水务局	各县(区)人民政府(管委会)、市发改委、市财政局、市国土资源局、市农委、市移民局、市烟草专卖局等
遵义	市水利局	各县(区)人民政府(管委会)、市发改委、市财政局、市国土资源局、市农委、市移民局、市烟草专卖局等
铜仁市	市水务局	各区、县人民政府、大龙开发区、大兴高新区管委会、市发改委、市财政局、市国土资源局、市农委、市移民局、市烟草专卖局等
印江县	县水务局	经济开发区、县发改局、县财政局、县国土局、县农牧局、县移民局、县烟办、各乡镇人民政府

遵义市农村饮水安全工程通过"十二五"农村饮水安全规划任务和水利建设"三大会战"两方面进行。小型水利灌溉设施的资金来源主要是重点县建设项目资金以及整合农业综合开发项目资金、高标准基本农田建设项目资金、新增千亿斤粮食生产能力规划田间工程建设项目资金、水土保持资金与市、县政府自筹资金(表6-9)。

表6-8   **安顺市小康水资金来源**

项目	资金来源		
	部门	"十二五"农村饮水安全 规划资金(亿元)	"美丽乡村"农村饮水安全 实施计划资金(亿元)
农村饮水安全工程 9.21亿元	中央	0.964 2	—
	省级	0.120 5	3.43
	市级	0.120 5	2.06
	县级	—	2.51
	总计	1.21	8
小型水利灌溉设施 建设16.5亿元		水利渠道资金小型水利 设施建设项目(亿元)	整合财政部门高标准农田建设、国土 部门土地开发治理、发改部门 以工代赈等资金
	中央	8.17	
	省级	3.59	
	市级	1.31	2.12
	县级	1.31	
	总计	14.38	

表6-9   **遵义市小康水资金来源**

项目	资金来源		
	部门	"十二五"农村饮水安全规划资金 (亿元)	"美丽乡村"农村饮水安全实施计划 资金(亿元)
农村饮水安全 工程27.87亿元	中央	10.13	—
	省级		8.31
	市级	1.12	1.66
	县级	—	6.65
	总计	11.25	16.62
小型水利灌溉设施 建设26.53亿元	部门	小型水利农田水利重点县建设 项目资金(亿元)	整合农业综合开发项目资金5.9亿元; 整合高标准基本农田建设项目资金3.0亿元; 整合新增千亿斤粮食生产能力规划田间 工程建设项目资金3.13亿元; 整合水土保持资金4.15亿元
	中央	每年1.92	
	省级		
	市级	—	市政府自筹0.15亿元
	县级	—	县政府自筹0.6亿元
	总计	9.6	16.93

铜仁市的情况要相对复杂，农村饮水安全工程通过"十二五"农村饮水安全规划人口的饮水安全和规划外人口的饮水安全两方面进行，负责的单位和资金来源有所不同。由水务、发改部门负责"十二五"规划内54.3万人的项目实施。未纳入规划的66.08万人，以及已实施工程但因其他原因而返渴的30.90万人，则采取机井方式解决，建设资金由相关部门共同筹集，水务部门统筹实施。

铜仁市在实施农村耕地灌溉时，将所得资金整合后分至下设的三个部门以三个项目实施。一是水务部门负责实施小型农田水利及中型灌区建设项目，投资5.02亿元，解决灌溉面积13.14万亩；二是农发部门负责实施农业综合开发项目，投资2.91亿元，解决灌溉面积11.9万亩；三是国土部门负责实施土地开发整理项目，投资8.8亿元，解决灌溉面积23.18万亩。资金来源如表6-10所示。

黔西南州的小康水行动计划涉及7个工程项目，分别是农村饮水安全项目、中央小型农田水利项目和重点县项目、小型水利水源工程项目、新增防渗改造渠道和新建农村供水主管道项目、农村耕地灌溉目标、示范村建设和地下水开发利用，共可争取资金208 388万元。农村饮水安全83 360万元（争取中央资金66 688万元，争取省级配套8 336万元），其中纳入"十二五"规划尚未实施人数92.31万人，总投资48 102万元；未纳入"十二五"规划尚未实施人数67.69万人（含已实施因其他原因返渴的人数19.99万人），总投资35 258万元。中央小型农田水利项目县项目和重点县项目43 550万元，其中中央小型农田水利项目县项目4 800万元（每年3个水利项目县，每个县200万元，每年600万元，2013—2020的八年累计投入4 800万元），重点县项目38 750万元（2013年投入10 250万元，2014年投入10 100万元，2015年投入6 900万元，2016—2020年的五年中每年一个重点县，每个县每年2 300万元，五年累计投入11 500万元）。地下水开发利用项目由省级下达黔西南州新打机井978口，配套机井1 076口，总投资约81 478万元（2014年新打机井每个安排建设资金25万元和机井配套建设资金53万元）。

黔东南州的资金投入分为两大块，分别是小型农田水利建设和农村饮水安全项目。其中，小型农田水利建设共计划在2013年至2020年投资49.46亿元，其中2014年计划投资6.92亿元，2015年计划投资11.97亿元，

表6-10　　　　　　　　　　　　　　铜仁市小康水资金来源

项目	资金来源			
农村饮水安全工程 11.58亿元	部门	"十二五"农村饮水安全规划资金（亿元）	规划外人口—机井建设（亿元）	
			机井	机井配套
	中央	2.32	—	—
	省级	0.29	433口1.08亿元	533口2.82亿元
	市级	0.06	218口的2∶8分配0.108亿元	258口的2∶8分配0.274亿元
	县级	0.23	327口0.81亿元+218口的2∶8分配0.432亿元=1.252亿元	387口2.05亿元+258口的2∶8分配1.096亿元=3.146亿元
	总计	2.9	978口2.44亿元	1 178口6.24亿元
小型水利灌溉设施建设16.91亿元	部门	小型水利农田水利重点县建设项目资金（亿元）	大中型灌区预计可投资0.2亿元 整合农业、国土部门资金11.71亿元	
	中央	每年1亿元		
	省级			
	市级	—	—	
	县级	—	—	
	总计	5	11.91	

2016 年计划投资 11.31 亿元,2017 年计划投资 11.3 亿元。农村饮水安全项目计划在 2014—2017 年总投资 52 975.05 万元,其中 2014 年计划投资 14 337.57 万元,2015 年计划投资 12 090.41 万元,2016 年计划投资 21 448.89 万元,2017 年计划总投资 5 098.18 万元。

各县(区)的小康水资金来源与资金组成也各不相同。印江县小康水行动计划的资金统筹了水务、财政、国土、发改、农业、扶贫等部门相关项目,并划分了 2013 和 2013—2020 年两个阶段安排项目及资金,小型农田水利建设自 2013 年后成为主要水利投入(表 6-11)。

凤冈县小康水行动计划进行了更为详细的项目及资金安排,逐年计划已经排至 2019 年,并且自 2014 年即重点投资于农村耕地灌溉系统建设,历年投入均过亿元(表 6-12)。

表 6-11 印江县小康水行动计划筹资表

序号	项目名称	可筹措资金		备注
		2013 年	2013—2020 年	
	合计	0.03	19.54	
1	人饮安全专项资金	0.03	5.59	
(1)	2014—2015 年饮水安全项目		2.56	
(2)	2016 年饮水安全项目		0.77	
(3)	2017—2020 年规划项目		0.76	
(4)	新增机井	0.03	1.50	
2	小型农田水利建设		13.95	
(1)	中央和省级小农水专项		7.30	
(2)	中央和省级农发专项		3.17	
(3)	国土部门		1	
(4)	中型灌区专项		2.48	

表 6-12 凤冈县小康水行动计划资金组成表

项目名称	建设年限	投资规模(亿元)
农村安全饮水工程	2014 年	5 408 万元。其中,地下水(机井)利用工程投资 3 350 万元,农村饮水安全工程投资 2 058 万元
	2015 年	3 855 万。其中,地下水(机井)利用工程投资 2 100 万元,农村饮水安全工程投资 1 755 万元
	2016 年	4 252 万元。其中,地下水(机井)利用工程投资 1 960 万元,农村饮水安全工程投资 2 292 万元
农村耕地灌溉	2014 年	60 453 万元。其中,骨干水源工程投资 31 518 万元、小型农田水利工程投资 4 000 万元、病险水库治理工程投资 933 万元、财政烟水工程投资 667 万元、水电建设项目投资 20 167 万元、水土保持项目投资 267 万元、河道治理项目投资 2 900 万元
	2015 年	总投资 69 601 万元。其中,骨干水源工程投资 35 000 万元、小型农田水利工程投资 4 000 万元、病险水库治理工程投资 3 000 万元、水电建设项目投资 24 167 万元、水土保持项目投资 267 万元、河道治理项目投资 2 500 万元、财政烟水工程投资 667 万元
	2016 年	总投资 5 7601 万元。其中,骨干水源工程投资 34 000 万元、小型农田水利工程投资 4 000 万元、水电建设项目投资 16 167 万元、水土保持项目投资 267 万元、河道治理项目投资 2 500 万元、财政烟水工程投资 667 万元
	2017 年	总投资 40 434 万元。其中,骨干水源工程投资 25 500 万元、小型农田水利工程投资 4 000 万元、水电建设项目 7 500 万元、水土保持项目投资 267 万元、河道治理项目投资 2 500 万元、财政烟水工程投资 667 万元
	2018 年	总投资 50 434 万元。其中,骨干水源工程投资 43 000 万元、小型农田水利工程投资 4 000 万元、水土保持项目投资 267 万元、河道治理项目投资 2 500 万元、财政烟水工程投资 667 万元
	2019 年	总投资 40 434 万元。其中,骨干水源工程投资 33 000 万元、小型农田水利工程投资 4 000 万元、水土保持项目投资 267 万元、河道治理项目投资 2 500 万元、财政烟水工程投资 667 万元

丹寨县小康水行动计划划分了两个阶段。2013—2015年的建设内容包括:南皋河乌皋排洪沟治理工程;排调河孔庆排洪沟治理工程;2013—2015年中央财政小型农田水利重点县建设项目;龙泉水库、孔庆水库、水碾湾水库、坡头上水库、中型灌区工程、五里桥防洪堤工程、马寨烟水配套工程、台辰烟水配套工程,工程总投资17 150万元。2016—2018年的建设内容包括:水源工程总投资24 350万元、小型农田水利工程总投资10 060万元、中小河流治理工程总投资1 100万元、烟水配套工程总投资1 751万元、水土保持综合治理总治理面积100平方公里共投资1 940万元、农村小河道治理工程总投资5 940万元。

榕江县的小康水行动计划到2017年投入资金2.92亿元。其中农村饮水安全总投资1.06亿元、小型水利灌溉设施建设总投资1.86亿元。小型水利灌溉设施按照2013年测算,中央、省、州每年下拨资金约2 300万元,2014—2017年投入11 500万元,可解决33 080亩。此外整合农发部门资金1 400万元、国土部门资金5 700万元,分别解决4 420亩和16 400亩农田的灌溉问题。

6.3 典型村庄层面的行动计划实施情况

6.3.1 小康水的整体建设情况

调研的典型村庄中,2013年至今有小康水政策项目投入建设的村庄有7个,分别为卡拉村、刘家湾村、临江村、石桥村、楼纳村和兴旺村,具体工程项目如表6-13所示。

根据实际调研,大利村、刘家湾村、石头寨村、河西村目前基本完成了农村安全饮水的建设目标,石桥村、卡拉村、楼纳村、兴旺村、临江村完成了阶段性农村安全饮水的建设目标。临江村还完成了农村耕地灌溉的建设目标。卡拉村、刘家湾村尚未实现农村耕地灌溉的建设目标,其中刘家湾村的小康沟渠维修工程正在启动中。石桥村、大利村、楼纳村等目前没有小康水耕地灌溉项目投入建设,小康水农村耕地灌溉计划尚没有开展。

6.3.2 农村饮用水工程实施情况

根据实际调查,农村饮用水工程可按2013年前后对比分为三种情况,以下介绍提及的通水仅以管网建设为标准,不涉及是否达到村庄安全饮水标准。

表6-13 各村小康水实施情况汇总表

政策落地的村庄	具体建设项目
卡拉村	2013年,卡拉村启动实施"母亲水窖"项目,妇联共投资12万元建设自来水管网; 2013年,美丽乡村示范村建设项目——供水管网建设,共投资18.5万元; 2013年,自来水公司在卡拉村建立人畜饮工程1个
刘家湾村	新的深井工程正在建设,预计9月完工,解决3个小组饮水问题; 启动了沟渠维修工程,由刘关宏业、飞跃公司承建实施
临江村	2014年进行水改,目标推行用水到户。目前尚未实现
石桥村	2013年,美丽乡村示范村建设项目——饮水主管维修
楼纳村	新的机井项目目前已建成等待验收
兴旺村	2014年,由县水利局县水利局负责主持铺设了自来水管网

（1）行动计划前即已完成通水且水质良好的村庄

2013年前已实现通水，并且村庄饮水状况良好，如安顺市黄果树镇石头寨村。该村于1991年采用水泵将山泉水抽至山上水塔，再借由地势高差自然流入农户，由于水质较好，山泉水不需要专门的净化便可直接饮用。

（2）行动计划后才实现通水并有积极影响的村庄

2013年行动计划实施前村庄尚未通水，因行动计划而实现通水的村庄，主要为铜仁市印江县的合水村。从实际调研来看，行动计划的项目实施，对于村庄饮水状况产生了较为明显的积极影响，但部分村庄与预期目标还有一定差距。

铜仁市印江县合水镇合水村2012年前使用山泉水，行动计划后铺设自来水管网，除第11小组外，水可以通到每户，并收缴水费。

铜仁市印江县合水镇兴旺村2014年修建了蓄水池，县水利局铺设水管并开通了自来水，但下寨片4个组800多人的饮水仍较困难，需要辅助使用山泉水。由于山泉水的水质较硬，人饮易得结石，村民家中多自备饮水机喝桶装水，饮用水工程的效果仍有提升空间。

遵义市凤冈县进化镇临江村2014年进行了水改，目标是饮用水到户，但实地调研发现只有9个组敷设了自来水管，尚有23个组未敷设。已经开通了自来水的农户，也暂不收水费，只收取抽水电费、安装费和日常维修费，价格还可自行商议决定。就已经征收的费用而言，村干部介绍说实际上收费标准非常低，甚至常常分文不收，且水务局还要自行承担装表、维修、管理费用。没有通自来水的农户，有的也会自己将水管接到水库，使用水库的水作为生活用水。但据居住在九龙水库周边的村民反映，九龙水库的水源环境卫生不佳，因此一些村民仍会购买桶装纯净水作为家庭饮用水，以防结石。此外，一般人家也会用水缸储水和沉淀水，条件好的还会安装净水器。

黔东南州丹寨县龙泉镇卡拉村于2013年实施小康水行动计划后，在村内推进了一系列的水利工程项目建设（图6-1）。但实地调研发现，村内尚未实现户户通水，并且村民普遍反映不喜欢直接饮用自来水，主要原因一是对水质安全担忧，二是因为使用水井已经习惯且百年水井使用经验已经证明了其可靠性，三是因为一些村民已经自行建设了引井水的简易设施，此外则是因为使用自来水带来家庭支出增加。

（3）行动计划前已经建设了部分设施的村庄

部分村庄2013年小康水行动计划实施前虽无通水，但有一定的设施基础，2013年后小康水行动计划在此基础上进行了修缮或改进。

黔东南州榕江县栽麻乡大利村目前所供应的自来水是2012年水利部门实施人畜饮水工程项目时投资建设的，但没通多久水就断了，2015年7月才刚刚恢复通水。村内供水方式主要有自备和集中供水两种，自备水是自家或几家一起从山上的高位水池用管子把山泉水接入到户，集体供水则使用两处专用的高位水池，分别位于西南山体海拔775米标高和东面山体海拔740米标高处，供水管道裸露在青石板路上，容易损坏。另外，村内还分布有6处古井作为辅助水源，基本能满足村民日常供水需求。但村民不愿意使用集中供水设施提供的自来水，原因有二：其一，集体供的自来水需要收费，并且集体供水的水表长时间损坏没有维修，导致供水中断很久，降低了村民对自来水的信任度；其二，村民反映集体供水的自来水没有自己引的山泉水干净，因此只用自来水洗衣服。

黔西南州义龙新区顶效镇楼纳村2012年利用安全饮水项目资金200多万元实施安全饮用水供水管网工程建设，自来水公司将水管铺进村通户，水费为7元/吨。由于费用较高，村民无力承担，故而仍使用原有饮用水源。村里自行打深井水一口，但水质不达标。后在其一侧向省里申请新的机井项目获批建设，目前已建成等待验收，原有水管从旧井换到新井。目前饮用水源分为三种：一为深井水源接水管入户，如对门，水费为

　　黔东南州丹寨县龙泉镇卡拉村在 2013 年小康水行动计划启动后在村内实施了大量的工程项目。丹寨县于 2013 年颁布的"十大小康工程"文件中对卡拉村小康水的任务要求为：

　　① 由住建局负责 400 米大道、环线路的供水管网、排水管网的安装，安装要与道路建设同步进行。

　　② 村内人畜饮水的管网改造，由水利局负责，住建局指导，龙泉镇、卡拉村配合协助，按照路网和规划要求，一次性铺装完成，对拟新建房屋予以预留自来水管口，一次到位，在 30 日内完成。

　　③ 污水处理站及相关的排污设施，由环保局根据项目资金要求迅速启动实施，在项目资金未下达前，先行实施，项目资金下达后，分期予以支付，在 11 月底前完工并投入使用。

　　④ 荷花池漏水修复，由水利局负责，龙泉镇、卡拉村配合协助，在 9 月底前完成修复。同时由龙泉镇、卡拉村负责栽种荷花，确保 2014 年 6 月满池荷花盛开，喜迎广大游客。

　　2013 年卡拉村为村民户户通上自来水，其中涉及了两类工程，妇联投资了 12 万元的"母亲水窖"项目在卡拉村建立人畜饮工程 1 个与美丽乡村示范村建设项目投资 18.5 万元为村内供水管网建设。通过实地考察和访谈了解，卡拉一组和新村已通自来水，而老村未通，村民自己通管道引井水，或自行打水。村民反映，比起自来水，他们更喜欢饮用井水，古井已经使用百年，饮水安全可以得到保障，另外，家中还有牲畜需要喂养，需要大量用水，如果全部使用自来水水费会成为生活负担，但如果能通自来水，他们认为也会为日常生活带来方便。

图 6-1　卡拉村老村水井，以及传统的三道池子

1.5 元/立方米；二为引山泉水经引水渠入户，如上寨，水费为 3～5 角/立方米；三为几户人家引自流井接管入户，如大寨部分村民，无需水费。

　　六盘水市盘县刘官镇刘家湾村 2013 年前已实现户户通水，目前水源地为盘县松官水库（少数村民除此之外还自行打井）。除一、五、七组直接由松官水库供水外（未经水厂净化处理），其他组的供水都是经刘官水厂净化后入户。各组水费不一样，价格区间为 2.7～5 元/吨，价格不同的主要原因是净化与否以及输水过程中的损耗不一样。目前正因"小康水"项目投资建设深井，计划今年 9 月份五、六、七组村民可以喝上深井水，工程费用从行动计划项目中列支，运营费用（人工费＋泵电费）由村里出。村里计划将运营费用平摊给每个村民作为水费。

　　黔东南州丹寨县南皋乡石桥村 2012 年前部分村民分片自发接水管引流山泉水，2012 年县水利局负责实施提灌用水工程，通过提取地下水统一进行过滤消毒等安全处理后向村里集中供水。2013 年后，村里通过大量项目投资扩大了集中供水规模，并且建设了一系列水利工程，全村集中安全供水比例提升到了约 85%，并且正在建设一个 100 立方米的人畜饮水池和一个 100 立方米的消防池，已经纳入南皋乡政府实施的"异地搬迁安全饮水工程"建设项目（图 6-2）。

2013 年以来,石桥村小康水建设项目:

1. 2013 年由丹寨县旅游发展办公室实施,通过招标承包给工程队的方式,利用世行贷款项目完成了村内 2 000 米的给水管网改造。

2. 2013 年利用 2012 年度财政一事一议奖补资金完成 3 203 米的排污沟治理项目。

3. 2013 年启动,2014 年汛期之前完成建设,由丹寨县水利局负责的防洪堤工程。

4. 2014 年丹寨县美丽乡村示范村建设项目之一,总投资 290 万元完成的翻板坝。

图 6-2　石桥村自来水管道与防洪堤

6.3.3　灌溉工程实施情况

灌溉水可按现状和行动计划影响分为三种情况。

(1) 行动计划前缺少灌溉水源或设施的村庄

可以进一步分为两种类型,其一是村庄内既无灌溉水源,也无灌溉设施的;其二是有灌溉水源而无灌溉设施的。前者为六盘水市盘县刘官镇刘家湾村、后者为黔东南州丹寨县龙泉镇卡拉村。

刘家湾村目前没有灌溉水,大多数的水田都改为了旱地耕作,除了部分地势低处的稻田用地下水灌溉,其他均为雨水灌溉。灌溉水的缺失为村民的耕种带来诸多不便。实际上,该村以前有灌溉水供应,水源地为盘县松官水库,按照作物生长期间歇性放水(秧苗时为 2.3 天放一次水,水稻成熟后半个月放一次水),放水时会通知村民清理沟渠,防止淤泥阻塞。但由于近年来松官水库供水范围扩大至刘家湾村周边村寨,致使用水紧缺,不再向村里提供灌溉水。

卡拉村尽管有灌溉水源,但没有灌溉设施,之前的农田浇灌惯用丹阳提灌,自 2013 年损坏不能使用后全部靠农户自己挑水,迫切需要对灌溉设施进行修缮。目前村两委正在向水利局申请从东湖引水进行灌溉,但尚未列入县里的项目清单。

(2) 有灌溉水源和部分灌溉设施但行动计划并没有太多积极影响的村庄

黔东南州丹寨县南皋乡石桥村、黔东南州榕江县栽麻乡大利村属于该种类型。

石桥村既有灌溉水源,又在 2013 年前修建了灌溉设施,但因为主要灌溉设施为修建了几十年的沟渠,沟渠老化严重、耕地灌溉覆盖面积小。2013 年实施的小康水行动计划,并未对石桥村带来太多便利。

黔东南州榕江县栽麻乡大利村的耕地灌溉,利用的是 1994 年村自筹资金修缮的老水道,但山区灌溉工程量大,目前的灌溉设施并不能对村内耕地实现全覆盖,仅能灌溉 300 亩水田。

(3) 有灌溉水源并结合行动计划修建了灌溉设施,受到较为明显影响的村庄

铜仁市印江县合水镇兴旺村即属于该种类型,2004、2005 年即通过农发办出资进行了农田灌溉沟渠的修建,但质量不好,已经有许多损坏。2013 年,借行动计划之机,兴旺村在传统建筑群与山下新建住宅间建造了一条约 1 米宽的灌溉沟渠,农业灌溉主要利用山泉水。

6.4　典型村庄层面实施中的主要问题

6.4.1　投资水平仍然较低且资金到位不及时

调研中发现,在政府层面,无论是地州、县级政府部门,还是最为基层的乡镇层面,最为常见的意见就是投资水平较低和资金到位不及时。由于投资水平较低,且贵州山区施工难度较大的原因,常常出现建设水平较低,甚至一些项目很难达到行动计划要求的情况。

由于上述现象的存在,使得一些项目的推进缓慢。特别是资金到位缓慢,使得一些计划内水平本就不高的项目的建设进程也受到影响,甚至直接影响到后续的运行状况。而较低的建设水平,也使得设施建成后的保障率偏低,频发故障,又进一步降低了使用的可靠性,以及村民的信任度和使用度,造成大量投资未能充分发挥作用。

在此背景下,行动计划经常采用的一事一议等方式,尽管有利于调动村民意愿,但也客观上限制了工程的建设水平。

6.4.2　部分已经实施项目的运行水平较低

或者由于前期投资有限且相当部分系村里自行投工建设,或者由于设施建设过程中管理不当造成运行能力较低甚至难以有效运行,或者由于后期运行缺乏专门管理与及时维护,或者由于后期使用的成本等原因,使得部分已经建设实施的项目工程,难以发挥应有的服务能力,整体运行水平偏低。

由于运行水平偏低,甚至可靠性降低,限制了村民的使用意愿。譬如一些设施由于之前损坏或者修缮后也不能提供可靠的连续服务,明显降低村民的使用意愿和信任度,较低的使用率又反过来影响到譬如水质等,形成恶性循环。较低的使用率,又使得项目投入难以获得必要的甚至仅仅用于维护的收费,进一步影响了设施的使用。

这种情况下,尽管一些村庄已经积极推进了自来水工程,但仍然有相当部分村民拒绝使用,或者最为常见的是保留使用原有的井水等水源,也客观上降低了村民的使用成本,但却相对提高了行动计划项目的运行成本。

6.4.3　政策性项目实施要求与协调村民利益间的矛盾

虽然是一项福利工程,但由于政府的积极推动,使得基层和村民中一定程度上出现了被动观望情绪。因此,即使在基本不收费的情况下,一些村民也宁愿持怀疑或者迟疑的态度,也不积极介入到这些设施的使用管理,或者通过这些设施获得饮用等用水。对于使用中所出现的一些问题,在态度上也与对村民自发投入的一些简易设施明显不同。

同时,由于水利设施的建设势必牵涉很多村民,包括水源的开辟、设施的建设,都需要与很多村民的土地权益调整相协调。尽管一些情况下取得了良好成效,但在较快进展的压力下,也确实容易出现前期沟通协调很不充分的情况,或者影响工程进展,或者降低了村民的配合积极性。

此外,在快速推进的过程中,部分村庄中可以看到村集体发挥了较好的协调政府工程与村民意愿间关系的作用,但也确实存在着一些集体作用发挥不够充分的现象,加大了项目实施的难度。

7 小康电行动计划政策实施状况

7.1 省级政策概况

7.1.1 政策沿革

农村电网是农村重要的基础设施,关系农民生活、农业生产和农村繁荣。1998 年 10 月,国务院下发文件,批转了国家计委关于农村电网建设与改造的请示,并将其确定为扩大内需的重要投资领域,安排了包括国债在内的资金 1 893 亿元作为农网改造的基本金。国家要求按照"两改一同价"(即农电体制改革、农网改造和实现城乡同网同价)的原则,对城乡低压电网实行统一管理,取消各级政府的价外加价。

自 1998 年实施农村电网改造、农村电力管理体制改革、城乡用电同网同价以来,我国农村电网结构明显增强,供电可靠性显著提高,农村居民用电价格大幅降低,为农村经济社会发展创造了良好条件。但是,受历史、地理、体制等因素制约,目前我国农村电网建设仍存在许多矛盾和问题,尤其中西部偏远地区的农村电网改造仍面临着巨大的压力。

为此,国家发展改革委于 2011 年发布了《关于实施新一轮农村电网改造升级工程的意见》,其中明确"十二五"期间的电改目标为:国农村电网普遍得到改造,农村居民生活用电得到较好保障,农业生产用电问题基本解决,县级供电企业"代管体制"全面取消,城乡用电同网同价目标全面实现,基本建成安全可靠、节能环保、技术先进、管理规范的新型农村电网。意见另外还提出,中西部地区农村电网改造升级工程项目的资本金主要由中央安排,另一部分为电网公司计划投资。对此,南方电网"十二五"规划提出了投资 1 116 亿元打造新农村电网的计划。贵州省即为南方电网所负责的南方五省之一,而这一阶段的电改,也是本次调研村庄在小康电行动计划实施之前所经历的最大规模的电网改造。

贵州省从 1997 年开始,将"无电乡"通电工程列为省委、省政府"十件实事"之一。1998 年 12 月月底,实现乡乡通电之后,贵州农村电网所进行的第一期、第二期建设、改造工程和县城电网改造工程,被列入省委、省政府的十件大事、实事。该工程由于遍及全省 87 个县(市、区)的上万个行政村,受益农村人口 3 000 多万,成为一项惠泽千家万户的"德政工程"。至 2003 年年底农网改造结束,该工程总计投资达到 85 亿元,成为贵州历史上最大一笔用于农村基础设施建设的项目;同年实现的城乡居民生活用电"同网同价",每年减轻农民用电负担 2 亿元以上。2007 年,贵州省实现行政村"村村通电",2009 年实现了电网覆盖范围内的"户户通电",在西部地区率先实现"户户通电"。

截至 2012 年年底,贵州全省农村电网改造率达到 98%,农村改造到户率达 97.3%;县级供电企业售电量从 1999 年的 83 亿千瓦时增长到 2012 年的 496 亿千瓦时,增长 6 倍,为县域经济发展提供了坚实的电力保障。全省农村电网(含县城)线路总长度达到 163 704 公里。其中,10 千伏线路 142 521 公里、35 千伏线路 16 085 公里、110 千伏线路 5 098 公里;35 千伏及以上变电站 932 座,主变 1 358 台,容量 2 239 万千伏安。除了局部地区的电网结构仍然较为薄弱,特别是部分农林场电网和没有理顺管理体制区域内的部分行政村的电网还未完成全面改造,贵州省的农村电网已经基本满足了农村生产生活用电需要。

7.1.2 政策目标

按照《贵州省"四在农家·美丽乡村"基础设施建设——小康电行动计划(2013—2020 年)》的目标与任务

要求。小康电行动计划的主要任务是:按照科学布局、合理规划、高效利用、统筹协调的原则,以改善农村用电质量、提高农网供电能力和供电可靠性为总抓手,以解决农网"卡脖子"问题为突破点,着力实施"农村电网改造升级、农村用电公共服务均等化、理顺电网管理体制、农村电网电压质量提升"四大工程,强化农村供电服务基础管理,统筹城乡电网协调发展,提高农村电网装备、自动化、信息化水平。到 2020 年,全面实现城乡居民生活用电"同网同价",建成智能、高效、可靠的绿色农村电网,保障农村居民生活用电,解决农业生产用电问题。为此确定的具体目标如下。

2013—2020 年间的总体目标为,新建 35 千伏和 110 千伏线路 4 500 公里,新建、扩建 110 千伏和 35 千伏变电站 240 座,新增主变 270 台,新增容量 750 万千伏安。新建及改造 10 千伏及以下线路 6.3 万公里,新建及改造配变 24 000 台,新增容量 360 万千伏安,新建及改造一户一表 477 万户,农村一户一表率达 100%,新增无功补偿设备 4 500 兆乏。新增便民电费代收网点 3 742 个。为实现上述总体目标,分 3 个阶段分别落实阶段目标。

推进阶段(2013—2015 年)。新建 35 千伏和 110 千伏线路 1 800 公里,新建、扩建 110 千伏和 35 千伏变电站 80 座,新增主变 90 台,新增容量 250 万千伏安。新建及改造 10 千伏及以下线路 2.3 万公里,配变 9 000台,新增容量 135 万千伏安,新增及改造一户一表 240 万户,实现农村一户一表率 95%,新增无功补偿设备 1 500兆乏。新增便民电费代收网点 2 342 个。

提升阶段(2016—2017 年)。新建 35 千伏和 110 千伏线路 1 000 公里,新建、扩建 110 千伏和 35 千伏变电站 60 座,新增主变 70 台,新增容量 200 万千伏安。新建及改造 10 千伏及以下线路 1.6 万公里,新建及改造配变 6 000 台,新增容量 90 万千伏安,新增及改造一户一表 137 万户,实现农村一户一表率 100%,新增无功补偿设备 1 500 兆乏。新增便民电费代收网点 1 400 个。

巩固阶段(2018—2020 年)。新建 35 千伏和 110 千伏线路 1 700 公里,新建、扩建 110 千伏和 35 千伏变电站 100 座,新增主变 110 台,新增容量 300 万千伏安。新建及改造 10 千伏及以下线路 2.4 万公里,新建及改造配变 9 000 台,新增容量 135 万千伏安,改造一户一表 100 万户,新建无功补偿和移动式储能系统 1 500 兆乏。

7.1.3 项目工程

省级政府部门对小康电行动计划的实施重点主要集中在提高农村用电稳定性、提升用电公共服务质量两大方面,为此在小康电行动计划中重点划分了四个方面的内容。

(1)实施农村电网改造升级工程

按照"小康电"建设标准和要求,采取增加变电站布点、新建及更换输配电线路和新增输配电设备等措施,对供电能力不足的农村电网实施改造升级,解决现有变电容量不足、布点不够、线径过小等问题,提高电网供电能力,适度超前提高农村电网供电可靠率。2017 年实现农村供电可靠率 99.9%,用户平均停电时间小于8.76 小时;到 2020 年实现农村供电可靠率 99.925%,用户平均停电时间小于 6.56 小时。

(2)实施农村用电公共服务均等化工程

推广"村电共建""省心柜台"服务模式,拓展交费渠道,创新交费方式。加快建设便民电费代收网点,切实解决城乡居民用电客户交费难问题,缩小城乡电力服务差距,实现城乡公共服务均等化。2017 年实现城乡居民半小时交费圈覆盖 90%以上乡镇;到 2020 年城乡居民半小时交费圈覆盖 95%以上乡镇。

(3)理顺电网管理体制

按照《国务院办公厅转发发展改革委关于实施新一轮农村电网改造升级工程意见的通知》(国办发〔2011〕23 号)要求,取消县级供电企业"代管"体制,争取理顺电力公司管理体制,推进农村电网改造升级工程实施。

全面理顺农村电网和农林场电网管理体制,并对已理顺管理体制的农林场等电网加快实施改造,全面取消地台变和中低压线路木杆架设,增大农林场供电线路导线截面,增加农村变压器布点。

(4) 农村电网电压质量提升工程

努力解决农村电网供电质量不高、低压用电"卡脖子"问题,增加农网无功补偿设备和移动式储能系统的应用。2017年实现农村居民端电压合格率达97%;2020年实现农村居民端电压合格率达98%。

7.1.4 组织管理

《贵州省"四在农家·美丽乡村"基础设施建设——小康电行动计划(2014—2020年)》对小康电行动计划的组织管理提出了五点要求:加强组织领导、积极协调筹措资金、规范项目建设管理、强化督查考核、营造良好环境。

组织领导方面,要求成立由省政府分管领导任组长,省发展改革委、省国土资源厅、省住房城乡建设厅、省环境保护厅、贵州电网公司及各地州级人民政府、贵安新区管委会负责人为成员的联席会议制度,具体负责行动计划实施、督促、指导和考核工作,协调项目实施过程中遇到用地、农民阻工和青苗赔偿等问题,并定期组织开展督查工作。联席会议办公室设在省发展改革委。

技术方面要求严格执行中国南方电网有限公司标准设计和典型造价,提高配套电网设计质量,控制工程造价。

7.1.5 资金筹措

小康电行动计划的资金投入,主要由企业自筹,并积极争取国家支持、省级财政补助等方式来解决。在确保国家投入省农网改造升级资本金3亿元/年(即按2013年资本金规模)的基础上,省发改委牵头协调国家发改委提高国家资本金补助,力争达到小康电总投资的20%;其余由企业自筹资金(贷款)解决;由省级财政每年对企业自筹部分给予全额贴息补助(表7-1)。

7.2 行动计划的分级实施管理

7.2.1 目标任务分解

省级总体目标中的任务可以概括为:新建及扩建110千伏、35千伏、10千伏及以下线路和变电站(10千伏及以下为配电站);新增及改造一户一表;新增无功补偿设备;新增便民电费代收网点等类型。

根据对典型村庄,及其所在的乡镇、县和地州等各级部门的走访调查,可以发现,上述供电设施建设采用了按行政级别和建设进程的逐级落实方式。但在各地州级的任务统计表中,并没有单独的农村电网电压质量提升工程统计,也没有新增无功补偿设备指标(表7-2)。

表7-1　　　　　　　　　　　　小康电行动计划资金筹措方案表

资金渠道	占比
国家安排贵州省农网改造升级资本金 (2013年为3亿元)	20%
企业自筹 省级财政每年对企业自筹部分给予全额贴息补助	80%
2013—2017年总投资165.6亿元	

资料来源:根据《贵州省"四在农家·美丽乡村"基础设施建设—小康电行动计划(2013—2020年)》整理。

表 7-2 贵州省及各地州小康电行动计划 2013—2015 年阶段目标表

至 2015 年	贵州省	安顺市	黔东南州	黔西南州	铜仁市	遵义市
新建 110 千伏和 35 千伏线路(公里)	1 800	256 401	222.44	418	286.94 384.21	305 362
新、扩建 110 千伏和 35 千伏变电站(座)	80	20	10 11	32	19 5	16 18
新增主变(台)	90	40	—	37	24	—
新增主变容量(万千伏安)	250	90		58	87.3	94
新建及改造 10 千伏及以下线路(万公里)	2.3	0.42	0.47	0.2	0.22	0.2
新增配变(台)	9 000	1 568	2 244	1 792	1 600	1 500
新增配变容量(万千伏安)	135	48	31.4	23	2.7	23
新增及改造一户一表(万户)	240	14	33	3	8.3	90
农村一户一表率	95%	—	100%	100%	95%	100%
新增无功补偿设备(兆乏)	1 500	306	—		10.8	—
新增便民电费代收网点(个)	2 342					

资料来源:各地州小康电行动计划政策文件。

表 7-3 各县小康电行动计划 2013—2015 年阶段目标表

类型	榕江县	凤冈县	印江县	丹寨县(2014—2020 年)
新建 110 千伏和 35 千伏线路(公里)	37.35	22 22	31.7	21.3 10.5
新、扩建 110 千伏和 35 千伏变电站(座)	3		3	2
新增主变(台)	2	4	3	2
新增主变容量(千伏安)	15 000	103 000	60 000	45 000
新建及改造 10 千伏及以下线路(公里)	426.5	300	641	320.37
新增配变(台)	193		191	134
新增配变容量(千伏安)	25 445		32 000	17 190
新增及改造一户一表(户)	4 781	40 000	50 000	22 737
农村一户一表率	95%		100%	
新增无功补偿设备(千乏)	3 760	10 000	13 500	21 320
新增便民电费代收网点(个)	4	27	30	30

资料来源:各县小康电行动计划政策文件。

在县级层面,榕江县、印江县项目工程为三项,丹寨县工程项目制定延续黔东南州要求,并未单列农村电网电压质量提升工程计划,工程项目调整为两项,分别为农村电网改造升级工程与用电公共服务均等化工程。各县项目工程的建设要求与上级文件相符。

建设目标方面,凤冈县、印江县在小康电行动计划中均明确了 110 千伏变电站及 35 千伏变电站的具体项目名称,凤冈县还明确了各变电站的服务区域,如在凤冈县 2014—2015 年的建设内容中,要求新建 110 千伏西山变电站 1 座,主要解决城南工业园区用电需求;新建 110 千伏绥阳变电站 1 座,主要解决县城北部无 110 千伏电源支撑点的问题等。

榕江县、凤冈县、印江县、丹寨县四县的小康电行动计划建设目标分配如表 7-3 所示。

7.2.2　分级组织管理

在制定小康电行动计划的项目内容时,各地州基本依照省级小康电行动计划制定。在此基础上,安顺市直接指定了各县的电改工程项目及目标数据;黔东南州除了与省级文件相匹配的小康电行动计划外,还出台了《四在农家·美丽乡村——小康电建设标准》,对小康电建设的各类工程技术指标作出规定(表7-4)。

在县级层面,榕江县、丹寨县建立由县政府分管领导牵头,县直相关部门及各乡(镇)人民政府负责人参加的工作联席会议制度。具体负责行动计划实施、督促、指导和考核工作,协调项目实施过程中遇到用地、农民阻工和青苗赔偿等问题,并定期组织开展督查工作。其中丹寨县还明确了联席会议办公室设在县发改局。

凤冈县、印江县未建立联席会议制度。凤冈县行动计划的牵头单位为县发改局、凤冈供电局,责任单位为各乡镇人民政府、经济开发区、县经贸局、县财政局、县国土局、县交通运输局等。印江县牵头单位为印江县供电局。

根据调查访谈,盘县小康电行动计划主要由南方电网公司运营,由六盘水市及盘县六项行动计划办公室进行项目监督管理工作,盘县供电局负责制定小康电建设标准(依据南方电网的工程技术标准),并根据相关标准规范南电入户电路建设活动行为(表7-5)。

在项目建设管理规范上,各地州及县均按照贵州省小康电行动计划要求,明确小康电建设中将严格执行中国南方电网有限公司标准设计和造价。

除了小康电行动计划外,黔东南州于2013年2月出台《黔东南州农村50户以上连片村寨木质结构房屋"电改"实施方案》,黔东南州三个村庄在2013—2014年间均按照此实施方案实施了其电改项目。

7.2.3　资金筹措渠道

按照省级文件要求,贵州电网公司承担了80%电改费用,另20%为中央支持,由省发改委下拨各级单位。在地州的资金筹措方案中,铜仁市与遵义市资金筹措方案与省级文件一致。

表 7-4　　　　　　　　　　　　各地州小康电行动计划责任主体表

安顺市	由安顺供电局成立以局长为组长的领导小组进行工作组织
黔东南州	推动成立各级政府和企业组成的工作组,做好小康电建设实施、协调、督促、指导和考核工作
黔西南州	由州政府分管领导任组长,州发改委、州国土资源局、州住建局、州环保局、兴义供电局及各县(市)人民政府、义龙新区管委会负责人为成员的工作联席会议制度
铜仁市	成立由市政府分管领导任组长,市发改委、工信委、财政局、国土资源局、住建局、规划局、环保局、林业局、铜仁供电局以及各区(县、开发区、高新区)负责人为成员的小康电行动计划推进工作领导小组,具体负责行动计划实施、协调、督促、指导和考核工作。领导小组办公室设在市发改委
遵义市	成立由市政府分管领导任组长,市发改委、市国土局、市规划局、市环保局、市林业局、市水利局、遵义供电局以及各县(市、区)人民政府负责人为成员的联席会议制度,具体负责行动计划实施、督促、指导和考核工作

资料来源:各地州小康电行动计划政策文件。

表 7-5　　　　　　　　　　　　　　盘县小康电建设标准

盘县小康电建设标准:
1. 10千伏线路供电半径不高于15公里。
2. 400伏线路供电半径不超过500米,导线半径不低于50毫米。
3. 220伏线路供电半径不超过500米,导线半径不低于35毫米。
4. 户均用电负荷不低于2 000瓦。
5. 村寨内输电线路规范统一、无私搭乱接现象。通电率和入户率达到100%,一户一表安装率达到100%。

安顺市积极推进的过程中,因为贵州电网公司资产负债率较高的原因,安排市供电局尽力向上级部门争取更多项目建设资金。黔西南州与黔东南州也积极主动加强与贵州电网公司沟通,争取资金解决。

根据县级小康电行动计划的政策文件,印江县计划由县供电局牵头向贵州电网公司争取项目资金予以解决,县财政给予适当补助。丹寨县、榕江县计划通过争取国家支持、企业自筹、省级财政补助解决小康电行动计划的资金问题。各县的小康电行动计划资金投入计划如表 7-6 所示:

实地调研中发现,除了上述由贵州电网公司出资和积极争取中央资金外,各级政府和基层也积极通过多种渠道进行筹措,因此实际资金来源非常多元,也一定程度上缓解了贵州电网公司大量债务、资金紧张对行动计划推进的制约。除了政府专款,各级政府所争取的用于小康电的资金还包括乡村旅游扶贫资金、财政资金、整合资金等,以及通过"一事一议"渠道申请电网改造资金。如六盘水刘家湾村的电改项目费用由上级政府划拨、南方电网公司负责运营;黔东南石桥村 2015 年新增的 30 千伏配变的资金来源就是该村 2012 年的乡村旅游扶贫资金;黔东南卡拉村 2013 年电改依据《黔东南州农村 50 户以上连片村寨木质结构房屋"电改"实施方案》由州财政资金、县级资金,以及村民自筹资金共同支持,其中包括"一事一议"财政奖补资金,村两委鸟笼协会资金补贴等多类渠道来源。

不少村庄也反映,小康电实施的资金相对来说仍旧短缺,主要是由该计划的公益性和企业营利性两方面决定的。目前电力线路整改工作主要由电力公司实施,政府财政予以一定的补助,但因财政补助资金有限,实施推进较为困难。

7.3　典型村庄层面的行动计划实施情况

7.3.1　小康电的整体建设情况

调研情况显示,农村通电工程实施较早,所调研的典型村庄自 20 世纪 90 年就已经先后通电,目前使用的主要能源为电,且基本实现了户户通电、一户一表,仅有极少数农户尚未通电。在电费方面,所有村庄的基础电价约为 0.45～0.46 元/度之间,其中铜仁市的村庄采用阶梯电价制度(表 7-7),有的按一年使用的电量计算,有的按月计算。其他村庄的电价均为"一口价",但普通村民和开农家乐的村民的用电价格略有不同,农家乐的电价约为普通村民家中电价的 2 倍。

用电质量方面,典型村庄中刘家湾村、石头寨村、楼纳村、卡拉村、河西村、合水村、兴旺村均在 2013 年前就解决了电压不稳定等用电困难问题。石头寨村、卡拉村、河西村、合水村、石桥村、大利村在 2013 年小康电

表 7-6　　　　　　　　　典型村庄所在各县小康电行动计划资金投入总额

县别	印江县(2013—2020 年)	凤冈县(2014—2019 年)	丹寨县(2014—2017 年)	榕江县(2014—2017 年)
投资总额	3.95	6	0.59	2.1

资料来源:各县级小康电行动计划政策文件。

表 7-7　　　　　　　　　贵州省按年分档收费表

分档标准	年用电量(千瓦时)	电价(元/千瓦时)
年阶梯第一档分档标准	2 200 及以下	0.455 6
年阶梯第二档分档标准	2 200～4 000(含)	0.505 6
年阶梯第三档分档标准	4 000 以上	0.756 6

资料来源:《关于进一步完善居民生活用电阶梯电价政策有关问题的通知(黔价格〔2013〕325 号)》

行动计划实施前曾进行过农网改造。至 2013 年,临江村、石桥村、大利村仍然存在用电容量不够,停电等用电问题。

卡拉村由于其鸟笼产业发展需要,已经进行过多轮电改,2009 年完成全村 114 户农户电网改造,有 30 千伏、10 千伏配变各一台。据村长介绍,若村内出现停电问题,一般 1 小时内也能够保证恢复。而印江县的河西村、合水村、兴旺村由于位于省道边,电网基础较好,不存在用电问题。

合水村所在的印江县,自 2000 年起每年投入农村电网改造升级资金达 3 000 万元。2007 年至 2013 年年底,印江县投入 2.184 8 亿元实施的 10 千伏及以下项目中,新建和改造线路 1 946 千米,增设和改造变电器 505 台,扩容量 34.66 兆伏安。此外还投资 4.357 1 亿元实施了合水、新寨、峨岭三座 110 千伏输变电项目和木黄镇 220 千伏输变电项目,新建 110 千伏线路 143 千米,扩容量 320 兆伏安。2007 年,合水村电网改造已经实现了供电稳定和通电到户,家庭使用能源以电为主,生活用电实行阶梯电价。此外,合水村村内还有一个南方电网的缴费点,也是这次调研中所遇到的唯一一个在村里的电网公司缴费点,内设一个变电站和一个废弃的发电站(图 7-1)。

2013 年实施小康电行动计划的典型村庄分别为刘家湾村、卡拉村、石桥村、大利村及石头寨村。这些村庄中,石桥村、大利村虽然已经实现户户通电,并且在 2013 年之前进行过电网改造,但仍然存在电网问题,有强烈改造需求。刘家湾村、石头寨村、卡拉村作为美丽乡村示范村,行动计划获得优先实施,通过建设对村庄的电网做了进一步的提升改造。对照省政府提出的小康电行动计划的四个工程项目,典型村庄的实施情况如下。

其一,新增及改造农户一户一表基本完成。未开展小康电行动计划的 5 个村在 2013 年以前均已经完成一户一表、户户通电。另外 6 个村在小康电行动计划开展时均对全村的农户家电表进行改造,目前一户一表率已经基本达到 100%,仅安顺市石头寨村为 98.7%,也已经超过了省级政府部门提出的 2015 年一户一表率达到 95% 的目标。

其二,新建以及改造 10 千伏及以下线路的计划得到普遍实施,仅一村新增配变。所调研村庄里,都没有 35 千伏及 110 千伏线路,故仅对 10 千伏及以下线路的实施情况进行分析。实施了行动计划的 6 个村庄,均进行了这项工程建设,包括改造通村高压线(为高压线包外层)、新修的主要公路沿线电网改造、通寨主电路安装和寨内供电线路改造。除了现有线路老旧以外,黔东南地区的村庄电网改造,还有一部分原因是现有线路过于杂乱易引发火灾,对村内的木结构民居存在隐患,因此这些村庄的电网改造是为了消除消防隐患。总的来说,新一轮的农网改造实施情况与效果较好,6 个实施了计划的村庄里,仅黔东南的大利村表示改造后仍旧存在变电容量不足、线径过小、供电可靠率不高、稳定性差等情况,其他 5 个村均反映相比电改前的稳定性明显

图 7-1　南方电网营业厅

改善。此外,除黔东南石桥村在 2015 年新安装变压器一台以外,其他 10 个村均未新增配变。

其四,调研中发现,已经实施行动计划的村庄,都没有设置专门的电费缴费点或者电费代收点,有的村庄是由镇(乡)里的抄表员负责收缴,有的由村民自己到镇(乡)里缴费,不少村民反映交电费非常不方便。

7.3.2 地方规定性电改项目的实施情况

实施小康电行动计划的典型村庄中,丹寨县卡拉村、石桥村,榕江县大利村均属于黔东南州,该州 2013 年 2 月出台了《黔东南州农村 50 户以上连片村寨木质结构房屋"电改"实施方案》,州内 2013—2014 年间均按照此实施方案实施电改项目,为此进行专门考察。

该方案对 50 户以上木质结构连片村寨的电改项目作出了明确要求,分为表内和表外两部分工作。其一,村寨室外供电线路的改造,包括村寨室外供电线路清理规范,以及对寨内安全有影响的变压器进行更换或者移位;其二,户内用电线路改造,包括改造线路敷设(穿防火阻燃管)、安装空气开关,以及每个房间安装一个插座、一个开关、一个灯泡。

实施方案对电改的步骤及资金筹集方案都做了非常详细的规定。黔东南州人民政府成立了黔东南州农村消防安居扶贫工程"电改"建设工作领导小组,以州长为组长,负责制定年度实施计划,监管"电改"的实施。改造所需电气产品总量按照全州未实施电改木质房屋总数 295 529 栋计算,各县(市、区)按照年度实施计划汇总改造所需电气产品总量报州政府"电改"建设工作领导小组办公室和材料采购组备案。电改项目所需电气产品纳入州政府集中采购,具体由州财政局组织实施。

资金方面,黔东南州审计局审计经市场调查后测算每栋木质结构房屋改造经费为 1 216 元。改造经费按每栋州财政补助 200 元、各县(市、区)匹配 800 元、农户自筹 216 元的方式筹集。经过实地调查核实,这种资金筹措方式已经应用于卡拉村、石桥村、大利村。卡拉村村两委及村民表示每栋房屋的电网改造,可给技术人员 1 000 元的施工资金补助,该资金来自于小康电行动计划配套资金(与实施方案描述相符),其余材料费用由村民自行承担。

该实施方案的期限为 2013 年至 2014 年,黔东南州的丹寨县卡拉村、石桥村、榕江县均按照这项实施方案开展了电改工作。截至 2015 年 8 月,石桥村共完成 230 户供电线路改造,并计划于 2016 年完成全村线路改造;卡拉村对村中每一户农户进行线路安全检查后,强制性对所有户内线路加以整改,2013 年已全部完成;大利村作为榕江县的第二批电改村庄,虽然也根据实施方案进行了电改,但变电容量依然不足,线径过小,经常停电。供电单位曾经承诺停电 2 小时免交电费,但多次长时间停电都未履行承诺(图 7-2)。

(a) 石桥村表内电路改造成果　　　　　　　　　(b) 大利村改造后仍未换新的电表

图 7-2 石桥村村民电表改造情况

由于实施期在小康电行动计划之内,黔东南州三个村庄的电改建设成果也作为小康电行动计划的一部分。

7.3.3 其他电改项目的实施情况

其他电改项目涉及的典型村庄包括卡拉村、刘家湾村、石桥村和石头寨村。卡拉村进行表外(即电表到电线杆)电改项目,建设几户一集中的电表墙;刘家湾村以标准线形式统一改造村内电网;石桥村增设一台变压器;石头寨村进行通村高压电线包外层等(图7-3,图7-4)。

这五个小康电项目工程均由电力公司负责完成,但资金渠道不同。卡拉村电改项目整合了包括"一事一议"财政奖补资金,甚至村内集体资金;石桥村新增变压器资金来源为中央财政乡村旅游扶贫资金等。

7.4 典型村庄层面实施中的主要问题

7.4.1 主要依靠公益性投入,企业负担过重

农村地区,特别是经济不发达的偏远农村地区,供电建设存在着普遍的成本投入较大而收益明显较低的现象。因此,该类投资基本属于公益性投入,需要政策性或者行政性的干预引导。

贵州省的小康电行动计划就属于此种公益性为主的投入类型。但从资金来源上看,目前省电网公司承担了主要责任。尽管省电网公司事实上享有政策性倾斜,但这种倾斜也并非专门针对小康电计划。这种背景下,省电网公司作为企业,就不得不考虑其企业的经营利润问题。对于省电力公司的访谈,企业方面也确认了该项投入,不仅是建设投入,还有日常运营等都属于公益性投入,因为大多经济不发达地区的农户用电量都非常低,所收电费根本无法支撑日常运行。省电网公司不得不从建设和日常运行两个方面来承担小康电带来的成本问题。特别是后者,更是长期性的成本。从另一个方面,由于省内工业经济等发展较为困难,省电网公司很难从生产性用电中获得更多利润来支撑公益性说明。两者的共同作用,使得省电网公司的经济压力更大。

图7-3 卡拉村表外电网改造成果

图7-4 石桥村新增30千伏变压器

7.4.2　基层运行服务不力、削弱了政策性改善的成效

村民调查中反映最为集中的运行中问题，就包括没有基层缴费网点、部分村庄供电不稳定和断电后修复不及时等，也是村民抱怨最为集中的方面。

从实际调研来看，尽管在一些村庄里，甚至存在着几乎未收取建设而产生的材料费，或者对电费的征缴也并不及时的现象，或许是因为征缴的成本都高于实际征收到的经费，但这种让利并不能抵消日常基层服务不力所造成的负面影响。从产生上述问题的根源来看，主要包括以下两大类型。

其一，基础建设投入水平较低，导致电力设施的可靠性很低，因此经常出现断电或者限电等现象。在投入成本已经巨大而建设任务依然很重的情况下，单纯依然现有投入建设模式，短期内很难从根源上克服这问题。更加可行的措施，可能就是适当加强在基层的维修工作，来尽可能较快解决一些日常性断电问题，譬如达到已经承诺的一般停电不低于2小时。

其二，基层服务网点大多设置在乡镇，造成居民缴费比较麻烦。但从实际情况来看，村里抄表员代缴已经一定程度上提供便利。考虑到村里大多农户用电量很低，因而需要缴纳的电费金额也较低，以及服务农村地区的公益性特征，借由抄表员改善基层服务具有一定的现实性。

7.4.3　传统村落的通电和电改等项目的统筹性仍需提升

从实际调研中发现，以传统村落为代表，通电或者电改等项目实施（图7-5），涉及一系列工作，统筹性有待进一步提高。

其一，最为突出，也是村民反映较为集中的，就是改造过程中的线路等材料调整问题。因为布线不合理或者不符合消防要求，或者线路整体负荷能力较低等原因，在实施不同项目的过程中需要进行重新布线。因为涉及村民家中部分材料的更换，需要村民支付一定的费用，引起村民的不满，大多认为较为浪费。事实上，在非常有限的财力情况下，也确实存在着先低水平通电，再逐步提升品质的情况。但也因此造成较为频繁的材料更新等工作。如何在工作推进上进行统筹，以尽可能减少频繁的材料更换，是值得深入研究的问题。

其二，与上述工作有关的，就是各种项目在实施过程中的统筹问题。譬如上述的电改项目，并不在小康电系列，而传统村落保护等其他很多项目，也大多涉及通电等工程。尽管美丽乡村以六大系列行动计划的方式对很多工作进行了统筹，但从调查中可以发现，至少在通电和电改等工作中，仍然有较多需要协调的地方，如上述涉及的通电工程与消防达标的统筹等方面。

图7-5　卡拉村村民家中刚改造过的电线及插座等

7.4.4　注重政府工作推进而相对忽视村民动员

实际上,不仅是在小康电行动计划,还是在前述的多个行动计划中,都较为普遍的存在着政府积极推动,而村民动员不够的现象,表现在多个方面。

其一,较为明显的一点,就是尽管小康电的工作具有很强的公益性,但客观上来说村民的受益性很强且很直接。然而调研中发现的一个普遍现象,就是村民对不同环节工作的抱怨,相对而言较少涉及自身的责任。造成较为明显的"这主要还是政府的事情"的印象,从建设到后期运行保障等,无不如此。事实上,由于通电直接与村民生活质量相关,村民在这方面的反映已经算得上积极,譬如较为配合的投入材料配套改造家庭内容电路等。显然,如何更好地动员村民,让村民意识到改善生活质量还需要自己更多的投入,是个很大的系统性问题。

其二,动员不足的另一个方面,就在于行动计划涉及的工程项目,尽管主要由电网公司等直接操作,但村民的配合对于项目的最终完成和良好运行仍然具有不可替代性,特别是在传统村落中,在兼顾保护和改善生活质量的同时,涉及多家村民应积极协同,并且与政府部门和工程公司进行更好的沟通,才能取得更好的效果。

其三,相对而言,无论是涉及的项目建设,还是涉及的后续运行维护,村集体在其中所扮演的角色都相对较弱,导致很多方面呈现出电网公司与村民直接对接的现象。尽管从现代行政的角度来看,这样也是合规的现象。但也因此造成从沟通到决策效率的下降,以及决策可靠性的下降。譬如很多的统筹性工作,实际上仍然需要村集体承担更多的协同村民的作用。但实地调研发现,尽管村集体等已经做出了积极贡献,但所发挥的作用,特别是后续的在日常运行及保障等方面,譬如培训抄表和代收费,甚至进一步延伸到线网维护和临时性维修等方面,仍有较大的提高空间。

8　小康讯行动计划政策实施状况

8.1　小康讯行动计划省级政策概况

8.1.1　政策沿革

现代化通讯方式,是改变落后乡村地区面貌,提高农村地区外界联络能力,并进而提升其发展能力的重要因素。特别对于地广人稀、公共服务水平相对较低的农村地区而言,现代化通讯方式运用的重要性相对更高。因此,积极改善农村地区的现代化通讯条件,是提高农村地区可持续发展能力的重要工作。通讯村村通工程,也是中央高度重视的三农工作之一。中央有关部委的"十五"规划中,就提出了到 2005 年年底,全国至少 95% 的行政村开通电话的"村村通"发展目标。

贵州省的"村村通"工程,通讯也是其中的重要内容之一。早在编制"十二五"规划期间,贵州省有关部门就根据《省人民政府办公厅转发省发展改革委关于贵州省国民经济和社会发展"十二五"规划编制工作方案的通知》(黔府办发〔2009〕146 号)要求,以及《2006—2020 年国家信息化发展战略规划》和《贵州省国民经济和社会发展第十二个五年规划纲要》,编制了"十二五"推进信息化发展的专项规划,提出的主要任务是"提高农村和边远地区的信息网络普及水平,基本实现自然村和交通沿线通信信号全覆盖,提升基础网络通信能力,实现城乡用户高速互联,推进城市地区光纤到楼入户和向乡镇、行政村的延伸"以及"加强综合信息服务体系建设,建立农村信息共享服务平台暨涉农信息内容管理与交换中心,积极整合农村信息化工程资源,不断完善涉农资源信息数据库建设,努力缩小城乡'数字鸿沟';加快推进农村信息化的科学建设与发展,开展农业农村信息化示范工程建设,大力推进信息技术在农业生产经营管理及农村社会生活中的应用,促进农业产业化经营及农村社会文明进步。"

到小康讯行动计划前的 2012 年年底,全省通讯方面,已经实现"乡乡通宽带"和行政村"村村通电话",已通电自然村的通电话数达 108 991 个,占已通电自然村总数的 96%;行政村通宽带数达 12 037 个,占比达 63.3%。但仍有近 4 600 个自然村未通电话,近 6 900 个行政村未通宽带,主要集中在经济社会发展较为落后的农村地区;同期,全省邮政方面,已建成农村邮政普遍服务网点 747 处,三农服务站 55 处,但邮政普遍服务发展与东中部地区差距仍然很大且省内邮政行业发展不平衡,全省 40% 以上的乡镇邮政局所未开办或开全邮政普遍服务业务,绝大部分行政村未设置村邮站,农村地区邮政服务水平较低。

2013 年"四在农家·美丽乡村"的启动,以及小康讯行动计划的推出,将尽快建立现代化的服务农村通信和邮政体系确定为重要发展目标,用以指导各项工作。

8.1.2　政策目标

《贵州省"四在农家·美丽乡村"基础设施建设——小康讯行动计划(2014—2020 年)》将小康讯行动计划的工作目标分为两部分,分别是通讯和邮政。

通信方面,主要任务是加快推进全省行政村"村村通宽带"和自然村"村村通电话"工程,提高乡村通信基础设施配套水平,提升乡村通信网络覆盖质量,做好农村通信基础设施的维护及信息服务提升工作;邮政方面,主要任务是着力实施乡乡设所、深化村邮、邮政网点改造、快递下乡四大工程和农村邮政普遍服务网点运营保障,不断完善邮政普遍服务体系建设,优化农村用邮环境,满足经济社会发展和群众用邮需要。在具体行动计划方面,同样按照时间划分了三个阶段,分别明确工作任务。

其一,2013—2015 年。新增 4 300 个自然村通电话,新增 6 700 个行政村通宽带,实现 99% 以上自然村通电话和行政村通宽带;完成 658 个空白乡镇邮政局所补建工作,对 330 处农村危旧网点实施局房改造和设备更新,在农村地区设置 500 个村级邮件接收场所,提供邮件捎转服务,实现全省乡镇 100% 的邮政网点覆盖和"乡乡通邮"。鼓励有条件的快递企业向乡镇延伸服务,探索邮政行业公共服务新形式。

其二,2016—2017 年。完成剩余未通电话自然村和未通宽带行政村建设任务,全面实现自然村"村村通电话"和行政村"村村通宽带"。继续在有条件的行政村设置 500 个村级邮件接收场所,提供邮件捎转服务,未设置村邮站的地区通过设立流动服务点、代投和捎转点等形式逐渐实现邮政"足不出村、尽享邮政"的服务目标。结合 5 个 100 工程,在全省主要产业园区、旅游景区和部分经济较为发达的乡镇,开办 100 个快递服务网点,提供快递服务,30 个省级示范小城镇率先实现现代邮政业的建设。

其三,2018—2020 年。完成同步小康创建活动"电话户户通"任务目标,全面建成与小康社会相适应的现代邮政业。

8.1.3　工程项目

行动计划的工程项目分为七类,分别是"自然村通电话"工程、"行政村通宽带"工程、邮政"乡乡设所"工程、村邮工程、邮政网点改造工程、快递下乡工程、农村邮政普遍服务网点运营。具体内容如下:

(1) 实施"自然村通电话"工程

按照工业和信息化部《通信业"十二五"发展规划》要求,到 2015 年年底前 99% 已通电的 20 户以上自然村基本通电话,加强工程协调管理和督促指导,督促承担"自然村通电话"项目任务的各通信运营企业加快推进自然村通电话工程,确保按时限完成目标任务。

(2) 实施"行政村通宽带"工程

到 2015 年年底前 99% 以上行政村通宽带。加强工程协调管理和督促指导,强化"村村通宽带"工程与教育部门"宽带网络校校通"工程有机结合,加快推进行政村通宽带工程,确保按时限完成目标任务。

(3) 实施邮政"乡乡设所"工程

围绕提高邮政普遍服务水平,增强广大农村群众通信权益保障能力要求,完成 658 个空白乡镇邮政局所的补建工作,实现开办邮政业务的网点均具有邮政普遍服务标准所要求的邮政信函、包裹、印刷品、汇兑、收寄功能和党报党刊以及适合农村需要的物流配送功能。

(4) 实施深化村邮工程

大力推进集农资、邮政、通信、报刊和其他农村服务的综合性村邮站建设,设置 1 000 个村级邮件接收场所,有条件的村委会可在村级办公场所或农村级综合服务站提供场地,并安排人员对邮件开展捎转服务,基本实现大部分农村"足不出村、尽享邮政"的通邮目标。

(5) 实施邮政网点改造工程

分期分批对农村邮政网点实施改造,力争全省电子化网点比例达到 75% 以上,所有普遍服务网点均开办法定普遍服务业务,并提高邮件全程时限准时率。

(6) 实施快递下乡工程

鼓励有条件的民营快递企业在有条件的乡镇开设 100 个农村快递服务网点,逐步实现两个以上品牌快递企业服务延伸至乡镇。建立完善竞争机制,促进服务水平提升,为群众提供更优质、多选择的寄递服务。

（7）保障农村邮政普遍服务网点运营

积极探索研究农村邮政普遍服务网点运营保障机制，企业加大投资，政府加大投入，通过适当开发公益性岗位和增加服务项目等方式，将国家投资转化为服务能力，尽快改变邮政农村网点规模较小、服务功能不全、服务水平较低的面貌。引导业务创新，尽早扭转邮政企业农村网点长期处于亏损的局面，更好地服务地方经济发展。

8.1.4　组织管理

小康讯行动计划的组织管理制度是工作联席会议制度，由省政府分管领导牵头，主要的职业是具体负责行动计划的实施、协调、督促、指导和考核等工作，及时解决计划实施过程中遇到的重大问题。

同时，为了保证各工程项目的建设质量，贵州省还制订了相关规范，包括村邮站、通讯、广播电视以及空白乡镇邮政局（所）建设标准。

村邮站建设标准中规定了村邮站的面积原则上不小于 15 平方米，建设标准约为 4 000 元，并根据各地的交通、人口、业务量和场地面积等实际情况分为三类：一类村邮站，只提供投递基本服务，具备邮件捎转等功能，不办理邮政其他业务和扩展服务；二类村邮站，除提供投递基本服务外，依托就近的邮政网点，采用手工方式开办收寄（受理信函、包裹、报刊的收寄收订）等扩展服务；三类村邮站，在二类村邮站功能基础上，依托信息化平台，提供邮政全业务的代办受理、公用事业费用代收代缴、票务代理、物资配送、分销业务等。同时可利用 ATM 机或 ePOS（商易通）提供简易金融服务（农村小额支付结算、定额提现）。

通讯（宽带）建设标准中规定了宽带的建设应采用 FTTH 薄覆盖方式建设，即从就近的无线基站用裸光纤接入到村相对集中的地方设置一个或几个分光点，当有用户接入宽带时，再从最近的分光点用皮线光缆引接到用户即可。

空白乡镇邮政局（所）补建标准中具体规定了局（所）所在的位置、建筑物标准、内部装修以及功能布置等具体要求。邮政局（所）的建设位置应满足相对居中、临街、邮运车辆进出无碍、方便群众用邮等要求。且建筑物总面积不得小于 150 平方米。

8.1.5　资金筹措

资金筹措方面，贵州省小康讯行动计划的资金投入也按任务目标分为两个板块，分别是通信和邮政。总体上，通信类的工程，主要由运营企业自筹经费，并争取省通信管理局等政府部门的支持；邮政方面主要采用国家补助和地方财政工程投入的方式投入建设、邮政企业承担运营后的机具设备及运营经费的方式，但在基层的农村邮政网点改造和设备更新方面则由政府资金和邮政集团资金按比例投入，具体情况如下。

通信方面。到 2017 年共需投入资金 25.53 亿元。其中，"行政村通宽带"工程 4.14 亿元，"自然村通电话"工程 21.39 亿元。2013—2015 年，省经济和信息化委从省工业和信息化发展专项资金中每年安排 0.12 亿元"通信村村通"工程"以奖代补"资金；各在黔通信运营企业自筹解决 25.17 亿元。同时，省通信管理局积极争取工业和信息化部支持，组织在黔通信运营企业分别向集团公司汇报，加大对行动计划建设项目和资金倾斜和扶持。

邮政方面。到 2017 年共需投入资金 3.22 亿元。其中，658 个空白乡镇邮政局所的补建资金，由国家给予一次性定额补助用于土建和装修，地方财政承担征地拆迁费用和建筑装修不足部分，邮政企业承担投入运营后所需的机具设备。330 处农村邮政普遍服务网点改造、车辆及设备的更新，由政府和邮政集团按 4∶6 的比例出资。在 40% 的政府出资当中，中央预算内投资和地方财政性资金分别负担 30% 和 10%。

8.2 行动计划的分级实施管理

8.2.1 目标任务分解

地州级政府在《贵州省小康讯行动计划》的目标任务基础上,分别根据自身实际情况,在各地州小康讯行动计划标准文件上制订了其目标任务。各地州级文件的目标任务相比省级有较大的变动。

黔东南州、铜仁市的小康讯实施计划分为通信、邮政、广电网络三块;黔西南州分为通信和邮政两块;遵义市分通信(广电网络)和邮政两块;安顺市分为通信和邮政两块,但又将通信建设任务分至安顺移动、安顺联通、安顺电信三大公司承担的任务来分别安排。总体上,主要的硬性建设任务都集中在 2017 年之前,特别是邮政业务基本都安排在 2017 年完成有关建设,而 2017—2020 年则主要是品质提升阶段(表 8-1,表 8-2)。

表 8-1　　　　　　　　　　　　各地州小康讯行动计划——通信目标任务

区域	2013—2015 年	2016—2017 年	2018—2020 年
贵州省	新增 4 300 个自然村通电话,新增 6 700 个行政村通宽带,实现 99% 以上自然村通电话和行政村通宽带	完成剩余未通电话自然村和未通宽带行政村建设任务,全面实现自然村"村村通电话"和行政村"村村通宽带"	完成同步小康创建活动"电话户户通"任务目标
安顺移动	2013 年电话覆盖 123 个自然村,246 个行政村通宽带,自然村"村村通电话"覆盖率将达到 98.62%,行政村"村村通宽带"覆盖率将达到 38.53%; 2014 年完成 72 个自然村电话覆盖,254 个行政村通宽带,自然村"村村通电话"覆盖率达到 100%,行政村"村村通宽带"覆盖率达到 63%; 2015 年完成 218 个行政村通宽带,行政村"村村通宽带"覆盖率达到 84%	2016 年完成 171 个行政村通宽带,行政村"村村通宽带"覆盖率达到 100%	—
安顺联通	2015 年 99% 以上的自然村通电话和行政村通宽带,让广大区域能享受高速的无线宽带、语音接入、光纤宽带业务;无线网每年新增基站 150~200 个,宽带覆盖新端口 15 万户以上,并且投资趋向扶持农村地区,全部采用 FTTH 光纤宽带方式	2015—2017 年全面实现自然村通电话和行政村通宽带,主要加大宽带接入能力,采用无线加光纤组合方式,实行政村全部通宽带。一方面继续每年新增端口 20 万户,另一方面调整覆盖目标,倾向农村区域,达到全覆盖	2017—2020 年,全部实现户户通电话,村村通宽带战略目标。
安顺电信	2015 年自然村语音覆盖率达到 99%,行政村宽带覆盖率达 99%。2017 年自然村语音覆盖率达到 100%,行政村宽带覆盖率达 100%	—	—
黔东南州通信	到 2015 年,力争 99% 的自然村通电话和行政村通宽带	到 2017 年,力争全面实现自然村通电话和行政村通宽带	到 2020 年,完成同步小康创建活动"电话户户通"目标任务
黔东南州广电网络	到 2015 年,力争加快乡镇双向网升级改造,实现全州乡镇以上城镇双向、高清全覆盖	到 2017 年,全面实施农村广播电视综合覆盖(有线、无线、直播卫星"户户通")工程,使全州 400 多万群众收看到当地电视节目	到 2020 年,在政府主导下,建设全州县级以上智慧城市,实现网络高度融合、高度智能化
黔西南州	新增 494 个自然村通电话,新增 410 个行政村通宽带,实现 99% 以上自然村通电话和行政村通宽带	—	完成同步小康创建活动"电话户户通"任务目标

（续表）

区域	2013—2015 年	2016—2017 年	2018—2020 年
遵义市（通信、广电网络）	全市新增 300 个通电自然村通电话，新增 320 个行政村通宽带，实现 99% 以上自然村通电话和行政村通宽带，完成全市 1 727 个行政村数字广播电视延伸覆盖，农村数字电视（DTMB-T）无线覆盖率达 100%，农村数字电视用户发展达到 20 万户	完成剩余未通电话的通电自然村和未通宽带行政村建设任务，全面实现通电自然村"村村通电话"和行政村"村村通宽带"。农村数字电视用户达到 60 万户	完成同步小康创建活动"电话户户通"任务，提高农村数字电视用户率
铜仁市	新增 930 个自然村通电话，新增 840 个行政村通宽带，实现 99% 以上自然村通电话和行政村通宽带	完成剩余未通电话自然村和未通宽带行政村建设任务，全面实现自然村"村村通电话"和行政村"村村通宽带"	完成同步小康创建活动"电话户户通"任务目标
铜仁市广电网络	完成 1 319 个行政村广播电视网络建设，有线电视用户发展到 30 万户	完成 636 个行政村广播电视网络建设，有线电视用户发展到 32.6 万户	完成 769 个行政村广播电视网络建设，有线电视用户发展到 35 万户

表 8-2　　　　　　　　　　各地州小康讯行动计划——邮政目标任务

区域	2013—2015 年	2016—2017 年	2018—2020 年
贵州省	完成 658 个空白乡镇邮政局所补建工作，对 330 处农村危旧网点实施局房改造和设备更新，在农村地区设置 500 个村级邮件接收场所，提供邮件捎转服务，实现全省乡镇 100% 的邮政网点覆盖和"乡乡通邮"。鼓励有条件的快递企业向乡镇延伸服务，探索邮政行业公共服务新形式	继续在有条件的行政村设置 500 个村级邮件接收场所，提供邮件捎转服务，未设置村邮站的地区通过设立流动服务点、代投和捎转点等形式逐渐实现邮政"足不出村、尽享邮政"的服务目标。结合 5 个 100 工程，在全省主要产业园区、旅游景区和部分经济较为发达的乡镇，开办 100 个快递服务网点，提供快递服务；30 个省级示范小城镇率先实现现代邮政业的建设	全面建成与小康社会相适应的现代邮政业
安顺市	鼓励有条件的快递企业向 10 个乡镇延伸服务；完成 27 个空白乡镇邮政支局（所）的补建工作；完成 11 处农村危旧网点的邮政局房改造和设备更新工作；选取 30 个行政村设置村级接收场所	在经济较为发达的乡镇，推动快递企业在原有 10 个乡镇网点的基础上再开办 15 个快递服务网点；在有条件的行政村设置 30 个村级邮政接收场所，对未设置村邮站的地区设立流动服务点、代收代投和捎转点等	设置 70 个村邮站，推动快递企业在乡镇开办更多的服务网点
黔东南州	到 2014 年，完成 65 个空白乡镇邮政局所补建移交运营工作；实施 16 个农村危旧邮政普遍服务网点改造；设置 40 个村邮站；开设 2 个乡镇快递服务网点；为农村邮政普遍服务网点提供公益性岗位 65 个。到 2015 年，全面完成 68 个空白乡镇邮政局所补建移交运营工作，确保补建局所陆续开办四项邮政普遍服务法定业务；实施 11 个农村危旧邮政普遍服务网点改造，全面完成全州共 27 个改造任务；继续增设 30 个村级邮件接收场所；继续增设 3 个乡镇快递服务网点；为农村普服网点提供公益性岗位 135 个	到 2016 年，继续在有条件的行政村增设 20 个村邮站；继续在有条件的乡镇开设 7 个快递服务网点；为农村普服网点提供公益性岗位 200 个。到 2017 年，力争继续在有条件的行政村增设 10 个村邮站，全州累计完成 100 个；继续在有条件的乡镇开设 3 个快递服务网点；为农村普服网点提供公益性岗位 100 个；雷山县丹江镇、台江县施洞镇、黎平县肇兴镇 3 个省级示范镇率先实现邮政普遍服务网点 100% 电子化和 2 个以上品牌快递企业入驻	—
黔西南州	完成约 51 个空白乡镇邮政局（所）补建工作，对约 55 处农村危旧网点实施局房改造和设备更新，在农村地区设置 52 个村级邮件接收场所，提供邮件捎转服务，实现全市乡镇 100% 的邮政网点覆盖和"乡乡通邮"。鼓励有条件的快递企业向乡（镇）延伸服务，开办 3 个乡（镇）快递服务网点	继续在有条件的行政村设置村级邮件接收场所，提供邮件捎转服务，未设置村邮站的地区设立流动服务点、代投和捎转点。在全市主要产业园区、旅游景区和部分经济较为发达的乡镇，开办 12 个快递服务网点，提供快递服务；确保省级示范小城镇率先实现现代邮政业的建设	全面建成与小康社会相适应的现代邮政业

(续表)

区域	2013—2015 年	2016—2017 年	2018—2020 年
遵义市	完成 63 个空白乡镇邮政局所补建工作,对 40 处农村危旧网点实施改造和设备更新,在农村地区设置 80 个村级邮件接收场所,提供邮件捎转服务,实现全市乡镇 100% 的邮政网点覆盖和"乡乡通邮"	继续在有条件的行政村设置 80 个村级邮件接收场所,大力推进集农资、邮政、通信、报刊和其他农村服务的综合性村邮站建设。在全市主要产业园区、旅游景区和部分经济较为发达的乡镇,开办 20 个快递服务网点,提供快递服务;在 8 个示范小城镇率先实现现代邮政业建设	全面建成与小康社会相适应的现代邮政业
铜仁市	完成 95 个空白乡镇邮政局(所)补建工作,对 44 处农村危旧网点实施局房改造和设备更新,在农村地区设置 80 个村级邮件接收场所,提供邮件捎转服务,实现全市乡镇 100% 的邮政网点覆盖和"乡乡通邮"	继续在有条件的行政村设置 100 个村级邮件接收场所,提供邮件捎转服务,未设置村邮站的地区设立流动服务点、代投和捎转点等。在全市主要产业园区、旅游景区和部分经济较为发达的乡镇,开办 12 个快递服务网点,提供快递服务;确保 3 个省级示范小城镇率先实现现代邮政业的建设	全面建成与小康社会相适应的现代邮政业

在县(区)级层次上,各县(区)的小康讯行动计划目标任务延续了地州层面的安排方式,也主要分为两大板块:通信和邮政项目,但各个县(区)的目标侧重各不相同。总体上,各项建设的主要任务,也同样安排在 2017 年前完成,特别是邮政方面的项目全部在 2017 年前建设完成,仅凤阳县对于 2017—2020 年间提出了一些具体的建设任务要求(表 8-3、表 8-4)。

表 8-3 各县(区)小康讯行动计划——通信目标任务

区域	2014—2015 年	2016—2017 年	2018—2020 年
丹寨县	新增 149 个行政村通宽带,实现 99% 以上自然村通电话和行政村通宽带	完成剩余未通电话自然村和未通宽带行政村建设任务,全面实现自然村"村村通电话"和行政村"村村通宽带"	—
榕江县	新增 562 个自然村通电话,新增 124 个行政村通宽带,实现 99% 以上自然村通电话和行政村通宽带	完成剩余未通电话自然村和未通宽带行政村建设任务,全面实现自然村"村村通电话"和行政村"村村通宽带"	完成同步小康创建活动"电话户户通"任务目标
凤冈县	广电网络:建设无线覆盖基站 28 个,预计投资 1 120 万元。移动:建设 3G 基站 30 个,预计投资 1 530 万元;行政村通宽带工程 21 个,预计投资 420 万元;小区宽带工程 13 个,预计投资 260 万元;WLAN 无线宽带工程 10 个,预计投资 150 万元;4G 基站工程 6 个,预计投资 180 万元;新办公楼工程 1 个,预计投资 5 000 万元。联通:3G 基站工程 24 个,预计投资 1 650 万元;行政村通宽带工程 16 个,预计投资预计投资 100 万元;小区宽带工程 7 个,预计投资 90 万元;4G 基站工程 3 个,预计投资 130 万元;管道传输工程 1 个,预计投资 10 万元。电信:3G 基站工程 3 个,预计投资 170 万元;4G 基站工程 15 个,预计投资 525 万元;村通宽带工程 4 个,预计投资 100 万元;小区光纤工程 16 个,预计投资 504 万元;管道传输工程 8 个,预计投资 90 万元;WIFI 工程 8 个,预计投资 24 万元;光进铜退改造 10 个,预计投资 396 万元	广电网络:建设无线覆盖基站 16 个,预计投资 640 万元。移动:建设 3G 基站 15 个,预计投资 850 万元;行政村通宽带工程 19 个,预计投资 380 万元;小区宽带工程 12 个,预计投资 240 万元;4G 基站工程 15 个,预计投资 300 万元;管道传输工程 14 个,预计投资 100 万元。联通:3G 基站工程 5 个,预计投资 200 万元;行政村通宽带工程 16 个,预计投资 100 万元;小区宽带工程 6 个,预计投资 120 万元;4G 基站工程 8 个,预计投资 180 万元;管道传输工程 3 个,预计投资 50 万元。电信:村通宽带工程 1 个,预计投资 85 万元	2018—2019 年计划广电网络:建设无线覆盖基站 10 个,预计投资 400 万元。移动:建设 3G 基站 4 个,预计投资 320 万元;行政村通宽带工程 10 个,预计投资 200 万元;小区宽带工程 5 个,预计投资 100 万元;4G 基站工程 43 个,预计投资 840 万元;管道传输工程 16 个,预计投资 120 万元。联通:3G 基站工程 3 个,预计投资 120 万元;行政村通宽带工程 9 个,预计投资 50 万元;小区宽带工程 2 个,预计投资 50 万元;4G 基站工程 10 个,预计投资 180 万元;管道传输工程 6 个,预计投资 120 万元

（续表）

区域	2014—2015 年	2016—2017 年	2018—2020 年
印江县	新增 50 个自然村通电话。新增 140 个行政村通宽带。实现 99%以上自然村通电话和 75%以上行政村通宽带	完成剩余未通电话自然村和未通宽带行政村建设任务，全面实现自然村"村村通电话"和行政村"村村通宽带"	完成"电话户户通"目标

表 8-4　　　　　　　　各县（区）小康讯行动计划——邮政目标任务

区域	2014—2015 年	2016—2017 年	2018—2020 年
丹寨县	—	—	—
榕江县	完成 8 个空白乡镇邮政局所补建工作，对 2 处农村危旧网点实施局房改造和设备更新，实现全县乡镇 100%的邮政网点覆盖和"乡乡通邮"。鼓励有条件的快递企业向乡镇延伸服务，探索邮政行业公共服务新形式	结合 5 个 100 工程，在产业园区、旅游景区和部分经济较为发达的乡镇，开办 8 个快递服务网点，提供快递服务	全面建成与小康社会相适应的现代邮政业
凤冈县	村级邮件接收站 17 个，预计投资 340 万元；"乡乡设所"网点改造项目 6 个，预计投资 330 万元；邮政普遍服务网点改造 7 个，预计投资 84 万元	村级邮件接收站 17 个，预计投资 340 万元；快递服务网点 2 个，预计投资 60 万元	
印江县	完成 3 个空白乡镇邮政所补建工作，对 2 处农村危旧网点实施局房改造和设备更新。在部分村寨设置 100 个村级邮件接收场所，提供邮件捎转服务。实现全县乡镇 100%的邮政网店覆盖和"乡乡通邮"	继续在有条件的行政村设置 100 个村级邮件接收场所，提供邮件捎转服务。结合"5 个 100 工程"在全县主要产业园区、旅游景区和部分乡镇，开办 17 个快递服务网点，提供快递服务。木黄省级示范小城镇率先实现现代邮政业建设	

8.2.2　分级组织管理

在各地州小康讯行动计划的管理制度方面，主要分为三种方式：小康讯工作联席会议制度、小康讯行动建设领导小组和小康讯行动计划推进工作领导小组。

安顺市、遵义市、黔西南州的组织领导架构均是由市政府分管领导牵头，建立工作联席会议制，并由联席会议出台工作方案，明确各单位工作职责和任务，具体负责行动计划的实施、协调、督促、指导和考核等工作，及时解决计划实施过程中遇到的实际问题。

黔东南州设立小康讯行动建设领导小组，由州工信委主任任组长，州新农村办常务副主任、下设办公室在州工信委。州工信总工程师、州文体广电局副局长、州邮政管理局局长、州电信公司总经理、州移动公司总经理、州联通公司总经理、州广电网络公司副总经理、凯里市人民政府副市长、丹寨县人民政府副县长、榕江县人民政府副县长任副组长。办公室职责主要是协助州新农办统筹和配合基础运营商完成小康讯行动建设，强化督促，明确目标任务，落实责任分工，协调解决问题，建立"美丽乡村农村信息基础设施"建设督办机制，对宽带基础设施建设、管理中的重点工作、重大事项及存在问题等进行督办，保障农村小康讯建设的规划、标准、制度等有效实施。

铜仁市成立由市政府分管领导任组长的小康讯行动计划推进工作领导小组。市工信委、发改委、财政局、林业局、国土资源局、住建局、规划局、交通运输局、环保局、文体广电局、铜仁邮政管理局、中国电信铜仁分公司、中国移动铜仁分公司、中国联通铜仁分公司及各区（县）政府、开发区、高新区管委会负责人均作为小组成员,共同负责行动计划实施、协调、督促、指导和考核工作,协调小康讯项目实施过程中遇到的用地、农民阻工和青苗赔偿等问题,并定期组织开展督查工作。领导小组办公室设在市工信委。

各县市的管理制度也随地州的不同各不相同,黔东南州榕江县的管理方式是建立由县政府分管领导牵头组织的工作联席会议制度,遵义市凤冈县是由县政府办、县邮政局牵头,将责任下放至各责任单位,如各乡镇人民政府、经济开发区、县发改局、县经贸局、县财政局、县国土局、县交通运输局、县林业局、中国移动凤冈分公司、中国联通凤冈分公司、中国电信凤冈分公司、县网络公司等。

8.2.3 资金筹措渠道

在资金筹措上,各个地州的小康讯行动计划资金来源也按照建设任务分为通信和邮政两大板块。在通信方面有较大不同,在邮政方面大致一致。

安顺市是将自然村"村村通电话"以及行政村"村村通宽带"任务分解至三大公司,即安顺移动、安顺电信和安顺联通等。由三大公司投资建设完成相应任务。安顺移动分公司负责推进自然村"村村通电话"工程及行政村"村村通宽带"工程,2013—2016 年分别投资 2 685 万元、2 281 万元、1 224 万元以及 984 万元。安顺电信分公司负责自然村"村村通电话"工程及行政村"村村通宽带"工程 30%的建设量,分别投资 2 700 万元与3 650 万元。安顺联通主要负责网络建设,为保证网络建设计划顺利开展,安顺联通 2012 年和 2013 年网络投资为 1.1 亿元;2014—2015 年每年投资保持过亿,主要投资方向为基础网、传输网、无线网和宽带网;2016—2020 年,投资继续增加,保持与业务收入高增长模式,保持投资占收比稳定趋势,大力提升基础网络发展,有效提升无线网与宽带网能力。

黔东南州的通信方面建设投入主要由四家基础运营商即州电信公司、州移动公司、州联通公司和州广电网络公司等承担,同时努力争取省经信委"通信村村通"工程"以奖代补"资金支持,并争取州县相关部门支持。广电网络建设方面按照"财政投一点、企业出一点、农户筹一点"的出资方式进行共建,争取省里"以奖代补"资金支持。

黔西南州的通信建设方面到 2017 年共需投入资金 4.6 亿元。其中,"行政村通宽带"工程 0.5 亿元,"自然村通电话"工程 4.1 亿元。2013—2015 年,州工信委从州工业和信息化发展专项资金中每年安排 200 万元"通信村村通"工程"以奖代补"资金;各通信运营企业自筹解决 4.58 亿元。同时,州工信委积极争取工业和信息化部、省经信委支持,组织黔西南州通信运营企业分别向集团公司汇报,加大对行动计划建设项目的资金倾斜和扶持。

遵义市在通信和广电网络方面到 2017 年共需投入资金 7 亿元。其中,"行政村通宽带"工程 3 亿元,"自然村通电话"工程 2 亿元,数字电视行政村全覆盖工程 2 亿元。市工业和能源委员会在积极争取省级"通信村村通"工程"以奖代补"资金的同时,市级每年安排适当资金用于"通信村村通"工程以奖代补。各在遵义市通信运营企业和广电网络企业要积极向省公司汇报,争取省公司对行动计划建设项目和资金倾斜和扶持。

邮政建设项目资金筹措方面,各地州的资金来源大致相同。具体如表 8-5 所示。

铜仁市实施小康讯行动计划 2013—2020 年约需投资 7.88 亿元。计划通过争取国家支持、企业自筹以及省、市级财政补助等方式,解决小康讯建设资金。其中按时间分阶段投入情况如下:2013 年—2015 年为推进阶段,共计投入 42 237 万元;2016—2017 年为提升阶段,共计投入 19 524 万元;2018—2020 年为巩固阶段,共计投入 17 022 万元。

各县(区)的小康讯行动计划资金筹措情况与各地州基本一致,是各地州目标的一部分,资金也是各地州资金筹措项目的一部分。

表 8-5 各地州小康讯行动计划——邮政方面资金来源

地州	总投入	项目名称	资金来源
安顺市	到 2017 年投入 1 142 万元	空白乡镇邮政所补建	国家给予一次性定额补助,不足部分由邮政企业一起承担运营需要的机具设备
		快递下乡	各快递企业自筹资金解决
		村邮所建设	国家财政与邮政企业一起承担
		农村网点改造	政府和邮政集团按 4:6 的比例出资,在 40% 的政府出资当中,中央预算内投资和地方财政性资金分别承担 30% 和 10%
黔东南州	—	空白乡镇邮政所补建	国家给予一次性定额补助,不足部分由邮政企业一起承担运营需要的机具设备
		机要网点改造、农村危旧邮政普遍服务网点改造	中央、省级及邮政企业按规定比例承担
		快递下乡	企业承担
		村邮所及村捎转点	地方政府和邮政企业共同承担,乡镇政府和村委会无偿提供场地并负责组织实施
		500 个公益性岗位设置	地方政府组织人力资源和社会保障等部门解决落实
黔西南州	—	51 个空白乡镇邮政所补建	国家给予一次性定额补助,不足部分由邮政企业一起承担运营需要的机具设备
		55 处农村邮政普遍服务网点改造、车辆及设备的更新资金 3 000 万元	由政府和邮政企业按 4:6 比例出资。在 40% 的政府出资当中,中央预算内投资和地方财政性资金分别负担 30% 和 10%
遵义市	到 2017 年投入 8 100 万元	63 个空白乡镇邮政所补建	国家给予一次性定额补助,不足部分由邮政企业一起承担运营需要的机具设备
		40 处农村邮政普遍服务网点改造、车辆及设备的更新资金 3 000 万	政府和邮政企业按 4:6 比例出资。在 40% 的政府出资当中,中央预算内投资和地方财政性资金分别负担 30% 和 10%

铜仁市印江县的小康讯资金筹措分为通信和邮政两方面。通信到 2017 年共需投入资金 3 550 万元。其中,"行政村通宽带"工程 2 990 万元,"自然村通电话"工程 550 万元;邮政到 2017 年共需投入资金 300 万元。其中,3 个空白乡镇邮政所的补建资金、200 个村级邮件接收场所国家给予一次性定额补助用于土建和装修,县财政承担征地拆迁费用、办证费用和建筑装修不足部分,邮政企业承担投入运营后所需的机具设备。2 处农村邮政普遍服务网点改造、车辆及设备的更新,由县邮政局向上争取项目资金解决。

黔东南州榕江县的小康讯资金筹措也分为通信和邮政两方面。通信方面到 2017 年共需投入资金 1.98 亿元。"行政村通宽带"工程 1.1 亿元,"自然村通电话"工程 0.88 亿元。积极争取上级"通信村村通"工程"以奖代补"资金,其余由各在榕通信运营企业自筹解决。各在榕通信运营企业要积极向上级公司汇报,加大对行动计划建设项目和资金倾斜和扶持;邮政方面到 2017 年共需投入资金 24 万元。其中,8 个空白乡镇邮政局所的补建资金,由国家给予一次性定额补助用于土建和装修,地方财政承担征地拆迁费用和建筑装修不足部分,邮政企业承担投入运营后所需的机具设备。5 处农村邮政普遍服务网点改造、车辆及设备的更新,由政府和邮政集团按 4:6 的比例出资。在 40% 的政府出资当中,中央预算内投资和地方财政性资金分别负担 30% 和 10%。

8.3 典型村庄层面的行动计划实施情况

8.3.1 小康讯的整体建设情况

对于典型村庄的发现,2013年小康讯计划出台以前,这些村庄均实现了自然村通电话、行政村通宽带,并基本普及了手机。因此,小康讯行动计划对于这些村庄而言,应主要是提升的作用,至今有小康讯行动计划投入的村庄及其具体工程项目如表8-6。

整体来看,尽管2013年前所调研村庄都实现了小康讯的主要目标,但仍积极推进了小康讯行动计划安排,共有7个村庄实施了该计划下的项目,主要是分布在六盘水、遵义和铜仁等经济相对发达地区的村庄,安顺和黔东南地区的村庄实施该计划的比例则相对较低。

导致上述现象的主要原因,大致分为三个方面。其一,由于经济相对发达地区本身自下而上的发展需求,尤其是部分村庄依靠其良好的生态环境和交通区位条件发展乡村旅游或生态农业相关产业时,需要依靠现代化的科技手段来支持村庄的产业发展的原因。调研发现,是否通宽带网络对村内农家乐的发展具有重大影响,并且也会影响游客是否能通过网络知晓村内的情况与在农家乐预定等事宜;其二,经济相对发达地区的村庄人口流动性较强,外出务工人员较多,接触外界的新鲜事物和信息比较频繁,年轻人和个体经营户在自家安装宽带网络的意愿比较强烈;其三,与选取村庄的区位有关,如铜仁市的几个村庄均距离镇政府驻地比较近,这些地区的交通条件也相对较好,因此小康讯实施的基础条件相对较好。

8.3.2 通信项目实施情况

通信情况可按2013年前后对比归纳分别进行考察。

(1) 通信条件良好,行动计划基本无影响

黔东南州丹寨县龙泉镇的卡拉村属于该种类型。具体情况为,2006年社会主义新农村建设中,卡拉村作为州级试点村,已经实现了"六通",即通水、通电、通路、通电话、通广播电视、通互联网,并于4月开通了农经宽带网。

小康讯行动计划中对其提出了提高通信服务水平的要求。在十大小康工程中,丹寨县的丹党专题〔2013〕68号文提出了具体要求为:电信、移动、联通等部门,自行解决资金,按照县城的网速和信号标准来提升卡拉村的有线、无线宽带和信息通信服务水平,并争取在10月底前完工投运,让游客在卡拉村享受高效便捷的通信服务。

表 8-6   **各村小康讯实施情况汇总表**

政策落地的村庄	具体建设项目
河西村	2015年实行卫星电视收费优惠,河西村作为印江自治县农村广播电视综合信息网全覆盖工程试点
兴旺村	2013年电信宽带已通到自然村落,2015年安装了基站,对网络需求较大的为商人和年轻人群体可按需安装
大利村	2013年之后,村内宽带(电信)共通10户
临江村	2013年,电信宽带主线已通到行政村,有14个组可通到家,15个组可通到组,尚有3个小组已规划好但尚未实施
刘家湾村	2013年之后电信、移动和联通覆盖全村,但移动使用率较高。除较偏远的5组外其余组皆可使用宽带,且户户接通
楼纳村	2013年之后,实现了户户通电话,宽带通户率50%

（2）通信条件良好，行动计划较为明显带来改进

兴旺村、大利村、临江村、河西村等都属于这种类型。

铜仁市印江县合水镇兴旺村，2013年前宽带已经通到自然村寨，2015年的小康讯行动计划在村内安装了基站，村内网络需求量较大的人群如商人和年轻人可以按需安装，网络使用费用为1 000～1 200元/年，带座机1 400元/年。

黔东南州榕江县栽麻乡大利村，2012年时政府补助村民安装了卫星电视接收设备，补助后为每套100元，可收到50多个电视台。目前村内卫星电视安装率为95%，除极少部分贫穷无电视者，基本实现全覆盖。有线电视每月收费5元，长期使用的话成本较高，因此就无人办理了。2013年小康讯实施以来，村内办理宽带的有20多户，每月每户需缴费约90元，办理者主要是农家乐、村干部、在外打工相对较富裕的年轻家庭。

遵义市凤冈县进化镇临江村，2013年小康讯行动计划尚未开展前就已经实现了电话入户、有线电视入户等，但宽带网络没有落实。2013年小康寨行动计划推进下，电信宽带主线通到行政村，有14个组可通到家，15个组可通到组，尚有3个小组已规划好但尚未实施。电信宽带约1 000元/年。根据实际调研，目前仅村委、九龙农业园和学校安装了网络，其他村民都没有申请安装。

铜仁市印江县朗溪镇河西村，作为印江自治县农村广播电视综合信息网全覆盖工程试点，农户入网可获得公司及政府一定的补助，在优惠政策下，现河西村村内已有200～300户村民办理了入网，将标清有线电视换为高清，优惠情况介绍如下表。

表8-7　印江自治县农村广播电视综合信息网全覆盖工程（河西村）试点农户入网优惠一览表

高清互动数字电视正常入网收费					拆交"小天锅"高清互动数字电视优惠入网收费			
用户类别	用户安装费	基本收视费	高清机顶盒设备费	上户费合计	农户入网优惠套餐	政府补贴	公司减免289元/户	农户自缴780元/年（980元－200元）
农村居民用户	265元	204元/（年·户）	800元/套	1 269元（含年基本收视费）	980元/年	200元/年	1 269元－980元＝289	包括一年基本收视频道70套节目，一年高清、教育、电影等40套付费频道，一年互动点播及宽带
新入网用户没有"小天锅"上交，需多交165元/户								

标清机顶盒正常入网费				标清机顶盒换高清机顶盒优惠入网收费			
用户类别	基本收视费	高清机顶盒设备费	费用合计	农户入网优惠套餐	政府补贴	公司减免124元/户	农户自缴680元/年·户（880元－200元）
农村居住用户	204元/年	800元/年	1 004元（含1年基本收视费）	880元/年	200元/户	1 004元－880元＝124	包括一年基本收视频道70套节目，一年高清、教育、电影等40套付费频道，一年互动点播及宽带
多彩云·爱定制电视机优惠入网更划算							

电视尺寸	优惠价	套餐内容
液晶40寸	2 588元	电视机一台；一年的基本收视平道70套节目、高清40套节目、教育、电影、体育、娱乐等40套付费频道、互动点播及宽带
液晶50寸	3 588元	
参与电视机业务的用户在优惠价的基础上政府再补贴200元/台		

8.3.3　邮政项目实施情况

通过对部分典型村庄的调查发现,村内的邮政服务点基本都设置在村委内。遵义市凤冈县进化镇临江村内的邮政就在村委会设点,可进行邮递、收发信件(主要是企业)等业务。另有圆通快递、天天快递等私营快递服务在进化镇设点,可发货到户,但尚未普及,仅在沿路边或交通便利的地方可以到户。

六盘水市盘县刘官镇刘家湾村在村委大楼内设有"刘家湾村农民多功能信息服务站",站内有 4 台电脑可以上网,并且还设有"中国邮政便民服务点"。

8.4　典型村庄小康讯实施中的主要问题

8.4.1　主要依靠公益性投入,企业负担较重

与小康电行动计划类似的是,地方政府在小康讯中的资金投入有限,主要依靠指令性安排大型企业自筹资金承担,以及申请部分从中央到地方各个部门的资金补助。但是与小康电行动计划不同的是,小康讯特别是在通信方面涉及多个企业,尽管这些企业都是国有背景,但也带来更为明显的市场性特征。由于农村电讯市场盈利与投入间的巨大差距,使得这些企业的投入带有明显的公益性特征。

在这一背景下,企业尽管按照指令推进了相关工作,但不可避免地承担着巨额的政策性债务,并且必然需要在更为重要的通讯服务方面进行必要的营利业务与非营利业务的切分。在实际推进建设方面,进展也相对较为缓慢,尽管由于早在美丽乡村之前的若干年持续建设,为农村地区的通讯条件改善已经做出了非常显著的贡献。

8.4.2　服务的市场化,限制了接受服务的人群规模

尽管设施的建设因为政策的原因,主要由各企业承担,或者由各种渠道的财政资金支持,但通讯更为重要的后续服务工作,则大多仍然属于市场或者准市场性的收费服务方式,这也显然也是各企业在现行机制下确保长期服务的重要举措。但也因此较为明显地影响了服务的人口覆盖度,出现了可以服务与实际服务人口间越来越明显的差异性。

根据实际调查,需要收取一定安装费用的固定电话的普及率明显非常低,尽管各个村庄早已具备安装入户电话的条件。而不需要另外支付安装或者入网费的移动电话的普及率就明显较高。较为普遍的是,基本只有农家乐、个体经商户、村委、村干部家中才会安装固话,导致固定电话即使在普及率稍高的村庄里也仅仅达到 20%左右。计划 2015 年达到 99%覆盖目标的行政村,实际的使用覆盖率仅达到 30%～50%之间,且仅有 2个村庄能达到 80%～90%的覆盖率目标,其中一个村庄还是镇政府所在地。

进一步的调查了解到,因为注重市场化运作,有关部门也未专门针对农村地区提供更具针对性的安排等,这也使得大多是老年人居住的村庄,更觉得有线电视等的实际可用率明显较低的看法,从而进一步影响其使用覆盖率。而其他的一些快递公司等,也各自根据自己的可承受能力来划定服务范围,很难自行积极主动承担为偏远村庄服务的职责。

主要由政府资金支持的邮政服务,实施效果也受到明显局限。总体上,乡镇层面的实施力度一般较大,而村庄层面明显滞后。所调研的典型村庄里,仅有 4 个设置了村级邮政接收场所,但没有任何一个村成功设置物流代收点,一般需要去镇上或乡里进行快递业务。

8.4.3 针对性服务仍然较为粗放,措施较少

包括网络等的覆盖服务度不高的另一个重要原因,是访谈中了解到的,尽管设施已经建设,但提供的内容服务仍非常匮乏,缺乏在地性的信息,以及针对留守老人等的内容。很多村民给予可用性较差的评价,进一步影响到他们接受设施服务的意愿。

客观而言,目前的小康讯仍然高度聚焦在物质性内容的建设方面,缺乏对内容和服务等方面的开发,这也一定程度上影响了村民的使用积极性,并且在诱导村民使用等方面,也并未制定专门的优惠策略。

由于客观条件的限制,农村地区的通讯条件改善尽管非常重要,却无法改变它们从建设到整体运行所不可避免的公益性特征问题。在缺乏分类的针对性引导措施和积极政策推进的情况下,很多村民产生了扶持政策依赖性。无论经济条件如何,在享有小康讯服务时,村民却普遍依赖于公益性供给,除非确有需要的情况下才自行申请相关收费服务,导致大量资金投入建起来的设施,却较长时期非常低效运行,同时却又不得不继续推进相关设施的建设进程。

9 传统村落整体保护利用政策实施状况

9.1 政策概况

9.1.1 政策沿革

传统村落是延续中国历史文化传统、保存历史文化及人文景观信息的重要载体,同时也是延续至今的中国农村的生产生活场所。并且由于所富有的历史人文信息,传统村落已经越来越受到各方面的重视。

2012年,中国正式确定以"传统村落"替代古村落,并由住建部、文化部、国家文物局和财政部联合发文公布了中国传统村落名录,将陆续推动了从调查到保护等一系列政策安排,将传统村落的保护纳入到政府行政范畴。

《全国重点文物保护单位和省级文物保护单位集中成片传统村落整体保护利用工作实施方案》(以下简称《全国实施方案》)明确了传统村落整体保护利用工作中各级部门的具体任务分工,从国家、省、县、村四级分层推进。

贵州省作为纳入名录的传统村落数量最多的省份,传统村落的成片存在,不仅成为地方特色文化景观的重要构成要素,而且是积极发展旅游业的重要资源要素,同时也是多民族共同发展和展示民族文化的重要场所。传统村落的保护工作,因此历来受到政府及社会各界的高度重视。

9.1.2 政策目标

按照2012年《关于加强传统村落保护发展工作的指导意见》,保护传统村落的根本目的是"建设优秀传统文化传承体系、弘扬中华优秀传统文化的精神",而加强保护工作的重要性和必要性在于,"传统村落是指拥有物质形态和非物质形态文化遗产,具有较高的历史、文化、科学、艺术、社会、经济价值的村落。传统村落承载着中华传统文化的精华,是农耕文明不可再生的文化遗产。传统村落凝聚着中华民族精神,是维系华夏子孙文化认同的纽带。传统村落保留着民族文化的多样性,是繁荣发展民族文化的根基。但随着工业化、城镇化的快速发展,传统村落衰落、消失的现象日益加剧,加强传统村落保护发展刻不容缓"。加强保护工作,"保护和传承前人留下的历史文化遗产,体现了国家和广大人民群众的文化自觉,有利于增强国家和民族的文化自信;加强传统村落保护发展,延续各民族独特鲜明的文化传统,有利于保持中华文化的完整多样;加强传统村落保护发展,保持农村特色和提升农村魅力,为农村地区注入新的经济活力,有利于促进农村经济、社会、文化的协调可持续发展。"

加强保护的任务是综合性的,涉及"不断完善传统村落调查;建立国家和地方的传统村落名录;建立保护发展管理制度和技术支撑体系;制定保护发展政策措施;培养保护发展人才队伍;开展宣传教育和培训"等多个方面。

9.1.3 组织管理

《全国重点文物保护单位和省级文物保护单位集中成片传统村落整体保护利用工作实施方案》(以下简称《全国实施方案》)中明确了传统村落整体保护利用工作中各级部门的具体任务分工,从国家、省、县、村四级分层推进。

贵州省内，在省文物局的统一领导下，传统村落保护的实施主体主要落实在县级政府层面，通常县级政府领导挂帅，县四部门和有关乡镇政府负责同志参加，成立领导小组及县工作机构。根据对榕江县栽麻乡大利村的调查，作为第一批全国集中成片传统村落整体保护村寨，榕江县政府为更好落实大利村的整体保护利用项目，贯彻《全国实施方案》，于2015年4月以榕府办发〔2015〕48号发文了《榕江县大利村传统村落整体保护利用项目工作实施方案》的方式(以下简称《榕江县方案》)，成立了大利村传统村落整体保护利用项目实施领导小组，制定了项目实施方案。《榕江县方案》严格依照《全国实施方案》及《贵州省传统村落整体保护利用工作实施方案》(以下简称《贵州省实施方案》)的各项要求，对大利村整体保护利用项目的实施工作提出了明确的实施主体、具体的项目实施方式、实施程序及监督验收方式，简单介绍如下。

(1) 项目领导小组

2015年4月，榕江县印发《榕江县方案》，成立以县长为组长，各有关部门负责人为成员的工作领导小组，领导小组下设项目申报办公室、项目现场实施办公室、项目研究办公室和项目资金管理及后勤保障办公室四个办公室，各自明确了工作职责和任务。

项目申报办公室负责审定大利村传统村落整体保护利用项目的相关工作方案，协调解决工作中遇到的重大问题，负责各项目申报，并跟踪申报进度。

项目现场实施办公室负责对项目实施工作的领导，统筹管理部门和乡镇抽调人员，协调解决项目实施中遇到的实际问题。

项目研究办公室负责对大利村传统村落文化遗产资料的调查、整理、研究和出版，对大利传统村落保护工作提供指导性意见。其成员主要由多个高校的教授及设计公司的著名工程师组成。

项目资金管理及后勤保障办公室负责大利村保护工程项目资金及办公经费的管理使用，制定项目资金管理办法，以及负责项目实施过程中工作人员的后勤保障工作。

(2) 项目实施主体

根据《榕江县方案》，栽麻乡人民政府将作为大利村传统村落整体保护利用项目建设实施主体，发改立项及统计入库均由栽麻乡人民政府负责。大利村传统村落整治项目由栽麻乡和榕江县文广局(文物局)组织实施。栽麻乡人民政府作为大利村建设项目实施主体，与各项目施工单位签订施工合同，履行好合同主体的职责。

(3) 项目实施方式

根据大利村传统村落整体保护利用项目的特殊性，项目实施可采取会议研究确定施工单位、邀标确定施工单位、公开招标确定施工单位三种方式进行：

其一，会议研究确定施工单位。该类项目范围为：①无价格定额，价格需根据当地实际确定的建设项目，如花桥、鼓楼、凉亭、院落、古粮仓、古民居、古井等；②建设规模较小、不成体系的项目；③群众参与投工投劳的项目；④建设金额达到邀标或公开招标规定，但建设内容较分散的项目。

其二，邀标确定施工单位，该类项目范围为：项目成整体，按国家规定达到邀标实施的。

其三，公开招标确定施工单位，该类项目范围为：项目成整体，按规定达到公开招标实施的。

(4) 项目实施程序

其一，会议研究确定实施程序：①由县人民政府确定项目建设内容、规模以及建筑风格，并按相关规定进行公示；②项目审计组根据项目建设内容、规模，以及建筑风格，结合当地实际价格对项目投资进行预算，预算完成后，由领导小组组织项目审计组、项目实施组、项目监督组召开会议确定项目价格，公示无异议后由栽麻乡人民政府与施工单位签订合同后实施。

其二,邀标、招标确定实施程序:按照邀标、招标的程序办理相关手续,确定施工单位。

(5)项目监督及验收

要求对建设规模小、技术指标要求不高,运用当地传统工艺、群众参与建设的项目,让村纪检员、寨老、村民进行工程监督;对建设规模较大、技术要求高、建设内容成体系的项目,聘请专业监理公司进行工程监督。县文物管理局对所有工程项目进行全程监督管理,发现技术指标不符合要求,存在质量问题的,有权要求进行整改。

项目施工完工后,由项目施工单位向业主单位提出验收申请,业主单位与项目领导小组组织相关人员对工程进行验收,工程验收原则上由项目实施组、项目审计组实施。

2014年4月大利村被国家文物局确定为首批启动整体保护综合试点工作全国51个传统村落之一后,大利村与云山屯、地扪村一起由北京大学、东南大学、同济大学和贵州省文物保护研究中心等于2014年5月完成了全国首批村落《文物保护工程总体方案》,并经省文物局组织专家评审通过。

《大利村古建筑群文物保护工程总体方案》完全依照《关于做好2014年传统村落文物保护工程总体方案编制工作的通知》(文物保函〔2014〕650号)中的要求制定。项目工程分为4类,分别为文物保护修缮项目、文物保护范围内环境整治项目、文物展示利用项目、文物保护消防项目,并分别明确了具体的项目内容及经费预算。

9.1.4　资金筹措

根据《全国实施方案》,传统村落整体保护利用专项资金在省一级已经统筹完成4个项目工程的中央财政支持资金,其中全国重点文物保护专项资金单独设立专款账户,仅供用于文物本体保护修缮项目。

除中央财政支持资金外,大利村传统村落保护项目资金还包含有县级各部门的项目统筹资金。《榕江县方案》要求,县财政局、县环保局、县住建局等部门项目资金全部下拨给栽麻乡人民政府,全国重点文物保护专项资金由县文广局按工程进度拨付,所有拨付资金由栽麻乡人民政府设立财政专户管理,专款专用。项目资金具体使用方案由栽麻乡政府制定,规模较大的项目须报县人民政府审定,规模较小的项目由项目现场实施办公室确定,相关部门做好业务指导。

《榕江县方案》中还明确项目资金结算方式分为一次付款和分期付款。一次付款适用于工程规模小,工期短的项目,工程完工验收合格后支付全部工程款。分期付款适用于工程规模大、工期长的项目,根据工程进度及完成的质量分期拨付,项目全部完工验收合格后,支付剩余工程款。

在大利村的资金预算中(表9-1),2014年度传统村落整体保护利用经费为4 995万元,其中申请中央财政补助3 348万元(含国家重点文物保护专项资金1 098万元)。由于《全国实施方案》提供的附件2014年度传统村落保护经费预算汇总表中规定,非国有产权文物本体维修费中央财政补助不超过总费用的40%,因此大利村2014年传统村落保护经费中,中央财政拨付的文物保护专项资金补助1 098万元,占整体文物本体维修费用预算2 745万元的40%,其余整体保护利用工程项目的资金预算均来自于中央财政补助。

除整体保护利用工程项目资金外,大利村传统村落保护项目还整合了榕江县环保局、住建局、财政局等部门项目资金,环境整治专项资金,"一事一议"财政奖补资金等,用于其他基础设施建设项目,资金均汇总至栽麻乡人民政府。

9.2　典型村庄层面的实施情况

9.2.1　文物本体保护修缮工程实施情况

大利村作为第一批全国集中成片传统村落整体保护村寨,其建设工程总体方案按照《全国实施方案》中规定的 4 类工程项目制定。借此契机,大利村传统村落保护项目还整合了基础设施建设、社区建设文化传承等多个项目,由榕江县大利村传统村落整体保护利用项目实施领导小组监管实施。

根据《大利村古建筑群文物保护工程总体方案》,大利村文物本体保护修缮工程中的项目包含一座鼓楼维修,上步花桥等四座花桥维修,杨显周宅等六座民宅维修及部分建筑构件复原,杨树言粮仓等 3 座粮仓维修,闷门古井及寨头古井两口古井维修,大利古道加固维修和修复。其资金来源全部为国家文物局专项补助资金。

《大利村古建筑群文物保护工程总体方案》除明确了具体项目外,其附件中还包含了对相关文物本体的现状测绘图,文物的现状照片及节点照片,并说明了残损部位及需要重点保护的建筑构件,以及相对应的维修设计图纸(表 9-2、图 9-1、图 9-2)。

表 9-1　　　　　　　　　大利村传统村落整体保护利用项目经费预算表

编号	费用名称	金额(万元)	用途
1	保护规划(方案)编制费	200	
2	文物本体维修费用	2 745(含文物保护专项资金 1 098 万元)	鼓楼一座、花桥四座、民居六座、粮仓三座、古井二口、古道一条
3	文物本体保护范围内环境治理费	950	文物保护范围面积:8.61 公顷,建设控制地带面积:5.41 公顷,合计总面积:14.02 公顷
4	消防设施建设费	540	
5	陈列展示费	560	
	合计	4 995	

资料来源:2014 年度传统村落保护经费预(概)算汇总表及文字说明。

表 9-2　　　大利村传统村落整体保护与利用示范项目清单文物本体保护修缮工程部分

项目名称	经费来源	实施时间	完成时限	责任单位	牵头单位	完成情况
上步花桥、寨头花桥、中步花桥、寨尾花桥	国家文物局专项补助资金	2015 年 4 月底	2015 年 6 月中旬	栽麻乡、文物局	县乡领导小组	●
传统村闷墩、寨头古井		2015 年 4 月底	2015 年 6 月中旬	栽麻乡、文物局	县乡领导小组	●
古粮仓 3 个		2015 年 4 月底	2015 年 6 月中旬	栽麻乡、文物局	县乡领导小组	●
古道维修 2.5 公里		2015 年 5 月底	2015 年 8 月上旬	栽麻乡、文物局	县乡领导小组	●
古民居维修 6 处		2015 年 5 月底	2015 年 10 月上旬	栽麻乡、文物局	县乡领导小组	●
文物"四有"档案工作		2015 年 4 月	2015 年 11 月	县文物局	县文物局	●
民居风貌整治工程及文化馆建设(文物保护范围内和非文物民居)		2015 年 6 月中旬	2015 年 11 月下旬	县文物局同济规划院	县乡领导小组	

注:黑色圆代表已完成,灰色代表已动工但尚未完成,空代表未动工。
资料来源:结合大利村公告栏公示的项目清单及实地调研信息整理所得。

残损部位	杨显周宅（榫头）	杨显周宅	杨显周宅（挑头节点）	杨显周宅（挑头节点）
照片				
残损说明	雕刻精美的榫头	雕刻精美的额枋	柱凳移位3公分	挑头节点由于梁架倾斜而脱榫约2公分
残损部位	杨显周宅（脊刹）	杨显周宅（脊吻）	杨显周宅（木地板）	杨显周宅（木栏杆）
照片				
残损说明	脊刹小青瓦佚失、破损严重	脊吻小青瓦佚失、破损严重	地面木地板严重糟朽，必须进行更换	木栏杆总体保存基本完好，但表面存在0.5~1公分的糟朽

图 9-1　杨显周宅的现状节点照片及说明

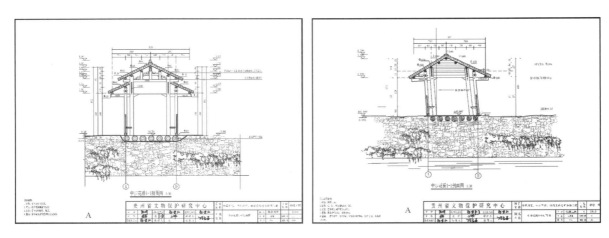

资料来源：《大利村古建筑群文物保护工程总体方案》附件

图 9-2　大利村中步花桥现状剖面测绘图(左)及维修设计图

　　《大利村古建筑群文物保护工程总体方案》中制定的所有工程均已先后开始实施,截至2015年8月,所有花桥及古井已经维修完成(图9-3、图9-4),古民居及古粮仓由于涉及个人财产,进度较为缓慢,但均已开始动工。古道维修也已动工,但受到暴雨等自然气候影响未能及时完成项目。大利村鼓楼情况较为特殊,由于2014年10月,贵州启动了榕江大利村鼓楼抢险修缮工程,同年12月鼓楼修缮工程先后开工,工程由文物保护专项资金支持,本村村民工匠实施,于2015年之前已经完成修缮,故没有列入2015年制订的这份大利村传统村落整体保护利用项目清单。总的来说,文物本体保护修缮工程项目推进较为顺利,得益于其文保专项资金

图 9-3　中步花桥维修前(左)后(右)对比图

图 9-4　修缮完成的鼓楼修缮中的杨秀标古粮仓(左)及杨胜贵古粮仓(右)

的准时拨付及严格的管理流程。

除总体方案中制定的工程外,大利村传统村落整体保护利用项目领导小组还添加了文物"四有"档案工作,目前正在进行整理工作,以及民居风貌整治工程级文化馆建设,目前尚未动工。

9.2.2　文物本体保护范围内环境治理工程实施情况

村内环境整治范围主要对文保单位周边环境,水文环境以及古道的周边环境进行治理,总面积约 44 522 平方米。村内环境整治内容主要是村内环境卫生整治、水文环境整治以及道路环境整治三个方面。

一是文物周边环境整治。包含项目为:拆除、整治乱搭乱建建构筑物;结合文物展示需要,对文物周边庭院、道路、台阶、边坡、排水沟、散水等进行整治;厕所改造及排污治理;治理垃圾乱堆放。

二是古道环境整治。村内古道总长 2 065.5 米,重点对古道边坡进行加固,对排水不畅的沟渠进行疏浚,对古道卫生环境进行清理美化,对古道旁与古道风貌不协调的建构筑物进行改造或拆除,有条件的部分适当种绿化植物。

三是水文环境整治。包括河流环境整治及水塘水沟清理。主要内容为清理河道,进行边坡治理,以及疏通沟渠,建造生态稳定塘等。

根据该项目建设规模、建设内容和建设方案,以及项目资金筹措能力和资金到位的时间,项目建设工期拟确定为 3 年,即争取在 2016 年年底完成。第一期文物周边景观整治和古道周边环境整治,时间是 2014—2015 年;第二期为水流环境整治和水塘环境整治,时间为 2015—2016 年(表 9-3)。

　　村内公示的环境整治部分项目清单与2014年制订的总体方案要求基本吻合,其项目资金来源较为多样,包含有中央补助的传统村落整体保护利用示范项目资金,以及县级整合的其他资金如环保资金、一事一议资金等。

　　在其项目实施中,拆除乱搭乱建建筑遇到较大的阻碍,主要问题在于政府与村民的沟通不到位。环境整治中污水排放问题上村民也有较大的意见,该工程项目的实施主体为榕江县环保局,该工程结合大利村的垃圾焚烧池建设,已完成招投标并完成了垃圾焚烧池的建设,然而用于污水处理的生态稳定塘建设一直得不到村民的支持,推进较为困难。村寨引水系统项目目前尚未开展。

　　环境整治部分开展较为顺利的是新建公厕,截至2015年8月,该公厕已经完成了结构框架开始上板(图9-5,图9-6)。

表9-3　　　　　2015年大利村传统村落整体保护与利用示范项目清单环境整治部分

项目名称	经费来源	实施时间	完成时限	责任单位	牵头单位	完成情况
拆除乱搭乱建建筑	传统村落保护利用项目	2015年4月底	2015年6月下旬	栽麻乡	大利村两委	●
传统水系整治工程		2015年6月中旬	2015年11月下旬	栽麻乡、水务局、文物局、景观设计事务所	县乡领导小组	●
环境整治综合整治工程	环保资金、一事一议、传统村落保护利用项目	2015年6月上旬	2015年11月下旬	环保局、栽麻乡	县乡领导小组	●
家庭改厕、改厨,新建公厕	传统村落保护利用项目	2015年6月中旬	2015年11月上旬	栽麻乡、住建局	县乡领导小组	●
村寨引水系统	传统村落保护利用项目	2015年7月上旬	2015年11月下旬	县乡项目实施领导小组	县乡领导小组	—

资料来源:结合大利村公告栏公示的项目清单及实地调研信息整理所得。

图9-5　修建中的公厕(左)及生态稳定塘(右)

　　大利村内污水现状直排到利侗溪,牵头单位环保局针对村内民宅的地形差异,确定了两种分类引导的污水处理方案:第一种方案主要针对寨内地势平坦地带的污水处理,分片收集,集中处理。污水进入排污暗沟后顺地势分别排放至紧贴利侗溪的四处污水稳定塘,利用种植净化的水生植物来达到净化效果,在雨天可以有溢流井的效果,一个池塘大约可以处理约10户人家排放的污水,改造一个氧化塘花销约2万元,并且只需要建设少量管渠,有利于降低项目成本;第二种方案主要针对位于地形较高的村民,对其污水通过安装过滤装置进行净化,进而排入河道。

　　污水处理工程由县环保局找施工队直接实施排污设施和垃圾房。通过与正在施工的包工头访谈得知,县环保局给工程队的指示是要做地埋沟渠统一处理,但由于前述的排污方案涉及使用村民门前池塘处理污水,大利村村民不同意,尤其是紧贴池塘的村民担心污水排入宅边池塘会产生气味和其他环境污染,也担心这种污水处理方式的处理周期太长,效果不明显,并且后续没有管理维护,一旦停用会造成较大污染。于是村里还需要再和环保局协商,工程队暂缓开工。

图9-6　大利村污水处理工程

9.2.3　文物保护消防项目

根据《大利村古建筑群文物保护工程总体方案》，榕江大利侗寨古建筑群为全国重点文物保护单位，主体结构为木构架形式，耐火等级四级，属于一类防火古建筑，应建立火灾自动报警系统与消防给水消火栓灭火系统。文物保护消防工程范围包括：大利侗寨区域面积约 25 平方公里，消防工程保护范围拟定为大利侗寨房屋建筑区域。

总体方案中明确的具体工程项目有小型规模的消防站，在寨头 100 米处建造小型挡水坝，挡水坝上方 15 米处建设消防提水泵房，将溪流自然水源提升至侧山坡距离河面 20 米处的新建消防蓄水箱；自蓄水箱地下浅埋消防供水管网至寨内地上消火栓；文物建筑内安装消防预警火灾自动报警系统，报警信号汇聚接入大利村支部（消防控制室）；保障文物建筑周围至少有两个消火栓能同时供水实施扑救（表 9-4）。

据实地调查和村干部访谈了解到，总体方案中提到的三项工程部分已经完成，消防水池及挡水坝已经按技术要求修建完成，文物建筑周围消火栓尚未配齐但均配有灭火器，自动报警系统是否安装未能考证。目前文物"三防"工程的主要问题在于消火栓供水还不能保证（图 9-7）。

9.2.4　文物展示利用项目实施情况

大利村现今无任何展示型的设施。在《大利村古建筑群文物保护工程总体方案》中，要求在 2014 年完成大利村村落文物展示利用规划，编写展示规划设计方案。2014 年至 2015 年根据文物展示利用规划设计方案对各展示点进行保护整治、文物建筑的再利用改造、收集村落民俗文物完成传统手工艺作坊的展示，购置音乐及戏剧等民俗展演设备和设计村寨社区文化新媒体导览导视设备，建立资料信息中心和文化解说中心，制作展示展点标牌标识，清理展示线路（表 9-5）。

截至 2015 年 8 月，文物展示利用项目尚处于方案编制阶段，生态博物馆完成选址，但未有项目投入实施。

表 9-4　2015 年大利村传统村落整体保护与利用示范项目清单消防部分

项目名称	经费来源	实施时间	完成时限	责任单位	牵头单位	完成情况
"四防"工程项目即消防、防雷、安防、防蚁	国家文物局"四防"建设工程项目专项补助资金	方案审批通过立即启动	—	具备资质的单位	具备资质的单位	●

资料来源：结合大利村公告栏公示的项目清单及实地调研信息整理所得。

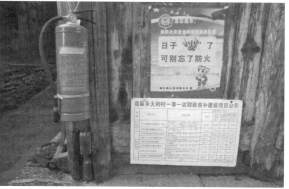

图 9-7　大利村文物建筑边均悬挂有灭火器，消防宣传海报到处可见

表 9-5　　　　2015 年大利村传统村落整体保护与利用示范项目清单文物展示利用部分

项目名称	经费来源	实施时间	完成时限	责任单位	牵头单位	完成情况
鼓楼坪厕所改造成展示服务点	传统村落保护利用项目			北大文化遗产保护中心、贵州省文体中心	项目实施领导小组	
观景台 3 处		工期在环境整治工程后启动				
民居新建改造利用示范点 3~5 户		确定选址后立即启动方案设计,方案审批通过后启动本体工程实施				
生态博物馆资料信息中心建设及陈列展示		9 月以前提交方案		同济大学负责概念设计清华工美	清华工美	
文化导识导览系统		7 月以前提交方案,方案审批后启动工程实施		栽麻乡、同济大学等	项目实施领导小组	
村内整体展示工程		5 月递交方案,工期应在环境整治工程后启动		栽麻乡、同济大学等	项目实施领导小组	

资料来源:结合大利村公告栏公示的项目清单及实地调研信息整理所得。

图 9-8　村民在新修缮的花桥内活动

9.2.5　其他相关项目工程实施情况

在基础设施建设这部分,大部分内容与六项行动计划的建设内容重合,如利用"一事一议"资金硬化村内道路、电改、三网融合等,大利村将这些内容均打包入传统村落整体保护与利用示范项目,其目的是为了保证监管力度,并且更好得协调各项目之间的矛盾。

也有部分计划使用传统村落保护利用项目资金的新建工程,如原址新建花桥,新建停车场等。目前,新建花桥已经完成,停车场已完成选址,并开始整平工作。

其他项目中社区建设和文化传承这部分项目完成度较高,可能得益于其资金投入较少,村内能人积极配合等原因。而产业建设、锦绣计划、网站微信等项目目前尚未有启动迹象。

总体来说,对照大利村公示的传统村落整体保护项目实施表中共 44 个项目,已完成项目 8 个,已启动但尚未完成的项目 14 个,反映出整体保护项目总体进度较慢(表 9-6)。实施情况较好的是使用文物专项补助资金进行的文物本体修缮保护工程,以及社区建设与文化传承项目,这两项项目的建设也均得到了村民们较高的认可,尤其是花桥的修缮,为村民提供了更为安全的公共活动场所(图 9-8)。

表 9-6   **大利村传统村落整体保护与利用示范项目清单其他类**

项目类型	项目名称	经费来源	实施时间	责任单位	牵头单位	完成情况
基础设施建设项目	村内道路、人行步道、新建石拱桥一座、庭院建设维修工程项目	一事一议	2015年6月中旬	财政局、栽麻乡	财政局、栽麻乡、大利村两委	●
	原址新建花桥一座	传统村落保护利用项目	2015年6月中旬	财政局	财政局、栽麻乡	●
	村内道路照明	一事一议	2015年5月上旬	财政局、栽麻乡	财政局、文物局	
	电改	上级部门项目指标	2015年5月底	住建局、栽麻乡	住建局	●
	小康讯、三网融合	上级部门指标		工信局、栽麻乡	工信局	
	新建公厕1个(石板古道尽头)	传统村落保护利用项目	2015年4月中旬	住建局、栽麻乡	县乡领导小组	●
	新建停车场1个	传统村落保护利用项目	2015年6月中旬	住建局、栽麻乡	县乡领导小组	
	外部连接道路维修工程	交通局争取指标或县政府投入	2015年5月上旬启动施工	交通局	榕江县政府	●
	小学教学楼改造和操场整治(民族文化传习基地)	传统村落保护利用项目	2015年7月上旬	栽麻乡、文物局	县领导小组	
社区建设和文化传承	村民动员宣导、社区组织重构(村落调查记录、消防宣传、制定民居修缮与交易款约等)	传统村落保护利用项目	2015年6月上旬	栽麻乡	栽麻乡、项目实施领导小组、北大、贵师大、大利村支两委	●
	村落节庆文化发掘与传承	县文广局申请省级经费	2015年6月上旬	栽麻乡、文广局	贵州师大、大利村支两委	●
	侗族大歌的村落传承制度建设及进课堂		2015年4月上旬	栽麻乡、文广局	贵州师大、村支两委、大利小学	●
	老年活动室		2015年4月上旬	栽麻乡、文广局	贵州师大、大利村支两委	
	小学生"爱大利、我行动"主题活动		2015年6月上旬	栽麻乡、文广局	县乡领导小组、贵州师大、大利小学	●
	非物质文化遗产传承人及社区文化骨干培训		2015年4月上旬	栽麻乡、文广局	贵州师大、文广局	●
	"守望家园、记住乡愁"走进大利演出活动		2015年6月上旬	栽麻乡、文广局	县乡领导小组、文广局	●
	村寨和小学体育设施		2015年7月上旬	栽麻乡、文广局、教育局	文广局	
	村寨非遗传习所建设		2015年6月上旬		县领导小组	
	大利幼儿园建设筹备		2015年6月上旬	栽麻乡、文广局、教育局	县乡项目实施领导小组、贵州师大	
产业建设	生态农业与深加工	农业部门项目	立即启动			
	生态旅游接待示范	旅游部门	立即启动			

（续表）

项目类型	项目名称	经费来源	实施时间	责任单位	牵头单位	完成情况
锦绣计划	侗布与侗绣产业促进示范	妇联	立即启动			
网站微信	网站与微信平台建设与推广					
研究总结	记录、研究和出版工作	传统村落保护利用项目	4月至项目结束	北京大学		

资料来源：结合大利村公告栏公示的项目清单及实地调研信息整理所得。

在各项工程的实施进度上，社区建设和文化传承工程的项目进度较快，这与该项工程项目整体偏软，资金投入较少，更具可行性和操作性有关。文物本体修缮保护工程的项目开展也较为顺利，原因是其使用的文物保护专项补助资金，拨付渠道管理严格，到位较快，并且建设前已经制定了明确的工程方案，由专业人士绘制图纸指导建设，因此这类项目进行较为顺利。

9.3 典型村庄项目实施中的主要问题

9.3.1 组织协调有待加强

大利村传统村落整体保护的联合小组，规定由各部门分别抽调技术人员到大利村驻扎联合办公，但由于各部门抽调人员并没有与原部门完全脱钩，事务太多，分身乏术，导致工作组经常不能联合办公，操作流于形式，甚至领导小组也没一起开会办公。

由于保护性资金在使用上有着较为严格的规定，而保护性工程不可避免地涉及到一些非保护性工程投入，譬如一些村民要求同步改善卫生等设施条件，如果没有其他类项目的及时跟进，就可能出现难以满足村民合理要求，甚至影响保护性工程的顺利实施。这些问题的解决，都需要更为有力的组织协调工作。

9.3.2 政策宣传不足

从问卷统计来看，大利村有超过一半的受访村民清楚本村是国家传统村落。虽然村民对自己村传统村落的认知度较高，但相关传统村落保护的政策宣传发动工作不足，未能争取村民在征地拆迁上的支持，在实际工作中与村民协调有很多矛盾，导致部分项目进展受阻。村民参与传统村落保护发展的积极性、主动性和创造性没有充分调动（图9-9）。

以大利村正在建设中的公厕为例，因该公厕在建设中占用了村民住宅的一部分地基，乡和村委与利益相关村民已经沟通协调好赔偿方案后，当事人在第二天又会反悔，进而影响工程进度。

图9-9 大利村公厕建设

9.3.3 资金利用存在不足

一是由于大利村位于偏远山区，造成保护工程项目的实施成本高于一般核定标准，尤其是项目原材料的物流成本。但国家相关部委审核给定的项目经费标准是一般标准，导致项目下拨经费不能够充分满足项目的实际实施成本需求。

二是项目配套资金困难，保护经费投入无法满足实际需求。国家专项资金项目没有考虑村民利益的赔付内容，但实际项目操作中，由于很多公共项目需要占用村民的耕地或宅基地，这是一笔经常有但数量又很难提前估算的花销。因此，给村民的项目赔付款只能从工程款中扣除。访谈了解到，每当有工程队在村里项目实施中遇到困难的时候，工程队会先找对应的县直部门，然后县直部门了解问题后找到栽麻乡、乡驻村或本村工作人员和村委通报，村委与村民协调，协调以后若有资金需要赔偿村民，就从该项目的工程款里扣除。

传统村落所在的区县和乡镇大都属于贫困县，财政入不敷出，所有工作的开展几乎都要依赖拨款，因此落实项目资金还有困难，时常需要施工队垫资。一般由中央财政补助的项目较易落实推进，但属于地方财政拨付的项目由于地方财政困难，项目落实较为困难。如大利村于2015年7月完工的垃圾焚烧池，建设工程队为环保局招标委托，然而建设完成后尚未收到工程项目款，所有零工工资均为工程队垫付。

9.3.4　相关政策有待完善

传统民居是村落不可缺少的重要元素，而传统民居的保护是一项庞杂的系统工程，涉及面广，投资量大，仅靠政府投入是难以实现传统民居长期可持续系统保护的，需要建立多元化运营机制，吸引村民、社会资本积极参与保护工作。但传统民居为集体土地性质，按照目前的法律规定，其土地使用权和房屋所有权仅限于本集体经济组织成员间流转，难以吸引社会资本的经营性投入。农村集体建设用地、宅基地的改革牵一发而动全身，在国家层面的相关政策没有出台之前，传统民居的保护工作存在着不少的困难和问题。做好民族村寨、传统村落保护工作，必须积极探索破解传统民居产权流转这一难题，非国有产权文保单位民居产权流转政策有待研究完善。

此外，传统文物民居修缮的政策也有待完善。按照相关传统村落传统文物民居保护修缮规定，将由村民出资40%～50%的修缮资金。传统村落民居大多数为私有产权，且村民大部分以务农为生，收入水平低，出资困难。文物本体保护修缮补助政策在实施过程中难以得到村民的支持，应尽快探索制定更为可行的文物本体保护修缮补助政策。

9.3.5　传统风貌保护意识不强

部分村民对传统村落文化遗产价值认识不足导致的传统风貌破坏的情况仍然存在。民族村寨、传统村落长期的经济落后，导致很多村民对自身文化缺乏自信，认为自己的东西是落后的，甚至将独具特色的民族村寨、传统村落与落后、贫穷画等号。案例村庄中的不少村民盲目跟风"打造"所谓的"新民居"，拆掉了传统的干栏式木楼，在原地建起了砖混结构的楼房，热衷"涂脂抹粉"，随意硬化、绿化、白化、亮化，把古朴的青石板、石砌路拆掉，铺装上水泥路；把饱经沧桑的夯土墙石墙砖墙统一刷得白亮光洁；把生机盎然的植被铲除，种上整齐的草坪，破坏了传统村落所承载的历史价值和情感记忆，让很多珍贵的地域特色、文化遗产和景观被"千村一面"代替，造成民族村寨、传统村落历史记忆的消失（图9-10）。

除了"新民居"破坏了传统风貌外，由于村民对于历史文物保护意识的缺乏，在其他的建设中，也会造成对文物价值的误判，导致不能妥善处理各项文物的修缮工作。尤其是在黔东南州这样的少数民族村寨，村民自己参与建设的意识较强，村内有大量建设依靠"一事一议"财政奖补资金完成，甚至许多文物本体修缮项目当地村民也很乐意参与其中，这就更加要求当地村民对村内有价值的建筑构件，文化传统进行有意识的保护，必须高度重视这类相关知识的培训，增加村民的保护意识（图9-11）。

图9-10 大利村水泥筑底的改造民居

　　大利村有一条修建于清朝年间的青石板古道,已经被列入了文物本体保护的修缮名单,古道上除了使用了百年的青石板外,还有着保佑着村内平安的六块雕石,分别是两块卷草雕石、两块青蛙雕石以及两块蛇雕石,象征着蛙立于卷草,为村庄带来财运,保佑庄稼丰收,而蛇又镇住青蛙,以防财运过旺而招来横祸,这是代表村庄文化的一组雕石。

　　然而,由于古道尽端利用"一事一议"财政奖补资金在修建新的道路,两块卷草石雕竟被丢弃在草丛中,这样珍贵的文化象征没有被妥善处置,实在是令人担忧。

被丢弃在草丛中的卷草石雕以及正在开挖的道路

图9-11 大利村道路建设中未能妥善处置文物

10 涉农产业项目政策实施状况

10.1 政策概况

　　农业始终是三农领域的重要问题,不仅关系到农民增收,也直接关系到国民经济的稳定。因此,促进农业和农业产业化发展,是国家三农领域的重要政策方向。

　　作为城镇化进程较为缓慢的欠发达地区,贵州省始终把"三农"工作作为全省工作的重中之重,把农民增收作为"三农"工作的重中之重。近年来,在全国层面各类涉农产业发展的相关政策推动下,贵州省积极采取措施,推进休闲农业与乡村旅游以及现代农业发展,促进农民增收。

　　农业部和国家旅游局于 2011 年发布了《关于启动 2011 年全国休闲农业与乡村旅游示范县、示范点创建工作的通知》(农办企〔2011〕10 号),贵州省农委随之展开了省级休闲农业与乡村旅游示范点的评选工作,制定并发布了《贵州省休闲农业与乡村旅游示范点管理办法(试行)》(黔农发〔2011〕198 号),明确了省级示范点的申报、评定、管理等程序。2012 年,贵州省又进一步颁布《贵州省休闲农业与乡村旅游示范点评分细则和标准(试行)》,规范了具体的评定指标。

　　为积极推进贵州省的现代农业发展,国务院专门发布了《关于进一步促进贵州经济社会又好又快发展的若干意见》(国发〔2012〕2 号),在十一届二次全会提出了"5 个 100 工程"重点发展平台,即重点打造 100 个产业园区、100 个现代高效农业示范园区、100 个示范小城镇、100 个城市综合体和 100 个旅游景区。贵州省人民政府在此基础上又发布了《关于支持 5 个 100 工程建设政策措施的意见》(黔府发〔2013〕15 号)的文件,开展了包括现代高效农业示范园区在内的"5 个 100 工程"建设。

10.2 现代高效农业示范园政策

10.2.1 政策实施概况

　　总体上,现代高效农业示范园政策也采取了逐级落实的方法。每年,省人民政府办公厅制定工作方案,各地州级人民政府一方面出台工作方案细化推动该项工作,一方面根据各自情况组织申报,以及园区建设规划编制上报及审批工作。

　　对省级现代高效农业示范园实施日常管理,也是各地州有关部门的重要工作之一。从实际管理方式来看,各地州也有所不同。黔东南州建立了农业园区建设领导联席制度、工作调度制度、工作考核办法等一系列工作管理措施,基本形成了"政府引导、部门配合、企业为主、农民参与"的农业园区建设工作格局,并且通过扶持培育一批有规模的认证产品标准化示范基地和龙头企业来带动农业的发展。

10.2.2 分级目标任务

　　在省人民政府办公厅每年的工作方案要求下,各地州对省级现代高效农业示范园的创建工作都会颁布相应文件,如黔西南州就相继出台了 2013 年的工作方案与 2014 年的建设工作方案。

　　《黔西南州现代高效农业示范园区建设 2013 年度工作方案》提出,2013 年的主要工作目标为:全面启动 10 个省级园区创建工作,建设园区主要基础设施,打造园区生产基地、培育园区经营主体、销售园区生产商品、园区效益逐步显现。6 个省级重点园区配套设施基本完善,生产功能基本完备,产业体系基本建立,农产品质量安全信息全程追溯试点工作工基本完成,产业化经营体系基本形成,园区效益逐步显现。重点园区配套设施基本完善、生产功能基本完备、产业体系基本建立,农产品质量安全信息全程追溯试点工作基本完成,产业化经营体系基本形成,示范效应显著。在此基础上,该方案又将大目标分解为商品化生产目标、经营主体培育目标、生产经营效益目标三个板块。

商品化生产目标。农产品商品化经营体系初步形成,启动园区农产品储藏、加工、物流等配套设施建设、产品实现分级包装和商标注册,开拓稳定的销售市场和销售渠道,商品率达到 80% 以上。

经营主体培育目标。10 个园区均有企业入驻,成为产业经营主体和核心,培育和引入 16 家规模较大,实力较强,新产品开发和市场开拓能力的企业入园经营,组建 22 家以上农民合作社,促进"园区 + 企业 + 合作社 + 农户"利益共同体的形成。

生产经营效益目标。10 个园区均有产品品牌和一定规模的产品销售,培育 1 个以上优质农产品品牌,5 个以上园区获得无公害农产品产地和产品认证,实现企业销售收入 20 亿元以上,销售利润 6.7 亿元以上。

《黔西南州 2014 年现代高效农业示范园区建设工作方案》,在 2013 年的基础上有了非常大的推进,任务目标也有了数额的详细规定。2014 年现代高效农业示范园创建工作的任务目标为:不断完善工作机制,加强动态监测管理,严格绩效考核制度,更大范围、更高程度调动各方积极性,更加有效地发挥示范带动作用;加快建设农业园区支撑平台、加速提升园区形象、逐渐完善园区功能、不断提高产业发展水平,逐步打造基础设施基本完善、产业体系基本形成、综合效益初步显现的"引领型"示范园区,带动全省现代高效农业示范园区建设工作迈上新台阶。

一是建设一批省级高效农业示范园区。在继续推进 2013 省级示范园区创建工作的基础上,从在建州、县级农业园区中遴选一批进入省示范园区行列,使省级现代高效农业示范园区发展到 20 家,建成 8 个以上基础设施基本完善、产业体系基本形成、综合效益初步显现的"引领型"示范园区,带动全省现代高效农业示范园区建设工作向更高水平发展。

二是建设高标准商品生产基地。建成薏仁、甘蔗、蔬菜、茶叶、水果、花卉苗木、烟草、油茶等高标准生产示范基地 58 万亩以上,建设畜禽标准化规模养殖区和水产健康养殖示范区 3 个以上,配套建设储藏、加工、物流等设施,实现农产品及加工类商品率 90% 以上。

三是培育新型经营主体。加大新型经营主体培育扶持力度,进一步增强园区经营主体实力,实现入园企业、农民专业合作社分别超过 150 家、181 家。其中注册资本 500 万元以上企业达到 53 家,省级农业产业化经营重点龙头企业 30 家以上,重点培育运营机制完善、示范带动能力强的农民专业合作示范社 10 家以上。

四是品牌创建和产品销售。培育 2 个以上优质农产品品牌,实现 1 个以上农产品获得地理标志产品、地理标志证明商标。开展无公害农产品、绿色食品和有机食品产品认证和产地认定,实现认证产品 23 个以上,农产品抽检合格率 100%。全州农业示范园区完成投资 45 亿元,实现产值 60 亿元以上,销售收入 41 亿元以上。

10.2.3　分级组织管理

安顺市为有效推进"5 个 100 工程"建设进度,从 2014 年 4 月起,按季度对"5 个 100 工程"综合评价排名情况进行公布。并在 2015 年以县区为考核单位,以 2014 年 6 月至 2015 年 4 月时段新发展增量为主要考核考评依据,对各县区山地现代高效农业发展情况进行了考评。

黔西南州则按照省文件的要求,在 2013 年成立以分管州领导为组长,州有关部门负责人为成员的州现代高效农业示范园区建设工作领导小组；州领导小组办公室设在州农委，州农委主任兼领导小组办公室主任，成员单位各明确 1 名科（室）负责人为联络员。州领导小组办公室负责州联席会议的日常工作，承担园区建设的协调职责。各县（市）人民政府、新区筹委会也要建立相应组织领导机构。另一方面，严格园区建设考核制度。把园区建设工作纳入各级政府和各有关部门年度目标考核内容和州委、州政府的专项督查；逐层细化分解目标任务，园区建设进度情况实行月通报、季调度、年考核；园区建设动态监测情况在州媒体公布，主动接受社会监督。

2013 年是实施黔西南州 10 个省级现代高效农业示范园区建设工作的第一年，为起好步、开好局，确保全年园区创建工作健康、有序开展，黔西南州特制定《黔西南州 10 个省级现代高效农业示范园区建设 2013 年度绩效考评办法（初稿）》文件，规范了对现代高效农业示范园的考评制度，文件中规定：考评工作是由州现代高效农业示范园区建设工作领导小组组织，每年考评一次，与州目标绩效考核工作及省园区办对省级园区的考评结合进行。采取园区自评、考评组现场考察、听取汇报、查阅资料、综合评分的方式进行。

2014 年，黔西南州颁布的建设工作方案，对省级高效农业示范园的管理体制，相比 2013 年进行了强化，不仅要求切实加强工作领导小组的组织领导，并且还召开黔西南州联席会议和园区建设推进会，研究解决园区发展中存在的问题，突出黔西南州现代高效农业示范园区联席会议办公室统筹协调和州级指导单位牵头指导的作用。联席会议各成员单位要结合工作职能制定年度计划，切实落实好支持农业园区建设的工作责任。

在绩效考核制度上，黔西南州 2014 年的建设工作方案中也对绩效考核的流程和标准进行了详细的说明。通过检查督促、绩效考核，按照引领型、发展型和追赶型三种类型进行分类管理、分类指导，形成增比进位、优胜劣汰的竞争激励机制。同时，按照《中共黔西南州委办公室黔西南州人民政府办公室关于印发〈黔西南州省级现代高效农业示范园区考核办法（暂行）〉的通知》（州委办字〔2014〕29 号）文件，每年 6 月下旬和 12 月下旬进行两次州级考核，召开两次黔西南州农业园区建设推进会，根据考核评价结果查找问题、提出整改措施；根据考核评价分值对黔西南州农业园区进行排序，报州政府认定后在州内主要媒体公布；对考核排名前两位（含并列）园区颁发流动红旗，州政府从农业产业化资金中奖励 100 万元用于园区建设。对考核分值在 85 分以下的园区或在省考核中被黄牌警告的园区给予黄牌警告，被黄牌警告的园区所在各县（市）、义龙新区主要领导在召开全州农业园区现场推进会时领取黄牌并作表态发言；考核评价结果将纳入园区所在各县（市）、义龙新区的年度目标绩效考核内容，在考核中连续两次被黄牌警告的园区将启动园区考核问责机制。

遵义市市政府则成立了由市委副书记、市长任组长的市"5 个 100 工程"建设协调领导小组，协调解决项目推进中存在的重大问题；研究政策、计划、资金等重大事项；审定各分项工程年度目标，提出按季推进工作要求。同时，遵义市还根据建设工作内容，成立由市政府相关副市长任组长的分项协调领导小组，督办落实市领导小组确定的有关事项。

针对项目建设的具体实际，遵义市将实行按季例会调度制，每季例会将通报"5 个 100 工程"分项工作推进情况，总结分析取得的成绩和好的经验，找出存在的困难和差距，进一步明确责任、强化落实，提出各分项工程下季度的工作要求。同时，还建立会商机制和督促检查机制，对"5 个 100 工程"建设中涉及的项目立项、审批、土地、环评、水保、招商等问题实行会商。原则上每季度会商一次，集中帮助解决存在问题，对有特殊时限要求的，及时进行会商解决，并把实施"5 个 100 工程"建设工作纳入年度目标考核内容，采取不定期督查方式开展督查，确保市政府各项工作要求落实到位，整体工作有序推进。市政府要求，各县（市、区）政府要比照组建相应的工作机构，负责辖区"5 个 100 工程"项目推进的组织、协调工作。原则上每半月调度一次，准确掌握项目形象进度和投资完成情况，协调解决项目单位提出的相关问题。

10.2.4　资金筹措渠道

各地州省级现代高效农业示范园创建工作的资金筹措渠道主要分为两块：财政扶持与金融服务。各地州对这两个板块的侧重程度不同。

黔东南州主要侧重于金融服务的支持。黔东南州金融机构通过加大信贷投放、扩展表外融资、完善金融服务等方式，积极支持"5个100工程"平稳较快发展。农行、农信社、农商行等"农"字头的银行主要通过创新农村金融服务、开展信用工程建设等措施，着力满足农业多元化融资需求；国开行及工行、农行、中行、建行等5家大型银行发挥传统优势重点支持产业园区建设。为更好地适应"5个100工程"项目特点，黔东南州银行业不断加强与证券、信托业等金融机构协作，通过信托受益权、信托贷款、委托贷款等表外融资方式为"5个100工程"融资，表外融资逐渐成为"5个100工程"融资的重要渠道。

黔西南州则同时注重财政和金融两大板块。财政支持方面，州财政每个园区预算安排100万元专用资金，由帮扶单位监督使用，按规划目标要求用于园区建设。在《州人民政府办公室关于印发黔西南州2014年州级财政现代高效农业示范园区建设贴息专项资金指导意见的通知》（州府办函〔2014〕65号）文件中，详细说明了州级高效农业示范园区财政专项资金的使用方案：州级财政现代高效农业示范园区建设贴息专项资金共1 000万元，其中600万元用于现代高效农业示范园区建设贷款贴息，400万元用于支持鼓励农业推进会流动红旗获得县（市、新区），每个县（市、新区）100万元。根据《中共黔西南州委办公室黔西南州人民政府办公室关于印发〈黔西南州省级现代高效农业示范园区考核办法（暂行）〉的通知》（州委办字〔2014〕29号），每年6月下旬和12月下旬各进行一次园区考核，对考核排前两位（含并列）的园区颁发流动红旗，州政府从农业产业化资金中各奖励100万元用于园区建设。

除此之外，黔西南州各县（市）、新区财政每年每个园区预算安排200万元，按规划目标要求用于园区建设，同时积极调整支出结构，整合各项涉农资金，鼓励、引导社会资金合力支持园区建设。进入园区的企业享受国家农业生产用水、用电扶持政策和当地招商引资各项优惠政策。金融服务方面，鼓励农行、农发行、国开行、农村信用联社等金融机构大力支持园区建设，建立农业项目优先贷款和最低利率贷款机制，对园区企业、专业大户、农民合作社、家庭农场及创业者，优先提供贷款；对园区创业妇女，优先提供妇女小额担保贷款；支持符合条件的园区龙头企业上市融资、发行债券；加快推进园区农业保险、森林保险等工作，实现政策性保险全覆盖。

遵义市则高度重视招商引资，把招商引资作为助推遵义发展的"一把手工程"和"首要工作"，先后出台了工业及园区、酒店及会展业的招商引资优惠政策。对重大招商引资项目用地实行"点供"和"一事一议"，并安排专项资金，实行"以奖代补"。同时，还制定了《关于鼓励支持和引导个体私营等非公有制经济发展的实施意见》，对民营企业给予最大优惠，并进一步精简行政审批40多项，努力提高办事效率，为外来投资者营造良好环境和氛围。同时，根据遵义市金融业发展规划，2013年起遵义市还将继续深入实施"引银入遵"工程，拟引进银行、保险、证券等金融机构以及财务公司帮助企业进行资金管理，培育企业上市，为遵义经济社会又好又快、更好更快发展奠定坚实基础。

10.3　典型村庄层面的实施情况

10.3.1　项目建设情况

典型调研村庄中，涉及贵州省涉农政策的有：丹寨县石桥村休闲农业与乡村旅游示范点被评为2012年省级休闲农业与乡村旅游示范点。贵州黄果树石头寨生态农业观光示范园、贵州兴义楼纳阳光现代农业观光示范园被评为 2014 年省级休闲农业与乡村旅游示范点。黄果树风景名胜区现代观光农业示范园、凤冈县现代烟草农业示范园区、凤冈县出口蔬菜产业示范园被评为贵州省"100 个现代高效农业示范园区"。

10.3.2　丹寨县石桥村休闲农业与乡村旅游示范点

黔东南州丹寨县石桥村被评为 2012 年省级休闲农业与乡村旅游示范点。

石桥村隶属丹寨县南皋乡,位于丹寨县城北部,石桥村境内土壤肥沃,物产丰富,气候温和,村内人文资源丰富,自然风光优美,民族节日众多,民族风情浓郁、古朴,民族文化多姿多彩,有被誉为"活化石"的古法造纸、穿洞、天然石桥、"龙擦痒"、药王庙、大岩壁诗刻等众多旅游景点,有苗族服饰、情歌对唱、芦笙舞、板凳舞、大簸箕苗族民居建筑等丰富多彩的民族风情。

石桥古法造纸保持着一千多年来的传统工艺,2006 年被评为国家级非物质文化遗产,是石桥村发展旅游的基础和核心品牌之一,石桥村也被省文化厅命名为"中国古法造纸文化艺术之乡"。目前村内从事造纸生产销售的约 20 户,户均年收入 5 万~6 万元。村内成立有"黔山古法造纸专业合作社""易兴古法造纸专业合作社""启光造纸公司"三家企业,吸收了本村 80% 以上的造纸户。但仍有部分散户采取自产自销的方式生产经营。2014 年,石桥村造纸业年产值约为 500 万元。2015 年 7 月,由丹寨县工商联牵头,石桥村召开了第一届古法造纸大会。会上成立了石桥古法造纸协会,筹备建立一个统一的造纸合作社,将目前三大主要造纸合作社和公司(黔山、易兴、启光)以及村内造纸散户,共 96 户造纸艺人集合起来。由会长和副会长等牵头,按照订单集体制作,统一销售,将石桥村的造纸技艺产业化、规模化、正规化。成立目的主要有三方面:共同争取政府部门资金扶持,便于政府投资,共同商讨古法造纸行业的发展,便于建立统一的融资、制作和销售平台。

2006 年以来,县委、县人民政府结合村情实际,积极探索"造纸+民俗文化+乡村旅舍"的旅游发展道路。近年来,石桥村农家乐、农家住宿等旅游接待业发展较快,成为村内服务业发展的主要载体。村内现开设约 11 家农家乐,大部分为近 3~5 年开办。以餐饮服务为主、同时兼具住宿服务的约有 6 户。主要分布在纸街和通乡路两侧,另在大簸箕寨开设 1 家、新村开设 2 家。由旅游局组织,对开设有农家乐的家庭进行了接待培训,现均挂有统一的"农家乐接待户"标识牌。开设农家乐的家庭户均年收入在 10 万元左右,个别达到了 40 万元。此外,村内 2012 年成立了"丹寨县纸有石桥旅游开发有限公司",为村民个人经营所有,注册资金 500 万元。主要与贵阳的旅行社合作,提供旅游线路、旅游商品开发销售和农家乐服务(图 10-1)。

10.3.3　贵州兴义楼纳阳光现代农业观光示范园

位于贵州省黔西南州义龙新区顶效镇楼纳村的贵州兴义楼纳阳光现代农业观光示范园被评为 2014 年省级休闲农业与乡村旅游示范点。阳光现代农业观光示范园项目是以发展现代生态农业为基础,集农业科技示范、农业休闲观光、乡村旅游度假、民族文化传承为一体,具有黔西南喀斯特风情的生态农业观光示范园。

阳光现代农业观光示范园区总投资 2.1 亿余元,建设规模 1 万亩,目前该项目已经完成 2 000 余亩的建设。计划建成为黔西南州乃至全省最大的休闲观光现代农业示范园之一。目前,园中除了桂花,还引进香樟、紫薇、红叶石楠、银杏等城市高档绿化树种,无籽刺梨、金龙杏、甜柿等精品果树以及特色花卉和盆景;将打造 300 亩绿色无公害蔬菜示范基地;同时,利用园区的绿化苗木林及果林资源,开展林下养殖,采用绿色圈养及放牧模式放养,打造 200 亩土猪、土鸡养殖等项目。示范园建成后,每年将能生产高档绿化苗木 1 万余株,精品水果 1 100 吨,绿色无公害蔬菜 900 吨,特色花卉植物 10 万盆,年出栏生猪 5 000 头、土鸡等家禽 2.5 万只。

图 10-1　丹寨县石桥村造纸产业景观

　　阳光现代农业观光示范园采取"公司＋基地＋合作社"方式组成"新型农业经营模式",以公司为主导,实行企业化管理,确保效益高效;以基地作为农业技术推广、农村技术培训的中心,做到方便、适用,有效促进产业发展;专业合作社作为生产第一线的主力军,既坚持了农民作为农业生产经营的主体,也解决了工商企业大面积长时间租种农民土地的矛盾。

　　截至2014年上半年,楼纳村600户村民流转出近3 300亩土地。阳光现代农业园采用了土地流转的方式,农户将土地使用权转让、出租给示范园,而自己依旧保留承包权。同时,阳光公司倒过来,又将流转土地的农户请到园区务工,有了工资收入,最终实现了租金和工资双收,增加了农民收入。根据调研,阳光公司向村民租用水田年租金为每年1 300元/亩,旱地租金为每年700元/亩。后面查询书面资料显示,楼纳村流转土地的具体做法是流转1亩水田,公司每年按1 000斤稻籽以当年市价(约1 350元)折资结算给农户;流转1亩旱地,公司每年按600斤玉米(地里栽有果树的每年多增加150斤玉米)以当年市价(约660元,地里有果树的还补加165元)折资结算给农户;凡流转土地的农户,公司请工在同等条件下,每年按1亩15个劳工优先请流转户做工(不做的另请他人),做工的农户1亩折合劳工收入800～1 500元;土地流转后,安排剩余劳动力外出打工,打工收入每人均达2万元以上。

　　2014年5月8日,位于黔西南州义龙新区顶效镇楼纳村的楼纳阳光盆景园正式开放。楼纳阳光盆景园由兴义市阳光旅游开发有限公司斥资2 000万元打造,其定位是继承和发扬中国传统园林的自然式景观。建成后的楼纳阳光盆景园,将把中国园林的情趣与地方景观融为一体,促成传统与现代的交汇。

　　除了能满足和丰富"果篮子"、"菜篮子"外,阳光现代农业园下一步还将在这里开发乡村旅游业,争取到

图 10-2　楼纳村阳光盆景园实拍图

2016 年将项目打造成一个国家级的"现代农业观光示范园区",创建并打响"阳光生态品牌"。成为黔、滇、桂三省区结合部各县市群众家门口的休闲度假胜地(图 10-2)。

10.3.4　黄果树风景名胜区现代观光农业示范园

　　黄果树风景名胜区现代观光农业示范园被评为贵州省"100 个现代高效农业示范园区",其核心部分石头寨生态农业观光示范园被评为 2014 年省级休闲农业与乡村旅游示范点。

　　黄果树现代观光农业示范园区坐落于黄果树风景名胜区内,总体规划面积约 13 000 亩,由一个核心区和四个配套区组成,分别为石头寨区、翁寨区、王安寨区、滑石哨区、大坪地区。项目总体定位为世界级农业示范项目,功能定位为黄果树旅游圈深度生态体验区、贵州省农业硅谷,并打造了三大产业平台:深度生态体验平台、贵州特色农业展示交易平台、现代农业技术服务平台。

　　项目规划全面贯彻少征地和生态保护的原则,通过通道景观化和产品主题化将农业示范和旅游观光有机结合。整体规划结构为一心、一环、一轴、六分区、多节点:一心为石头寨核心区;一环即串联石头寨区域的交通环线,也是未来自行车游览路线系统;一轴即目前 X460 道路,即未来园区主轴道路;六大功能区包括石头寨核心区、休闲观光区、互动体验区、农耕文化展示区、农业种植示范区和汽车露营区;多节点为多个公共空间节点。

　　石头寨核心区以民俗展示和深度体验为主题,打造布依蜡染、服饰、戏曲、民乐、手工艺品等为主的系列产品;农业种植示范区以农业示范和农业体验为主题,导入智慧农业体系和生态购物体验模式,打造 1 000 亩金刺梨种植基地、核桃苗圃种植基地、樱桃种植基地优质水稻示范基地、生产包装区、科研检测中心等;休闲观光区以观光休闲为主题,依托花卉基地种植、中草药种植区、水产养殖区、精品果园种植区,打造观光和休闲体验为一体的农业旅游产品;互动体验区以区域通道为基础,以通道景观化为原则,打造儿童游乐区、浪漫花海区、布依民俗区和世界风情区四大主题体验产品区,增加游客互动;农耕文化展示区展示四个不同时代农业文明,并且设置科普教育示范基地;汽车露营区包含房车露营区、特色农产品销售中心、花卉苗木区、根艺奇石区、民俗酒店和生态农庄等(图 10-3)。

10.3.5　凤冈县现代烟草农业示范园区

　　凤冈县现代烟草农业示范园是贵州省委十一届二次全会提出的推进"5 个 100 工程"中的全省 100 个现代高效农业示范园区和 30 个省级示范园区之一。

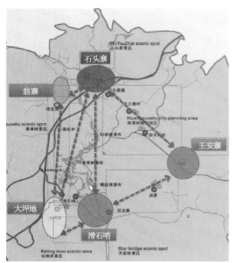
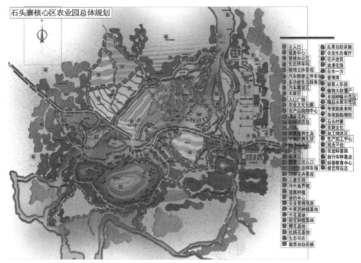

图 10-3　黄果树风景名胜区现代观光农业示范园规划图

图 10-4　凤冈县现代烟草农业示范园区
核心区建设规划图

　　园区位于凤冈县南部，包括进化、琊川、何坝、蜂岩、天桥 5 个镇，36 个村和社区，国土面积 755 平方公里，耕地面积 36.9 万亩。园区由核心区、示范区、辐射区组成。其中，核心区面积 1 万亩，位于进化镇，总体布局为"一心六园"。一心，即梁家湾生态管理中心，围绕梁家湾水库建设，占地面积 1 861 亩，建设内容包括梁家湾风景区、综合服务中心、综合管理中心、烟草文化展示馆、山地创意牧场、老年修养中心。六园，中华烟草原料试验园、特色农业观光园、生态农业科技示范园、新型农民和大学生创业园、现代烟草科技示范园和烟草品种展示园。示范区和辐射区由两翼组成。"左翼为主"即示范区，是指烟草园区的左翼环线所覆盖的区域，主要包括进化镇、琊川镇和何坝乡三个乡镇。示范区的总体布局以左翼为主轴，重点建设关联产业的工程项目，形成"珍珠项链式"的产业格局。"右翼为辅"即辐射区，包括天桥镇和蜂岩镇的全部行政村（图10-4，图 10-5）。

图 10-5 临江村中华原料育苗工场图

10.3.6 凤冈县出口蔬菜产业示范园区

凤冈县出口蔬菜产业示范园区被评为 2015 年新增省级现代高效农业园区。

园区以蔬菜生产、加工与销售为主导产业,同时依托园区的自然气候条件和基地建设生产性景观,配套发展休闲观光养生产业。

生产功能是农业园区的第一功能,也是园区最重要的功能。凤冈县规划发展蔬菜生产基地 50 万亩,其中出口蔬菜基地 2 万亩(按每年生产 4 茬计,年生产蔬菜 8 万亩)、山野菜基地 8.5 万亩、水生蔬菜(莲藕)基地 2 万亩、辣椒基地 12 万亩、保供蔬菜(果菜和根茎菜)19.5 万亩。建成后将成为贵州最大的出口蔬菜基地和水生蔬菜基地。核心区蔬菜园区建设范围为:出口蔬菜基地以绥阳镇永盛社区、石门村、大石村,进化镇临江村、黄荆村、中心村、前进村为主,面积 2 万亩;辣椒基地分布在绥阳镇和进化镇,面积 1.1 万亩;水生蔬菜基地以琊川镇琊川村、茅台村、朝阳村,进化镇临江村、大堰村、中心村、大堰村、熊坪村为主,面积 1 万亩;根茎菜基地分布在绥阳镇、琊川镇和进化镇,面积 1.1 万亩。

其中,蔬菜出口园区位于凤冈县进化镇临江村的功能板块,有进化出口蔬菜基地、莲藕基地、进化加工物流区(10 亩产地初加工车间、50 亩小型产地交易市场、3 000 平方米冷库)、50 亩进化万菜园、进化综合管理服务区(2 000 平方米园区管理大楼、500 平方米农产品质量安全检测中心、2 000 平方米科研楼、1 套农业物联网系统、1 个农作物气象观测站)、农资供应中心以及九龙养生园。

九龙养生农业园位于遵义市凤冈县进化镇临江村,是凤冈县第一个科技生态相结合农业旅游示范景区、凤冈县生态农业旅游示范点、综合农业示范观光园,同时也是凤冈县出口蔬菜产业示范园区的重要组成部分。全园总占地面积 1 万余亩,目前拥有水库一座(九龙水库),水域面积 650 亩,山林 6 000 余亩,耕地 4 000 余亩,布局包括生态种植区、生态养殖区、综合活动区、农耕文化展示区、娱乐休闲区、观赏采摘区和农业体验区等(图 10-6)。园区一期建设期限为 2 年,即 2012—2014 年,项目估算总投资 1.2 亿元。

园区内原有 32 户人家,现仍有 20 多家农户大集中小分散分布在园内。园区已经完成土地和水库流转 2 710 亩,其中集体水库 650 亩、集体荒山 1 000 亩、农户入股土地 560 亩、流转农户耕地 500 亩。由于本地泥土砂石较多,可耕种的土地较少,平均水田与旱地总量约 1 亩/人。2012 年园区刚开始建设时,耕地租金约 500~600 元/亩,至 2015 年,园区外耕地租金约 800 元/亩,而用于公共设施建设的耕地租金可达到每亩 2 万多元。

园区分区分为生态种植区、生态养殖区、娱乐休闲区、观光采摘区、农耕文化展示区与农业体验区等片区。

（1）生态种植区

园内现有温控大棚和育苗工场1座共计2 000平方米，有机茶园100亩、花卉苗木200亩、有机蔬菜园500亩、有机水稻基地2 000亩，结合稻田养鱼，形成种养业结合模式。九龙水库库区周围建有果园1 000亩（图10-7）。

（2）生态养殖区

现园区实现了种养结合模式，种植供应养殖业，养殖业所需饲料由园区饲料加工厂自行提供，并且践行沼肥还田、改良土壤，实现循环利用。

园内建有自繁自养、年出栏5 000头生猪养殖场1座；年出栏2万羽土鸡的林下养鸡示范小区；野山鸡养殖场500平方米；淡水鱼流水线养殖场1座、娃娃鱼养殖池500平方米；其他观赏性动物养殖园500平方米；生态饲料厂1座（图10-8）。

园内餐饮肉食品，都来自于公司养殖场饲养的牲畜。生猪品种主要是香猪与外三元优质猪，森林里放养土鸡，九龙库区和人工湖内饲养不同品种的鱼类。

图10-6　九龙养生园园区功能主要分布图

图10-7　九龙养生园生态种植片区全景图

（3）娱乐休闲区

休闲观光及办公设施 4 000 平方米，其中休闲娱乐餐饮设施 1 000 平方米，产品展厅及办公设施 1 000 平方米，接待宾馆 2 000 平方米，有床位 60 张，房间 36 间。休闲娱乐设施包括一个泳池、一间棋牌室，另有当地特产销售店面一个，同时作为村中日常百货店经营日用百货商品（图 10-9）。

（4）观光采摘区

观赏采摘区栽有近 60 个品种 32 000 余棵果树，形成百果集聚奇观；通过先进的嫁接培育技术，可观赏到"一树多果"的景象，同棵果树可以长几种不同的水果，游览之余还可亲手采摘时令水果。春季可下地采摘草莓。夏季可采摘杨梅、葡萄、李子。秋季能采摘桃、梨、瓜果。冬季可采摘柿子、梨等。科技温控大棚草莓园采用基质和水培等先进的栽培技术，以及科学种植方法，既提高草莓产量，又能保证草莓质量，还能节省宝贵的土地资源。

（5）农耕文化展示区与农业体验区

目前正在建设中的农耕文化展示区与农业体验区，旨在让游客感受从传统农业发展到现代农业的历史过程，同时参与园区内农耕体验和劳动项目，例如挖土、犁田、田间除草施肥、庄稼收割、喂鸡、捡鸡蛋、割草喂鱼等，园区将采用浮雕的形式按照历史时段展示农业技术演进的过程。

图 10-8　九龙养生园生猪养殖片区全景图

图 10-9　九龙养生园娱乐休闲区全景图

　　基础设施建设方面,目前已有一条水泥通村公路直接接到九龙,长约 1 公里。园区道路及观光道路建设 4.9 公里,车行道均已硬化且有停车场两处,园内生产便道、机耕道建设 10 千米;沼气池及配套设施 500 立方米;公共厕所 2 座;已完成水库大坝防护设施 450 多米(图 10-10)。

　　从经营与社会效应来看,目前园区年接待游客量约 15 万人次,约八成来自凤冈县城,但还未回本,仍处于投资建设阶段。园内 32 家农户在农业园建成前,种植总产值约 27 万元,入股土地的 20 几户农家在园区两年建设期内无分红提成,但从 2015 年开始每年会受到 1 000 元/亩的补贴,其余农家在建园时已按当时 500～600 元/亩的租金价格收到一次付清的 30 年全部租金。

图 10-10　九龙养生园基础设施建设情况图

11 政策实施状况总结及优化建议

　　总体来看,贵州省的"四在农家・美丽乡村"及其基础设施六项行动计划等相关政策,尽管整合实施不久,却已经在统筹相关政策和指导政府相关工作等方面发挥出了明显作用,无论从对各级政府部门,还是对典型村庄的调研调研中,都可以清晰感受到统筹的重要性。也正是因为从省委省政府层面的高度重视和积极推进,以及各级各部门政府机构和社会力量的投入,贵州省不仅在扶持乡村发展和积极推进脱贫等方面取得了瞩目成效,而且在美丽乡村政策方面也走在了全国前列,对尚不发达的中西部省份而言,更具有直接的借鉴意义。也正是因为贵州省基于地方实践的提升和推广,"四在农家・美丽乡村"才作为贵州品牌,迅速闻名于国内,吸引了越来越多的地方前来考察学习。为此,在前述介绍的基础上,本章主要从多个角度归纳总结相关政策,并对可能优化的方面适当探讨。

11.1 目标分解:指标精细化

　　在响应国家相关政策规范和引导的基础上,贵州省结合本省特征,不仅整合了多个部门多种类型的涉及乡村发展建设的政策,而且还对各项政策的推进分级分类设置了阶段性的明确任务和目标。根据考察,这些政策可以大致划分几大类型,分别为基础设施建设(包括小康路、小康水、小康电和小康讯等行动计划)、人居环境整治(包括小康房和小康寨等行动计划)、产业发展引领(包括休闲农业与乡村旅游示范点和现代高效农业示范园区创建)和传统村落保护(包括传统村落整体保护利用项目等)。在此基础上,则是更为细致的分类及指标安排,为针对各级政府的工作考核提供了非常清晰的依据和标准。

　　较为明显的目标分解方式,是根据行政地域范围逐层将具体目标进行网格化细分,县级政府成为从政策导引到项目落地实施的关键性转化层面。这一路径较为集中在地州级和县级行政层级。各地州的相关指标分解较为贴合省级目标任务安排,当然各个地州仍然会根据自身情况在不同的政策上有所侧重,例如安顺市的小康房行动计划,就聚焦在农村住房提升的小康房试点指标上,而非农危房改造任务上,但整体上对省级目标的延续性较强;县级的政策目标都是根据所在地州的目标做进一步分解,但地方性的特征相较地州更为明显,也一定程度上反映出县级政府更多承担起了直接指导政策实施的角色影响。例如六盘水市的盘县,由于在推行小康路行动计划之前已实现了相关建设指标,因此其相关的指标要求有所简化;对于乡镇和村层面的目标分解而言,其细化工作已不再是各项政策的分别制定,大部分情况下是以其行政地域为单位,来制定各项相关建设项目的落地性指标或具体项目。这也进一步验证了县级政府成为从政策导引到项目落地推动的重要转化层面。

　　另一目标分解的路径是细分的分期实施目标,这方面呈现出较为明显的由上而下趋严趋紧的特征。一种情况是将多年计划分解到年度计划,一种情况是按照提前完成来安排任务。前者最为明显的是部分地州从省级的 3 年阶段计划到县级的 1 年甚至半年计划,例如根据省级的基础设施六项行动计划,其目标的实施划分为三个阶段,因而各个地州和县在相关各项政策的目标分解时通常是按照此标准进行指标细分。但有些地州或县将时间进度划分进一步细化至年度目标,例如安顺市的小康房试点户数指标任务和遵义市凤冈县村级以上小康路计划的目标任务;而后者如一些地州和县在六项行动计划中,实施上将省级政府的 2020 年目标提前至 2017 年基本完成。

　　向具体建设内容转化是目标分解精细化的又一途径。无论是上述整理归纳的四大类政策,还是全省推行的六项行动计划与产业及传统村落保护等政策,每一类型都涵盖了众多方面的政策性要求与子项目。有些政策的总体目标以设施的服务水平为基准,在逐级分解的过程中,设施服务水平目标逐步被转化为更为具体的设施建设目标,并且这一转化在县级政策层面表现得更为明显和集中。例如遵义市的小康水行动计划,有关农村饮水安全的政策目标承袭了省级任务要求,以解决饮水安全的服务人口指标为目标,到了下辖的凤冈县层面,则在此基础上不仅提出了服务指标要求,而且细化了新打机井和建设项目的数量指标,由此实现了指标在细分的同时,向更具操作性的具体建设项目的分解。乡镇和村级的目标分解,则重点在建设项目的细化落实方面,通常制定详细的项目计划表,以便能将建设切实落地。

省级层面的政策目标,通过分地域、分时段、分项目等方式,实现了由地州到县级,直至到村庄的逐级分解过程,也因此形成了一个庞大的指标体系。这一体系为将政策目标落实到基层单位提供了强有力的支撑,也为由上而下的督促与考核提供了明晰的标准。从实际调研来看,这一指标体系模式,有着非常高的执行效率,使得任务可以非常容易在基层机构及操作人员中进行进一步分解,譬如某村今年打一口井、维修2处危房等。

然而从另一方面来看,这一细分指标体系的方式也存在一定的不足,值得引起关注。最为突出的就是在逐级分解,特别是在从政策目标向具体建设项目的分解过程中,可能存在着到基层就建设项目谈建设项目,忽视了建设项目背后的政策目的,甚至在具体实施中可能出现因建设项目而制约政策目的的现象。譬如因种种原因,一些项目或者建设品质不高,或者建成后迟迟未能发挥效用,不仅导致应有的服务未能实现,而且可能因此导致各种资源的浪费;在另一方面,指标分解中已经出现的趋严趋紧现象,使得即使以建设项目核定,也可能存在着时间异常紧张、资金到位速度受到极大考验的问题,造成建设项目间的相互协调十分困难。

在继续坚持效率导向的基础上,从进一步完善的角度来看,对基层的建设项目进行验收考核时,适当扩张验收标准,纳入更多基于政策目标的绩效评价,而不是以建设项目实现与否为唯一直接标准,并重点对类似层层加码的趋严趋紧现象在政府范畴内给予充分关注并保持警觉,都是颇具可行性的。当然上述工作的推进,已经不仅仅是单纯的政策目标或者指标调整的问题,而是涉及更多部门及规章制度调整的重要问题。

11.2 实施推进:管理工程化

由于政策落实到实施层面高度聚焦于项目工程建设方面,相关实施管理也基本上采用了建设工程项目的管理方式予以落实。各类建设工程的推进从立项到设计再到组织实施、监管、竣工验收等环节,形成了较为完整的管理过程。

相关的建设工程项目总体上有两种实施路径:一是自上而下的项目下达,另一类是自下而上的项目申报。对于不同政策,两种方式各有侧重。其中,与基础设施建设相关的路、水、电、讯等行动计划项目大多是自上而下的组织实施;与人居环境整治相关的小康房和小康寨行动计划项目,以及涉农产业项目、传统村落保护与利用项目则以自下而上申报为主。

在这两种实施路径中,县级政府及相关部门在大部分政策实施中承担了统筹管理的重要角色。由于项目和资金多数在县级层面汇集,因此无论在下达项目的安排方面,还是在申报项目的计划方面,主要由各县级政府的负责单位根据自身情况组织项目的计划与实施,有关政策导引的统筹工作也在县级层面上发挥着重要作用。具体而言,在完成上级硬性建设指标的基础上,在县级的计划方面,往往会有意识地引导相关行动计划等政策在特定村寨相对集中,由此通过多个方面的项目工程实施,来推动整村寨的聚焦发展建设,从社会经济、村容村貌等多个方面整体推动该村寨的改善,进而发挥示范代用作用。例如涉农产业项目和传统村落保护与利用项目由省级主管并提供资金,这些项目要求带动所在村寨的整体建设和发展,因此在安排其他行动计划的有关项目时,也会较为明显地向这些村寨有所倾斜。而人居环境整治领域的小康房和小康寨行动计划实施中,由于资源有限但村庄数量众多,依托一些基础较好的村庄集中建设,是一种能迅速出效果的推进方式。因而在选好示范点之后,基础设施建设项目也会有意识地配套安排落地。

在工程化管理的过程中,规范制定是各级公共管理部门工作的重中之重。在贵州省的这些村庄建设发展政策制定和实施过程中,各个政策主管部门都出台或明确了建设过程所须执行的标准规范。相关规范可以分为建设标准和程序规范两大类,工程项目的特征明显,使得管理工作明显更加简洁和具有确定性,较为严格地控制了各项工程建设的内容和流程。

基础设施建设方面的规范以建设标准为主导,涉及路、水、电和讯等方面,由各级相关部门制定建设工程的标准,或是明确参照已有的相关建设标准。例如省水利厅为进一步推进小康水行动计划,对不同水利工程项目制定了具体详尽的工程建设标准;小康电行动计划的建设工程项目,也按照省级政策明确的要求,严格执行中国南方电网有限公司的标准设计和造价。除了必须执行的建设标准之外,一些政策还制定了引导性的标准,如农村住房提升的小康房建设标准等。由于这类建设资金通常由村民自筹,因而在执行上并不具有强制性,主管部门主要采用以激励和引导为主的方法,希望有助于通过补贴等方式引导社会资金按照既定的标准投入建设。在上级标准规范基础上,各地方会根据自身实际进行标准深化和细化。

强调流程管理规范的政策,多为以项目申报为主导的实施途径,如涉农产业项目和传统村落保护与利用项目等。这类项目在具体的建设内容方面须因地制宜,因而更为强调程序规范,自下而上根据实际情况制定规划,逐级审批后拨付扶持资金予以组织实施,并严格按照规划进行建设。由于相关专项资金由省级或国家拨付,因而相应的程序规范由省相关部门制定或国家相关规范明确。这些项目的操作程序管理,通常由乡镇或村级单位作为主体,地州与县级单位多承担审核和监督职能,省级部门最终审批或上报国家。

在这些政策项目的实施管理中,较为模糊的一类建设是村庄整治工作。这部分建设在各地实际的实施过程中,涉及小康房和小康寨行动计划以及涉农产业项目创建等多项政策,并没有统一的建设标准或是流程规范。根据相关政策发展的脉络来看,村庄整治工作最初是由省住建厅分管,在一段时期内推行村庄整治规划以指导地方建设。在这一轮的政策整合后,村庄整治中的许多建设内容纳入到小康寨行动计划,由省财政厅和省农委主要负责。各地方的小康房或小康寨行动计划中,实施内容时有交叉。在更为基层的管理中,一些政府部门及其领导甚至直接在示范村庄中负责展开村庄整治工作,这种现象在更加强调驻村干部作用的情况下就更为突出了。

总体而言,政策越到基层越建设工程式管理的转化,以及实施标准规范化要求,所带来的最大优势就是操作的明确性、规范性和高效性,因为管理的细则及要求,都已经有规定可依,并且时间节点也变得更加清晰,这种转变也适应了由上而下推动及考核的要求,这也是短短几年就在美丽乡村推广上取得较大成绩的重要保障因素之一。

但从另一方面,也正是因为这种从更具多样化和综合性的政策性导引,向采用标准规定和建设工程项目管理方式的转变,使得实施管理可能走向过度注重效率和明确、规范性,而忽视了地方及需求的差异性,以及政策导引的根本目的并非单纯的建设工程项目。譬如硬性的机械化的实施进度,可能来不及完全听取各方面,特别广大村民的建设,导致尽管建设工程项目最终顺利竣工甚至达到较高的建设质量标准,却可能并不完全符合村民的意愿,从而降低村民的满意度。调查中发现一些村庄仅仅从功能合理性出发而将原本具有重要生态、文化和安全作用的水池,简单从工程可行性角度调整为村庄污水收纳和处理池,反而引起村民的不满情绪,类似情况应当在工作中予以避免。

从进一步优化管理方式的角度来看,与其继续不断推出更为细致的规范标准和工程化管理方式,不如更加注重两个层面的因素,并探讨适度调整优化当前实施管理模式的可能性。其一,在落实政策导引要求,特别是向建设工程项目及其管理方式的转变过程中,还是应适当考虑最高层面的政策导引意图。包括让人民群众满意、脱贫和改善生存发展条件、保护生态和延续文化传统等方面,只有不断地回溯这些更高层面的目标导向,才可能对偏向于工程化和标准规范化的管理方式的根本合理性时常保持着审视,并对那些尽管很有效率却在根本目标导向上出现偏差的工作尽早采取优化调整措施;其二,在具体的中微观层面工作中,还应当考虑在纳入更具抽象性的政策目标时,适当增加些类似受惠群众满意度的考察,这是了解惠民政策绩效最为根本性的考察,以免在追求效率的过程中,反而忽视了群众性诉求,片面地以工程的可行性代替了群众满意和群众参与决策的重要性。从现行满意度调查的组织方式来看,适度引入第三方调查与考察单位,应是提高调查可靠性的重要途径。

11.3 组织方式:机制统筹化

从省级政策制定伊始,省委省政府就已经特别强调多部门、多机构组织的协作,这也是贵州省乡村发展建设工作中的一个重要特点。这一特点也与现实需求吻合。由于从社会主义新农村建设以来的涉及乡村地区发展建设的政策及其因此而来的各项建设项目纷繁多样,并且由不同行政主管部门或者机构负责管理,各项建设之间的协调成为非常重要且不可或缺的重要工作。这就涉及与政策制定及实施有关的众多政府部门和机构的合作,而采取怎么的协作机制就成为非常关键性的因素。调查中发现,不同类型的政策,以及不同地区层级的组织方式有所不同,大致可以分为主要地方领导和部门牵头的联席会议制度或者工作小组制度,以及相对稳定或临时性的组织设置方式。

涵盖基础设施建设和人居环境整治的六项行动计划,省级层面采用了工作联席会议制度的组织方式,为省级以下各级政府建立协作机制打下了基础,但在牵头领导方面有所不同,有的由主要分管领导领衔并设置相对稳定的组织部门如办公室。地州级地方层面总体上沿袭了省级政策对部门合作的强调,但组织方式上则既有工作领导小组,也有工作联席会议制度方式。各个地州在分项行动计划的组织管理中设立了以工作领导小组或联席会议制度为主要方式的分项管理机制。总体来看,前者相较而言在计划的制定与推进方面具有更强的主动性,后者则以协调解决问题为主。但调查中也发现承担领导责任的主要领导人的工作方式和力度有着非常重要的作用,而非简单的可以根据具体工作组织形式而类型化确定不同工作组织机制的优劣。

在涉农产业发展方面的现代高效农业园区创建工作中,虽然省农委制定建设标准和程序规范,但在地州层级上,由于这类建设项目属于"5个100工程"的组成部分,同样会建立相应的协作管理机制,在更大的政策范围内进行统筹推进。

县级层面也同样承担着非常重要的政策统筹职能,甚至是更为直接地承担着从政策性导引到具体建设工程项目的转化及落地建设的统筹协调职能。但在具体的工作组织机制上,则表现得更为多样性。比较而言,正如前面提到的,调查中发现,主要领导人的关注和抓落实的力度要明显更大。县层面最具统筹力的方式主要是由县级地方行政领导牵头而确立的直管工作领导小组方式,以此统一组织各项建设,并通常以示范村为工作重点。在实施管理中,项目不再强调通过分项政策按照条线来组织推进,而是统筹分配到各主管部门予以落实。例如六盘水市的盘县,基于市级六项行动计划办公室的要求设立县级的六项行动计划办公室,统筹安排与协调所有有关建设项目;而黔东南州的榕江县,在推进大利村传统村落整体保护利用项目的实施中,就基于项目的重要性成立县级的工作领导小组,集中负责统筹推进包括这一保护利用项目在内的相关村庄建设项目。

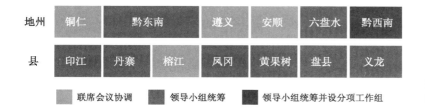

图 11-1 基础设施建设六项行动计划的地州与县级组织管理方式

较为多数的情况是各县级相关单位按照上级要求,成立分项政策的工作领导小组或联席会议制度,在工作机制上较为相似,具体差异则是根据各县及其相关部门的实际管理状况来进一步明确各单位的责任分工和协调方式(图 11-1)。许多分项政策的组织实施,尤其是路、水、电、讯等方面的基础设施建设项目,虽然根据要求设立协调机制,但实际仍然是通过明确的责任分工予以落实。

乡镇级的组织管理虽然在有些地州被督促设立工作领导小组等统筹机制,但由于各类项目通常在县级进行统筹安排,且政策或者行政层面的安排非常细致,包括项目建设进程以及应达到的标准等,乡镇级的工作在落实实施中已经转向更加具体的执行操作层面,很难承担起具体项目间的协调等统筹作用,但在由下而上的项目申报方面,则仍然具有一定的协调组织能力。具体而言,因为由上而下的各类村庄建设指标和项目安排,乡镇政府确保按时按规完成这些考核指标成为首要任务。不同乡镇政府的工作主动性会有所差别。有些乡镇在各类建设项目的申报工作中会主动进行统筹安排,所申请的各类项目资源会有意识地向示范村寨集中和安排,例如黔西南州兴义市的顶效镇。甚至如黔东南州榕江县栽麻乡人民政府,因为传统村落整体保护利用项目,直接承担起了下辖的大利村保护利用项目的建设实施主体责任,立项、组织招标和施工及统计入库等工作,均由乡政府负责推进。

总体而言,贵州省村庄建设发展政策的实施,在各级行政层面都注重了协作统筹机制的建立,并且各级政府在各自层面中都发挥了非常大的作用,承担着协调的职责,这也是短短几年时间,美丽乡村政策实施就已经取得积极成效的重要原因之一。并且,在落实政府引领的统筹机制建构过程中,地方政府的主动性也得以体现,因此从省级到地州级再到县级,具体的政策推进组织方式上,呈现出越到基层形式越多样的现象。各级地方政府在一定范围内的机制安排,既有来自上级政府组织的机制安排及要求等原因,但也体现出了地方政府从自身出发进行的适当调整优化。然而从调查中也可以发现,现有的运行机制层面即注重统筹的组织方式,也存在着进一步完善的空间。

其一,总体上各级地方政府都建立起了一定的统筹机制,为相关政策及建设项目的统筹运行从机制层面上提供了一定的保障。但客观上来看,大多的统筹安排仍然以协调为主,无论是具体业务的日常运作,还是组织方式的机构安排等,都以既有的政府组织架构为基础,这也有利于原有的政府部门分工的良好衔接。但客观上也使得协调的力度直接受制于多部门协调机制的力度,甚至受到这种协调机制负责人的领导力度的制约。因此也就会发现,通常越是重要的任务,协调机制和负责人的级别也就越高,一些典型示范村也因此由一些重要部门领导人来直接牵头,譬如一些地州所采取的由组织部而非专业化的业务部门和领导来牵头的现象。而主要由企业化部门如通讯公司等来承担的任务,行政推动的方式与企业化运作间的不匹配就会一定程度上形成制约,这也暴露出这种有着非常明显的"做具体事"的机制安排的局限性,距离建构长效机制尚有一定距离。

其二,尽管从省委省政府层面已经提出动员社会资源投入美丽乡村建设的要求,这也是加快美丽乡村建设、改善乡村地区面貌的重要方向,但由上而下的层层落实的这种统筹机制,连同从目标分解到项目落实的政府范畴内不断细化过程,使得越是到基层,工作越呈现出封闭性的特点。兼之如何在美丽乡村建设领域寻找市场投资价值本身就是个重要的探索领域，使得基层的具体工作层面，所期许的社会资源较难介入。因为这种社会资源的介入，势必需要在更多环节与政府机构不断沟通协调，有限的运行操作时间和有限的运行操作空间，明显加大了这种沟通协调的难度。

随之而来的第三个问题，就是由政府及国有公司如电讯公司等所直接运作的任务性和紧迫性，在客观上又导致了乡村地区比较普遍的"这是政府的事"的看法，一些传统的需要村民自己或者村集体承担的事情，譬如村庄卫生维持、部分公共设施和场地的维护、活动的组织等，也普遍性地转变成了"政府责任"，不仅导致更为沉重的政府责任，更为重要的是从根基上改变了传统的村民和村集体的权责意识，可能对村庄事务的可持续性发展造成负面影响。

针对上述可能存在的不足，建议着重考虑在三个层面上探索进一步优化操作机制问题。其一，随着工作的深入，重点考虑工作运行与政府部门及有关机构的日常职责间的良好衔接，从而将具体的"做事"模式转向日常工作机制；其二，为不同社会机构的共同介入提供机制运行层面的可行性，不仅预留不同社会机构介入所必需的时间和操作空间弹性，而且必须考虑不同社会机构介入的自身诉求，譬如企业就必然有市场化运行的利润需求等；其三，更加值得关注的是，认真探讨大规模政府推动对乡村地区民俗传统和集体机制的影响，并在明晰这种影响的基础上，探讨稳妥可行的应对策略。

11.4 资金筹措：渠道多元化

由于村庄建设项目庞杂细琐，故而用于这些建设的资金渠道来源亦是多元分散。通过对政策文件的梳理、有关部门的访谈，以及深入到各级政府和村庄的实地调研，发现涉及乡村发展建设的资金，在来源层级、类别、用法等方面各不相同。

按照行政级别的划分，资金来源可分为中央、省级、地州级和县级等。其中，"中央扶持"成为各项政策资金筹措的关键词。有些政策项目的资金直接来源于中央的专项资金，例如农危房改造和传统村落整体保护利用项目；有些政策项目则根据专项资金的使用归类由省级向中央申请补助，例如农村村级公益事业"一事一议"财政奖补专项资金等。不同行政级别的公共投入在使用规范性上有所不同，越高级别的资金来源越具有明确而严格的程序规范，例如《中央补助地方文化体育与传媒事业发展专项资金管理暂行办法》等。县级的资金筹措方面，除来自上级且具有明确专款专用规范的资金以外，在建设项目的资金使用上则更多地体现出统筹特征。而乡镇和村庄层面的资金使用，则除了一些有着严格规范的如世界银行资金外，大多根据实际情况有所统筹安排。

资金来源的类别可以分为专项资金、财政配套、企业筹措以及其他融资方式等，其中，最为常见的是各个门类的"专项资金"。有些专项资金依据政策项目直接明确为专款专用资金，例如休闲农业与乡村旅游示范点创建和传统村落整体保护利用项目等；有些专项资金与村庄建设中的具体设施相关，如小康寨行动计划中需要建设的体育健身设施来自体育局所分管的农民体育健身工程资金；有些专项资金来自各个行政管理部门已有的存量资金，例如新农村建设补助资金、清洁工程补助资金、烟草示范工程补助资金等等；还有一些则是根据特定政策设立的专项资金，例如"一事一议""生态移民"和"村庄整治"等。实际上，在中央层面的各个行政部门归口上，已经设立了各类相关扶持资金，这一自上而下的资金条线直接对省级及以下的资金渠道产生影响，各级资金的使用和配套多数会据此类别进行筹措。

较为特殊的是小康电和小康讯行动计划的项目实施，在资金方面依赖于各大运营企业的自行筹措，政府补贴占很小部分。在具体的实施过程中，由于企业运营具有市场化要求，所能提供的公共性资助较为有限。并且，各地区和各层级的运营企业在经营状况方面具有差异性，因而相关项目的资金筹措方式也各不相同。

例如在我们所调查的典型村庄中,小康电行动计划中电改项目的最终建设资金除了企业和政府部门的专款外,还利用了乡村旅游扶贫资金、"一事一议"财政奖补资金、村集体资金补贴、村民自筹资金等各类渠道;而小康讯行动计划中,除基础的通信工程以外,诸如"快递下乡"等进一步的改善措施,因为需要几乎完全市场化的快递企业来承担而无法得到落实。

最具市场化特征的资金筹措是涉农产业项目的创建。各级行政部门所提供的专项资金补助旨在对企业的鼓励与扶持,而示范点和农业园区的创建更多是依赖相关经营企业的资金投入。政府在项目直接投入方面并不发挥主导作用,而是在相关的金融服务等方面提供扶持政策,例如鼓励金融机构优先贷款和最低利率,加快推进项目园区的政策性保险等。

来自不同渠道的公共资金在使用上具有多种方式。一类是专款设立专用规范。各级相关行政部门会根据部门自身管理需求订立政策,通常越高级别的公共资金其规范性越强。另一类是各类资金进行整合使用。各级政府根据地方性的政策导向将资金统筹后集中向重点村庄或项目等倾斜,通常较低行政级政府在资金统筹性方面要较高于上级政府。对于采取何种资金使用方式,县级政府具有承上启下的作用,它既是各类公共资金下达的管理接口,又是面向实际分配建设项目资金的前沿,因而具有重要的决策影响。

总体上,从推进美丽乡村建设的层面而言,大量的资金投入为其提供了重要动力,有助于改变多年投入不足和管理不到位所导致的严重欠账问题。通过基础设施投入、生态等人居环境品质改善、生产条件改善、自然和人文资源保护及修复等,已经面临日趋严重的衰退问题的乡村地区,可以获得重生的动力。特别是政府为主导的大量资金投入,又可以在美丽乡村建设中充分发挥主导作用,且可以更加专注于上述非营利性的政策目的,避免市场资金对营利考量的局限性影响,避免短期营利性资金投入所可能产生的资源掠夺现象。进一步从资金筹措和使用的层面来看,最为突出的是通过美丽乡村的政策聚焦,调动了大量既有投入资金,使得原本可能比较分散的资金使用,可以从政策目的、投入方向等方面实现聚焦,从而在短时间内解决关键性问题,并且可以充分发挥资金聚集所带来的积极影响,不仅有利于改变原来资金短缺时经常只能采取应付性措施的局限性,而且有助于通过集中投入打造示范区进而发挥带动作用,引导更多资金投入到乡村发展建设领域。

从实际调研来看,政府主导的大规模资金投入,也同样存在着直接优化的方面。最为重要的是,尽管大量资金投入以公益性为主,但是资金使用的效益和效率,仍然是值得高度关注的方面。由于资金使用伴随着政策项目的推进,因此总体上注重由上而下配置而相对忽视对投入后运行效益的监督,兼之前面所述的一些问题,客观上导致一些资金投入并未发挥应有效益,也存在效率不高的问题。譬如一些设施已经建成投入,但因为并不为村民所接受而闲置,或者在一些方面还存在多种渠道反复投入问题,同时却有些项目因未纳入行动计划而缺乏投入等。其二,与上述问题紧随的,则是如何更好地让由下而上的资金申请与由上而下的资金配置实现更好的对接问题。根据调研发现,对于处在基层的乡镇和村,尤其是对村级干部而言,名目繁多的政策资金来源并不为其所知悉。在调查访谈中,通常为其熟悉的是"一事一议"和"环保专项"等资金,其他都被统称为"上级资金"。这是由于许多村庄建设项目是由县级相关部门直接提供设施落地,如体育健身设施、农家书屋等,并没有资金下放到乡镇和村。所带来的问题是,许多补助资金的使用需要自下而上申请,对于村干部而言,在并不知悉各类资金来源和申请要求的情况下是很难做到的。因此,一些村庄在建设资金的申报中由县级甚至省级单位进行辅导,例如省文物局在大利村传统村落整体保护利用项目过程中,帮助其梳理其他村庄建设项目在"一事一议"或"环保专项"资金申报中的所属类别。

从优化的方向来看,尽管按照贵州省的整体安排,未来数年仍将有较大规模的资金投入,但考虑到这些资金相当部分并非在乡村领域的新增资金来源,以及欠发达、欠投入乡村地区面广的事实,继续聚集资金,以及在政策导引下继续相对集中投入,仍然具有必要性,但最为关键的有两个方面。其一是政府资金投入的两个有效性问题,其二则是如何更好地动员社会资金问题。对于前者而言,最为主要的是切实从投入意识,以及建立从投入项目前期评估直至后期运营评价及监督的机制方面不断改善，以及适当优化和简化资金投放渠道。更为重要的是，改变由上而下的大包大揽所带来的僵化和可能的脱离实际需要，积极改善基层自下而上的资金申报能力，更加注重激发基层乡村在资金申请上的积极性和申请的便利性，以及资金使用上的自主性。

11.5　执行结果：任务达标化

　　贵州省村庄建设发展政策在分级落实过程，由于目标分解的指标化特征，为各级政府及相关部门的定期或不定期考核、统计和上报，提供了便利性，但也因而使得政策执行上存在着更加注重指标的达标，而非政策目标的实现的现象。

　　在指标完成方面，各地区由于经济水平的不同，在许多政策的完成度方面有所差异。经济相对较为发达的地州或县在项目推进上更为有效，能够较快地完成指标要求，例如六盘水市盘县在小康路行动计划中已经提前完成后阶段的指标；而经济相对薄弱的地区则以满足指标底线要求为主。

　　根据调查，不同政策项目的落地范围有所不同。其中，与人居环境整治相关的小康房和小康寨行动计划，与涉农产业发展的休闲农业与乡村旅游示范点，以及传统村落整体保护与利用项目等，均以单个行政村为单位进行建设。而与基础设施建设相关的小康路、小康水、小康电和小康讯等工程，以及涉农产业发展的现代高效农业园区的建设，则在更大范围的农村地区进行统筹安排，通常整体工程会涉及多个行政村域。

　　在以单个行政村为落地单元的政策实施中，小康房和小康寨行动计划以及休闲农业与乡村旅游示范点除完成相应的指标以外，通过省级示范评优体现执行效果更为明显（图11-2至图11-4）。在评选的方式上，各项政策存在着一些差异。在小康房农村集中建房示范点评选中，由于评优是按照地州级行政地域范围平均限额上报，省级相关部门对于具体的建设情况，无法对数量较多的村庄逐一核查，因而会出现示范与实际不符的情况，存在着一些列入示范的村庄实际上并没有集中建房的情况。小康寨示范村和休闲农业与乡村旅游示范点的评选则更为偏重项目本身，因此在分布上具有地域差异性和数量梯度性的特点。

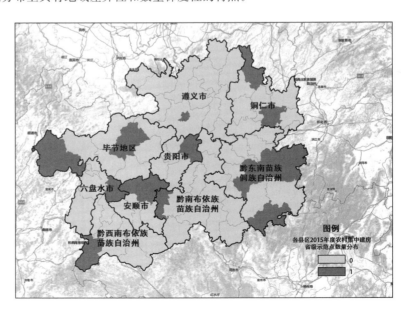

图 11-2　省级小康房农村集中建房
示范点分布

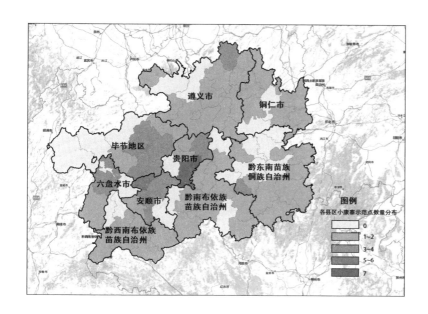

图 11-3 省级小康寨示范村数量分布

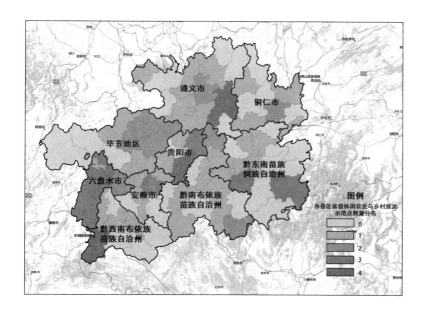

图 11-4 省级休闲农业与乡村旅游示范点数量分布

传统村落整体保护与利用项目严格按照国家相关规定,目前已有政策资金落实建设的村庄三个,大利村是其中之一。在省文物局向国家申报的过程中,由于贵州省传统村落数量众多,所选传统村落相对具有资源典型性且保护需求较为急迫(图 11-5)。

对于此次调查的典型村庄而言,与各项政策相关的项目在实际建设中各有不同表现。在基础设施建设方面,典型村庄中有些政策项目在相关政策前已经大部分完成,尤其是最为基础的项目,例如通村路、行政村通电话等。由于基础设施分项项目较多,因此在六项行动计划的政策发布后仍然有后续的推进工程。与人居环境整治相关的小康房政策实施中,虽然各个村庄都有在册的农危房,但实施力度并不相同。例如楼纳村在小

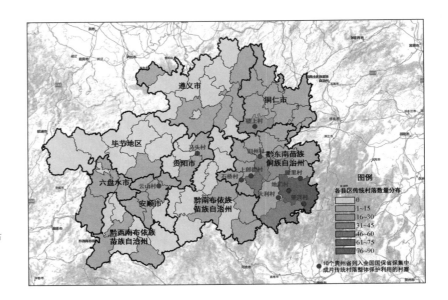

图 11-5　贵州省传统村落数量分布及被列入全国国保省保集中成片传统村落整体保护利用的村寨

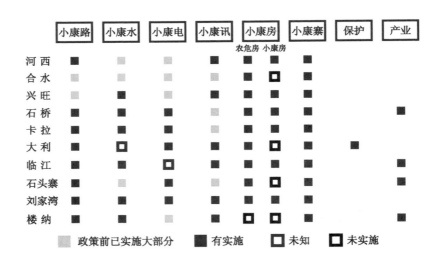

图 11-6　典型村庄对各项政策的执行情况

康房政策出台后并未进行农危房改造项目，而其他许多村也仅有少量户数进行改造。小康房标准的农房建设中有部分村庄并未实施，例如作为传统村落的合水村、大利村和石头寨村等，以及在政策出台前已进行新农村建设的楼纳村等。在传统村落整体保护与利用项目以及涉农产业项目方面，相关村庄都加以落实实施。每个村庄在各项政策的实施中都具有相应的项目清单（图11-6），因而对于基层管理而言，将项目加配套资金按时落地是首要任务，通常也能达标完成。

　　从执行的角度来看，目标的分解和指标化等措施，对于确保政策项目的执行确实发挥了非常重要的支撑作用，这也是贵州美丽乡村建设取得成效的重要经验。就遇到的问题而言，主要包括，其一是前面所指出的那样，因为随着向基层的落实，政策导向工作转化为更具有可操作性和可衡量性的建设项目，为确保工作推进提供了便利条件，但也容易导致工作中注重任务的完成，而非政策目标的实现。考核要求如果还有欠缺的话，就容易出现调研中发现的那些问题,一些项目建设完成而后期运营欠缺甚至未投入运营的情况;其二,落实层面上转化为一项项指标,尽管使得操作更加便利,却可能出现分项任务完成良好,但整体效果未必最优的情况,反而使得在最为基层的落地阶段出现了弱化统筹的现象。

从完善工作的角度来看,最为重要的正如前面已经有所涉及的那样,可以在正常的绩效考核的方式基础上,适当加入基于抽象的政策目标的考核要求。特别是对于实施过程中因为遇到种种原因而难以完成有关任务的情况,可能从政策目标的角度来看未必坏事,因为完全可能存在原有任务安排存在一定瑕疵的现象。这种情况下,与其勉强推行任务完成,不如实事求是的给予调整。因此,留有弹性及更为全面地针对政策目的的评价及其针对性调整,不仅更符合实际状况,也有利于提升对"任务达标"的准确认识,为不断修正具体的任务和指标要求,更加着重于美丽乡村的政策导向提供必要空间。当然,这就需要对该类情况的审核做出更为精细化的安排,并且在任务设定时采取更为审慎的态度。

11.6　政策实效:强化需求性

贵州省村庄发展建设政策的实施实效,总体上得到了广大群众的较高评价。在调查村庄的受访村民中,有76%的村民表示对所在村庄的建设满意和很满意,仅5%的村民表示出不太满意的态度。表明相关工作得到了村民的高度满意。当然客观来看,这种高满意度也与所选村庄的示范性有关。因为早期选择落地村庄时,往往更加注重村庄的原有基础,通常都是已经有多年的建设积累的村庄,因而较为容易短期内取得更好的成效,也有利于短期内发挥示范作用。但从另一个方面,深入到村庄层面的调研发现,尽管在示范村的选择和任务推进方面已经做了大量工作,仍然存在一些与需求脱节的现象。值得引起高度重视。

在基础设施建设方面,许多项目根据政策要求逐步在村庄建设中予以落实,村民的满意度较高。但部分受访村民也认为,一些建设并不能与实际需求吻合。譬如一些村庄的道路建设,尽管已经按照小康路行动计划的要求得以实现,但部分受访村民对道路建设的需求,已经不再停留于通路,而是更加关心路面质量、与旅游客车需求相匹配的路面宽度、公交出行的便利性等提升性需求方面。小康讯行动计划中,通宽带项目尽管都得以实施,但由于留守村民大多老龄化,使用需求并不高,再加上相对其收入而言较高的收费,也降低了其实用性和普及率,导致政策的实效受到一定程度的影响。

在人居环境整治方面,受访村民中有62%对所居住村庄的村容村貌表示满意和较为满意,很不满意的仅占一成左右,表明了小康寨行动计划推进的较高实效性。然而在分项建设方面,虽然与生活垃圾收集相关的设施和运营投入了许多政策资源,但环卫设施和污水处理等方面仍然被列为最需要加强的建设。在农房建设方面,受访村民仅一成不愿改造或新建,其他村民对于改善住房条件有着明确需求,其中一半认为有能力自己修缮维护,另一半则认为需要政府补助再修。村民们认为农危房补助资金相对于维修和建房成本而言杯水车薪,相当部分村民对于小康房标准的提升建设标准及其相应补助了解不多。

传统村落保护在村民心目中也具有不同的理解。本次调查中包括大利村在内共有4个村庄被列为中国传统村落名录。在对这些村的村民访谈中发现,六成受访村民并不知晓自己居住的村庄是传统村落,不过有四分之三的村民认为所在村庄具有历史文化特色。这些传统村落的村民们约半数认为最有特色的是传统风俗和非物质文化元素,对于外界高度认可的传统民居、道路桥梁以及农田景观等物质要素则认可度明显较低,这显然也影响了保护措施的实施。大利村的村民较为普遍的提升住房品质的诉求及所自发采取的措施,就与通常认为的为保护传统村落风貌而应采取的限制性要求形成冲突,成为非常典型的表现。如果不能将保护的要求转化为有利于村民和村庄发展的因素,或者仅仅是单方面限制村民自发的发展措施却没有替代性措施或者补偿机制,可想而知有关保护的要求和措施,将会在村庄中遭遇怎样的阻力。

在涉农产业发展建设项目实施中,所涉 4 个村庄的受访村民对于相关项目的了解程度并不一致。临江村的涉农项目由于其开发建设和运营较为综合,因此惠及的村民相对较多,相应的评价也较高。楼纳村的涉农项目所惠及的村民以土地流转为主,少部分成为园区的雇佣农耕人员,因而并未引起关注。其余两个村庄的村民对涉农项目的了解更少,基本不知晓本村内的相关建设项目。涉农产业项目的创建从实效来看主要通过土地流转的方式使村民有部分增收,但在就业岗位方面的贡献并不突出。这是因为村民们对于就业岗位类型及其收入的预期明显高于相关产业发展项目的供给。

显然,政策的实效,在不同类型的政策实施中都存在着或多或少的与村民需求脱节的现象,这固然有着村民意愿或者说需求的合理性问题,但无论什么原因都会造成村民满意度评价不高的客观事实。更为重要的是,无论在哪种类型的政策实施中,正如之前提及的那样,都会发现受访村民对政策实施的依赖性或者说政府投入资源的依赖性非常明显。例如,47%的受访村民表示对村寨景观非常关心,但39%的受访村民却从未做过包括清洁打扫、维修庭院等在内的维护村寨景观的事,但如果政府给予一定资助的话,93%受访村民愿意参与乡村建设。在村民自家农房建设方面,仅 8%的村民认为政府不用管,其余村民都希望政府出资帮助修缮或购买。显然,随着这些年政府的积极投入,村民中已经较为普遍地产生了"等、靠、要"的想法,与之相伴的则是对传统的村民自觉和村庄事务集体负责的日渐淡漠。结合对老龄化现象更加严重的东亚其他国家的村庄环境的调研可以发现,在这个层面上可以说,乡村环境的衰退固然有着种种外部原因,但村庄内部的责任淡化和组织分散化,也有着不可忽视的责任。一味地强调政府和社会各界扶持的责任,淡化或者漠视村庄自身的责任与能力建设,显然也是一个非常突出的问题。

显然,从提升政策实施的实效角度考虑,不能单方面地强调政府各级部门及社会各界的帮扶责任,同样也不能一味地以政府视角来规划项目或者用所谓客观标准来衡量乡村地区的发展状况,从而人为放纵甚至破坏了乡村地区原有的传统村民义务和村集体责任,或者片面强调政府供给而忽视村民的实际需要。从优化的角度来看,其一,应当在注重客观的标准和措施同时,适当注重从村民主观感受和实际需求出发的政策及措施制定,这也意味着特别是在县级政府以下的实施层面,保留必要的弹性从而为根据村民意愿和需求的投入预留空间,同时在实施监管和绩效考核中也为村民和村庄集体的自觉行动预留充足空间;其二,应从多个方面,包括宣传、投入来源界定等多个方面入手,强调村民和村集体的责任及自觉能力,彻底改变大包大揽的操作方式,使得村民和村庄集体真正在村庄事务中承担起应有责任。

下篇　案例

12 临江村:遵义市凤冈县进化镇临江村

12.1 临江村简介

临江村(表 12-1)位于遵义市凤冈县进化镇,北距凤冈县城 18 公里,南距进化镇镇区 5.5 公里,西距杭瑞高速凤冈收费站、永兴收费站均在 15 公里以内,对外联系的主要通道为县道 X352(图 12-1、图 12-2)。

表 12-1 临江村基本信息表

基本信息	区位特征	近郊
	地形地貌	山区
	是否位于乡镇政府驻地	否
	主要民族	汉族
	村域总面积(公顷)	2 850
	户籍人口(人)	6 534
	常住人口(人)	4 000
	户籍户数(户)	1 653
农房建设	户籍农户住房套数	1 653
	质量较好的农房套数	1 100
基础设施	村内道路总长度(公里)	50
	村内硬化道路长度(公里)	25
	是否通镇村公交	否
	有无文化活动设施或农家书屋	有
	有无体育健身设施	有
	垃圾收集处理情况	转运处理
	有无公共厕所	无
	有无必要消防措施	有
	道路有无照明设施	有
	有无通自来水	有
	污水处理情况	未处理
	有无通宽带	有
	有无通电话	有
	有无邮政服务点	有
	是否实现一户一电表	是
村落保护	是否中国传统村落	否
	是否中国历史文化名村	否
休闲农业和乡村旅游	是否休闲农业和乡村旅游示范点	否
	有无现代高效农业示范园区	有
村庄规划	是否编制过村庄规划	否

数据来源:调研组访谈整理。

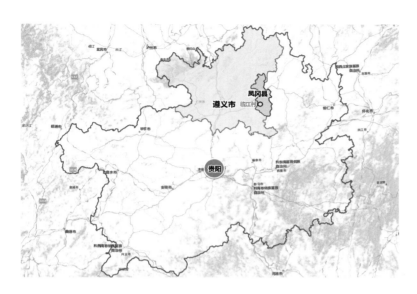

图 12-1　临江村空间区位

　　临江村气候条件优越，冬无严寒，夏无酷暑，雨水充沛，森林资源丰富，成就了"山水画廊、梦里临江"的风貌印象。2015 年，临江村被中央文明委授予第四届"全国先进文明村寨"（图 12-3、图 12-4）。

　　临江村的经济以有机水稻、有机茶叶、有机烤烟等特色农业种植，肉牛养殖以及有机优质大米加工、烤烟加工、茶叶加工等农业初加工为主。此外，由于自然环境优越、气候条件宜人，生态观光农业和乡村休闲旅游业近年来在临江村发展较快。目前全村已有较大规模的农家乐 3 家，可以提供餐饮、住宿、娱乐等方面的旅游服务（图 12-5）。从 2014 年开始投资建设的温泉酒店将在 2016 年完工。较大规模的种植园区、养殖场、农家乐所需的土地主要是通过政府征地、村民土地入股的方式获得，失地村民不再耕作，一部分留在村内做农家乐的服务员、葡萄园和养殖场的工人，另一部分则选择外出务工。随着乡村旅游和养殖业的发展，不少外出务工村民也开始返乡谋生，目前村内青壮年的外出比例在 30% 左右。

　　由于地处山区，临江村的 32 个村民小组并非聚居在一起，而是分成几个集中居民点散布在山丘谷地之间。规模相对较大的临坪组和联合组沿通村公路两侧布局，便利的交通条件是其得以发展较快较好的重要原因（图 12-6）。村寨内的民居建筑风格统一，环境整洁有序，建有文化健身广场、太阳能路灯、垃圾池等设施，重要的通村路段和通组路两侧种植了行道树，设置了路灯，不仅提高了村民的生活质量，同时还为乡村旅游事业的发展打下了基础。

　　临江村的主要公共设施设置于临坪组和联合组的临江村委会（图 12-7、图 12-8），包括了中国邮政便民服务站（可以代收话费、电费、电视费，代售机票、火车票，并办理邮政相关业务）、中国南方电网临江村村电共建服务窗口、党群综合服务站、党校临江教学实践基地、中国农业银行送金融知识下乡宣传站、临江村村邮站、临江村群众工作室等均与村委会合设。另设有临坪组议事会 1 处（临江村临坪支部委员会与其合设）、卫生室 1 个、活动中心与场地 3 处（1 处与村委合设，文化广场和九龙广场独立设置）、小学 2 个（秀竹完小、临江完小）、与小学合设的幼儿园等。

　　从 2000 年开始，村庄进行了一系列的建设，相关项目主要包括黔北民居改造和"四在农家・美丽乡村"基础设施建设六项行动计划等。截至 2015 年 8 月，全村先后实现了户户通电、村村通水和通讯，主要道路两侧的黔北民居改造已经基本完成，农危房改造近两年共完成约 300 多户。主要通村公路以及 80% 的通组路已建成，20% 的通组路还在规划中。村级文体活动场地、健身设施已建成，约 30% 的村民家已经可以通宽带。村内沿主要道路的临坪组、联合组已经全部完成通组路、联户路、农户庭院水泥面硬化，主要道路和活动场地已种

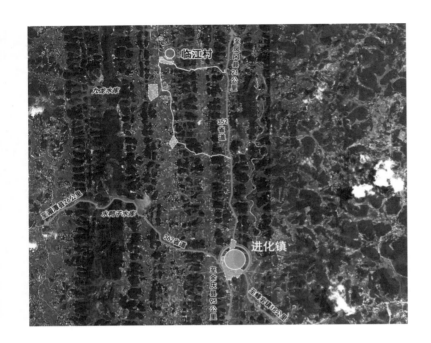

图 12-2　临江村交通区位

图 12-3　临江村村庄环境

图 12-4　临江村自然风貌与民宅风貌

图 12-5　临江村九龙生态养生园

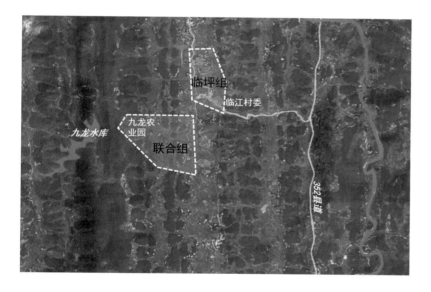

图 12-6　临江村临坪组、联合组
交通区位示意

图 12-7　临江村主要设施分布图

图 12-8　临江村各类设施现状

图 12-9　临江村黔北民居改造

植行道树并设照明设施。目前全村尚未建设污水集中处理设施,但通村公路两侧的排水沟渠已经建成。经过多年努力,全村村容村貌得到较大改善,经济产业尤其是乡村旅游发展较快,村民收入和生活水平得到较大的提高。

12.2　临江村小康房行动计划实施状况

临江村早在 2000 年就开展了黔北民居改造工程(图 12-9),2008 年全村进行过农危房的摸底工作并建成农危房信息系统。近年来也在持续进行农危房改造和民居改造。

2013 年小康房行动计划出台以后,全村在现有农危房系统上继续推进农危房改造,并开始了黔北民居升级版改造工程。

临江村农危房改造工作基本按照凤冈县出台的小康房行动计划①展开,但是做出了如下调整:小康房实施重点为农户住房改造和农危房改造,与县里提出的统一农民自建房标准和农危房改造有所差异;在农危房

---

①　凤冈县小康房行动计划分三步走:(1)2014—2015 年,农村自建房引导和农危房改造为主,引导相对集中村寨的农户自建房按照《小康房建设技术标准》进行建设,完成 12 000 户农村危房改造任务;(2)2016—2017 年,农危房改造为主,全面完成 26 956 户农村危房改造任务;(3)2018—2019 年,农村住房改造提升为主,全面完成农村住房的提升和改造,完善功能、设施、布局及周边环境。进化镇的小康房计划基本遵循凤冈县的小康房行动计划实施。

评级的标准上略有调整，上级政府并未明确出台农村住房提升改造的补助方案与标准，临江村的农危房评级共分为 5 级，对应的补助金额分别为 22 300 元、8 300 元、7 000 元、6 500 元和 6 000 元，这些资金来源于县及县以上单位，由镇里小康办负责发放。

尽管补助等级分为 5 级，但大约 80% 的农户评级实际上在 8 300 元或以下，因为村内特困户并不多。此外，无人居住的房屋（包括新建房屋村民的空置老屋、外出工作者或购房者在村内的空置房）不纳入补助范围。

农危房改造的原则是坚固安全。全村在 2008 年已经进行过摸底工作并建立了危房系统，但村里每年都会新增一些危房，这些危房的数量和分布经摸底核实之后，由农民自主申请危房改造指标，然后经小组和村委评议补助等级并将评议结果公示，再上报审批，审批通过后由村民自己改造或承包给施工队改造，改造完成经由上级政府验收通过后，镇财政所将补助资金通过农村信用社发放到村民账户。据统计，2013 年和 2014 年分别完成约 100 户和 200 户的农危房改造，2015 年预计完成 100 多户改造工程。

农户住房改造提升被称为"黔北民居升级版"改造，是在农户现有房屋的基础上改造，改造的标准为安全、美观、舒适。县里小康办补贴发放改造费用的 70%，村民自筹剩下的 30%，但最高补贴资金不超过 1.6 万元。例如，改造若花费 1 万元，政府补贴 7 000 元，农民自筹 3 000 元；若花费 3 万元，则政府补贴最高标准 1.6 万元，农民自筹 1.4 万元。改造时农户先做预算，采用"先交费后改造再补贴"的方式，村民房屋建筑面积在 120 平方米以下的预先交纳 6 000 元，超过 120 平方米的交纳 8 000 元，由政府请施工方或农户自请施工方按照黔北民居升级版的样式和标准进行改造，改造完成后由政府部门验收，验收通过则对花费的改造费用实施多退少补。

村庄自 2013 年启动黔北民居改造后，还申请了市级"四在农家·美丽乡村"建设示范点。2014 年，临坪组、联合组的 5 个自然小组统一改造 225 户，完成给定指标（250 户）的 90%。截至 2015 年 8 月份，全村主要道路两侧的房屋基本完成黔北民居升级版改造，部分较为偏远的小组内的住宅尚未实施改造工程。

在建设管理过程中仍然存在部分村民自筹资金困难的问题。不管是黔北民居升级版改造还是农危房改造，均需花费 10 万元到几十万元不等，对村民而言并非一笔小数目。除了经营农家乐情况较好的农户或家中有外出务工人员的农户有这个经济实力以外，一般村民尚无法支付这笔改造费用。因此，有部分危房尽管已通过审核，但仍未实施改造。还有部分村民选择不去申请危房改造，一方面是担心政府不会兑现承诺的补助，另一方面则是由于经济实力不够。这样一来，村内实际上存在需要改造但尚未实施的情况，住房安全隐患仍然存在。

12.3　临江村小康寨行动计划实施状况

临江村基本按照凤冈县政策执行小康寨行动计划，只是每年实施的具体项目会视实际情况而定。按照遵义市提出的"按 30 户集中居住的自然村寨为对象"的要求，以及凤冈县 2014 年在临江村打造 2 个小康寨即临坪组与联合组的政策计划，临江村确定 2014 年小康寨行动计划的主要内容包括了"三改"工程、垃圾收集搬运处理、集中式饮水源保护、污水处理、公共厕所、照明设施、庭院硬化和文体活动场所等。同年，临江村的联合组还被被评为"四在农家·美丽乡村"新农村建设小康寨示范点。小康寨示范点的建设项目由遵义市农委监管，凤冈县农牧局负责建设，总投资 35 万元，建设项目包括农户"三改"12 户、农户庭院硬化 12 户、垃圾池 1 个、果皮箱 20 个、文体活动场所 1 100 平方米、公厕一座和太阳能路灯 22 盏等（图 12-10）。

截至 2015 年 7 月底，临坪组与联合组已经完全实现农户庭院硬化，其他自然小组庭院硬化未完全实现。村内庭院硬化完全是村民各自出资，并无奖补。两个村组的主要道路和活动场地的照明设施（太阳能路灯）已经完成建设，资金来自"一事一议"财政奖补和烟草公司扶贫资金等，其他村组的路灯尚未建成。

小康寨示范点挂牌　　　垃圾池　　　路灯

公共厕所　　　垃圾箱　　　广场

泡桐组污水处理项目宣传牌　　　通村公路旁污水管道

图 12-10　临江村小康寨建设项目

　　村内的垃圾集中收集池建于联合组九龙山庄生态养生园内,供养生园和周边农户使用。养生园外垃圾收集点仍在计划中,但尚未落实。一般村民的生活垃圾中的食物用来喂猪,其他垃圾用于烧柴火。

　　村内的 3 个活动广场均设置在临坪组和联合组内,现投入使用的仅有一个活动广场,老年文化活动中心已建成但尚未投入使用,九龙广场还在建设当中。

　　村庄"三改"工程因村民生活习惯、改造费用等问题,实施难度较大,一般通过村干部引导实施,不能强制执行。除临坪组和联合组的大部分农户已实施"三改"外,其他自然小组"三改"实施并不理想。

　　全村主要通村路两侧和重点建设地区(如九龙山庄生态养生园)已经修建排水沟渠,但尚未建设污水处理设施。贵州省农委和遵义市农委计划 2015 年在临江村泡桐组投资 155 万元(省财政 65 万元,市财政 90 万元)进行污水处理试点,其他村民的污水则排放至自家的化粪池。

　　总体而言,全村的小康寨行动计划实施情况较好,得到了村民的广泛支持和认可。然而,小康寨建设力度在村组间有所不同,不同组的村民生活水平有差距。临江村规模较大,村组布局分散,除了重点打造的临坪组和联合组外,其他自然小组的小康寨建设较为缓慢,建设项目也较少,导致不同自然小组的村容村貌、生活水平差距较大。

12.4　临江村小康路行动计划实施状况

　　临江村小康路行动计划建设主要包括通村路、通组路、联户路建设和硬化。其中,通村公路由交通厅出资建设和管理。村内道路由住建厅统计,打包进小康寨行动计划,通过申请"一事一议"财政奖补,由财政厅统一划拨资金进行建设。

截至 2015 年 8 月，临江村小康路行动计划实施比较顺利。于 2013 年开始修建的宽 6.5 米的通村公路已基本完成且质量较好。修建通村公路所需土地由政府统一征地，村民自愿按照分摊面积将自家田地贡献出来（村民认为这是为自己修路），另有部分土地来自村集体，占地共 136 亩。此外，全村 80% 的通组路已经完工，剩下 20% 的通组路已规划好。村内联户路还未实现 100% 水泥面硬化，但重点打造的临坪组和联合组的联户路已经完全硬化。修建通组路、联户路的资金全部通过"一事一议"申请财政奖补，由镇政府出水泥沙石等物资，村民投工投劳自建或请施工队建设。

12.5　临江村小康讯行动计划实施状况

2013 年小康讯行动计划开展前，临江村已经实现了电话入户、有线电视入户等，但宽带网络没有落实。临江村在小康讯行动计划开展后的建设内容主要包括通宽带、村邮和邮政点改造、快递下乡等，由县政府办和县邮政局牵头，村委会负责实施。

尽管 2013 年年末电信宽带主线已通到行政村，但只是实现"村村通"而非"户户通"。仅有 14 个组的农户家中可以直接连到宽带主线。由于村民家中是否安装宽带网络取决于村民自己的需求，且电信宽带需付费约 1 000 元/年，很多村民并未在家里安装宽带。至 2015 年 8 月，临江村村除村委、九龙养生园和村内的学校等公共服务场所和部分农家乐通网络外，大部分村民家中均未接入宽带网络。

其他小康讯行动计划涉及的项目实施情况较好。邮政已在村委会设点，可进行邮递、收发信件（主要是企业）等业务。另有圆通快递、天天快递等私营快递公司在进化镇设点，可送货到户但尚未普及，仅在村内交通便利的地方可以送货到户。

12.6　临江村小康水行动计划实施状况

临江村的小康水行动计划主要包括安全饮水工程和灌溉工程两大方面，由水务局牵头负责自来水管敷设、水池修建、水表安装和维护、小型水库的修建、灌溉沟渠修建和维护等，于 2014 年开始水改工程，推行饮用水到户，但政策实施并未全覆盖。至 2015 年 8 月，全村 9 个自然小组敷设了自来水管，其他 23 个组均未敷设。通自来水的农户暂时不用缴纳水费，只需缴纳水泵抽水的电费、设施安装费和日常维修费，并且价格可由村内自行商定。根据调研反馈，上述费用由于较低，因此水务局常常对村民不予收费。农业灌溉工程方面，至 2015 年 8 月全村已实现农业灌溉沟渠全覆盖，灌溉用水主要来自村内和周边的 3 个小二型水库：九龙水库、水鸭子水库和梁家湾水库（图 12-11）。

九龙水库　　　　　　　　水鸭子水库　　　　　　　　梁家湾水库

图 12-11　临江村现有水库

总体而言,由于尚未实现100%通水到户,饮水安全仍未完全实现。调研发现,家中没有通自来水的村民会自己接一根水管到水库,直接使用水库的水满足日常生活所需。据居住在九龙水库周边的村民反映,九龙水库水源卫生条件不佳,水体含矿物质较多,村民喝多了易得结石。因此,部分村民只好购买桶装纯净水作为家庭饮用水,或者用水缸储水、沉淀以后饮用,也有部分农户家中安装了净水器。

13　河西村:铜仁市印江土家族苗族自治县朗溪镇河西村

13.1　河西村简介

　　河西村(表13-1)位于铜仁市印江土家族苗族自治县城东部、朗溪镇西北部,是县级新农村建设示范点。因其位于印江河西侧,故名河西村。村庄对外交通十分便利,现S304省道位于村庄东面,与村庄仅有一河之隔,改道后的S304省道将从村庄西侧通过,建成后从印江县城到河西村车程只需5分钟(图13-1、图13-2)。

表 13-1　　　　　　　　　　　　　河西村基本信息表

	区位特征	近郊
基本信息	地形地貌	山区
	是否位于乡镇政府驻地	否
	主要民族	土家族
	村域总面积(公顷)	650
	户籍人口(人)	2 300
	常住人口(人)	1 550
	户籍户数(户)	730
	下辖村民小组(个)	11
农房建设	户籍农户住房套数	
	质量较好的农房套数	
基础设施	村内道路总长度(公里)	
	村内硬化道路长度(公里)	
	是否通镇村公交	是
	有无文化活动设施或农家书屋	有
	有无体育健身设施	有
	垃圾收集处理情况(无处理、村庄处理、转运处理)	转运处理
	有无公共厕所	有
	有无必要消防措施	有
	道路有无照明设施	有
	有无通自来水	有
	污水处理情况	未处理
	有无通宽带	有
	有无通电话	有
	有无邮政服务点	无
	是否实现一户一电表	是
村落保护	是否中国传统村落	否
	是否中国历史文化名村	否
休闲农业和乡村旅游	是否休闲农业和乡村旅游示范点	否
	有无现代高效农业示范园区	无
村庄规划	是否编制过村庄规划	否

　　资料来源:调研组访谈整理。

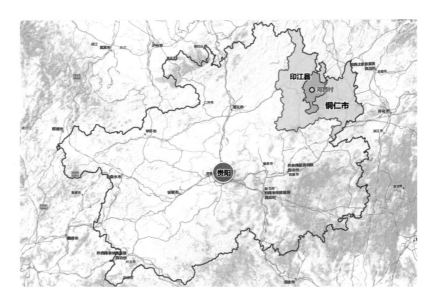

图 13-1　河西村空间区位

图 13-2　河西村交通区位

　　河西村是一个传统的农业村,以种植业为主。近年来村内耕地多被大户承包种植,村民自家少有耕地,主要收入来源为外出务工收入。河西村乡村旅游这几年才刚刚起步,村内经营农家乐的农户较少,因此外出务工现象仍然较为主导,没有明显减少的趋势。只有部分因经济形势不太乐观或找不到合适工作的村民返乡。

　　河西村沿印江河西岸东西向带状分布,村内建筑依山就势分布,层次分明。共有南北两片集中居民点,此外还有部分民居散落在山坡上。村内耕地分布于居民点与印江河中间,林地主要分布在山坡上。

　　甘川自然村寨是位于河西村北部的集中居民点,地势平缓,由3个村民小组(甘一组、甘二组和甘三组)组成,约168户,户籍人口580人左右(图13-3),通过甘川大桥连接省道S304(图13-4)。大桥的另一端即为面积约 200 平方米的村寨入口广场,桥头处建有凉亭和纪念集资修建大桥的石碑。村内主要道路是一条环路,同时也是消防通道。从村口沿环路可以从南北两侧分别进入村寨,社区活动中心(图 13-5)位于村寨南部主路的南侧,设有图书室、活动室等,活动中心大楼前有 500 平方米左右的文化健身广场,设置篮球场、体育健身活动设施以及长廊和凉亭等休闲设施。除社区活动中心位于甘川自然村寨外,其他公共设施如村委会、老年活动中心等设置在南部的其他自然村寨内(图 13-6、图 13-7)。从南面主路上坡往西走,可以到达村寨内的紫袍玉加工厂和琢玉山庄(村寨内 3 个农家乐之一),既是村内的唯一的玉石器加工厂,同时也是一处景观节点。沿主路继续绕一圈,便又到达村寨入口广场。

　　近年来,河西村村庄建设与发展所涉及的政策主要包括"新农村建设""四在农家·美丽乡村"基础设施建设六项行动计划。截止至 2015 年 7 月底,全村先后完成了农村电网改造、村村通广播电视工程、排灌沟渠、人畜饮水工程、环村公路、通村路等工程建设。其中河西甘川自然民族村寨作为县级小康寨示范点,已经全部完成了通组(寨)路、联户路和庭院硬化、环卫设施、农家书屋、土地整治等建设项目,基本完成县政府提出的示范村建设"五化"目标和村级事业"一事一议"财政奖补项目建设工程。经过近 10 年的努力,全村村容村貌、经济产业的发展均取得了不错的成效,村民的生活水平也得到较大改善。

图 13-3　河西村甘川自然村寨风貌

图 13-4　河西村甘川大桥

图 13-5　河西村社区活动中心广场

图 13-6　河西村甘川自然村主要设施
分布图

图 13-7　河西村各类设施现状

13.2　河西村小康房行动计划实施状况

河西村的"四在农家·美丽乡村"基础设施建设小康房行动计划实施主要包括农危房改造、小康房改造提升和小康房建设（村民自建房）等三个方面。

农危房改造参照《小康房改造技术标准》统一执行。甘川自 2007 年新农村建设开始就已经基本上将危房改造完毕，目前甘川自然村寨的房屋质量和外观均较好。全村农危房改造主要集中在甘川以外的自然村寨，近几年每年都有危房要改造。危房改造的村民可以得到一部分政府补助，其他资金由自己或亲朋好友筹集。根据调研人员从朗溪镇财政分局了解的情况，2015 年朗溪镇村管所拨给了河西村大约 19.49 万元用于危改补助。

河西村农危房改造补助等级标准参照印江县制定的政策执行，根据《印江自治县农村危房改造工程明白卡》上的规定：

（1）申请人必须拥有当地农业户籍并在当地居住，且是房屋产权所有人；是最近一轮农村危房摸底调查时统计在册的危房户；属于农村五保户、低保户、困难户、一般户任意一种类型。

（2）审批程序：农户申请—村委会调查核实—乡（镇）审查—县级审批—张榜公示—同意改造。

（3）户均补助等级由危房等级与家庭困难程度相结合共分六级（表 13-2）。

据调研，需要进行危房改造的农户申请得到同意之后，镇政府将会监督其改造并负责验收，改造房屋的施工人员由村民自请，很多都是由本村或其他村有相关经验和技术的村民来施工，这些施工人员一天人工报酬约 200 元左右（不含吃饭），有时候还能额外得到一包烟。

小康房改造提升政策主要是由政府部门提供统一改造标准，鼓励村民按照土家族住房的传统风格对自家房屋进行立面改造、屋顶改造、窗花样式改造等。目前全村的小康房提升改造与建设均能按照镇里的实施方案执行。

小康房建设主要针对村民自建房的情况，提供统一标准，要求村民在新建房屋的结构、外立面、层数、屋顶、屋檐和窗户等细节方面按照土家族传统建筑样式来执行，同时对新建房屋提出"三改"（改灶、改厕、改圈）的要求。从目前村里新建房屋的形式和质量来看，基本上均能从外观上满足新建房屋的政策要求，尤其是沿路的新建住房，土家族传统建筑的特色比较明显，且风格较为统一。

在与村民的访谈过程中了解到，农危房改造方面其补助费用仍不能满足需求。尽管有农危房补助，但部分村民仍不能负担改造费用，村委会劝导无效后只能放弃改造，危房的潜在危险并不能得到完全解除。据村民介绍，危房改造费用大约需要几十万元，如要改造得比较好则需要 40 万元，政府危改补贴的几千元只是杯水车薪，家人外出打工几年攒下的钱可能都不够修房子。因此，在较为高额的改造费用压力下，并非所有村民都有能力按照政府部门制定的改造标准执行。

另一方面，改建或新建住房统一的形式并不一定能得到村民的认可。尽管保持统一的土家族建筑形式在一定程度上具有可取之处，但并非所有的村民都认为统一的建筑风格和形式是"美观"的，部分村民认为多样的农村住宅可能更为"美观"，但是为了得到政府补贴，他们仍然会按照政府制定的标准去执行。

表 13-2　　　　　　　　　　　　　　　河西村农危房补助等级

类别	五保户、低保户一级危房	困难户一级危房	一般户一级危房户	五保户二级危房户	五保户三级危房户	低保户、困难户、一般户二级危房	低保户、困难户、一般户三级危房
户均补助（万元）	2.23	1.23	0.83	0.85	0.7		0.65

资料来源：课题组调研整理。

13.3　河西村小康寨行动计划实施状况

河西村小康寨行动计划实施的主要项目包括：通组（寨）路和联户路建设、农户庭院水泥面硬化、"三改"工程、公厕、垃圾桶、照明设施、村级文体活动场所和排水沟渠建设等。小康寨行动计划由镇里新成立的"三办三中心"①负责，由村委会协助实施，村民自建或发包建设。建设资金主要通过"一事一议"渠道申请，基本模式为政府出物资，村民出劳工。

河西村新农村建设较早，但早年主要建设对象是甘川村寨，因此甘川的基础设施条件和卫生环境条件均较其他自然村寨优越。2013年开始的"小康寨行动计划"在河西村的建设重点依旧是甘川。

截至2015年8月，甘川设有3个垃圾池，并聘请低保户做卫生员，镇里的环保车以10天一次的频率对垃圾池进行清理。除甘川外，其他村寨均无垃圾池，部分农户通过焚烧的方式处理垃圾。

全村尚无污水集中处理设施。甘川建有污水排放沟渠，这些排水沟渠原为灌溉沟渠，后因水田变为经果林不需大量灌溉而改作排水用途。其他自然村寨的污水基本上是自然排放，没有建设沟渠等设施。当地村民认为村寨分布较散且规模不大，农户即使将生活污水直接排放，也在环境承载力范围内，并不会对环境造成太大影响。据村主任介绍，2015年村里准备向农牧科技局申请建设污水处理管网。

甘川已经完全实现通组（寨）路、联户路、农户庭院水泥面硬化，而其他村寨的硬化工程实施并未覆盖。据村民介绍，庭院硬化均是村民自行承担，政府并未给予相应奖励和补助。

甘川的路灯建设源自于新农村建设时期，其他村寨的路灯建设是近年来通过村民自筹资金自己建设，未申请到资金补助的主要原因是申请安装的路灯数量未能达到申请"一事一议"项目资金的标准。

甘川"三改"情况较好，改造率已达80%～90%，而其他村寨的"三改"政策实施效果不佳，主要是由于村民的生活习惯难以改变以及缺乏改造资金等。

河西村已经建设村级文体活动场所和相关设施，设置在社区活动中心前的广场上，室外活动场地面积约500平方米，设有篮球场、健身设施等。

总体来说，河西村小康寨行动计划实施情况较好，村内的基础设施建设和环境卫生条件改善较为明显，村民对此感到基本满意。然而调研中仍然发现，村民们认为由于新的公共服务设施和基础设施建设多集中在甘川自然村寨，无法服务全村。河西村沿河横向布局，南北狭长，分为两个集中居住片区——甘川自然村寨和其他村寨。甘川自然村寨的3个组集中分布，而其他村寨各个组的规模相对较小且布局分散。新建的公共服务设施均设置在甘川，导致距其较远的其他村寨的村民使用不便，如村级活动中心设在甘川，其他村寨的村民一般情况下并不会使用这些设施。村庄基础设施建设历年来均倾向于甘川，使得不同村寨村民生活水平差距明显，且随着近年来对甘川的继续投入，这个差距还有增大趋势。

13.4　河西村小康路行动计划实施状况

河西村小康路建设主要集中在甘川以外的村寨，包括通组路和联户路建设。2014年，通过"一事一议"财

---

① 2015年，铜仁市为响应十八大关于深化乡镇行政体制改革的要求，加强基层政府服务体系建设，从该年1月1日起通过半年时间全面启动实施乡镇机构运行机制"小部制"改革，在乡镇成立"三办三中心"（包括忠诚维稳办公室、安全生产办公室、经济发展办公室、农业发展中心、民生资金中心和人口计生中心），以期实现各部门统筹协作，并实行A/B岗制度，方便农民办事。

政奖补政策共建设小康路2条,包括石坪至下河西的通组路1.5公里和村内联户路2公里。其中通组路是发包给施工队建设,投资22万元;联户路为村民自建,投资14万元。通过"一事一议"财政奖补政策投资的钱并非以货币方式提供给村民,而是通过物资方式提供,即镇政府购买水泥沙石,由村民或施工队承包建设。河西村小康路行动计划总体完成情况比较好。截至2015年8月,全村大部分自然村寨均已建设完成通组路和联户路,仅有少量村寨没有实现路面硬化。

13.5　河西村小康讯行动计划实施状况

2015年,河西村申请广播电视综合信息全覆盖,由印江县文体旅游局向省里争取指标。通过这一举措,河西村顺利成为印江县农村广播电视综合信息网全覆盖工程试点,实施农户入网优惠政策(表13-3)。这项政策得到了较多村民的支持。据了解,截至2015年8月,全村已有200~300户村民将标清有线电视换成高清数字电视,没有换成高清数字电视的农户多数是在外打工的村民。

表13-3　印江自治县农村广播电视综合信息网全覆盖工程(河西村)试点农户入网优惠一览表

高清互动数字电视正常入网收费					拆交"小天锅"高清互动数字电视优惠入网收费			
用户类型	户安装费	基本收视费	高清机顶盒设备费	上户费合计	农户入网优惠套餐	政府补贴	公司减免289元/户	农户自缴780元/年(980元-200元)
农村居民用户	265元	204元/年·户	800元/套	1 269元(含年基本收视费)	980元/年	200元/年	1 269元-980元=289元	包括一年基本收视频道70套节目,一年高清、教育、电影等40套付费频道,一年互动点播及宽带
新入网用户没有"小天锅"上交,需多交165元/户								
标清机顶盒正常入网费			标清机顶盒换高清机顶盒优惠入网收费					
用户类型	基本收视费	高清机顶盒设备费	费用合计	农户入网优惠套餐	政府补贴	公司减免124元/户	农户自缴680元/年·户(880元-200元)	
农村居住用户	204元/年	800元/年	1 004元(含1年基本收视费)	880元/年	200元/户	1 004元-880元=124元	包括一年基本收视频道70套节目,一年高清、教育、电影等40套付费频道,一年互动点播及宽带	
多彩云、爱定制电视机优惠入网更划算								
电视尺寸	优惠价		套餐内容					
液晶40寸	2 588元		电视机一台;一年的基本收视频道70套节目;高清40套节目、教育、电影、体育、娱乐等40套付费频道、互动点播及宽带					
液晶50寸	3 588元							
参与电视机业务的用户在优惠价的基础上政府再补贴200元/台								

资料来源:课题组调研整理。

14 兴旺村：铜仁市印江土家族苗族自治县合水镇兴旺村

14.1 兴旺村简介

兴旺村（表 14-1）位于铜仁市印江县合水镇东北，距合水镇区不到 1 公里，304 省道贯穿全村，印江河环绕北部，交通便捷，环山抱水，自然环境优美（图 14-1、图 14-2）。

表 14-1　　　　　　　　　　　　　兴旺村基本信息表

	区位特征	远郊
基本信息	地形地貌	丘陵
	是否位于乡镇政府驻地	否
	主要民族	土家族、汉族
	村域总面积（公顷）	980
	户籍人口（人）	2 002
	常住人口（人）	1 670
	户籍户数（户）	308
	下辖村寨	巷子、中寨、上寨、小湾、港口、围墙、沟口、大院、塘口
农房建设	户籍农户住房套数	562
	质量较好的农房套数	325
基础设施	村内道路总长度（公里）	3
	村内硬化道路长度（公里）	1.5
	是否通镇村公交	是
	有无文化活动设施或农家书屋	有
	有无体育健身设施	无
	垃圾收集处理情况	转运处理
	有无公共厕所	无
	有无必要消防措施	有
	道路有无照明设施	无
	有无通自来水	有
	污水处理情况	未处理
	有无通宽带	有
	有无通电话	有
	有无邮政服务点	无
	是否实现一户一电表	是
村落保护	是否中国传统村落	是
	是否中国历史文化名村	否
休闲农业和乡村旅游	是否休闲农业和乡村旅游示范点	否
	有无现代高效农业示范园区	无
村庄规划	是否编制过村庄规划	否

资料来源：调研组访谈整理。

图 14-1　兴旺村空间区位

图 14-2　兴旺村交通区位

　　兴旺村以蔡伦古法造纸闻名，民俗文化丰富，以长号唢呐、花灯、金钱竿、龙灯等著称。2012 年被选为贵州省文保局"百村计划"之一，2014 年入选第三批中国传统村落名录。

　　古法造纸为兴旺村的主导产业之一。造纸取材于本地的构树皮，该树皮做出来的白皮纸可保持上千年不腐烂，字迹清晰，主要用于书画、工业、金融、商业和佛家用纸等。目前村内仍有 30 户左右农户利用农闲时在家中生产，平均每户造纸农户纯收入有 1 万多元。全村农业主导产业为养殖业，由养殖大户主要饲养山猪、山

图 14-3　兴旺村村寨风貌

图 14-4　小湾片新房与老宅

鸡。此外,位于本村西南部的食用菌种植园在收割期间也解决了本村的部分剩余劳动力。由于村庄旅游配套建设不完善、传统建筑保护尚未开展、宣传力度不够、建设资金不足等原因,旅游业尚未在兴旺村得到发展。

　　兴旺村主要有 3 个自然片,共 10 个村民小组。3 个自然片均沿省道 S304 分布,村寨建筑布局较集中,基本沿道和两条南北向主要水泥硬化通组路分布在地势较低的平坦处,三片之间除省道外无其他硬化路面联系(图 14-3)。

　　小湾片通组路两侧的村民住宅主要为农民近年来自建的新房和新农村建设中改造的房屋,质量较好。小湾片的东北侧,依山就势集中分布着成片的传统建筑,且大部分保存较完整,土砖灰瓦木结构代表了本地传统民居的特色,但大部分房屋现已空置,原住民基本搬迁至山下通组路沿线两侧的新房,老宅改作为附属房屋储物使用(图 14-4)。

　　目前兴旺村内的主要公共设施当属坐落于印江河畔的古法造纸生态博物馆,该博物馆由省文物局投资,占地面积 1 500 多平方米,形态优美,与周边环境较好地融为一体(图 14-5)。现主体已建成,但内部尚未装修完工,也还没有正式运营。兴旺村委会位于 304 省道南侧的三个自然片的中心位置,兼有老年活动中心、图书室、远程教育中心、道德讲堂、集体经济组织联社等功能(图 14-6 至图 14-8)。此外,兴旺村其他公共设施包括配有幼儿园的一所完小和一所卫生室。近年来,涉及兴旺村的相关村庄建设发展政策主要包括"四在农家、美丽乡村"基础设施建设六项行动计划中的"小康房""小康寨""小康路"等政策。

图 14-5　兴旺村蔡伦古法造纸博物馆

图 14-6　兴旺村主要设施分布图

图 14-7　兴旺村垃圾池

图 14-8　兴旺村老年活动中心

14.2　兴旺村小康房行动计划实施状况

小康房行动计划在兴旺村的实施分为农危房改造和小康房建设两部分。

　　2011 年和 2012 年通过与农危房改造项目结合,村内沿 S304 和两条主要通组路两侧的房屋已经重新修整、改造和粉刷,建筑风格较为整齐。在具体实施上又可分为两类,一类为农户自行粉刷,政府给予农户一定补助,另一类则由政府雇施工队代之进行粉刷。兴旺村的建设情况明显好于合水镇内其他村庄。在 2013 年村内没有须完成的农危房改造指标,2014 年进行了 2 户农危房改造,2015 年至 7 月月底已实施 8 户。山上村民搬迁下山后,山上老宅主要用作附属房屋来堆放杂物和柴草等(图 14-9)。

　　在小康房建设方面,兴旺村暂无统一规划集中建设的小康房。有一定经济实力同时追求更舒适宜居住宅的村民会选择在交通条件便利的道路两侧新建房屋(图 14-10),在实施小康房政策前已有部分居民从山上的老宅搬下,在自家田地新建或与其他村民交换田地新建,或在政府修建水利设施等大型工程时所补偿的宅基地建设新房。小康房行动计划政策实施后,在政策补贴及改善人居环境的鼓动下,更多住在山上传统木结构房屋里的村民愿意搬下来通过以上几种方式新建房屋。

　　在调研过程中了解到,兴旺村曾为典型的贫困村,本村青壮年外出打工赚钱后,返乡结婚分家分户,对新建房屋需求量大增,但本村的新宅基地批复管控严格,让一些返乡建房的青年感到家乡落脚困难。另据某村民介绍,修葺老屋屋顶砖瓦仅普通建材材料费就需 2 万元至 3 万元资金,整个房屋翻新一遍需要 15 万元至 20 万元,危房改造补贴对于建造新房只能算杯水车薪,有些农户不得不欠债申请此项补助进行自家老屋危房改造或新建住房,有些住危房的农户因出不起补贴资金外的建设费用,不得不退出申请,转而将补助名额让出给有资金能力改造房屋的农户。

图 14-9　兴旺村的农危房

图 14-10　兴旺村新修建的民宅

14.3　兴旺村小康寨行动计划实施状况

2012 年兴旺村已实现村内改厕，共改造 110 多户，每户给予 400 元补贴，2013 年后未再进行改造。村内老房子的厕所仍为"猪-沼"合建的老式旱厕形式。2013 年实施过改造沼气池，但没有整村铺开。

目前村庄污水以地面排水沟直排为主，未建设排污管渠以及公厕。全村仅在村外的省道边设置了一处垃圾池，村庄内没有垃圾池和垃圾桶，也没有集中的垃圾堆放点，各家修建房屋的沙石和建筑垃圾堆放在家门口的通组路上。

村民宅前庭院由村民自行硬化，无资金补贴与材料补贴，省道沿线和通组路两侧村民基本皆已完成庭院硬化。

村内安装路灯计划已上报"一事一议"财政资金申请，目前尚未实施。

14.4　兴旺村小康路行动计划实施状况

省道 304 改线从村庄北面过境，由交通厅出资修建。

通组路建设用地由各组分摊面积，占用农地并无补贴。村内多数联户路已通，仍有部分尚未硬化（图 14-11）。村里拿出部分集体土地补偿被道路建设占用土地的村民。有村民反映，也有部分村民不愿让出土地，即使该村民小组承诺集资给其补贴也很难使其让出土地修路，但这种情况并不多见，只能靠村民内部调节，政府并不介入解决此类问题。

新304省道

原304省道

通组路

联户路

图 14-11　兴旺村道路建设状况

15 合水村:铜仁市印江土家族苗族自治县合水镇合水村

15.1 合水村简介

合水村(表 15-1)隶属于铜仁市印江土家族苗族自治县合水镇,是与镇政府驻地相嵌的行政村,西距印江县城 20 公里(图 15-1)。村庄位于山前较为开阔的印江河谷,又处于干支河相会相合之处,故名合水。S304省道由东北与西南向横穿村庄,是村庄对外交通的主要通道。另外,印江县城到合水镇的班车往返穿梭于S304 省道,大大便利了村民日常出行。

表 15-1 合水村基本信息表

	区位特征	远郊
	地形地貌	山区
	是否位于乡镇政府驻地	是
	主要民族	汉族
基本信息	村域总面积(公顷)	170
	户籍人口(人)	1 848
	常住人口(人)	>3 000
	户籍户数(户)	540
	下辖村寨	11 个村民小组
农房建设	户籍农户住房套数	550
	质量较好的农房套数	500
	村内道路总长度(公里)	4
	村内硬化道路长度(公里)	2
	是否通镇村公交	是
	有无文化活动设施或农家书屋	有
	有无体育健身设施	有
	垃圾收集处理情况	村庄处理
	有无公共厕所	无
基础设施	有无必要消防措施	无
	道路有无照明设施	有
	有无通自来水	有
	污水处理情况	未处理
	有无通宽带	有
	有无通电话	有
	有无邮政服务点	有
	是否实现一户一电表	是
村落保护	是否中国传统村落	否
	是否中国历史文化名村	否
休闲农业 和乡村旅游	是否休闲农业和乡村旅游示范点	否
	有无现代高效农业示范园区	无
村庄规划	是否编制过村庄规划	否

资料来源:调研组访谈整理。

　　合水村水田基本被政府征收或流转承包，种植业已经不再是村庄主要业态，但茶叶和果林等经济作物还有一定的规模。此外，规模养殖业也有一定发展，2007年成立的东方牧业有限公司，已成为合水镇养殖规模最大、投入最多的一家养殖场和最大的生猪繁殖场。由于镇区交通便利、商机和就业机会较多，大量外来人口被吸引至此从事商业活动。

　　合水村内依地势从高到低有三条纵向交通干道，分别为上街、中街和下街。镇政府和村委会均位于上街，中街分布着流动早市，下街连通车流较大的省道。合水村下辖11个村民小组。其中10个村民小组沿三条交通干道狭长分布，且多为临街店铺，经营零售业或手工作坊。仅有1个村民小组分布在山坡之上，但其大部分组员也已在山下另择地修建新居。

　　由于合水村为合水镇政府所在地，镇级公共设施均可以被村民直接利用，如镇卫生院、小学、幼儿园等（图15-2、图15-3）。另外，村委会内还单独设立图书室和远程教育中心，但垃圾池、路灯、公厕等设施尚未配备。

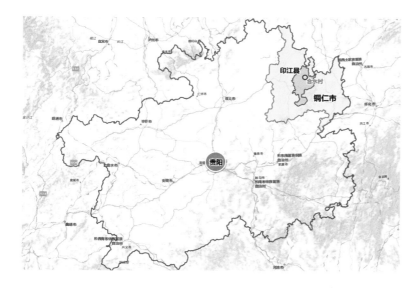

图 15-1　合水村空间区位

合水村
主要设施分布图

1. 合水汽车客运站
2. 幼儿园
3. 合水中学
4. 合水小学
5. 合水镇政府
6. 合水村委会

图例

商业设施
工业设施
公共服务设施
市政基础设施
历史建构筑物
村庄公共广场
其他建构筑物
通村路
通组路

图 15-2　合水村交通区位及主要设施分布图

上街街景　　　　　　　　　　　农家书屋

合水镇卫生院　　　　　　　　　合水镇小学

合水镇私立幼儿园　　　　　　　合水镇公立幼儿园

图 15-3　合水村各类可用设施现状

　　由于合水村地处合水镇驻地的特殊性,村内公共服务设施配置建设年份较早且能够基本满足居民日常生活生产所需。故近年来推行"四在农家·美丽乡村"基础设施建设六项行动计划并未对合水村进行太多的政策倾斜和扶持,其中对合水村影响较为明显的是小康房行动计划。

15.2　合水村小康房行动计划实施状况

　　小康房行动计划在合水村的实施建设主要为农危房改造。农危房补助资金按照家庭经济情况和房屋损坏程度划分等级,由村民自行改造,由合水镇小康办组织验收。自该项行动计划实施以来,合水村 2014 年仅有 1 户进行农危房改造,补助 6 500 元[①],已完成改造工作。2015 年计划 5 户进行农危房改造,补助也为 6 500 元。但截至 2015 年 7 月底,尚未动工改造。从农危房改造数量和补助等级来看,合水村农危房数量并不多,且房屋仅需一般修缮即可。

　　合水村暂无小康房建设指标任务,但出现违规建设行为。近年来,有许多外来人口和本地村民自行新建房屋,并且许多新建房屋出现如楼房挑阳台侵占道路空间等违规情况。然而,村委会只能进行劝告却无法阻止村民的违规建设行为。由于宅基地和农房交易现象日益普遍,房屋管理问题复杂。

---

　　①　6 500 元在印江县农危房补助六个等级中处于最低一级,即"低保户、困难户、一般户三级危房"。

16　卡拉村:黔东南苗族侗族自治州丹寨县龙泉镇卡拉村

16.1　卡拉村简介

卡拉村(表 16-1)隶属于黔东南苗族侗族自治州丹寨县龙泉镇,地处丹寨县城东北与省级开发区金钟经济开发区的结合部,紧邻东湖水库,交通区位极佳,距丹寨县城仅 3 公里,距离 S62 凯羊高速丹寨出入口 500 米[①](图 16-1、图 16-2)。

表 16-1　　　　　　　　　　　　　　卡拉村基本信息表

	区位特征	城郊型
基本信息	地形地貌	丘陵
	是否位于乡镇政府驻地	否
	主要民族	苗族
	村域总面积(公顷)	360
	户籍人口(人)	1 339
	常住人口(人)	1 310
	户籍户数(户)	342
	下辖村寨	卡拉村、排正村、洗马塘
农房建设	户籍农户住房套数	310
	质量较好的农房套数	250
基础设施	村内道路总长度(公里)	4.23
	村内硬化道路长度(公里)	4.23
	是否通镇村公交	有
	有无文化活动设施或农家书屋	有
	有无体育健身设施	有
	垃圾收集处理情况	转运处理
	有无公共厕所	有
	有无必要消防措施	有
	道路有无照明设施	有
	有无通自来水	有
	污水处理情况	村庄处理
	有无通宽带	有
	有无通电话	有
	有无邮政服务点	无
	是否实现一户一电表	是

①　2013 年,卡拉村与北侧的排正村合并成立新的卡拉村,新卡拉村下辖三个自然寨,6 个村民小组。本次调研重点针对原卡拉村,下文所提及的卡拉村均指行政区划合并前的卡拉村。

（续表）

村落保护	是否中国传统村落	否
	是否中国历史文化名村	否
休闲农业 和乡村旅游	是否休闲农业与乡村旅游示范点	是
	有无现代高效农业示范园区	无
村庄规划	是否编制过村庄规划	是

数据来源：调研组访谈整理。

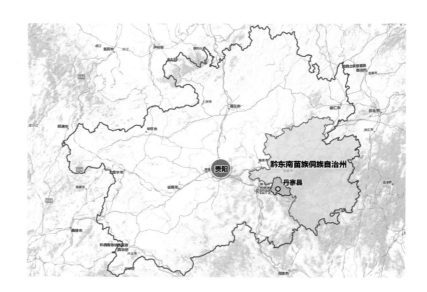

图 16-1　卡拉村空间区位

图 16-2　卡拉村交通区位

　　卡拉村是一个苗族聚居的民族村寨，民族文化底蕴深厚，素以编制鸟笼驰名，目前已成为现存的为数不多的古老手工制造鸟笼专业村，也因此被授予了"中国鸟笼编织艺术之乡"，卡拉村的"鸟笼制作技艺"还入选了贵州省非物质文化遗产名录。

卡拉村的主要经济收入来源有传统鸟笼编制、乡村旅游和农业种养殖等。鸟笼产业年产值超过500万元，成为全村的支柱产业（图16-3、图16-4）。村内从事鸟笼加工的农户占全村比重超过75%，从事鸟笼加工的农户仅此一项人均月收入可达2 000～5 000元不等。此外，近年来卡拉村借助交通区位优势大力发展乡村旅游，农家乐和农家旅社已迅速发展至20余家，经营收入大多超过十万元。由于鸟笼加工和旅游接待业的兴盛，村内劳动力近年来呈现出较为明显的回流特征，外出务工人数占全村人口比重不超过5%。

2000年前，卡拉村的村落形态保持整村寨的格局。2000年后，随着老村不断向南拓展以及凯羊高速、环村路的兴建，卡拉村逐渐形成了组团式的布局形态，包括凯羊高速北侧集聚了卡拉村60%以上人口的卡拉老村片区、凯羊高速南侧于2000年左右形成的一组片区，以及2014年集中新建的位于一组东南侧的卡拉新村片区等。2.2公里长的环村路将卡拉村的三大组团串联，并由一条400米大道连接寨门至通往县城的金钟大道。

卡拉村三个居住组团的建筑风貌和居住环境迥异。卡拉新村是因兴建凯羊高速拆迁设置的移民安置区，也是美丽乡村建设的典型示范点（图16-5）。村内一户一栋，采用统一样式的混凝土建筑，使用有变化的坡顶，样式较为现代，村容村貌比较整洁，道路平整，建筑间种植绿化，风格统一。卡拉老村内古树参天，苗族吊脚楼别具一格，不同时期兴建的民宅在建筑结构、建筑质量、建筑色彩上均不相同，新旧掺杂，建筑风格迥异（图16-6）。老村还有30栋纯木结构的民宅，因年久失修已成危房亟待修缮。卡拉老村芦笙广场西侧风景秀丽，荷花池与远处的喀斯特地貌构成一幅优美的山水画（图16-7）。卡拉一组作为卡拉村农家乐发展最为成熟和集中的区域，基本为一层砖房、二层以上木结构的房屋，部分栏杆围墙雕刻有苗族特色浮雕，整体风貌也较为统一（图16-8）。

图16-3 正在编织鸟笼的卡拉村民

图16-4 卡拉村生产的各种鸟笼

图16-5 卡拉新村民宅风貌

图 16-6　卡拉老村民宅风貌

图 16-7　卡拉村景观风貌

图 16-8　卡拉一组民宅风貌

　　卡拉村的公共空间主要包括了位于卡拉老村的芦笙广场和老村委广场，以及位于新村委大楼东侧紧邻卡拉新村的文体广场等。村内其他主要公共设施包括位于金钟大道的寨门、村委大楼、凉亭、荷花池、土地庙、公共厕所、卫生室、纪念品商店、鸟笼合作社和古井等（图 16-9、图 16-10）。卡拉村的农家乐餐饮设施主要集中分布在一组，在卡拉新村和卡拉老村也有少量分布（图 16-11）。由于卡拉村近邻丹寨县城，在卡拉新村南部还建有丹寨县游客集散中心、丹寨县民族陈列博物馆、近 5 000 平方米的文化广场和文化长廊等丹寨县公共设施（图 16-12）。

卡拉村
主要设施分布图

1. 老村活动广场
2. 芦笙广场
3. 新村健身广场
4. 村委办公楼
5. 卡拉新村
6. 旅游服务中心
7. 文化广场
8. 公厕

图例

▬ 商业设施
▬ 工业设施
▬ 公共服务设施
▬ 市政基础设施
▬ 历史建构筑物
▬ 村庄公共广场
▬ 其他建构筑物
▬ 通村路
▬ 通组路

图 16-9　卡拉村主要设施分布

| 村委大楼 | 寨门 | 鸟笼制作传习所 | 纪念品商店 |
| 芦笙广场 | 老村委广场 | 卫生室 | 土地庙 |

图 16-10　卡拉村主要设施现状

位于一组的农家乐　　　　　　　　位于卡拉新村的农家乐

图 16-11　卡拉村农家乐现状

丹寨县游客集散中心

丹寨县民族陈列博物馆

图 16-12 卡拉村所设部分丹寨县公共
设施现状

丹寨县游客集散中心广场

文化长廊

优势明显的交通区位,加之风情浓郁的民族特色,使得卡拉村一直受到相关涉农政策的扶持。早在 2006 年卡拉村就被评为黔东南州社会主义新农村建设试点村。2013 年,黔东南州将卡拉村列为州级农村基层组织精品示范点,计划整合州、县新农村建设资金项目,规划总投资 1.24 亿元,利用 5 年时间进行集中建设,打造全省"树得起、立得住、有示范带动效应"的卡拉村新农村基层组织精品示范点品牌,成为卡拉村大规模整村整寨推进美丽乡村建设的开端。2014 年,卡拉村成为丹寨县建设全国美丽乡村标准化试点县的 3 个试点村之一。2015 年,卡拉村又成功入选了贵州省 100 个省级综合示范村建设名单。自 2013 年卡拉村已获得约 6 000 万元的资金投入,建设项目涉及"四在农家·美丽乡村"基础设施建设六项行动计划中的各方面。

16.2 卡拉村小康房行动计划实施状况

自 2013 年小康房行动计划启动后,卡拉村所在的龙泉镇持续得到农危房改造指标。2015 年卡拉村得到 11 户农危房改造指标,截止同年 7 月底,11 户改造农户已经确定,但实际改造计划尚未启动。依照农危房改造申请农户的经济条件分级,补贴标准分为一般、困难、低保、无保四个级别,从 5 000 元至 22 300 元不等。

卡拉村有已实施并被评为小康房的农宅全部集中在 2014 年因兴建凯羊高速统规统建的拆迁安置小区,即卡拉新村(图 16-13)。其占地面积 16.19 余亩,总建筑面积 11 000 平方米,建设别墅型单体建筑 42 栋,住宅基底面积有 90 平方米、120 平方米两种规格,高度不超过 4 层。由申请村民自行选择面积大小,村民原被拆迁面积折算成新住房面积,超出部分面积由入住村民按照每平方米 1 100 元补差额面积即可。2014 年 8 月底,卡拉新村完成了小区房屋主体室外装修及配套的道路、绿化、管网、水电安装等工程项目的建设。随着村民自己内部装修的完成,2014 年底村民开始陆续入住。至 2015 年 7 月底,已入住 38 户,新村村民包括卡拉村周边 3 个村受到修建凯羊高速影响而拆迁的农户,其中卡拉村 13 户,新塘村 3 户,中华村 26 户,新村村民的户口目前仍保留在原户籍所在村。

图 16-13　卡拉新村的住宅

在调研过程中了解到,自小康房农危房改造计划启动起来,卡拉村摸底调查后共上报了 32 户农危房,于 2015 年度获 11 户改造指标。由村民申请,村委公示后向上级政府上报了 11 户名单,但并未获批。最终由上级政府重新选定了位于凯羊高速视线范围内的 11 户作为农危房改造对象,其中仅 2 户有实际的改造需求。与此同时,农危房改造除政府补贴外还需农户自筹资金才能完成。较多农危房改造户由于缺乏资金无力承担剩余的修缮费用,而有资金实力的农户通常又不符合申请资格。由此,农危房改造户实际申请的数量减少,实施进展缓慢。

在小康房建设方面,村民自建房参评小康房的动力不足。由于政府评选农户自建的小康房时仅提供建设引导标准而无奖励资金,农户的申报积极性较弱。更突出的是宅基地管控与村民新建需求之间的矛盾。因卡拉村邻近县城,为鼓励村民去县城购房,从 2011 年开始上级政府对卡拉村的宅基地申请不予新批。对于没有宅基地指标且需要修建房屋的农户采取村民内部调整的方式解决。但由于家庭人口增加需要改善居住条件,结婚后必须建新房分户的传统习俗,以及希望建造客栈农家乐等设施的从商意愿,村民建设新房的需求较盛。近年来村内在自留地或者农田上陆续新建了 10 多栋木结构为主的房屋。

16.3　卡拉村小康寨行动计划实施状况

自 2013 年以来,卡拉村在"美丽乡村"建设中涉及小康寨任务的相关项目共 10 项(表 16-2)。在这其中,有 5 项内容完全完成,另 5 项内容部分完成。

全部完成的项目包括环村路两边的 55 盏路灯、美化绿化工程、芦笙广场景观改造、文体广场以及村人口广场的建设等。2013 年后新建的 55 盏路灯全部集中在环村路两侧(图 16-14)。"美化绿化工程"完成了村寨花坛建设及绿化美化,利用农户房前屋后闲置空地完成 650 株苗种植,并在村内古树挂牌,对原有芦笙堂景观改造,新建荷花池 1 个。在卡拉新村北侧新建文体广场一处,包括一个标准篮球场、2 个乒乓球台及广场周边的美化绿化(图 16-15)。占地 1 500 平方米的村入口广场与丹寨县旅游游客集散中心的停车场合并建设。

部分完成的项目包括,垃圾处理设施、污水处理设施、"三改"改厕、村容村貌整治以及卡拉村综合服务中心建设等。2014 年县环保局负责配备了一辆垃圾清运车、3 个可装卸式垃圾清运箱和 3 辆手推车,并交付卡拉村委会管理使用,由卡拉村承担环卫设施的后续运行费用。村集体每年需花费约 8 万元雇佣保洁员将垃圾运送至县城垃圾转运站处理,因此在实际实施中并没有建设垃圾池和垃圾转运站(图 16-16)。老村片区的污水处理工程已经完成,经老村内部沟渠排放至村寨外水田后,改为管道排放,经污水处理厂进行净化后排入河流。三改改厕项目完成度较低,120 户的改厕目标目前仅完成 12 户。"村容村貌整治"工程涉及建筑立面整

表 16-2   卡拉村小康寨相关项目建设情况一览表

实施项目	具体内容	牵头单位	实施情况
垃圾处理	垃圾池 2×20 平方米、垃圾转运站 1 座、垃圾箱 39 个	环保局	部分完成
污水处理	农村环境综合整治(污水处理)	环保局	部分完成
照明设施	环村路 55 盏	住建局	完成
环境美化	美化绿化工程	龙泉镇	完成
	芦笙广场景观改造	农业局	完成
文体活动场所	综合服务中心、标准篮球场、羽毛球场各 2 个,乒乓球台 4 个,广播站及其他设施	文广局	完成
三改	改厕 120 户	卫生局	部分完成
村容村貌整治	立面整治建筑 46 栋、安置区 138 栋、民居 32 栋、旅游地产 106 206 m²	住建局	部分完成
综合服务中心	村两委活动室、便民服务中心、卫生室、计生室、社区服务中心	组织部、龙泉镇、卫生局、计生局、民政局	部分完成
村入口广场	与服务区停车场合并	住建局	完成

资料来源:根据丹寨县"美丽乡村"建设示范村(卡拉)2013 年度实施重点项目责任分解表整理。

图 16-14　环村路两侧的照明设施

图 16-15　文体广场

环卫设施

保洁员公示

图 16-16　垃圾处理相关项目

卡拉一组建筑立面美化

卡拉一组廊桥美化

图 16-17　村容村貌整治相关项目

治、安置区建设、民居改造、旅游地产等子项目。在具体实施中仅完成了 49 栋房屋的建筑立面整治，将老村和一组的房屋的水泥或砖砌部分刷上木纹漆以统一风貌，在一组还有浮雕墙等项目（图 16-17）。卡拉村综合服务中心原计划兴建子项目包括卫生室、计生室、村两委活动室、便民服务中心和社区服务中心等，最终实施中没有新建卫生室。

从村民的访谈中获悉，自 2013 年进行过房屋立面整治后，对农民新建建筑风貌并未进行控制。2015 年对位于高速公路沿线的建筑进行靓丽工程改造时，粉刷了与原有色彩风格不同的白底黄条新漆，因此卡拉老村存在着风貌迥异的各类建筑，苗寨传统特色的村庄风貌受到一定的影响。

村庄内部建设项目的分布不均。由于卡拉新村是统一征用的村庄集体建设用地，无须过多的协商工作且便于项目推进，加之作为对外展示的示范工程，因此许多小康寨项目集中投放在卡拉新村。卡拉一组和老村由于缺少相应的集体建设用地作为发展空间，在制定落地项目计划时考虑得较少。

另有一些村民反映，部分项目工程质量有待提高。例如刚刚铺设的污水管选用的塑料管质量不佳，并且没有敷在道路底下，而是直接敷在道路一侧，水流经常溢出，对生活造成影响。

16.4　卡拉村小康路行动计划实施状况

卡拉村"小康路"建设项目共有 4 项，完成 3 项（表 16-3）。其中道路建设分为两条：一是环卡拉一组与卡拉新村的 2.2 公里环线，一是连接城市道路金钟大道与卡拉村环村路的 400 米大道，均为双车道宽 16 米的沥青柏油路。两条道路连接了卡拉村各个片区，目前均已完成，建有人行道、人行道树绿化、行道树和鸟笼特色风格的路灯等。卡拉村还安排保洁员定时清扫、管护。

此外，"美丽乡村"示范村建设启动后，卡拉村还对村内步道和人行步道进行了硬化，将卡拉一组和老村的入户通道从水泥路全部改为石板路，对村内还未修建完成步道进行了硬化，对已硬化但质量不合格的步道进行维修，同时一并修建道路两旁的花坛和公共绿化带（图 16-18）。

目前卡拉村各组之间以及对外道路已经较为完善，但服务于农业生产的机耕道仍待完善。此前被列入美丽乡村示范村计划的 1 730 米长的机耕道项目，因其建设需要占用部分村民的耕地，协调工作较为困难，尚未实际推进。

表 16-3   卡拉村"小康路"相关项目建设情况一览表

实施项目	具体内容	牵头单位	实施情况
与村内环线道路新增道路连接城市道路(含 2.2 公里环线)	3 173.63 米×16 米	住建局	完成
400 米大道	386.20 米×16 米	住建局	完成
村内步道硬化,包括庭院硬化	677.47 米×2 米	财政局	完成
机耕道 1 730 米、人行步道 2 000 米		财政局	未实施

资料来源:根据丹寨县"美丽乡村"建设示范村(卡拉)2013 年度实施重点项目责任分解表整理。

卡拉村的环村路

一组通往老村的通组路

卡拉村一组内的通组路

卡拉村老村内的石板路

图 16-18　卡拉村道路现状

16.5　卡拉村小康水行动计划实施状况

在道路建设过程中,卡拉村同步完成了供水和排水管网的敷设安装。2013 年,丹寨县自来水公司在卡拉村完成了人畜饮水的管网改造,建立人畜饮工程 1 处,按照路网和规划要求,一次性铺装完成,并对拟新建房屋预留了自来水管口。目前卡拉一组和卡拉新村已经通自来水,并与丹寨县城的自来水管网实现并网。位于卡拉老村的村民因使用井水的习惯、牲畜饮水的需求、自来水的价格等因素还未开通自来水,目前主要通过管道自引井水或直接打水饮用(图 16-19)。

卡拉村农田浇灌一直依赖丹阳提灌,但因年久失修自 2013 年后就不能使用,对农业生产造成影响。虽然卡拉村已向水利局申请从邻近的东湖引水进行灌溉,但尚未列入县里的美丽乡村建设项目清单。

16.6　卡拉村小康电行动计划实施状况

2013 年底以来,丹寨供电局开始着力配合美丽乡村建设,开展农村电网升级改造工程。2015 年,丹寨供电局投入 18 万元对卡拉村进行"小康电"建设项目的实施,不仅改造了公用变压器增容,还迁移了电杆,为村户改造了下户线和户表,在提高村民生活用电稳定性的同时,也为该村鸟笼产业、农家乐等经营项目提供了有

位于卡拉村老村的水井

传统的三道池子

图 16-19　卡拉老村的饮水源

卡拉村老村的电网

卡拉老村的电表

图 16-20　卡拉老村的电改项目

效的支撑。为改善村庄线路老化问题，消除消防隐患，2013 年卡拉村利用"一事一议"财政奖补资金进行电改，由政府和村集体承担电工工资，村民自己出材料费，进行户内用电线路改造，该计划已经于 2013 年全部完成（图 16-20）。

16.7　卡拉村小康讯行动计划实施状况

　　早在新农村建设期间，卡拉村作为州级试点村就已经实现了通电话、通广播电视、通互联网。近年来的美丽乡村示范村建设期间，按照县城的网速和信号标准，卡拉村已实现全村移动联通信号全覆盖，信息通信服务水平得到进一步提升。

17　石桥村:黔东南苗族侗族自治州丹寨县南皋乡石桥村

17.1　石桥村简介

　　石桥村(表 17-1)位于贵州省黔东南苗族侗族自治州丹寨县南皋乡西部(图 17-1),距南皋乡政府驻地 4 公里,距丹寨县城 30 公里,距黔东南州府驻地凯里市 34 公里,距省城贵阳市约 195 公里。石桥村对外交通主要依托 X802 和 S62 凯羊高速。S62 凯羊高速在石桥村北面情郎村设有道口,仅需 50 分钟即可到达丹寨县城和凯里市区。

表 17-1　　　　　　　　　　　　　　　　石桥村基本信息表

基本信息	区位特征	远郊型
	地形地貌	山区
	是否位于乡镇政府驻地	否
	主要民族	苗族
	村域总面积(公顷)	985
	户籍人口(人)	1 915
	常住人口(人)	1 642
	户籍户数(户)	432
	下辖村寨	石桥堡街、大簸箕寨、荒寨、高寨
农房建设	户籍农户住房套数	351
	质量较好的农房套数	116
基础设施	村内道路总长度(公里)	5.4
	村内硬化道路长度(公里)	4.4
	是否通镇村公交	否
	有无文化活动设施或农家书屋	有
	有无体育健身设施	无
	垃圾收集处理情况	村庄处理
	有无公共厕所	有
	有无必要消防措施	有
	道路有无照明设施	有
	有无通自来水	有
	污水处理情况	未处理
	有无通宽带	有
	有无通电话	有
	有无邮政服务点	无
	是否实现一户一电表	是

（续表）

村落保护	是否中国传统村落	是
	是否中国历史文化名村	否
休闲农业 和乡村旅游	是否休闲农业和乡村旅游示范村	是
	有无现代高效农业示范园区	无
村庄规划	是否编制过村庄规划	是

数据来源:调研组访谈整理。

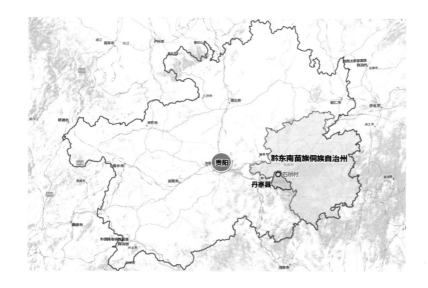

图 17-1　石桥村空间区位

　　石桥村是一个千年古村,历史文化底蕴深厚,因特有的民族传统造纸工艺而名声斐然,石桥古法造纸技艺传承历史悠久,被列入第一批国家级非物质文化遗产保护名录。得益于完整的古村落格局、大岩脚造纸作坊遗址、银子洞岩画等历史遗迹以及与众不同的古法造纸等非物质文化遗产,石桥村先后获得了"古法造纸艺术文化之乡""中国传统村落""贵州 30 个最具魅力民族村寨之一""中国少数民族特色村寨"等荣誉称号。

　　目前石桥村形成了手工业、旅游接待业和农业共同发展的经济产业格局。古法造纸是石桥村发展旅游的基础和核心品牌。村内从事古法造纸生产销售的农户约有 20 户,户均年收入 5 万～6 万元,年产值可达 500 万元。村内已成立 3 家造纸合作社和公司,吸收了本村 80% 以上的造纸户。围绕着古法造纸和苗寨古村特色,近年来石桥村大力发展乡村休闲旅游,形成吃、住、游、体验"一条龙"的旅游服务,现已开设了 10 余家农家乐,开设农家乐的家庭户均年收入在 10 万元以上,个别年收入可达到 40 万～50 万元,对提高村民收入水平起到了良好的带动和示范作用。

　　石桥村是苗岭深山中的一个独具苗家民族风情的组团式村寨,有着独特的历史风貌和自然格局,是传统古村落选址营建的典范,整体保存了较为完整的苗寨村落景观,大簸箕寨保存最为完整,是省级民族文化保护重点村寨(图 17-2)。石桥各个苗寨村落依山就势,顺应地形,结构完整。石桥堡寨、大簸箕寨、荒寨和高寨等 4 个自然寨以及一个移民新村分布在河流两侧谷地和山坡上,村寨中道路顺应等高线延伸,形成自然灵活的街巷脉络。石桥堡大寨和大簸箕寨都是南皋河岸受山地河流影响形成的半岛台地型组团式村寨,是石桥村规模相对较大的两个村寨,聚居了石桥村 80% 以上的人口,并分别设有寨管委。石桥堡寨与荒寨基本连绵成片,并经由乡道 Y001 和原有的一座风雨桥与大簸箕寨相连接(图 17-3)。

图 17-2　石桥村风貌

图 17-3　石桥村交通区位及村寨格局示意

　　石桥村传统民居多建于 20 世纪七八十年代,集中连片,多为苗族干阑式的木构建筑,依山顺势而建,鳞次栉比,建筑形态与山体形态有机融合,建筑群体轮廓的走势充分体现了与自然山体坡度形态的一致性(17-4)。村寨中干阑式传统民居有吊脚木楼、连廊木楼、回廊楼屋等。石桥村传统民居以两层高的木质穿斗式建筑为主,材料均为杉木和松板,有 5 柱或 7 柱一排的,结构为悬山式小青瓦盖顶,多为二楼一底,以三间一栋常见(图 17-5、图 17-6)。因地形坡度显得错落有致,质朴沧桑,古风浓郁。石桥大簸箕的吊脚楼是苗族建筑的杰出代表,也是苗族文化风情最浓郁的苗寨之一。石桥村大部分传统建筑保存完整,有少部分传统建筑因年久失修,破损较为严重。此外,村内早期建造的非木架构房屋和正在新建的水泥结构住宅对村落整体传统风貌造成一定影响(图 17-7)。

　　随着石桥景区建设步伐的加快,作为景区核心组成部分的石桥村的设施条件也得到了大力改善(图 17-8、图 17-9)。村内的主要旅游服务设施集中在村西入口,与移民新村对岸相望,设有非遗文化长廊、游客中心、苗绣馆、古法造纸体验馆、石桥景区警务室和公共厕所等。位于荒寨的文化家园广场周边集中了村委大楼、卫生室、公厕、大利小学、大寨风雨桥等公共设施。位于石桥堡寨通往大簸箕寨、南皋乡的 Y001 乡道边的大岩脚造纸作坊遗址是省级文物保护单位,也是保存完好的中国古代造纸术的"活化石",至今仍具有生产及参观功能。大簸箕寨前的芦笙堂广场是苗寨民族原生态文化的标志之一,也是石桥村主要的公共活动空间。

图 17-4　石桥村大簸箕寨风貌

图 17-5　石桥村石桥堡寨风貌

图 17-6　石桥村移民新村风貌

图 17-7　部分影响传统风貌的新建民宅

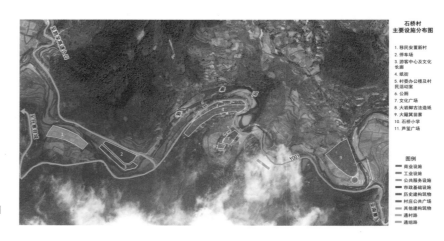

图 17-8 石桥村主要设施分布图

图 17-9 石桥村部分设施现状

2013 年以来,石桥村先后被列为丹寨县"四在农家·美丽乡村"建设示范点、全国美丽乡村标准化试点村和黔东南"美丽乡村"州级示范村等,丹寨县在石桥村集中投放了一系列涉及村庄建设发展的政策项目,主要包括"四在农家、美丽乡村"基础设施建设六项行动计划中的"小康寨"、"小康路"、"小康房"和"小康电"等。此外,以石桥村为核心的石桥景区于 2013 年入选贵州省重点打造的 100 个旅游景区,成为首批 21 个省级示范旅游景区之一,石桥成为丹寨县建设"国家休闲农业与乡村旅游示范县"的重要一环,实施了以休闲农业与乡村旅游为核心的有关政策项目。

2013 年,石桥村作为丹寨县 12 个"四在农家·美丽乡村"建设推进村之一,完成投资 1 000 万元,包括村容寨貌整治、道路建设、修建消防池、公厕、垃圾池等项目。2014 年,石桥村作为丹寨县"四在农家·美丽乡村"建设的 4 个州级示范村之一,共计投资 1 038.8 万元,完成了旅游步道、公厕、游客服务中心、太阳能路灯、供电线路改造等项目,启动建设了环境治理工程、石桥翻板坝工程、大型停车场的铺石板工程、村级办公楼建设、大簸箕通组公路建设、移民新村通组公路硬化、景观水车等项目。截至 2015 年 7 月底,石桥村建设"美丽乡村"州级示范村累计获得资金 1 297.6 万元,完成 12 个建设项目。

17.2　石桥村小康寨行动计划实施状况

2012 年年底开始,石桥村分别利用世行贷款和一事一议财政奖补资金推进了一批村庄建设项目。其中利用世行第一笔 90 万美元贷款实施了停车场(800 平方米)、给水管(2 000 米)、排水沟(1 600 米)、污水处理(200 立方米)、消火栓(25 套)、垃圾箱(50 个)、垃圾池、公厕、河道治理、村寨环境治理、旅游服务中心(150 平方米)等建设项目;利用 2012 年度"一事一议"财政奖补资金完成了排污沟(3 203 米)、人行桥(1 座)、公共厕所(2 个)、休闲凉亭(3 个)、芦笙堂(1 个)、太阳能路灯(50 盏)、特色寨门(1 个)、垃圾箱(155 个)、垃圾池(2 个)、风雨桥(1 座)等建设项目,总投资为 236.93 万元,其中财政奖补 188.76 万元,群众投工 9 633 个,折资 48.17 万元。

2014 年,石桥村被列入美丽乡村州级示范村,其中涉及"小康寨"行动计划的建设项目共有 14 个(表17-2)。截至 2015 年 7 月底,14 个项目均已实施或部分实施。

表 17-2　　　　　　2014 年石桥村美丽乡村州级示范村建设中的小康寨项目

项目名称	建设内容	实施情况
排水沟	4 803 米	已实施
污水处理	200 立方米	已实施
消火栓	25 套	已实施
垃圾箱	205 个	已实施
垃圾池	3 个	已实施
公共厕所	3 个	已实施
河道治理		部分实施
村寨环境治理		部分实施
人行桥	1 座	已实施
休闲凉亭	3 个	已实施
芦笙堂	1 个	已实施
太阳能路灯	50 盏	已实施
风雨桥	1 座	已实施
游客接待新村芦笙堂建设、新村绿化	游客接待新村芦笙堂建设及新村内绿化	部分实施

资料来源:课题组调研整理。

2014 年,南皋乡向丹寨县扶贫办申报了贵州省 2014 年乡村旅游扶贫项目——石桥村旅游扶贫小康寨建设项目。该项政策旨在增强贫困地区发展的内生动力,以环境改善为基础,以景点景区为依托,以发展乡村旅游为重点,以增加农民就业、提高收入为目标,力求集中力量解决贫困村乡村旅游发展面临的突出问题,支持重点景区和乡村旅游发展,最终带动贫困地区群众加快脱贫致富步伐。2014 年 11 月,石桥村成功入选国家发改委、旅游局、国务院扶贫办等七部委联合发布的全国乡村旅游扶贫重点村名录。

"石桥村旅游扶贫小康寨建设项目"确定了涉及农村公路建设、基础设施"三化"建设(即道路硬化、村庄亮化、房屋靓化)、农村公共文化建设等方面的 11 个项目。项目总投资 750 万元,其中财政扶贫专项资金150 万元,州县整合资金 600 万元,整合范围包括各级财政安排用于农村公益事业建设的各类专项资金,包括旅游村项目建设资金、一事一议财政奖补、农村环境整治、村庄整治、农村公路建设、农村文化建设等用于村庄建设的专项资金。整合资金重点用于项目区基础设施建设等,项目实施总期限为 2014 年 11 月至 2015年 11 月。

在该项目的 11 个子项目中,属小康寨行动计划建设内容的项目有 4 项(表 17-3)。截至 2015 年 7 月底,4个项目均已实施完成。因 2015 年 6 月 8 日的洪水灾害,部分已完成的小康寨项目如人行吊桥等受到了严重破坏,亟待修缮。

由于石桥村地形复杂,民居建设依据地形起伏,依山就势,基本沿等高线分布,敷设排水管道、厕改和污水集中处理等改造建设项目推进难度较大。截至 2015 年 8 月,村内仍有 60% 左右的家庭厕所为传统旱厕。

2015 年 6 月,因连续暴雨造成南皋河水暴涨,景区内旅游设施受损严重。水灾冲毁风雨桥 2 座、人形吊桥 1 座、凉亭 1 座、长廊 30 米等,古纸园园林景观大部分被冲毁,还造成部分景区道路、步道、花坛、作坊、公厕、标示标牌、设施设备以及游客接待中心非遗展馆展品遭受不同程度的损坏,损失严重。其中,大簸箕芦笙堂广场、人行桥和大簸箕风雨桥等遭受重大破坏。截至 2015 年 8 月,除通乡道外,其余受损项目仍未开始修缮,对石桥村民生产生活造成诸多不便。

由于小康寨行动计划所涉项目及部门较多,加之石桥村处于石桥景区核心区,乡镇部门与旅游主管部门各自主导的项目在建设内容和项目进度计划上存在不一致的情况,有待进一步统筹协调。

17.3   石桥村小康房行动计划实施状况

石桥村自 2009 年开始启动农危房改造,2010 年正式实施。2010 年至今,石桥村累计改造了约 200 户农危房。小康房行动计划政策实施后,2014 年改造了 100 户,2015 年计划改造 80 户,约占据南皋乡农危房改造指标的 17%,为南皋乡危房改造的重点村。按照困难等级,每户补助 6 500～22 300 元不等,补助金根据危改进度分批发放给村民。此外,在申请农危房改造的农户中,对于有一定经济能力新建房屋的,鼓励按照小康房的建设标准进行建设(图 17-11)。

表 17-3   2015 年石桥村旅游扶贫"小康寨"建设项目清单

项目	建设内容	资金投入(万元)	资金来源	实施情况
庭院硬化	实施 30 户	30	财政扶贫资金	已实施
乡村旅游亮化	靓化 150 户房屋	450	整合部门资金	已实施
排污沟	建设排污沟 0.6 千米	3	财政扶贫资金	已实施
移民新村人行吊桥	1 座	10	财政扶贫资金	已实施

资料来源:根据《丹寨县南皋乡石桥村旅游扶贫小康寨建设项目实施方案》和调研反馈汇总整理。

家园广场　　　　　　　　　　排污沟寨内

通组路旁的太阳能路灯　　　　　　公厕

村内寨道旁的绿化　　　消防栓　　　垃圾桶

图 17-10　石桥村小康寨建设
项目部分设施现状

图 17-11　危房改造后的民宅

目前农危房改造的对象以 2008 年、2013 年两次实施的危房摸底调查为基础，摸底调查后因灾害等原因返贫且房屋损毁的农户未能列入其中。相应的资金补贴有限，符合危房等级的部分村民因收入有限，自筹资金困难，因而申报危房改造的积极性不高，目前仍居住在其中，实施工作的推进较为困难。在小康房建设方面，由于农户自筹资金困难，县财政资金有限，缺乏专项资金扶持等原因，村民对于小康房建设并不积极。

17.4 石桥村小康路行动计划实施状况

石桥村的小康路行动计划项目主要包括通乡道改造和村内寨道硬化两方面。

经过石桥村的通乡路在政策实施前已经进行了扩建和沥青化改造，但所铺沥青面较薄，由于丹寨县洪水、泥石流灾害较为频繁，通乡道的路面损坏严重。六项行动计划建设开展后，由丹寨县交通部门牵头，对通乡公路进行水泥硬化改造，2013 年完成了通往南皋乡 6 米宽的通乡路的水泥硬化，2014 年完成了石桥大寨到清江苗寨的 4 公里长、4.5 米宽的景区路水泥硬化，完成从三孔桥到石桥大寨 4 公里长、4.5 米宽的景区替代公路建设（图 17-12）。上述道路均由投标公司实施建设，无须石桥村投工投劳。

在寨道改造方面，2013 年以来石桥村利用"一事一议"财政奖补资金完成了大簸箕寨通组路、移民新村通组路的建设（图 17-13）。由政府购买材料，石桥村委组织村民投工投劳。2014 年以来，同样利用"一事一议"财政奖补对通户路步道进行了硬化改造，现约 80% 的串户人行步道已硬化，村内基本形成了比较统一的鹅卵石路面的步行道景观，由政府购买水泥、石头、沙子等材料，村民委员会组织村民出工改造。

图 17-12　石桥村的通乡公路

通户路　　　　　　　　　　　　　　通组路

图 17-13　石桥村的寨道改造

17.5　石桥村小康电行动计划实施状况

自 2013 年启动小康电行动计划以来，石桥村共完成村内供电线路改造 230 户，投入资金 28 万元。2015年 1—7 月，已完成 55 户，计划到年底再完成 50 户，预计到 2016 年基本完成全村线路改造。整改工作主要由电力公司实施，政府财政对电工工资予以一定的补助，电改材料费由村民自费承担。

2015 年，在石桥村移民安置新村完成 800 米主变线路安装工程，投入资金 3 万元，基本解决了村内原来容量不足的问题。目前石桥村已实现了户户通电，一户一表率达 100%。村内没有电费交费的代办点，缴费需去南皋乡。

17.6　石桥村小康水行动计划实施状况

石桥村利用世行贷款完成 2 000 米的供水管网改造，利用 2012 年度财政一事一议奖补资金完成了 3 203米的排污沟治理项目。2013 年启动防洪堤工程，于 2014 年汛期之前完成建设，由丹寨县水利局负责（图 17-14）。翻板坝于 2014 年建设完成，是 2014 年度丹寨县美丽乡村示范村建设项目之一，总投资 290 万元。石桥村目前正在建设一个 100 立方米的人畜饮水池和一个 100 立方米的消防池，预计投资 25 万，该工程由南皋乡政府实施，为丹寨县"异地搬迁安全饮水工程"建设项目。

17.7　石桥村休闲农业与乡村旅游示范村政策实施状况

为加快推进石桥景区建设，丹寨县于 2013 年成立了"丹寨县石桥重点景区建设领导小组"，制定了《丹寨县石桥旅游景区建设 2013—2015 年推进计划》（以下简称《推进计划》）和分年建设方案，将任务分解推进景区建设工作。

2013 年以来，石桥景区获得了 210 万的国家旅游扶贫资金。作为贵州省旅游局工作联系点，石桥景区还于 2013—2014 年获得省旅游局共约 1 400 万元的资金扶持。《推进计划》所确定的 28 项项目涉及旅游基础设施建设、环卫安全和靓化设施建设、景区管理机制建设、旅游招商项目等方面（表 17-4），其中有 23 个项目涉及具体建设行为。项目资金以世行贷款和省州旅游部门支持资金为基础，结合新农村建设资金、美丽乡村建设资金、乡村旅游扶贫资金及水利、林业、卫生等方面项目资金。

图 17-14　石桥村新建防洪堤

表 17-4   丹寨县石桥旅游景区建设 2013—2015 年推进计划及任务分解表

项目	建设规模及内容、目标要求	责任单位	实施情况
石桥旅游景区控制性详细规划	编制旅游区控制性详规	住建局	—
寨内停车场建设	修建石桥村委会旁小停车场	旅游办 南皋乡	已实施
石桥古法造纸文化产业园一期工程	修建一整套作坊及配套设施、旅游商品交易商铺等	旅游办 南皋乡	已实施
景区内路面街面改造	景区内路面街面改造、线路整改	旅游办 南皋乡 供电局	已实施
高速路匝口至景区公路改造	情郎—石桥(丹寨境内)段、石桥—兴仁段均改造为三级以上旅游公路(主干道不得穿越核心景区)	交通局 南皋乡 兴仁镇	部分实施
旅游驿站建设	旅游驿站	旅游办 南皋乡	已实施
大型停车场及旅游商品长廊建设	20 000 平方米停车场场平及旅游商品长廊	旅游办 南皋乡	已实施
古街整治、古街民居修缮	造纸一条街整治和民居修缮	旅游办 南皋乡	已实施
世行基础设施项目建设	给水管、排水沟、污水处理、消火栓、垃圾箱、垃圾池、河道治理、作坊遗址保护、古寨门洞修复、指示标识和文化遗产标识	旅游办 南皋乡	部分实施
接待新村第一期主体工程	接待新村民居(21 栋)墙体安装完成;入村道路、步行桥建设完成	南皋乡 财政局	已实施
村容村貌整治及整村推进工程	石桥村容村貌整治及整村推进工程	南皋乡 财政局	已实施
防洪设施建设	古纸文化产业园至大桥防洪设施建设	水利局 南皋乡	部分实施
卫生厕所	建设 2 所	卫生局 南皋乡	已实施
构皮树种植	景区内种植构皮树 2 万株	林业局 南皋乡	—
产业用地划拨	将景区内已征用国有土地使用权划归县旅游发展有限公司	国土局 南皋乡	—
申报"金钉子"古生物化石群	申报成功"金钉子"古生物化石群	国土局	—
组建景区管理处	组建景区管理处并运营	旅游办 编 办 人社局	—
游客接待新村芦笙堂建设、新村绿化	游客接待新村芦笙堂建设及新村内绿化	南皋乡 林业局	未实施
古纸文化产业园二期、大型停车场二期工程	入园道路改造、河堤美化(含新村河堤美化)	南皋乡 水利局 林业局	已实施

（续表）

项目	建设规模及内容、目标要求	责任单位	实施情况
大型停车场旅游公厕 1 个	男 8 女 12，男小便池 10 个	旅游办	已实施
文化休闲区建设	四星级以上酒店、休闲会所	招商和商务局旅游办	未实施
古生物化石群博物馆建设	争取上级资金进行古生物化石博物馆建设	国土局旅游办	未实施
古生物化石群旅游设施建设	指示牌、停车场、垃圾箱等	旅游办南皋乡	未实施
大簸箕、清江村寨整治	民居修缮、污水治理、圈改、厕改、路面等	南皋乡财政局	已实施
景区绿化		林业局南皋乡	已实施
景区亮化	对景区灯光亮化进行规划设计和建设	住建局旅游办	已实施
加油站建设	景区内加油站一座	招商和商务局南皋乡	未实施
景区内低能耗交通工具	购置 8 座电瓶车 20 辆，并妥善管理	景区管理处	未实施

（资料来源：根据《丹寨县石桥旅游景区建设 2013—2015 年推进计划》（丹党办发〔2013〕27 号）、《石桥景区 2015 年建设计划》和调研汇总整理）

图 17-15 石桥景区的旅游标识系统

　　根据部门访谈和实地调研，截至 2015 年 7 月底，23 个建设项目中，已全部实施的有 15 个，超过 65%，主要包括寨内 800 平方米停车场、景区替代公路、古街整治、古街民居修缮、游客接待中心、旅游公厕、2 万平方米大型停车场、旅游商品商业长廊、接待新村主体工程、古纸文化体验园、重要河段防洪堤建设等项目、4A 标准导览标识系统，为石桥村乡村旅游业的发展创造了良好的条件（图 17-15 至图 17-17）。部分实施的项目有 2 个，分别为景区公路改造中的石桥大寨到清江苗寨的景区路，以及防洪翻板坝。前者的路宽没有达到原定标准，后者原定的 3 个防洪翻板坝因条件限制只完成一个。世行基础设施项目中标识导览系统仅完成部分。此外还有 6 个项目尚未启动实施，未实施项目主要集中在古生物化石群旅游点开发、新村芦笙堂、景区电瓶车，以及酒店会所、加油站等市场招商项目。

图 17-16　石桥景区旅游商品长廊

图 17-17　古法造纸文化产业园

18　大利村:黔东南苗族侗族自治州榕江县栽麻乡大利村

18.1　大利村简介

大利村(表 18-1)位于黔东南苗族侗族自治州榕江县栽麻乡西部,处湘黔桂侗族边地"南侗"一隅,距榕江县城约 25 公里,距贵广高铁榕江站 18 公里,距栽麻乡政府驻地 8 公里,距榕锦公路线(S308)4.5 公里(图 18-1、图 18-2)。

表 18-1　　　　　　　　　　　　　　大利村基本信息表

基本信息	区位特征	远郊
	地形地貌	山区
	是否位于乡镇政府驻地	否
	主要民族	侗族
	村域总面积(公顷)	980
	户籍人口(人)	1 319
	常住人口(人)	1 289
	户籍户数(户)	308
	下辖村寨	1 个,大利村寨
农房建设	户籍农户住房套数	273
	质量较好的农房套数	100
基础设施	村内道路总长度(公里)	3.1
	村内硬化道路长度(公里)	2.1
	是否通镇村公交	无
	有无文化活动设施或农家书屋	有
	有无体育健身设施	无
	垃圾收集处理情况	无处理
	有无公共厕所	无
	有无必要消防措施	有
	道路有无照明设施	无
	有无通自来水	有
	污水处理情况	未处理
	有无通宽带	有
	有无通电话	有
	有无邮政服务点	无
	是否实现一户一电表	是
村落保护	是否中国传统村落	是
	是否中国历史文化名村	是

（续表）

休闲农业 和乡村旅游	是否休闲农业和乡村旅游示范点	否
	有无现代高效农业示范园区	无
村庄规划	是否编制过村庄规划	有

数据来源：调研组访谈整理。

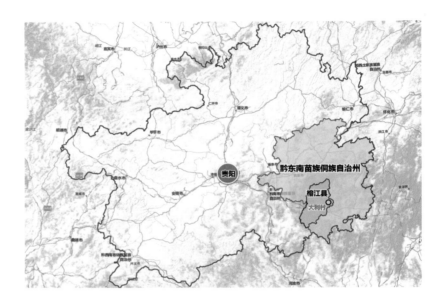

图 18-1　大利村空间区位

图 18-2　大利村交通区位

　　大利村始建于明末清初，是黔东南州最具代表性的侗族文化村寨之一。古村落格局鲜明，至今保存完整。由建于清乾隆年间的石板古道、清末民初时期建设的近 10 座侗族四合院，以及独特的古晾禾谷仓、鼓楼、古水井等建筑组成的大利村古建筑群，被列为全国重点文物保护单位和世界文化遗产的预备名单。大利村已经先后获批贵州省生态村、中国传统村落、中国历史文化名村等。

　　大利村历来经营传统农耕经济，主要依靠种植和养殖业。近年来劳务输出逐渐成为村民家庭收入的主要来源，尤其是青壮年外出务工较多。随着历史文化价值被不断挖掘，大利村的外来游客数量持续增长，农家乐、侗族大歌等旅游接待设施和项目也随之发展壮大，旅游业对于村寨整体经济水平发挥了非常重要的作用。

大利村位于山丘谷地，村寨以村民组为单元，依山而建。村寨里建筑有机相连，布局较为集中，属典型的山地聚居区（图18-3）。利侗溪自西南向北从寨中穿过，村内民居分布于利侗溪两岸，逐渐延展至东西两侧山脚，然后又层叠而上山坡，鳞次栉比，高低错落，构筑了自然与人文融合的景观。五座侗族风雨桥（花桥）横卧溪上，将两岸村寨连为一体。

大利村的侗寨民居古老多样，集中连片，多建于清末民初，全为榫卯结合的木构建筑，保存良好，有吊脚木楼、连廊木楼、回廊木楼和四合楼院等，其中百年以上民居建筑29栋。受现代文化影响和防火安全需要，部分村民将瓷砖、水泥等用于建筑局部，不可避免影响了传统民居的整体风貌。此外，部分明清时期修建的建筑如侗族四合院由于年久失修，破损严重，亟待修缮。

由鼓楼、萨坛组成的位于村寨中心的鼓楼广场，以及位于寨门口的戏台广场，是大利村集会议事、休闲娱乐、节日庆典的重要场所，也是大利村民的主要公共活动空间。村内其他主要公共设施包括村委大楼、公共厕所（在建）、小学、卫生室、古井、寨门和风雨桥等。根据大利村传统村落保护规划，位于村寨东北侧的利侗溪下游将新建一处包括传习所、老年活动室与幼儿园在内的综合场馆，以及一座生态博物馆（图18-4）。

图 18-3　大利村村寨风貌

图 18-4　大利村主要设施分布图

寨门　　　　　　　　　　　戏台广场

大利小学　　　　　　　　　　古井

鼓楼　　　　　　　　　　　　花桥

村委大楼　　　　　　　　　　古粮仓

图 18-5　大利村主要设施现状

　　近年来，涉及大利村的相关村庄建设发展政策主要包括"四在农家、美丽乡村"基础设施建设六项行动计划中的"小康房""小康寨""小康路"和"小康电"行动计划以及"传统村落整体保护利用"等。这些政策的实施较为有效地保护了大利村特有的山水自然格局、村落街巷格局，完善了村庄局部零碎地段的肌理，以及村庄内部基础设施及公共服务设施功能的完善，旅游的发展也促进了非物质文化遗产的传承，改善了村民生产生活水平。

18.2　大利村小康房行动计划实施状况

　　大利村的小康房行动计划实施主要集中在农危房改造方面。该项行动计划实施以来，全村 2013 年改造了 7 户民居，2014 年改造了 6 户民居，工程施工由村民自行完成，目前均已完成改造。由于栽麻乡希望 2016 年能将危改指标进行整合，使农危房改造工程覆盖到大利村全部民居（不包括之前已经享受过危改补助的民居以及 2012 年后新建的民居)，2015 年大利村没有获得农危房改造指标。根据申请农户的家庭条件，农危房改造的补贴标准分为四类十二级，从 0.65 万元至 2.23 万元不等。

大利村暂无小康房建设项目。为了处理好保护传统村落与改善村民居住条件的关系，黔东南州提出在传统村落外围地区规划新区建房，在满足必要的基础设施和公共服务设施条件下，引导村民在新区修建防火等级较高的砖混结构房屋，避免传统村落风貌遭到破坏。考虑到大利村村民新建民居需求强烈，榕江县住建局联合栽麻乡、大利村在利侗溪下游村寨东北侧新选址 8 亩土地，作为大利村集中建房点，规模约 15 户左右。截至 2015 年 7 月底，该新村居民点项目尚未推进落实。

大利村在农房改造与建设方面最为突出的是村民新建住房需求与传统村落保护间的矛盾。黔东南州出台了相关政策管控传统村落的民居建设，2012 年入选国家传统村落名录后，宅基地建房管控更加严格，新建民居必须通过文物局批准。但实际情况是，因家庭人口增加和改善居住条件的需求，以及结婚后需建新房分户的习俗和建造客栈农家乐设施的从商意愿等原因，村民建设新民居的需求较盛，出现违规建设现象(图 18-6)。政府为此采取了对 2012 年后违规新建房屋不审批发放房产证的管制措施。

村民自筹资金较为困难使得农危房改造项目推进缓慢。在实施过程中，住房困难的村民虽然热情很高，但由于经济条件不济，自筹资金较为困难，而相关补助资金到位较晚，危改户未能及时利用补助资金投入前期建房，也一定程度上也影响工程进度。当前大利村需要农危房改造的需求远大于上级政府分配的指标，但因年度危改资金有限，无法满足村内农危房改造的需求。

18.3　大利村小康寨行动计划实施状况

由于小康寨行动计划建设内容所涉及的项目和部门众多，大利村在具体实施过程中整合了"一事一议"财政奖补及美丽乡村建设、国家重点文物保护、中央补助地方文化体育与传媒事业发展、农村安全饮水、农村污水处理、传统村落保护专项和垃圾无害化处理等相关政策项目资金。按照黔东南州小康寨行动计划提出的建设项目内容，大利村的相关建设共有 9 项。

在水厂下方、利侗溪上游新建石拱形风雨桥一座，计划于 2015 年 11 月下旬完工。

新建寨门位于进村路两侧，已完成选址，进行地形图补测以确定工程详细范围。在新寨门旁新建对外停车场 1 处，集中停靠外来车辆，以便客流转换观光游览车进村。截至 2015 年 8 月尚未完成征地手续。

村内现状污水直排至利侗溪。牵头单位环保局针对村内民宅的地形差异，确定了两种分类引导的污水处

图 18-6　在自留地新建的民居

理方案。一是针对寨内地势平坦地带的污水处理,采用分片收集、集中处理的方式。污水进入排污暗沟后顺地势分别排放至紧贴利侗溪的四处污水氧化塘,利用种植可净化水体的水生植物来实现净化,在雨天可以有溢流井的效果,一个池塘大约可以处理约 10 户人家排放的污水。改造一个氧化塘花销约 2 万元,并且只需要建设少量管渠,有利于降低项目成本(图 18-7)。第二种方案主要针对位于地形较高的村民户,对其污水通过安装过滤装置进行净化后,排入河道。

公共厕所被纳入 2015 年度大利村传统村落整体保护与利用示范项目,位于戏台东侧,目前已完成选址和征地工作,正在紧锣密鼓的施工中。截至 2015 年 9 月已完成主体结构(18-8)。

垃圾焚烧池于 2015 年在距离规划新寨门东侧约 100 米处新建,但目前因垃圾车、保洁员、垃圾箱等配套设施尚未落实,尚未投入使用(图 18-9)。

被列入 2013 年"一事一议"财政奖补资金追加项目的村寨道硬化工程尚未完成,目前正在施工建设中,因雨季导致项目进展缓慢,计划 2015 年 11 月下旬完成(图 18-10)。

照明工程项目纳入 2015 年度"一事一议"财政奖补资金的工程项目,由财政局和文物局牵头,计划 2015 年 11 月底完成,截至 2015 年 7 月该项目尚未启动。

"三改"及庭院硬化被纳入 2015 年度大利村传统村落整体保护与利用示范项目,由村民申请补助资金按项目技术专家组拟定的技术方案实施,每户平均补助 2 000 元,按照村民意愿和技术标准分阶段实施。计划于 2015 年 11 月上旬完成,截至 2015 年 7 月该项目尚未启动。

传统水系综合整治被纳入 2015 年度大利村传统村落整体保护与利用示范项目,内容包括村落传统水系的水源地、河道、水塘、水沟、水渠等保护、整治与修建,建设人工蓄水坝,清理河道垃圾,河道两边绿化整治等,整治工程不改变原有水系格局。责任单位有县政府、水务局和文物局等。由榕江县政府协调各部门的方案设计和工程实施。该整治工程原计划 6 月中旬开工,但项目施工因受到雨季汛期影响未能按时实施,计划于 2015 年 9 月开工。

小康寨项目的推进过程,部分建设内容没有向村民进行充分的宣传解释,使得村民对项目的认可度不高。以污水处理工程为例,由于大利村地形复杂,挖渠以及在地下铺设管道有技术上的困难,并且工程量大,所需资金缺口较大。县级部门和栽麻乡计划利用沟渠排至村内的既有水塘,通过水生植物来净化污水,以降低污水处理成本和工程技术难度。但许多村民对门前池塘改造成污水池的技术方法并不认可。尤其是住宅紧贴池塘的村民担心污水排入宅边池塘会产生气味和其他环境污染,也担心这种污水处理方式的周期太长效果不明显,并且后续没有管理维护的话一旦停用会造成较大污染。村民还是希望选取寨角的一处空地来统一建设污水处理池,将全村的污水通过沟渠管道排到池中集中处理。

图 18-7　计划被改造成污水处理氧化塘的宅前水塘

图 18-8　正在建设中的公厕

图 18-9　已建成的垃圾焚烧池

图 18-10　因雨季施工缓慢的硬化工程

　　有些小康寨项目的政府投资以补贴为主或是直接供给设施，需要村民共同筹资筹劳完成。虽然村民是直接受益者，但其积极性和主动性并不高，投工投劳不足。一旦涉及村民个体利益便难以协商，故而影响了建设进度。

　　小康寨项目的实施涉及多个部门，因而需要整合各部门的政策资金才能实施。在实际过程中，有些部门的项目资金没有明确到位，单一渠道下的资金投入很难支撑短时间内完成较为综合的项目。另一方面，许多项目未能与上级职能部门充分沟通，在安排上与小康寨行动计划的政策脱节，出现立项后上级职能部门未通过审批或者立项项目类型与所属职能管理部门不对口等情况。

18.4　大利村小康路行动计划实施状况

　　2015 年大利村的小康路行动计划中道路建设仅一条，即规划新建的安置区公路。计划在利侗溪下游新建一条通村路，兼顾新寨门和新停车场，建成后可以减少现有入村路的弯道，增加安全性。由政府投资提供建材材料，大利村村民出劳力进行建设，政府对投劳工资提供适当补贴。该通村路长 6.05 公里，由交通局负责，投资 180 万元，来源于"一事一议"财政奖补资金。2015 年 8 月已完成地形测绘工作。

　　外来游客的不断增加带来大利村车流量的日渐增长，加上 2015 年夏季降水量偏多，对大利村现有通村路面的影响很大，多处路段出现山体滑坡，路边树木茂密，部分枝条延伸到了路面，严重影响了村民出行及游客的行车安全。大利村为此召开了群众大会，决定全村每户至少出一个劳动力，对通村公路进行全面清理和维修。外出打工不能赶回来的村民也主动出资，补助这次修路村民的伙食费。2015 年 7 月，由榕江县交通局提供建材材料，大利村组织 300 多名村民对破损的通村公路进行维修。

　　目前大利村已有通村道路宽度 6 米，路幅较窄且山路弯曲，存在安全隐患。村寨内部的巷道仅 1～2.5 米宽，消防车无法通行，防火间距不足。由于村宅过于密集，巷道拓宽改造的难度较大。

18.5　大利村小康电行动计划实施状况

　　2014 年，黔东南州提出用 2 年时间对全州包括传统村落在内的 3 093 个 50 户以上连片村寨的近 30 万栋木质结构房屋实施电改工作。此次"电改"工程主要是对村寨室外供电线路和户内用电线路进行规划改造。

为加快电改工作进度，州政府按每栋补助 200 元的标准，各县（市、区）匹配 800 元，农户大约需自筹 216 元。

大利村属于榕江县电改实施方案中的第二批电改村寨，主要工作是对寨内影响安全的变压器进行更换或者移位、改造线路敷设（穿防火阻燃管）、安装空气开关、每间房按照标准安装一个插座、一个开关和一个灯泡等，目前该改造工程已全部完成。

大利村目前已实现了 100% 的电网覆盖，但现有变电容量不足，线径过小，导致供电稳定性较弱，供电质量不高，经常停电。尤其是 2015 年，由于 S308 省道改造建设用电，导致停电频发。供电单位曾经承诺村民停电 2 小时免收电费，但多次长时间停电后供电单位并未履行承诺。大利村内没有便民电费代收网点，村民交电费需要去栽麻乡供电所，因无公交而存在不便。

18.6　大利村传统村落整体保护利用政策实施状况

大利村先后入选了贵州省"百村计划"保护工程的首批保护试点传统村寨、贵州省首批"贵州省村落文化景观保护示范村寨"、第一批中国传统村落名录、第一批列入中央财政支持范围的中国传统村落名单，以及国家首批启动实施整体保护利用综合试点工作的 51 个传统村落之一。2015 年 4 月，榕江县发布了《榕江县大利村传统村落整体保护利用项目工作实施方案》，成立大利村传统村落整体保护利用项目实施领导小组，制定了年度项目实施方案，结合大利村古建筑群保护工程的实际情况，对古楼、花桥、古民居、古粮仓、古井、石板古道进行修缮和文物周边环境整治，以及村落传统水系整治等，涉及了保护工程、环境综合整治工程、消防工程等各项工程。

2014 年，由北京大学、东南大学、同济大学和贵州省文物保护研究中心等完成了《大利村文物保护工程总体方案》，并经省文物局组织专家评审通过。同年 10 月启动了榕江大利村鼓楼抢险修缮工程，12 月修缮工程先后开工，工程由本村村民工匠施工建设。

对照《大利村传统村落整体保护项目实施方案》提出的十大工程和 44 个项目（表 18-2），截至 2015 年 7 月已完成项目 8 项，整体推进速度较慢。尤其是作为核心工程的文物本体修缮保护工程仅完成两项，分别为完成文物保护规划以及 5 座花桥的修缮。正在进行修缮的包括 1 个鼓楼、5 座花桥、3 个古粮仓等，完成了公厕、停车场、新寨门、新建花桥、垃圾处理场等用地的选址，以及生态博物馆 9.35 亩的征地工作及其资料信息中心的设计方案编制（图 18-11）。位于古戏台旁的公厕正在建设中，计划 2015 年年底全部完成，同时完成文物保护工程项目竣工验收。

表 18-2　　　　　　大利村传统村落整体保护项目实施情况（截至 2015 年 7 月底）

项目类型	项目名称	实施情况		
		已完成	已实施	未实施
文物本体修缮 与保护工程	文物保护规划、整体保护与发展规划勘察设计费	●		
	上步花桥、寨头花桥、中步花桥、寨尾花桥	●		
	传统村闷墩、寨头古井			●
	古粮仓 3 个		●	
	古道维修 2.5 公里		●	
	古民居维修 6 处			●
	文物"四有"档案工作			●
	民居风貌整治工程及文化馆建设（文物保护范围内和非文物民居）			●

（续表）

项目类型	项目名称	实施情况		
		已完成	已实施	未实施
文物周围环境卫生整治	拆除乱搭乱建建筑			●
	传统水系整治工程		●	
	环境综合整治工程		●	
	家庭改厕、改厨,新建公厕			●
	村寨引水系统			●
基础设施建设项目	村内道路、人行步道、新建石拱桥一座、庭院建设维修工程项目		●	
	原址新建花桥一座		●	
	村内道路照明			●
	电改			●
	小康讯、三网融合			●
	新建公厕1个(石板古道尽头)		●	
	新建停车场1个		●	
	外部连接道路维修工程		●	
	小学教学楼改造和操场整治(民族文化传习基地)			●
村寨安全四防项目	"四防"工程项目即消防、防雷、安防、防蚁			●
文物展示利用项目	鼓楼坪厕所改造成展示服务点			●
	观景台3处			●
	民居新建改造利用示范点3~5户			●
	生态博物馆资料信息中心建设及陈列展示		●	
	文化导识导览系统			●
	村内整体展示工程			●
社区建设和文化传承	村民动员宣导、社区组织重构(村落调查记录、消防宣传、制定民居修缮与交易款约等)	●		
	村落节庆文化发掘与传承	●		
	侗族大歌的村落传承制度建设及进课堂	●		
	老年活动室			●
	小学生"爱大利、我行动"主题活动	●		
	非物质文化遗产传承人及社区文化骨干培训	●		
	"守望家园、记住乡愁"走进大利演出活动	●		
	村寨和小学体育设施			●
	村寨非遗传习所建设			●
	大利幼儿园建设筹备			●
产业建设	生态农业与深加工			●
	生态旅游接待示范			●
锦绣计划	侗布与侗绣产业促进示范			●
网站微信	网站与微信平台建设与推广			●
研究总结	记录、研究和出版工作			●

资料来源:根据《大利村传统村落整体保护项目实施方案》和实际调研反馈汇总整理。

保护项目工程指挥部

已基本完成修缮的鼓楼

正在进行修缮的古粮仓

大利村整体保护与利用项目公示

亟待修缮的国家级文物保护单位——侗寨四合院

图 18-11　大利村传统村落整体保护项目部分实施情况

　　在各项工程的实施进度上,社区建设和文化传承项目的进度较快,已完成60%。这一项目偏重软件建设,资金投入较少,更具操作性。具体包括了村民动员宣导、社区组织重构,村落节庆文化发掘与传承,组织侗族大歌的村落传承制度建设及进课堂,对非物质文化遗产传承人及社区文化骨干进行培训,开展小学生"爱大利·我行动"、老年活动室、"守望家园·记住乡愁"走进大利等一系列宣传活动。

　　在实施过程中,榕江县专门成立了由各县级部门以及栽麻乡组成的大利村传统村落整体保护联合小组,规定各部门分别抽调技术人员到大利村驻村联合办公,但由于各部门抽调人员的工作并没有与原部门完全脱钩,事务多而分身乏术,工作组的联合办公机制难以执行。

　　相关的政策出台后并未开展充分的宣传工作,因而许多建设未能获得村民在征地拆迁方面的支持,在实际工作中与村民的协调村庄很多矛盾,导致实施进展受阻。以大利村正在建设的公厕为例,因该公厕在建设中占用了一户村民住宅的部分地基,乡和村委与利益相关的村民在已经沟通协调确定赔偿方案后,当事人次日又反悔,反复的协商过程影响了工程进度。另一方面,政策宣传不充分导致部分村民对传统村落的价值认识不足,部分村民自行建房过程中未按要求施工,拆掉了传统的干栏式木楼,在原地建起了砖混结构的楼房,对传统村落的风貌造成影响(图 18-12)。

　　在资金使用方面,由于国家文物局所拨款项专款专用于相关保护工程,在实际操作中许多设施建设需要征用村民耕地或宅基地,相关的补偿资金无法正常拨付。因保护工程建设基本依赖专项资金拨款,故而许多村民土地补偿经费只能从工程款项中扣除。根据访谈了解,每当有施工队在项目实施中遇到困难时会先联系相关的县级直管部门,部门了解问题后联系栽麻乡政府,乡驻村工作人员通报村委,由村委与村民协调,若有

外墙用瓷砖的民居

水泥筑底的民居

图 18-12 大利村未按要求改建的农宅

资金需要补偿村民的就从该项目的工程款里扣除。

由于大利村地处偏远山区，原材料的物流成本和建材成本本身都高于专项资金的一般核定标准。再加上地方财政困难，投入有限，因而所需资金始终不足，项目落实较为困难。政府管理部门希望建立多元化运营机制，吸引社会资本积极参与保护工作。但按照目前的政策规定，其土地使用权和房屋所有权仅限于本集体经济组织成员间流转，无法吸引社会资本的经营性投入。另一方面，按照传统村落传统文物民居保护修缮的相关规定，村民需要承担40%～50%的修缮资金，但大部分村民以务农为生，收入水平低，出资困难，主观上也讲保护工程视为政府的事。文物本体保护修缮补助政策在实施过程中并未得到村民的支持。

19　楼纳村:黔西南布依族苗族自治州义龙新区顶效镇楼纳村

19.1　楼纳村简介

楼纳村(表 19-1)隶属贵州省黔西南州兴义市顶效镇,由义龙新区托管,位于国家级风景区马岭河峡谷东岸。村庄距离顶效镇区约 10 公里,距离兴义市约 20 公里,距离兴义万峰林机场约为 20 公里,距南昆铁路和 G324 国道约 7 公里(图 19-1、图 19-2)。

表 19-1　　　　　　　　　　　　　楼纳村基本信息表

基本信息	区位特征	近郊
	地形地貌	山区
	是否位于乡镇政府驻地	否
	主要民族	布依族
	村域总面积(公顷)	4 260
	户籍人口(人)	5 289
	常住人口(人)	5 289
	户籍户数(户)	1 331
	下辖	对门、河头、上寨、大寨、哪叠、新寨
农房建设	户籍农户住房套数	1 322
	质量较好的农房套数	528
基础设施	村内道路总长度(公里)	46
	村内硬化道路长度(公里)	42
	是否通镇村公交	无
	有无文化活动设施或农家书屋	有
	有无体育健身设施	有
	垃圾收集处理情况	转运处理
	有无公共厕所	有
	有无必要消防措施	—
	道路有无照明设施	有
	有无通自来水	有
	污水处理情况	未处理
	有无通宽带	有
	有无通电话	有
	有无邮政服务点	无
	是否实现一户一电表	是
村落保护	是否中国传统村落	否
	是否中国历史文化名村	否
休闲农业和乡村旅游	是否休闲农业和乡村旅游示范点	是
	有无现代高效农业示范园区	无
村庄规划	是否编制过村庄规划	否

数据来源:调研组访谈整理。

图 19-1   楼纳村空间区位

图 19-2   楼纳村交通区位

　　楼纳村四面环山，环境优美，少数民族人口占全村人口的70%以上，是一个有着浓厚布依族文化特色的民族村寨，于2015年成功入选"中国最美休闲乡村"之"特色民居村"。楼纳村的"交手唢呐"和"联手二胡"源于唐朝，是独有的一种民间文化技艺，曾受邀参加CCTV"欢乐中国行"节目。

　　楼纳村的经济产业主要为经果林种植、花卉苗木种植、养殖业以及劳务等。目前该村采用土地流转方式，引进了多家公司大力发展现代农业和观光农业。该村流转土地超过2 000亩，建成花卉苗木种植示范基地，并辐射带动周边村民生产致富。此外，楼纳村还依托秀美的楼纳河和特有的民族传统文化，着力打造民族村寨，大力发展乡村旅游业，有村民开办了乡村旅馆、农家乐，成为农民增收的重要途径。

　　楼纳村的村寨格局主要包括了村民自主建房的对门组，其由主要通村路与顶效镇区相连；其余河头组、上寨组、大寨组、哪叠组、新寨组等几个村民组由村组路串联而成，东通郑屯镇，西连兴义市（图19-3、图19-4）。楼纳村的房屋质量在村组间具有差异。2007年村委在对门组征地并组织村民自主建房，因此对门组的房屋较新,质量普遍较好。其他村寨以老房为主,偶有农户自己出资新建房屋,许多房屋动工后未完成修建(图19-5、图19-6)。

位于楼纳村对门组与大寨组两个村寨中间的民族文化广场,占地万余平方米,是黔西南州最大的农村文化广场。该广场在被村民用来传承布依族民族文化的同时,也成为外来游客前来观光旅游的参观点。楼纳村已建起1栋300平方米、集村委会办公室、党员活动室、广播室、图书室于一体的村办公楼。此外,村内还建有村级旅游接待中心、农民文化家园、文化长廊、停车场、八一爱民学校、哪叠小学、卫生室等重要公共设施(图19-7、图19-8)。

2011年5月,楼纳村被列为兴义市和顶效开发区的新农村建设示范点,开展了整村推进式的基础设施建设,并接待了习近平总书记的考察。2013年"四在农家、美丽乡村"六项行动计划颁布前,楼纳村各项基础设施已经较为完善,该项政策的实施对楼纳村基础设施建设做了进一步的改进与完善。2015年的相关村庄建设发展政策主要包括"四在农家、美丽乡村"基础设施建设六项行动计划中的"小康房""小康寨""小康路"、"小康讯"行动计划和"休闲农业与乡村旅游示范点"等。

图 19-3　楼纳村对门组村寨风貌

图 19-4　楼纳村大寨组村寨风貌

图 19-5　楼纳村对门组民宅风貌

图 19-6　楼纳村大寨组民宅风貌

楼纳村
主要设施分布图

1. 盐景公园
2. 军民同心广场
3. 村委办公楼
4. 公厕
5. 停车场
6. 八一爱民学校
7. 卫生室

图例

━━ 商业设施
━━ 工业设施
━━ 公共服务设施
━━ 市政基础设施
━━ 历史建构筑物
━━ 村庄公共广场
━━ 其他建构筑物
━━ 通村路
━━ 通组路

图 19-7　楼纳村主要设施分布图

楼纳八一爱民学校　　　　　　哪叠小学

卫生室　　　　　　公共厕所

民族文化广场　　　　　　村委大楼

图 19-8　楼纳村主要设施现状

19.2　楼纳村小康房行动计划实施状况

　　"小康房行动计划"在楼纳村的落实主要体现在农危房改造上。该项行动计划实施以来，楼纳村 2015 年改造了约 20 户民居,每套补助 6 000～7 000 元。在与村民的访谈中了解到,由于外出务工现象在楼纳村较为普遍,本村评定过的农危房多数空置,有些评定为农危房但不影响建筑使用。所改造的危房户由政府补贴和村民自筹的资金落实,由村民自行组织施工队进行施工。

目前楼纳村暂无小康房标准的建设。2007 年,楼纳村村委以 6.5 万/亩的价格征用对门组的耕地后自行规划建设,路两侧新辟宅基地以 50—60 元/平方米出让给村民进行自主建房,目前约建有 60～70 户,房屋建设标准由村委拟定,房屋的立面设计如按村委拟定的标准可以得到 1 万～3 万元/套的补贴。目前对门组新建农宅的底层以商铺和餐饮为主,二层及以上用作自住、客房以及杂物堆放。自主建房基本都参照村委拟定的立面设计标准建造,但也有少数自建房没有参照设计标准,如仍用平顶形式以保留加层的可能性。据村民反映,每户均自行雇佣施工队进行建造,每宗宅基地整套建房平均成本在 30 万左右,其中人工费用占将近一半。

19.3 楼纳村小康寨行动计划实施状况

2008 年 5 月,顶效开发区农业综合开发办公室完成了楼纳村的河道整治,楼纳村充分利用农业综合开发项目专项资金 570 万元,治理河道近 3 公里,改善了楼纳河流域 6 000 亩土地的排洪、排涝和周边群众的休闲问题。之后,该村整合省民委帮扶资金、宁波帮扶资金等各类资金近 4 000 万元,进行基础设施建设,并使用新农村建设专项资金 100 多万元改造和亮化村寨。2013 年,成都军区支援西部大开发的项目以楼纳村为定点,投资 800 万建设"军民同心民族文化广场",占地 1 万余平方米,耗时 40 天完成,是黔西南州最大的村级文化广场。

2013 年"小康寨"行动计划颁布后,按照黔西南州提出的道路硬化、卫生净化、村庄亮化、环境美化、生活乐化五大目标,小寨康行动计划在楼纳村共有 3 项。

道路照明设施全村各寨基本覆盖,且设太阳能板,由"一事一议"财政奖补资金出资(图 19-9)。实施分为三批建设:2012 年实现第一批道路照明在对门组的主街,2013 年第二批在对门以外人流聚集的地方,2014 年第三批剩余补建,目前已基本实现完全覆盖。

楼纳村的民居亮化工程因旅发大会的召开而启动,于 2012 年在对门广场周边实施第一批,于 2013—2014 年在大寨组实施第二批(图 19-10)。全村利用新农村建设资金 300 多万元改造民居,带动农户投入 414 万余元,实现民居房屋改造 239 户。村民在相应改造中如保留坡屋顶即可获得适当补助。

垃圾集中回收处理由 2013 年开始,至今已维持了两年。对门组设有集中垃圾收集点一处,其余村寨垃圾收集由每户定时将垃圾置放在附近垃圾桶处,由镇环卫处出车每日巡村收集运至镇垃圾焚烧厂(图 19-11)。道路清洁由村申请 10 位环卫保洁员分片区进行打扫,保洁员由本村村民担任,月工资 1 000 余元,由义龙新区补助。

另有一些项目在政策实施前已经完成。如位于文化广场北侧的公共厕所与广场同期完成,由军区捐建;"三改"及庭院硬化于 2014 年已户户完成,由村民自行实施;村委办公楼 2 楼设有图书室,内容以科技类为主,由上级政府捐赠 6 万～7 万元;大寨村设有 1 处文化室,与体育健身设施共设等。

楼纳村除对门组外其余村寨的污水未经收集处理直排入河道,对河道造成一定的污染。老年活动设施的需求较为突出。村内的老年人活动中心因缺乏针对老年群体的娱乐设施和活动,对老年人吸引力不强,没有真正发挥服务老年人群体的功能,基本都是年轻人打牌使用。

图 19-9　楼纳村的道路照明　　　　图 19-10　楼纳村的民居亮化　　　图 19-11　楼纳村的垃圾回收

图 19-12　楼纳村道路建设现状

19.4　楼纳村小康路行动计划实施状况

　　2005 年楼纳村已修建了直通顶效镇区的主要通村路，2012 年开始进行通组路建设，全村 19 个村民组全部通了硬化道路。2013 年"小康路"行动计划实施以来，楼纳村整合了省民委帮扶资金、宁波帮扶资金等各类资金，继续进行通户路以及道路硬化工程建设，由村干部自行组织、监督施工队进行施工，由此可节省 10% 政府招投标手续的成本。

　　目前楼纳村共有 3 条通村路，分别通兴义、郑屯和顶效，按照乡村路标准建设，共约 22 公里，平均宽度 6 米，并已完成硬化油化工作。通组路全覆盖，长约 22 公里，也已完成硬化。通户路 621 条 21 公里已基本实现全覆盖，2015 年将完成最后 8 个组的道路硬化。全村进组水泥路面改造率超 90%，进户水泥路面改造率达 70% 以上（图 19-12）。根据村民的反馈，大多数受访村民认为本村通往顶效镇区的通村路宽度过窄，难以进行错车。

19.5　楼纳村小康讯行动计划实施状况

在小康讯行动计划实施开展之前,村内已实现户户通电话,但固话使用率仅20%,大多数人使用手机,因其携带方便,信号来源覆盖三大运营公司。

2013年小康讯颁布以来,村内接通宽带,通户率约50%。宽带虽然入户,但因资费较高,且村内留守人群多为中老年人等原因,实际使用率较低,入户但未接通的情况占大多数。此外,一些受访者反映存在宽带网速较慢且信号不稳定等问题。

村内无村邮所、物流流动服务点等,相关设施使用须至镇里,也并无相关项目的申请。

19.6　楼纳村休闲农业与乡村旅游示范点政策实施状况

2011年以来,楼纳村采用土地流转方式先后引进了绿缘花卉、百草园、东风植物园、阳光旅游4家企业进村发展现代农业和观光农业。其中,阳光现代农业观光示范园被评为2014年省级休闲农业与乡村旅游示范点。该项目总投资2.1亿余元,规模1万亩,计划建成黔西南州乃至贵州省最大的休闲观光现代农业示范园之一,是以现代生态农业为基础,集农业科技示范、农业休闲观光、乡村旅游度假、民族文化传承为一体,具有黔西南喀斯特风情的生态农业观光示范园。目前,园中除了桂花,还引进香樟、紫薇、红叶石楠、银杏等城市高档绿化树种、无籽刺梨、金龙杏、甜柿等精品果树以及特色花卉和盆景;将打造300亩绿色无公害蔬菜示范基地。同时,利用园区的绿化苗木林及果林资源,开展林下养殖,采用绿色圈养及放牧模式放养,打造200亩土猪、土鸡养殖等项目。

2014年5月,斥资2000万元打造的楼纳阳光盆景园正式开放,其定位是继承和发扬中国传统园林的自然式景观,将中国园林的情趣与地方景观融为一体,促成传统与现代的交汇(图19-13)。除了能满足和丰富"果篮子"、"菜篮子"外,未来还将开发乡村旅游业。争取到2016年,将项目打造成一个国家级的"现代农业观光示范园区",创建并打响"阳光生态品牌",成为黔、滇、桂三省区结合部各县市群众家门口的休闲度假胜地。

阳光现代农业观光示范园采取"公司＋基地＋合作社"组成的"新型农业经营模式",以公司为主导,实行企业化管理,基地作为农业技术推广、农村技术培训的中心,而专业合作社既坚持了农民作为农业生产经营的主体,也解决了企业大面积长时间租种农民土地的矛盾。

图 19-13　楼纳村阳光盆景园图

　　目前，阳光现代农业园项目已经完成 2 000 余亩的建设，截至 2014 年上半年，楼纳村 600 户村民流转出近 3 300 亩土地，农户将土地出租给示范园。阳光公司则将流转土地的农户聘到园区务工，参与该项目土地流转的农民最终获得了租金和工资双份收入。楼纳村流转土地的具体做法是每流转 1 亩水田，公司每年按 1 000 斤稻籽以当年市价（2015 年约 1 350 元）折资结算给农户；流转 1 亩旱地，公司每年按 600 斤玉米（地里栽有果树的每年多增加 150 斤玉米）以当年市价（2015 年约 660 元，地里有果树的还补加 165 元）折资结算给农户。凡流转土地的农户，公司雇工在同等条件下，每年按每亩 15 个劳工优先聘请流转户，务农农户每亩折合劳工收入 800～1 500 元，或安排剩余劳动力外出打工，年人均收入可达 2 万元以上。

20 刘家湾村：六盘水市盘县刘官镇刘家湾村

20.1 刘家湾村简介

刘家湾村（表 20-1）位于六盘水市盘县刘官镇北部，紧邻刘官镇区，地处松官水库下游，北靠高官村，东接水洞村，西邻松官村，南依张官村（图 20-1）。刘家湾村对外交通十分便利，区位优势突出。G320 国道、G60 沪昆高速公路（镇胜高速）穿村而过，距刘官镇高速出入口约 3 公里，距沪昆高铁盘县站仅需半小时车程（图 20-2）。

表 20-1　　　　　　　　　　　　　刘家湾村基本信息表

基本信息	区位特征	近郊
	地形地貌	山区
	是否位于乡镇政府驻地	是
	主要民族	汉族
	村域总面积（公顷）	464
	户籍人口（人）	2 934
	常住人口（人）	2 670
	户籍户数（户）	982
	下辖村寨	刘家湾、陆官塘、大凹子、常山丫口、倪家寨、独田、牛角山、河对门、许家寨子
农房建设	户籍农户住房套数	1 123
	质量较好的农房套数	502
基础设施	村内道路总长度（公里）	5.6
	村内硬化道路长度（公里）	1.1
	是否通镇村公交	无
	有无文化活动设施或农家书屋	有
	有无体育健身设施	有
	垃圾收集处理情况（无处理、村庄处理、转运处理）	转运处理
	有无公共厕所	有
	有无必要消防措施	无
	道路有无照明设施	有
	有无通自来水	有
	污水处理情况	未处理
	有无通宽带	有
	有无通电话	有
	有无邮政服务点	有
	是否实现一户一电表	是
村落保护	是否中国传统村落	否
	是否中国历史文化名村	否
休闲农业和乡村旅游	是否休闲农业和乡村旅游示范点	否
	有无现代高效农业示范园区	无
村庄规划	是否编制过村庄规划	有

数据来源：调研组访谈整理。

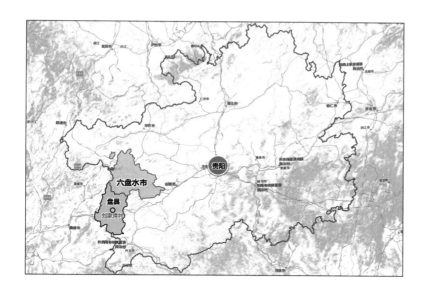

图 20-1 刘家湾村空间区位

图 20-2 刘家湾村交通区位与村寨格局

　　刘家湾村的经济产业以农业种养殖、交通运输、劳务等为主。经济作物主要有玉米、水稻、核桃以及刺梨种植,其中核桃种植近 1 600 多亩,大棚蔬菜 200 亩,养殖生猪 600 余头,有 10 余户种养殖大户。近年来刘家湾村借助交通区位优势,大力发展城郊经济,转移村里富余劳动力,从事务工、交通运输、餐饮业等行业,村民收入来源呈现多样化。目前刘家湾村正大力推进总投资 32 亿元的贵州胜境国际旅游度假中心项目,该项目规划日接待游客 1 万余人,正式投入营运后刘官镇将成为一个重要的旅游窗口和中转站。

　　刘家湾村现辖 9 个村寨,沿主要道路分布。五、六、七组沿通村路分布在村庄北部,一、二、三、四组和八、九组沿 320 国道分别分布在村庄东部和西部。

　　历史上刘家湾村曾发生山石滑落导致部分房屋受损,因此五组倪家寨 20 世纪 90 年代搬至第六组所在地独田,七组牛角山目前正在逐渐搬至第六组所在地独田。

　　刘家湾村内的各项公共服务设施较为齐全（图 20-3、图 20-4）。目前村内的主要公共设施是位于全村中心地段的村委综合办公楼，该办公楼建筑面积约 600 平方米，内设村卫生室、计生室、活动室、农家书屋、远程教育室等，村内的两个广场独田大广场、四组小广场设有健身器材以及乒乓球桌。此外，村内还有一处养老服务设施，刘家湾村幸福院。由于刘家湾村距刘官镇区较近，村内没有教育设施，共用镇里的教育设施，但从本村步行至镇区的小学、初中需要至少 40 分钟。

　　近年来，涉及刘家湾村的相关村庄建设发展政策为"四在农家、美丽乡村"基础设施建设六项行动计划，主要包括"小康房"、"小康寨"、"小康路"、"小康电"和"小康水"行动计划。其建设成果主要体现在第六组独田，以村寨为单位将六项行动计划统一整合推进实施（图 20-5）。

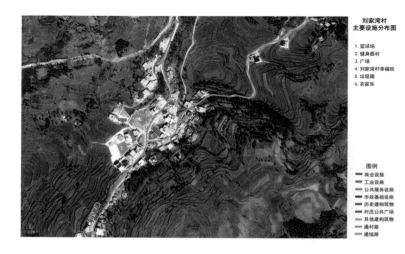

刘家湾村
主要设施分布图

1. 篮球场
2. 健身器材
3. 广场
4. 刘家湾村幸福院
5. 垃圾箱
6. 农家乐

图例

━━ 商业设施
━━ 工业设施
━━ 公共服务设施
━━ 市政基础设施
━━ 历史建构筑物
━━ 村庄公共广场
━━ 其他建构筑物
━━ 通村路
━━ 通组路

图 20-3　刘家湾村主要设施分布图

广场

篮球场

健身广场

老年人幸福院

村委大楼

邮政便民服务点

图 20-4　刘家湾村部分设施现状

图 20-5　刘家湾村村寨风貌

20.2　刘家湾村小康房行动计划实施状况

刘家湾村自小康房行动计划实施以来已改造了位于三组大凹子和四组常山丫口的 12 户农危房。政府补贴普通户至多 1.2 万元，低保户为 1.4 万元。目前村内仍有农危房约 120 户。村民为了避免出资改造后政府又会颁布集中建房政策，因而在近两年没有上报农危房改造申请。

近年来，村民自主建房多集中在独田组，约 100 多户。大多数村户将老房拆了后原址重建，平均每户村民的宅基地面积约为 120 平方米。正房坐北朝南，附属用房大多垂直于正房，主要为棚圈、厕所、杂物房等，多为搭建棚房或简易房。很多村民认为宅基地面积为正房建设地，没有包括厕所、畜圈、厨房等附属用房的面积，因而占地搭建现象较多。

刘家湾村内尚无集中建房点的建设，这在实际推进中操作较为困难。盘县共规划 49 个乡村集中建房点，平均每个村建设 1~2 个点，面积较大的村可有 3 个。但由于征地拆迁以及基础设施建设需要乡镇政府提供先期启动资金，因财政无法负担，故而集中建房点难以启动。另一方面，从村委与村民的反馈中获悉，集中建房标准不符合村民生产生活习性，造成诸多不便。例如由于在集中建房点居住而加大了大部分村民去农地的路径距离，村民务农不便；集中建房每户居住面积约 100 平方米，与之前相比大大减少，使村民感到生产生活空间有限，无法饲养家禽和家畜、堆放农具和薪柴等；集中建房会形成紧密的公共空间，许多村民以往的生活习性会影响公共环境，如务农回家的村民脚上沾有泥土会影响道路的清洁，又如曾经将垃圾堆放在自家周围的习惯也会影响到其他住户及整体的卫生状况等。

20.3　刘家湾村小康寨行动计划实施状况

刘家湾村从 2014 年 5 月份开始推进小康寨行动计划的建设项目，至 9 月份基本完成。之所以较为顺利地实施主要有两方面的原因：一是由于刘家湾村紧邻刘官镇镇区，在基础设施建设方面已有一定基础，盘县在刘家湾村实施的项目集中在环境整治和功能设施完善等方面；二是刘家湾村位于高等级公路沿线，属于优先发展的村庄，六盘水市委组织部的驻村干部，也对项目的启动建设发挥了积极作用。

具体而言，小康寨行动计划在刘家湾村实施项目大致可分为 4 类项目(图 20-6)。

道路照明工程中，村内主路基本覆盖了太阳能路灯的设置，除第八组许家寨子外，其他组还未实现组内路灯照明。这项工程由"一事一议"财政奖补资金出资建造，且由财政厅直接进行招投标施工。

图 20-6 刘家湾村小康寨建设情况

目前村内已基本完成庭院硬化工程。2014 年由政府统一补贴庭院硬化材料,标准为面积 30 平方米,厚度 10 厘米,户主自筹资金进行施工建设。改厕、改灶、改圈的"三改"工程仅落实在个别改造建房的农户,尚未全部完成。

全村共有公共厕所 3 个,分别位于独田组的大广场、四组的小广场和三组的活动场所等。

全村共有 10 处安置垃圾箱,没有集中收集点。刘官镇环卫车每日会巡村收集垃圾,垃圾车是政府通过小康寨项目资助刘家湾村的,司机人工费以及油费等运营费用由刘官镇承担。

在相关的建设项目中,污水处理设施的建设较为困难。村内目前无排污管道和污水处理设施,主要沿道路边沟、灌溉沟渠、地面自由排放。刘家湾村计划在下游地段建设污水处理厂,但村内污水管道一直难以铺设。原因是村庄地处山地地形,且地势起伏较大,上下坡地埋设污水管道会占用大量土地,须向村民征地,易引起与村民的矛盾纠纷。部分村民认为每户建设化粪池的规定不合理,因为村民有直接舀粪浇地的农作需要,因而建议化粪池可以在公共厕所所在地统一建设。

20.4 刘家湾村小康路行动计划实施状况

2012 年刘家湾村集体出资修建通村路、通寨路,于 2013 年完成。目前进村路有 4 条,村内道路有通村公路、通组路以及通户路。其中,通村公路 G320 国道及镇胜高速东西向而过,是全村对外交通要道,在规划范围内长约 960 米,宽 8 米。通组路现状路面宽 3.5~4.5 米,通户路现状路面宽 1.5~2.5 米,部分尚未硬化的大都是狭窄的山路或泥石路面(图 20-7)。2015 年 8 月正在进行从沪昆高速刘官高速收费站出口 G320 国道至刘家湾村陆官塘寨的公路建设,路面宽 12 米。由于村内道路于 2013 年赶工完成,使用两年后路面破损较为严重。此外,村民反映通组路仍旧过窄,两车无法会车行驶。

图 20-7   刘家湾村内
道路建设情况

20.5   刘家湾村小康电行动计划实施状况

2013 年小康电行动计划实施以来,刘家湾村在原来的农村电网基础上以标准形式进行统一改造,目前主要有 50~100 千伏杆上架空农网覆盖,采用 50~100 千伏杆上变压器供给各用户,已实现了户户通电、一户一表。全村共有 8 台变压器,除一、二组共用一个变压器外,其余每个自然村各设置一个。村内无便民服务电费代收点,由镇里的抄表员(6~7 个行政村一个抄表员)代缴。

20.6   刘家湾村小康水行动计划实施状况

刘家湾村现已实现户户通水,水源地为盘县松官水库,少数村民还自行打井取水。除一、五、七组直接由松官水库供水外,其他组的供水都是经刘官水厂净化后入户(图 20-8)。各组水费都不一样,价格区间为 2.7~5 元/吨,价格不同的主要原因在于净化处理及输水过程损耗的成本差异。

目前刘家湾村正借助小康水项目在投资建设深井,计划 2015 年 9 月让五、六、七组村民喝上深井水,工程费用由水利部门资助,运营费用(主要为人工费与泵电费)由村里支出,平摊给每户。

刘家湾村原灌溉水源为松官水库,按照作物生长期间歇性放水(秧苗时为 2~3 天放一次水,水稻成熟后半个月放一次水),放水时会通知村民清理沟渠,防止淤泥阻塞。但近年来因松官水库供水扩大至周边村庄供饮用,不再对刘家湾村提供农用灌溉水。大多数水田都改为旱地,除了部分地势低处田地用地下水灌溉外,只能依赖雨水,影响了农作物生长。

图 20-8　刘家湾村内的刘官水厂

21　石头寨村：安顺市黄果树管委会黄果树镇石头寨村

21.1　石头寨村简介

石头寨村（表 21-1）位于安顺市黄果树管委会黄果树镇，南距黄果树大瀑布约 6 公里，是进入黄果树景区的交通门户。其交通区位便利，距离 G60 沪昆高速道口不到 3 公里，距离 G320 国道仅 1.5 公里，经 X460 仅十余分钟即可到达黄果树镇区和黄果树景区（图 21-1、图 21-2）。

表 21-1　　　　　　　　　　　　　　石头寨村基本信息表

基本信息	区位特征	城郊型
	地形地貌	山区
	是否位于乡镇政府驻地	否
	主要民族	布依族
	村域总面积（公顷）	650
	户籍人口（人）	3 051
	常住人口（人）	2 681
	户籍户数（户）	632
	下辖村寨	翁寨村、普叉村、偏坡村、大洋溪村、石头寨村、洞口村、者斗村
农房建设	户籍农户住房套数	658
	质量较好的农房套数	590
基础设施	村内道路总长度（公里）	11
	村内硬化道路长度（公里）	6
	是否通镇村公交	是
	有无文化活动设施或农家书屋	有
	有无体育健身设施	有
	垃圾收集处理情况	转运处理
	有无公共厕所	有
	有无必要消防措施	无
	道路有无照明设施	有
	有无通自来水	有
	污水处理情况	城镇管网
	有无通宽带	有
	有无通电话	有
	有无邮政服务点	有
	是否实现一户一电表	是
村落保护	是否中国传统村落	是
	是否中国历史文化名村	否
休闲农业和乡村旅游	是否休闲农业和乡村旅游示范点	否
	有无现代高效农业示范园区	有
村庄规划	是否编制过村庄规划	否

数据来源：调研组访谈整理。

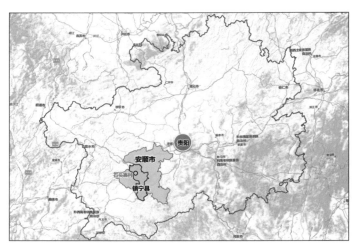

图 21-1　石头寨村空间区位

图 21-2　石头寨村交通区位
及村寨格局图

图 21-3　石头寨村景观风貌

　　石头寨村是一个以布依族为主、具有 600 年历史古村落，沿袭着古老特色的石头建筑和精湛的手工蜡染技艺，被国家命名为"中国民间艺术之乡"和"布依族蜡染之乡"的称号，并成功入选首批中国特色少数民族村寨和第三批中国传统村落名录。

　　石头寨村是黄果树六大景区之一，以其优美的自然景色和传统精湛的蜡染民族工艺吸引了不少国内外游客前来观光。经过提升改造，石头寨村已具备观光、餐饮、住宿、休闲、购物等功能。目前石头寨村正致力于打造成集精品客栈、文化体验、农业观光、垂钓养生等于一体的乡村旅游区。此外，石头寨素有"蜡染之乡"的美誉，该村也在大力扶持传统产业蜡染的发展，建立了蜡染合作社，设立了蜡染一条街。

　　石头寨依山傍水，全村石屋层叠，沿着山坡自下而上，布局井然有序。有的石屋房门朝向一致，一排排并列；有的组成院落，纵横交错；有的石屋有石砌围墙，经石拱门进出。房屋建筑为木石结构，屋顶盖薄石板，经久牢固，冬暖夏凉，由寨民自行设计修建，极富地方特色和民族特色。村内有些巷道由石块铺设，许多活动空间安置着石凳、石椅与石桌可供休憩。石头寨村亦获"石头王国"的美誉。

　　石头寨村拥有独特的村史博物馆，其原址是民国初建成的石头小学，总面积约600平方米，上下2层的小木楼总共有11个展示区，用以保存和宣传布依族的发展史，传承布依文化。石头寨村的主要公共空间有寨东的村委广场和寨西的蜡染广场。村内其他主要公共设施包括卫生室、公厕、停车场、农家书屋、蜡染广场（设健身设施）、24小时ATM等，目前正在申请建造老年活动中心（图21-4、图21-5）。

图21-4　石头寨村主要设施分布图

| 村委 | 村史博物馆 | 农家书屋 | 农村信用社 |

| 蜡染一条街 | 蜡染广场 | 停车场 | 休闲长廊 |

图21-5　石头寨村部分设施现状

良好的交通区位条件和身后的传统文化底蕴使得石头寨村一直受到村庄发展政策的扶持。早在 2008 年，石头寨村就成为黄果树风景名胜区实施社会主义新农村建设试点村。2013 年，石头寨村被列为安顺市"四在农家·美丽乡村"示范村和全国"美丽乡村"创建试点。近年来相关建设项目主要涉及"四在农家·美丽乡村"基础设施建设六项行动计划中的"小康房"、"小康寨"和"小康路"行动计划以及现代观光农业示范园等政策。

21.2 石头寨村小康房行动计划实施状况

2013 年小康房行动计划实施启动后，石头寨村陆续改造了 10 余户农危房，目前仅剩下 2 户农危房没有改造。按照"群众自建为主，政府适当补助"的原则，依照农危房改造申请农户的经济条件分级，补贴标准分为一般、困难、低保、无保四个级别，从 6 500 元至 22 300 元不等。

2014 年，黄果树管委会为解决石头寨村内人口多房子小的家庭存在的住房问题，确定了集中建房地块选址并完成了该地块的测绘工作。村民对此设想非常赞同，但因缺乏资金支持，截至 2015 年 8 月该地块的集中建房工作尚未实施。

在石头寨村，建单层 100 平方米的传统农宅需要花费 10 万元左右，比用砖建房的造价要高将近一倍。且由于村内青壮年大多外出打工，施工已由 5 年前的村民互助变为雇佣施工队建房，导致人工成本大大增加。为节约建房成本，很多村民都开始选用现代建筑材料建房，这对石头寨村以石头材质为特色的建筑风貌造成影响。为了约束村民，村委在村规中对此已专门加以规定，但偏坡村和普叉村的许多新建民房已基本使用了现代建筑材料。

传统村落保护的管控要求与小康房建房标准存在差异。从 2013 年起，为达到抗震要求新建房要求采取平屋顶形式，而根据传统村落保护要求，为了延续传统建筑风貌，又在新建民居的平屋顶上加建坡屋顶，使得房屋外表仍是传统建筑风貌，但内部的钢筋混凝土结构在材料与形式上与传统建筑不符。

许多新建农宅对村落景观风貌产生影响。例如部分农宅建在桂家河等风景较好的沿河界面，一定程度上影响了传统村落的自然景观（图 21-6）；部分新建农宅的建筑体量偏大，与周边传统建筑并不协调（图 21-7）。

21.3 石头寨村小康路行动计划实施状况

2004 年石头寨村已完成三条通村路及其硬化工程建设。2014 年小康路行动计划启动后，对通村路进行翻修，由水泥路变为沥青路，但路幅没有发生变化，仍保持原来的宽度（图 21-8）。

图 21-6 桂家河旁的新建农宅

图 21-7 部分农宅改建成体量较大的旅馆

图 21-8　石头寨村通村路

图 21-9　石头寨村民居亮化工程

21.4　石头寨村小康寨行动计划实施状况

　　小康寨行动计划实施前，石头寨村内基础设施建设已较为完善。作为全国"美丽乡村"示范点，自 2012 年以来石头寨村共完成各项基础设施建设项目 20 余个，完成投资额高达 1.3 亿元。停车场、公厕、太阳能路灯、标识标牌、游览步道、旅游公路、绿化美化、污水管网、民俗旅馆、烧烤长廊等项目逐步实施完成，为石头寨开展旅游接待服务奠定了坚实的基础。

　　2014 年 3 月至 9 月，政府投资 1.3 亿元完成了石头寨村民居亮化工程，主要包括外墙贴灰色墙砖、屋顶加石材片瓦以及装配统一风格的门窗等。由于该工程赶工时间紧，因而工程质量较差，村民房屋屋顶出现漏水、外墙贴砖出现脱落等现象（图 21-9）。同时，村民认为这样的"穿衣戴帽"工程非但没有保持反而破坏了石头寨村的传统风貌。

　　近年来随着旅游业的发展，石头寨村内违规搭棚沿河经营烧烤的现象严重，甚至有商户在河中浇筑混凝土搭棚设摊（图 21-10）。安顺市拟定专项河道整治项目，禁止在石头寨村上下游河流中游泳以及在河道 100 米范围内经营烧烤，于 2015 年 8 月进行河岸拆违工作，并落实 120 万元资金进行河道水质净化与河岸环境建设。为安排好村内烧烤经营户的经营场地，政府投资 1 700 万元于村内新建"烧烤长廊"，占地约 2 公顷，拥有普通摊位 100 个，烧烤亭 60 个，并拟定了管理使用方案吸引经营户入驻（图 21-11）。

图 21-10　石头寨村部分村民在河边违规建设的烧烤经营场地

图 21-11　石头寨村烧烤长廊

图 21-12　石头寨村垃圾箱　　　　　　　　　图 21-13　石头寨村公共厕所

　　石头寨村内设有地下排污管网,目前正在建设一座污水处理厂。垃圾收集根据"垃圾收运系统"项目设置垃圾箱和垃圾桶(图 21-12),并雇佣垃圾车和保洁员负责转运。村民只需要将垃圾置于垃圾箱边,垃圾车每天巡村收集。村内共建公共厕所 4 处,其中冲水式公厕 2 个(图 21-13)。

图 21-14　石头寨村人行步道与租赁自行车

图 21-15　新建的停车场

　　石头寨村已有 3 处停车场，总面积约 1 万平方米，但每逢节假日游客陡增，车辆乱停乱放现象严重，再加上大量的过境车辆，主路经常堵塞。村委干部建议旅游车停在村口，内部打造慢行系统，以自行车交通为主，并且停车场的管理需进一步加强完善（图 21-14、图 21-15）。另有部分项目建成后缺少维护，如 2014 年安装的太阳能路灯 2015 年已经有很多不能使用；又如居住在河道下游的村民反映一到雨天排污管网会有污水溢出，影响生活。

21.5　石头寨村现代观光农业示范园实施状况

　　"黄果树风景名胜区现代观光农业示范园"被评为贵州省"100 个现代高效农业示范园区"之一，且其核心部分石头寨生态农业观光示范园被评为 2014 年省级休闲农业与乡村旅游示范点。该示范园区位于黄果树风景名胜区内，总体规划面积约 13 000 亩，由一个核心区和四个配套区组成，分别为石头寨区、翁寨区、王安寨区、滑石哨区和大坪地区。项目总体定位为世界级农业示范项目，功能定位为黄果树旅游圈深度生态体验区、贵州省农业硅谷，并打造深度生态体验平台、贵州特色农业展示交易平台、现代农业技术服务平台等三大产业平台。

　　项目规划全面贯彻少征地和生态保护的原则，通过通道景观化和产品主题化将农业示范和旅游观光有机结合（图 21-16）。整体规划结构为一心、一环、一轴、六分区、多节点：一心为石头寨核心区；一环即串联石头寨区域的交通环线，也是未来自行车游览路线系统；一轴即目前 X460 道路，即未来园区主轴道路；六大功能区包括石头寨核心区、休闲观光区、互动体验区、农耕文化展示区、农业种植示范区和汽车露营区；多节点为多个公共空间节点。

　　石头寨核心区以民俗展示和深度体验为主题，打造布依蜡染、服饰、戏曲、民乐、手工艺品等为主的系列产品。农业种植示范区以农业示范和农业体验为主题，导入智慧农业体系和生态购物体验模式，打造 1 000 亩金刺梨种植基地、核桃苗圃种植基地、樱桃种植基地优质水稻示范基地、生产包装区、科研检测中心等。休闲观光区以观光休闲为主题，依托花卉基地种植区、中草药种植区、水产养殖区、精品果园种植区，打造观光和休闲体验为一体的农业旅游产品。互动体验区以区域通道为基础，以通道景观化为原则，打造儿童游乐区、浪漫花海区、布依民俗区和世界风情区四大主题体验产品区，增加游客互动。农耕文化展示区展示四个不同时代农业文明，并且设置科普教育示范基地。汽车露营区包含房车露营区、特色农产品销售中心、花卉苗木区、根艺奇石区、民俗酒店和生态农庄等。目前，石头寨村内落实了部分种植基地项目，其余尚未实施。

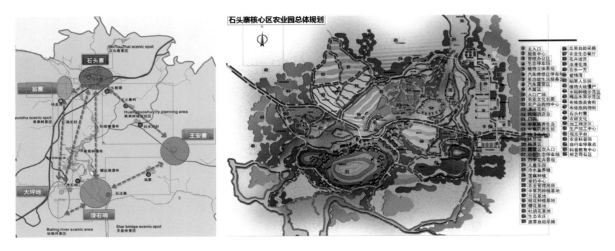

图 21-16　黄果树风景名胜区现代观光农业示范园规划图

22 高寨村：①铜仁市印江土家族苗族自治县合水镇高寨村

22.1 高寨村简介

高寨村(表 22-1)地处铜仁市印江土家族苗族自治县合水镇,东距合水镇区约 1.5 公里,西距印江县城约 15 公里(图 22-1)。高寨村交通便利,是印江至梵净山、印江至松桃的必经之路,S304 省道穿村而过,临近合水镇新建的客运站(图 22-2)。

表 22-1 高寨村基本信息表

	区位特征	远郊
基本信息	地形地貌	山区
	是否位于乡镇政府驻地	否
	主要民族	汉族
	村域总面积(公顷)	287
	户籍人口(人)	1 230
	常住人口(人)	1 230
	户籍户数(户)	298
	下辖村寨	高丰,五星,上寨,大坡,高寨
农房建设	户籍农户住房套数	412
	质量较好的农房套数	196
基础设施	村内道路总长度(公里)	8
	村内硬化道路长度(公里)	1.96
	是否通镇村公交	是
	有无文化活动设施或农家书屋	有
	有无体育健身设施	有
	垃圾收集处理情况(无处理、村庄处理、转运处理)	无处理
	有无公共厕所	无
	有无必要消防措施	无
	道路有无照明设施	有
	有无通自来水	有
	污水处理情况	未处理
	有无通宽带	有
	有无通电话	有
	有无邮政服务点	无
	是否实现一户一电表	是
村落保护	是否中国传统村落	否
	是否中国历史文化名村	否

---

① 本次调研过程中结合铜仁市印江县合水镇的典型村庄补充了临近的高寨村实地调研,并形成村调报告,以供参考比较。

（续表）

休闲农业 和乡村旅游	是否休闲农业和乡村旅游示范点	否
	有无现代高效农业示范园区	无
村庄规划	是否编制过村庄规划	否

资料来源：调研组访谈整理。

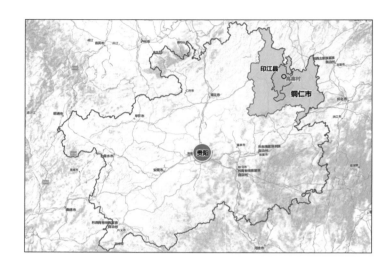

图 22-1　高寨村空间区位

图 22-2　高寨村交通区位

　　村内仍以传统种植业、养殖业为主，部分土地经流转后给承包大户种植芋荷、雷竹等，还有数家烤烟大户承包了合计300多亩因开荒获得的土地。劳务输出也是高寨村村民收入的重要来源，基本上每户家庭都有外出务工人员。

　　高寨村依山傍水，位于印江河谷，下辖五个村寨。其中，三个村寨沿省道东西向延伸，另外两个村寨错落分布于山坡之上。但大部分原居于山上的居民，重新在山下择地修建新房，仍居于山上的多为从事养殖业的家庭。村庄地势西高东低，南高北低。河流、水田、旱地、林地从北向南依次分布，村庄延伸方向与省道走向、河流流向基本一致。

　　沿省道分布的民居基本上为新建的钢筋混凝土建筑，多为二层或三层楼房。山坡上则连绵分布着大量传统木质建筑，其中有两座十分珍贵的保存完好的百年老宅。房屋依地势而建，雕花精美，并拥有坡屋顶、转回廊等颇具民族特色的建筑元素。2014年高寨村申报国家传统村落，虽尚未成功，但其古建筑群极具价值（图22-3）。

高寨村的主要公共设施主要包括村委会、幼小、卫生室、老年活动中心、图书室、远程教育中心和一个篮球场地（图22-4、图22-5）。篮球场兼具学生活动场所、村庄公共活动场地的功能，经常举办篮球赛、联欢会等活动，以供村民自娱自乐。

图 22-3　高寨村古建筑风貌

图 22-4　高寨村主要设施分布图

幼小、老年活动中心　　　　　篮球场

图 22-5　高寨村部分设施现状

近年来,影响高寨村的村庄建设发展政策主要涉及"四在农家·美丽乡村"基础设施建设六项行动计划的"小康房"、"小康水"和"小康寨"行动计划等政策。

22.2　高寨村小康房行动计划实施状况

高寨村总体上农危房数量较少。对于农危房改造主要有拆除重建和维修两种方式。自农危房政策实施以来,高寨村平均每年改造 6~7 户农危房,现需改造的农危房已基本完成。新建房屋每户补贴 7 000 元,分修建主体、装修和完工三个阶段逐步发放。而维修房屋有诸多补贴标准,从 2 000~12 000 元不等,且只有到完工验收时才一次性发放。村内农危房改造中,拆除重建比例大,维修占比很小。2015 年村内有 6 户完成农危房改造,均为重建房屋。农户自己出一部分资金,再加上政府补贴,基本上能负担修建费用。

22.3　高寨村小康水行动计划实施状况

高寨村集中供水早已有之,人畜饮水基本保障。农业灌溉沟渠也早已通过农业综合开发资金和县人大帮扶资金修建完成,但鉴于修筑质量及自然损耗问题,灌溉沟渠需经常修补。2015 年水务局提供资金并组织对农业灌溉沟渠进行修补,截至 2015 年 7 月底,修补工程已完成。

22.4　高寨村小康寨行动计划实施状况

高寨村进行的小康寨行动计划主要包括通组路和联户路硬化、垃圾池修建、体育健身设施更新等活动,而路灯亮化早在小康寨行动计划之前就由村民集资完成安装。

在通组路和联户路硬化工程中,由于高寨村 3 个村民小组都沿省道建房,基本上不存在硬化需要。仅有分布于山上的 2 个小组通过"一事一议"财政奖补资金于 2012 年末至 2013 年初完成了通组路和联户路硬化。工程建设由政府提供物资,村内组织劳力进行具体施工。这种"政府出资,村民出力"的建设方式既调动农民建设家乡的积极性,又节约政府资金,建设效果显著。

2014 年高寨村获得了由体育局捐赠的篮板和球篮,替代了传统的木质篮板和简易球篮,资金来自体育彩票公益基金。这对带动村民体育健身、乐化村民生活起到积极的带动作用。

2015 年由镇政府出资,村里负责雇佣劳动力新建了两个垃圾收集池。

根据村委和村民的访谈了解到,由于高寨村的基础设施建设情况较好,所以现阶段政策资金对其倾斜度小,故而村内一些小规模的基础设施建设不易申请到"一事一议"财政奖补资金,对于垃圾池、公厕等公共卫生设施的修建造成一定影响。此外,污水处理一直未受重视,处于自然排放状态。

附录

附录 A 2003—2016 年中央 1 号文件一览表

年份	中发1号文件	总体工作要求
2003	《关于全面推进农村税费改革试点的意见》	通过不断调整和完善收入分配政策,逐步实行城乡统一的税费制度,进一步解放和发展农村生产力;同时,加大对农村社会事业发展的财政支持力度,促进城乡经济和社会协调发展,加快全面建设小康社会的步伐
2004	《关于促进农民增加收入若干政策的意见》	按照统筹城乡经济社会发展的要求,坚持"多予、少取、放活"的方针,调整农业结构,扩大农民就业,加快科技进步,深化农村改革,增加农业投入,强化对农业支持保护,力争实现农民收入较快增长,尽快扭转城乡居民收入差距不断扩大的趋势
2005	《关于进一步加强农村工作提高农业综合生产能力若干意见》	坚持统筹城乡发展的方略,坚持"多予、少取、放活"的方针,稳定、完善和强化各项支农政策,切实加强农业综合生产能力建设,继续调整农业和农村经济结构,进一步深化农村改革,努力实现粮食稳定增产、农民持续增收,促进农村经济社会全面发展
2006	《关于推进社会主义新农村建设的若干意见》	切实把建设社会主义新农村的各项任务落到实处,加快农村全面小康和现代化建设步伐
2007	《关于积极发展现代农业扎实推进社会主义新农村建设的若干意见》	统筹城乡经济社会发展,实行工业反哺农业、城市支持农村和"多予、少取、放活"的方针,巩固、完善、加强支农惠农政策,切实加大农业投入,积极推进现代农业建设,强化农村公共服务,深化农村综合改革,促进粮食稳定发展、农民持续增收、农村更加和谐,确保新农村建设取得新的进展,巩固和发展农业农村的好形势
2008	《关于切实加强农业基础建设进一步促进农业发展农民增收的若干意见》	按照形成城乡经济社会发展一体化新格局的要求,突出加强农业基础建设,积极促进农业稳定发展、农民持续增收,努力保障主要农产品基本供给,切实解决农村民生问题,扎实推进社会主义新农村建设
2009	《关于促进农业稳定发展农民持续增收的若干意见》	把保持农业农村经济平稳较快发展作为首要任务,围绕稳粮、增收、强基础、重民生,进一步强化惠农政策,增强科技支撑,加大投入力度,优化产业结构,推进改革创新,千方百计保证国家粮食安全和主要农产品有效供给,千方百计促进农民收入持续增长,为经济社会又好又快发展继续提供有力保障
2010	《关于加大统筹城乡发展力度进一步夯实农业农村发展基础的若干意见》	把统筹城乡发展作为全面建设小康社会的根本要求,把改善农村民生作为调整国民收入分配格局的重要内容,把扩大农村需求作为拉动内需的关键举措,把发展现代农业作为转变经济发展方式的重大任务,把建设社会主义新农村和推进城镇化作为保持经济平稳较快发展的持久动力,按照稳粮保供给、增收惠民生、改革促统筹、强基增后劲的基本思路,毫不松懈地抓好农业农村工作,继续为改革发展稳定大局作出新的贡献
2011	《关于加快水利改革发展的决定》	把水利作为国家基础设施建设的优先领域,把农田水利作为农村基础设施建设的重点任务,把严格水资源管理作为加快转变经济发展方式的战略举措。其中,到2020年城乡居民饮水安全得到全面保障;农田灌溉水有效利用系数提高到 0.55 以上;新增农田有效灌溉面积 4 000 万亩
2012	《关于加快农业科技创新持续增强农产品供给保障能力的若干意见》	同步推进工业化、城镇化和农业现代化,围绕强科技保发展、强生产保供给、强民生保稳定,进一步加大强农惠农富农政策力度,奋力夺取农业好收成,合力促进农民较快增收,努力维护农村社会和谐稳定
2013	《关于加快发展现代农业进一步增强农村发展活力的若干意见》	落实"四化同步"的战略部署,按照保供增收惠民生、改革创新添活力的工作目标,加大农村改革力度、政策扶持力度、科技驱动力度,围绕现代农业建设,充分发挥农村基本经营制度的优越性,着力构建集约化、专业化、组织化、社会化相结合的新型农业经营体系,进一步解放和发展农村社会生产力,巩固和发展农业农村大好形势
2014	《关于全面深化农村改革加快推进农业现代化的若干意见》	按照稳定政策、改革创新、持续发展的总要求,力争在体制机制创新上取得新突破,在现代农业发展上取得新成就,在社会主义新农村建设上取得新进展,为保持经济社会持续健康发展提供有力支撑

（续表）

年份	中发 1 号文件	总体工作要求
2015	《关于加大改革创新力度加快农业现代化建设的若干意见》	按照稳粮增收、提质增效、创新驱动的总要求,继续全面深化农村改革,全面推进农村法治建设,推动新型工业化、信息化、城镇化和农业现代化同步发展,努力在提高粮食生产能力上挖掘新潜力,在优化农业结构上开辟新途径,在转变农业发展方式上寻求新突破,在促进农民增收上获得新成效,在建设新农村上迈出新步伐,为经济社会持续健康发展提供有力支撑
2016	《中共中央、国务院关于落实发展新理念加快农业现代化实现全面小康目标的若干意见(讨论稿)》	现代农业建设取得明显进展,粮食产能进一步巩固提升,国家粮食安全和重要农产品供给得到有效保障,农产品供给体系的质量和效率显著提高,农民生活达到全面小康水平,农村居民人均收入比 2010 年翻一番,城乡居民收入差距继续缩小,我国现行标准下农村贫困人口实现脱贫,贫困县全部摘帽,解决区域性整体贫困,农民素质和农村社会文明程度显著提升,社会主义新农村建设水平进一步提高,农村基本经济制度、农业支持保护制度、农村社会治理制度、城乡发展一体化体制机制进一步完善

附录 B　典型案例村庄发展建设主要相关实施政策一览表

国家级	
政策名称	发布部门
《关于完善社会主义市场经济体制若干问题的决定》(2003)	十六届央委员会第三次全体会议通过
《关于改造农村电网改革农电管理体制实现城乡同网同价的请示》(国办发〔1998〕134号)	国务院办公厅转发国家计委
《"十一五"全国广播电视村村通工程建设规划》	国家发改委、财政部、广电总局
《农村通信普遍服务——村通工程实施方案》(2002)	信息产业部
《中央补助地方文化体育与传媒事业发展专项资金管理暂行办法》(财教〔2008〕141号)	财政部
《关于开展村级公益事业一事一议财政奖补试点工作的通知》(国农改〔2008〕2号)	国务院农村综合改革工作小组
《关于加快发展旅游业的意见》(国发〔2009〕41号)	国务院
《中央农村环境保护专项资金环境综合整治项目管理暂行办法》(环发〔2009〕48号)	环境保护部、财政部
《中华人民共和国国民经济和社会发展第十二个五年规划纲要》	十一届全国人大第四次会议通过
《中国农村扶贫开发纲要(2011—2020年)》	国务院
《关于实施新一轮农村电网改造升级工程的意见》	国家发改委
《全国农业和农村经济发展第十二个五年规划》(农计发〔2011〕9号)	农业部
《全国休闲农业发展十二五规划》(农企发〔2011〕8号)	农业部
《全国现代农业发展规划(2011—2015年)的通知》(国发〔2012〕4号)	国务院
《关于开展全国休闲农业与乡村旅游示范县和全国休闲农业示范点创建活动的意见》(农企发〔2010〕2号)	农业部、国家旅游局
《关于启动2011年全国休闲农业与乡村旅游示范县、示范点创建工作的通知》(农办企〔2011〕10号)	农业部、国家旅游局
《关于继续开展全国休闲农业与乡村旅游示范县和示范点创建工作的通知》(农办企〔2012〕4号)	农业部、国家旅游局
《关于继续开展全国休闲农业与乡村旅游示范县和示范点创建活动的通知》(农企发〔2013〕1号)	农业部、国家旅游局
《关于进一步促进贵州经济社会又好又快发展的若干意见》(国发〔2012〕2号)	国务院
《国家重点文物保护专项补助资金管理办法》(财教〔2013〕116号)	财政部、国家文物局
《国家新型城镇化规划(2014—2020年)》	国务院
《关于切实加强中国传统村落保护的指导意见》(建村〔2014〕61号)	住建部、文化部、财政部和国家文物局
《关于做好中国传统村落保护项目实施工作的意见》(建村〔2014〕135号)	住建部、文化部和国家文物局
《全国重点文物保护单位和省级文物保护单位集中成片传统村落整体保护利用工作实施方案》(文物保函〔2014〕651号)	国家文物局
《关于做好2014年传统村落文物保护工程总体方案编制工作的通知》(文物保函〔2014〕650号)	国家文物局

（续表）

国家级	
政策名称	发布部门
《关于切实做好 2014 年文物保护工程项目申报工作的通知》（文物保函〔2014〕271 号）	国家文物局
《2006—2020 年国家信息化发展战略规划》	中共中央办公厅、国务院办公厅

省级	
政策名称	发布部门
《关于加快旅游业发展的意见》（黔党发〔2002〕20 号）	中共贵州省委、贵州省人民政府
《关于分解落实省委、省人民政府关于加快旅游业发展的意见的通知》（黔府办发〔2003〕13 号）	贵州省人民政府办公厅
《贵州省乡镇企业发展基金使用管理试行办法》（黔乡企局通字〔2003〕122 号）	贵州省乡镇企业局
《关于推进社会主义新农村建设的实施意见》（黔党发〔2006〕1 号）	中共贵州省委、贵州省人民政府
《贵州省社会主义新农村建设"百村试点"实施意见》（黔党领〔2006〕1 号）	省委农村工作领导小组办公室
《贵州省社会主义新农村建设村庄整治试点工作指导意见（试行）》（黔建村通〔2006〕80 号）	省建设厅
《贵州省村民一事一议筹资筹劳管理实施办法》（黔府办发〔2008〕122 号）	省人民政府办公厅、省农业厅
《贵州省农村环境保护专项资金管理暂行办法》（黔财建〔2009〕176 号）	省财政厅、省环境保护厅
《贵州省农村公路建设养护管理办法》（黔府办发〔2009〕112 号）	省人民政府
《关于贵州省国民经济和社会发展十二五规划编制工作方案》（黔府办法〔2009〕146 号）	省人民政府办公厅、省发展改革委
《贵州省"十二五"农业发展规划》（2011 年）	
《贵州省国民经济和社会发展第十二个五年规划纲要》	
《贵州省休闲农业与乡村旅游示范点管理办法（试行）》（黔农发〔2011〕198 号）	省农委
《贵州省省级财政专项资金管理办法》（黔府办法〔2012〕34 号）	省人民政府办公厅
《关于申报 2012 年度贵州省乡镇企业发展资金扶持项目的通知》（黔农办发〔2012〕97 号）	省农委办公室
《贵州省休闲农业与乡村旅游示范点评分细则和标准（试行）》（黔农办发〔2012〕97 号附件）	省农委办公室
《关于切实做好国务院关于进一步促进贵州经济社会又好又快发展的若干意见贯彻落实工作的通知》（黔农发〔2012〕55 号）	省农委
《关于命名 2012 年省级休闲农业与乡村旅游示范点的通知》（黔农发〔2012〕108 号）	省农委
《关于贯彻党的十七届六中全会精神推动多民族文化大发展大繁荣的意见》（2011）	中共贵州省第十届委员会第十二次全体会议通过
《关于支持 5 个 100 工程建设政策措施的意见》（黔府发〔2013〕15 号）	省人民政府
《关于印发贵州省 100 个现代高效农业示范园区建设 2013 年工作方案的通知》（黔府办发〔2013〕17 号）	省人民政府办公厅
《深入推进"四在农家·美丽乡村"创建活动的实施意见》（黔党办发〔2013〕17 号）	中共贵州省委办公厅
《关于实施"四在农家·美丽乡村"基础设施建设六项行动计划的意见》（黔府发〔2013〕26 号）	省人民政府

（续表）

省级	
政策名称	发布部门
《关于建立贵州省 100 个现代高效农业示范园区建设工作联席会议制度的通知》（黔府办函〔2013〕58 号）	省人民政府办公厅
《关于下达 2013 年省级乡镇企业发展资金的通知》（黔财农〔2013〕51 号）	省财政厅、省农委
关于印发《贵州省现代高效农业示范园区建设规划编制导则》和《贵州省现代高效农业示范园区建设标准》的通知（黔农发〔2013〕51 号）	贵州省农会、财政厅、扶贫办、林业厅、粮食局、烟草专卖局和供销合作社联合社等单位联合
《关于印发 2013 年贵州省 100 个现代高效农业示范园区绩效考评工作方案的通知》（黔农园办发〔2014〕1 号）	省农业园区联席会议办公室
《贵州省现代高效农业示范园区建设 2014 年工作方案》的通知（黔农园办发〔2014〕2 号）	省农业园区联席会议办公室
《关于做好 2014 年省级现代高效农业示范园区申报工作的通知》（黔农园办发〔2014〕3 号）	省农业园区联席会议办公室
《关于实行贵州省 100 个现代高效农业示范园区统计报表制度（试行）的通知》（黔农园办发〔2014〕14 号）	省农业园区联席会议办公室
《关于印发 2014 年全省现代高效农业示范园区绩效考评工作方案的通知》（黔农园办发〔2014〕23 号）	省农业园区联席会议办公室
关于做好 2015 年省级现代高效农业示范园区申报工作的通知》（黔农园办发〔2014〕24 号）	省农业园区联席会议办公室
《关于印发贵州省现代高效农业示范园区建设 2015 年工作方案的通知》（黔府办函〔2015〕41 号）	省人民政府办公厅
《关于调查民族村寨的通知》（黔文物字〔1986〕1 号）	省文化厅
《贵州省文物保护管理办法》（1986 - 2005）	省第六届人大常务委员会第二十次会议通过
《贵州省文物保护条例》（2005）	省第十届人大常务委员会第十七次会议通过
《加强传统村落保护发展的指导意见》（黔府发〔2015〕14 号）	省人民政府
《贵州省传统村落整体保护利用工作实施方案》（2015）	省文物局
《贵州省 10 个国保省保集中成片传统村落整体保护利用工作安排的通知》（2015）	省文物局

地州级	
政策名称	发布部门
《关于"四在农家·美丽乡村"基础设施建设六项行动计划的实施意见》（安府发〔2013〕28 号）	安顺市人民政府
《关于黄果树风景名胜区现代观光农业示范园区规划的批复》（安府函〔2013〕116 号）	安顺市人民政府
《关于建立安顺市"四在农家·美丽乡村"基础设施建设六项行动计划联席会议制度的通知》（安府函〔2014〕53 号）	安顺市人民政府
《关于印发安顺市农村危房改造工程 2014 年度实施方案的通知》（2014）	安顺市住建局
《关于积极发展现代农业扎实推进社会主义新农村建设的实施意见》（2007）	中共安顺市委、安顺市人民政府
《关于"四在农家·美丽乡村"基础设施建设六项行动计划的实施意见》（六盘水党发〔2013〕22 号）	中共六盘水市委、六盘水人民政府

（续表）

地州级	
政策名称	发布部门
《六盘水市"四在农家·美丽乡村"基础设施建设六项行动计划调度办法（试行）》（2014）	六盘水市人民政府
《关于印发六盘水市 2015 年"四在农家·美丽乡村"基础设施建设六项行动计划工作要点的通知》（六盘水府办发〔2015〕62 号）	六盘水市人民政府办公室
《关于印发黔东南州农村 50 户以上连片村寨木质结构房屋电改实施方案的通知》（黔东南州府办发〔2013〕18 号）	黔东南州人民政府办公室
《关于印发黔东南州"四在农家·美丽乡村"基础设施建设推进方案的通知》（黔东南府办发〔2014〕24 号）	黔东南州人民政府办公室
《关于印发黔东南州 2013 年"四在农家·美丽乡村"建设实施方案的通知》（黔东南新村组发〔2013〕1 号）	黔东南州社会主义新农村建设领导小组
《关于明确黔东南州 2013 年美丽乡村示范村的通知》（黔东南新村组发〔2013〕4 号）	黔东南州社会主义新农村建设领导小组
《关于印发黔东南州 2014 年"四在农家·美丽乡村"建设实施方案的通知》（黔东南新村组发〔2014〕1 号）	黔东南州社会主义新农村建设领导小组
《关于印发黔东南州 2015 年"四在农家·美丽乡村"建设实施方案的通知》（黔东南新村组发〔2015〕1 号）	黔东南州社会主义新农村建设领导小组
《关于印发黔东南州传统村落保护整体实施方案的通知》（黔东南府办发〔2014〕59 号）	黔东南州人民政府办公室
《关于黔东南州传统村落保护实施办法（试行）的通知》（黔东南府办发〔2015〕7 号）	黔东南州人民政府办公室
《州人民政府关于进一步加强农村改厕工作的通知》（州府发〔2005〕7 号）	黔西南州人民政府办公室
《关于实施 200 个村庄整治工作的意见》（州府发〔2013〕7 号）	黔西南州人民政府办公室
《关于印发黔西南州"四在农家·美丽乡村"基础设施建设推进方案的通知》（州府发〔2013〕43 号）	黔西南州人民政府办公室
《关于印发黔西南州农村危房摸底调查实施方案的通知》（州府办发〔2013〕11 号）	黔西南州人民政府办公室
《关于印发推进〈黔西南州"四在农家·美丽乡村"基础设施建设——小康路行动计划实施方案〉的指导意见的通知》（州小康路领〔2014〕1 号）	黔西南州"美丽乡村小康路"行动工作领导小组
《关于印发黔西南州小型水利水电工程建设征地补偿和移民安置管理暂行办法的通知》（州府办发〔2014〕2 号）	黔西南州人民政府办公室
推进《黔西南州"四在农家·美丽乡村"基础设施建设——小康路行动计划实施方案》的指导意见（州小康路领〔2014〕1 号）	黔西南州"美丽乡村小康路"行动工作领导小组
《黔西南州现代高效农业示范园区建设 2013 年度工作方案》（2013）	黔西南州人民政府办公室
《黔西南州 2014 年现代高效农业示范园区建设工作方案》（州府办发〔2014〕19 号）	黔西南州人民政府办公室
《黔西南州 2014 年现代高效农业示范园区建设工作方案》（州府办发〔2014〕19 号）	黔西南州人民政府办公室
《关于实施铜仁市"四在农家·美丽乡村"基础设施建设六项行动计划的意见》（铜仁府发〔2013〕53 号）	铜仁市人民政府
《关于实施遵义市"四在农家·美丽乡村"基础设施建设六项行动计划的意见》（2014）	遵义市人民政府

（续表）

县级	
政策名称	发布部门
《关于印发盘县"四在农家·美丽乡村"基础设施六项行动建设实施方案的通知》（盘党办发〔2014〕69 号）	中共盘县委员会办公室、盘县人民政府办公室
《关于印发"四在农家·美丽乡村"基础设施六项行动建设责任分解方案的通知》（盘党办发〔2014〕98 号）	中共盘县委员会办公室、盘县人民政府办公室
《关于印发盘县小康六项行动建设资金管理暂行办法》（盘府办发〔2014〕131 号）	盘县人民政府办公室
《关于印发盘县国家级"四在农家·美丽乡村"建设标准化试点创建工作方案的通知》（盘府办发〔2014〕133 号）	盘县人民政府办公室
《关于印发盘县"四在农家·美丽乡村"基础设施建设六项行动计划实施细则的通知》（盘府办发〔2014〕134 号）	盘县人民政府办公室
《关于进一步加快卡拉村美丽乡村建设专题会议纪要》（丹党专题〔2013〕68 号）	中共丹寨县委办公室
《关于印发丹寨县美丽乡村建设工作联席会议制度的通知》（丹府办发〔2013〕85 号）	丹寨县人民政府办公室
《关于印发丹寨县美丽乡村建设 2013—2015 年推进计划的通知》（丹府办发〔2013〕158 号）	丹寨县人民政府办公室
《关于印发丹寨县 2013 年美丽乡村建设实施方案的通知》（丹府办发〔2013〕159 号）	丹寨县人民政府办公室
《关于成立丹寨县"四在农家·美丽乡村"创建工作领导小组的通知》（丹党办通〔2013〕166 号）	中共丹寨县委办公室、丹寨县人民政府办公室
《关于印发 2014 年"四在农家·美丽乡村"建设实施方案的通知》（丹府办发〔2014〕39 号）	丹寨县人民政府办公室
《关于印发丹寨县"四在农家·美丽乡村"创建工作方案的通知》（丹党办发〔2014〕40 号）	中共丹寨县委办公室、丹寨县人民政府办公室
《丹寨县"四在农家·美丽乡村"建设工作总结》（丹新村办发〔2014〕19 号）	丹寨县新农村建设办公室
《关于印发丹寨县 2015 年"四在农家·美丽乡村"建设实施方案的通知》（丹府办发〔2015〕70 号）	丹寨县人民政府办公室
《关于印发丹寨县 2015 年"四在农家·美丽乡村"六项行动计划工作方案的通知》（丹府办发〔2015〕80 号）	丹寨县人民政府办公室
《关于印发丹寨县传统村落保护发展项目实施方案的通知》（丹府办发〔2015〕84 号）	丹寨县人民政府办公室
关于要求审议《关于实施榕江县"四在农家·美丽乡村"基础设施建设六项行动计划的意见》的请示（榕新村组呈〔2014〕4 号）	榕江县社会主义新农村建设领导小组
关于要求审议《榕江县"四在农家·美丽乡村"创建行动计划（2014—2017 年）》的请示（榕新村组呈〔2014〕5 号）	榕江县社会主义新农村建设领导小组
《榕江县大利村传统村落整体保护利用项目工作实施方案》（榕府办发〔2015〕48 号）	榕江县人民政府办公室
《关于成立榕江县传统村落保护发展工作领导小组的通知》（榕府办函〔2015〕87 号）	榕江县人民政府办公室
《关于建立榕江县村寨建设联席会议制度的通知》（榕府办函〔2015〕102 号）	榕江县人民政府办公室
《印江自治县 2015 年农村集中建房工作实施方案》（2015）	印江县住建局

（续表）

县级	
政策名称	发布部门
《印江县"四在农家·美丽乡村"基础设施建设六项行动计划实施方案（2014—2020 年）》（2014）	印江县人民政府办公室
《关于印发凤冈县开展"四在农家·美丽乡村"基础设施建设六项行动计划方案的通知》（2014）	中共凤冈县委办公室、凤冈县人民政府办公室
《关于景区河道环境整治工作的实施方案》（黄管委办发〔2009〕20 号）	黄果树风景名胜区管委会办公室

乡镇级	
政策名称	发布部门
《关于禁止在黄果树镇辖区河中游泳及在河道两旁 100 米范围（户外）进行烧烤的公告》（2015）	黄果树镇人民政府
《顶效镇"四在农家·美丽乡村"基础设施建设六项行动计划情况》（2015）	顶效镇"四在农家·美丽乡村"创建办
《顶效镇"四在农家·美丽乡村"年度创建工作计划推进情况》（2015）	顶效镇"四在农家·美丽乡村"创建办
《顶效镇楼纳村 2015 年度"四在农家·美丽乡村"工作开展情况》（2015）	顶效镇"四在农家·美丽乡村"创建办
《关于印发 2015 年"三个万元"工程实施意见的通知》（2015）	中共合水镇委员会、合水镇人民政府
《关于印发合水镇政策性农业保险工作实施方案（试行）的通知》（2015）	合合水镇人民政府
《朗溪镇 2013 年扶贫开发暨"减贫摘帽"工作实施方案》（2013）	中共郎溪镇委员会、郎溪镇人民政府
《朗溪镇关于抓好农业结构调整"三个万元"工程的实施方案》（2013）	中共郎溪镇委员会、郎溪镇人民政府

附录 C 贵州省美丽乡村建设部分重要政策文件

C1 贵州省人民政府关于实施贵州省"四在农家·美丽乡村"基础设施建设六项行动计划的意见
（黔府发〔2013〕26 号）

各市、自治州人民政府,贵安新区管委会,各县(市、区、特区)人民政府,省政府各部门、各直属机构:

根据国家实施美丽乡村建设要求,按照省委"四在农家·美丽乡村"决策部署,特制定本意见,请认真贯彻执行。

一、重要意义

贵州与全国同步全面建成小康社会,重点在农村,关键在农民。实施贵州省"四在农家·美丽乡村"基础设施建设——小康路、小康水、小康房、小康电、小康讯、小康寨六项行动计划(以下简称"六项行动计划"),加快推动基础设施向乡镇以下延伸,是广大农民群众最期盼、最想做的事,是党的群众路线教育实践活动中基层提出的普遍性民生需求实事,是推进农村生态文明建设的迫切要求。把这项政治工程、发展工程、民生工程办实办好,为"四在农家·美丽乡村"建设提供硬件支撑,切实改善农村生产生活条件,对拉动投资、扩大内需、优化公共资源配置、推动城乡发展一体化、提高扶贫开发成效、加快农村全面小康建设进程,进一步巩固党在农村的执政基础,具有十分重要的意义。各级各部门要统一思想、提高认识、同心同力、艰苦奋战,力争用 5 到 8 年时间,建成生活宜居、环境优美、设施完善的美丽乡村。

二、工作原则

——坚持以人为本,突出农民利益保障。始终把农民群众的利益放在首位,切实解决农民群众反映最普遍、最迫切的民生需求,尊重农民群众的知情权、参与权、决策权和监督权,做到乡村基础设施群众共建、共管、共用。

——坚持规划优先,突出资源优化配置。因地制宜,立足山区特色、民族特色、生态特色,注重实在、实用、实效,全面覆盖、分类实施、分步推进,实行差别化建设路径,科学编制规划,明确建设时序,确定实施重点。

——坚持分级负责,突出县乡主体责任。省负总责,市(州)和贵安新区负管理责任,县(市、区、特区)负主要责任,乡(镇、街道)负直接责任,村(社区)负具体责任,以县为单位通盘考虑,整合资源,多方参与,整村整寨统筹推进。

三、目标任务

按照"十二五"期末的 2015 年、本届政府任期结束的 2017 年、与全国实现同步小康的 2020 年三个时间节点安排建设任务,重点以到 2017 年为时间节点安排建设时序和资金,分年度确定工作任务和工程量,在 2015 年、2017 年有阶段性成果。

(一) 实施"四在农家·美丽乡村"基础设施建设小康路行动计划。围绕建成结构合理、功能完善、畅通美化、安全便捷的小康路,到 2015 年建制村通畅率、通客运率达到 75%,2013—2015 年建设通组(寨)公路 2.4 万公里、人行步道 1.92 万公里;到 2017 年实现建制村 100% 通油路、100% 通客运,累计建设通组(寨)公路 4 万公里、人行步道 3.2 万公里;到 2020 年全面实现"组组通公路"、原"撤并建"行政村 100% 通畅的目标,累计建设通组(寨)公路 6.5 万公里、人行步道 5.2 万公里。

牵头单位:省交通运输厅、省财政厅(省农村综合改革领导小组办公室);责任单位:各市(州)人民政府、贵安新区管委会、县(市、区、特区)人民政府,省发展改革委、省国土资源厅、省农委、省水利厅、省林业厅、省扶贫办、省移民局、省烟草专卖局等。

（二）实施"四在农家·美丽乡村"基础设施建设小康水行动计划。围绕建设安全有效、保障有力的小康水，到 2015 年全面完成"十二五"规划农村饮水安全任务（2014—2015 年解决 468.04 万人），2013—2015 年小型水利工程发展耕地灌溉面积 278.04 万亩；到 2016 年全面完成农村饮水安全任务（当年解决 696.96 万人）；到 2017 年小型水利工程发展耕地灌溉面积累计 463.4 万亩；到 2020 年小型水利工程发展耕地灌溉面积累计 662 万亩。

牵头单位：省水利厅；责任单位：各市（州）人民政府、贵安新区管委会、县（市、区、特区）人民政府，省发展改革委、省财政厅、省国土资源厅、省农委、省移民局、省烟草专卖局等。

（三）实施"四在农家·美丽乡村"基础设施建设小康房行动计划。围绕建设安全适用、经济美观的小康房，2014 年至 2015 年完成 51 万户农村危房改造任务；到 2017 年累计完成 102 万户农村危房改造任务和 5 万户小康房建设任务；到 2020 年累计完成 178.63 万户农村危房改造任务。

牵头单位：省住房城乡建设厅；责任单位：各市（州）人民政府、贵安新区管委会、县（市、区、特区）人民政府，省发展改革委、省财政厅、省国土资源厅、省农委、省扶贫办、省扶贫生态移民办等。

（四）实施"四在农家·美丽乡村"基础设施建设小康电行动计划。围绕建设安全可靠、智能绿色的小康电，到 2015 年农村一户一表率达到 95%，2013 年至 2015 年新建及改造电网线路 2.48 万公里；到 2017 年农村一户一表率达到 100%，新建及改造农村电网线路累计 4.18 万公里；到 2020 年新建及改造电网线路累计 6.75 万公里。

牵头单位：省发展改革委、贵州电网公司；责任单位：各市（州）人民政府、贵安新区管委会、县（市、区、特区）人民政府，省经济和信息化委、省财政厅、省国土资源厅、省交通运输厅等。

（五）实施"四在农家·美丽乡村"基础设施建设——小康讯行动计划。围绕建设宽带融合、普遍服务的小康讯，到 2015 年 99% 以上的自然村通电话和行政村通宽带，实现乡镇邮政网点全覆盖；到 2017 年全面实现自然村通电话和行政村通宽带，在 100 个乡镇开办快递服务网点，在 500 个行政村设置村级邮件接收场所；到 2020 年完成同步小康创建活动"电话户户通"目标任务，建成现代邮政。

牵头单位：省通信管理局、省邮政管理局；责任单位：各市（州）人民政府、贵安新区管委会、县（市、区、特区）人民政府，省发展改革委、省经济和信息化委、省财政厅、省国土资源厅、省交通运输厅、省林业厅、省邮政公司、中国电信贵州分公司、中国移动贵州分公司、中国联通贵州分公司等。

（六）实施"四在农家·美丽乡村"基础设施建设小康寨行动计划。围绕建设功能齐全、设施完善、环境优美的小康寨，按计划确定的目标任务，实施村寨道路、农户庭院硬化，实施农村改厕、改圈、改灶工程和农民体育健身工程，建设农村垃圾污水处理、照明、文化活动场所等设施。到 2015 年覆盖 2.58 万个村寨；到 2017 年累计覆盖 4.3 万个村寨；到 2020 年累计覆盖 6.9 万个村寨。

牵头单位：省财政厅（省农村综合改革领导小组办公室）；责任单位：各市（州）人民政府、贵安新区管委会、县（市、区、特区）人民政府，省发展改革委、省民族事务委、省国土资源厅、省环境保护厅、省住房城乡建设厅、省农委、省文化厅、省林业厅、省体育局、省旅游局、省扶贫办、省扶贫生态移民办、省移民局、省供销社、省烟草专卖局等。

四、保障措施

（一）强化组织领导。各级、各有关部门要把六项行动计划作为"四在农家·美丽乡村"创建活动的主要抓手，纳入经济社会发展总体规划及土地利用等专项规划，做到主要领导亲自抓、分管领导具体抓，一个村一个寨地抓、一个项目一个项目地抓，一级抓一级、层层抓落实。省政府统筹调度，省长定期听取六项行动计划实施情况汇报，研究解决重大问题。常务副省长、分管副省长分别牵头组织协调推动，建立联席会议制度，研究解决实际问题。省直部门和市(州)人民政府、贵安新区管委会组织实施。牵头单位和责任单位要认真履行职责,加强沟通协调,今年年底前编制完成实施规划,明确年度任务、具体项目和工作要求,出台配套政策措施。市(州)要制定具体实施意见,对区域内建设任务、资金安排、项目实施等重大问题进行研究,推动工作落实。县乡负责具体实施。县(市、区、特区)要成立工作领导小组,主要负责人任组长,分管负责人任副组长,明确组织实施单位和具体责任人,每项计划都要做到有总体部署、有年度目标、有考核细则、有奖惩措施。乡(镇)负责人和驻村干部要分片包干,定责定岗定时,组织村支两委做好群众发动、征地拆迁、矛盾化解等工作,确保项目顺利实施。

(二)强化资金投入。六项行动计划预计总投入1 510.68亿元,其中,2013—2017年预计投入1 422.47亿元。采取争取增量、统筹存量、企业自筹、市场运作、社会参与和群众投工投劳等方式解决。积极争取国家支持。抢抓国家将我省列入全国美丽乡村建设重点试点省的机遇,积极主动加强与国家部委沟通,千方百计争取中央专项资金支持。认真梳理中央对我省交通、水利、农村危房改造、烟水配套、一事一议财政奖补、扶贫开发等各项补助政策,积极争取中央延续现有补助政策,并扩大补助规模。根据国家扩内需的重点,谋划一批农村基础设施项目,争取中央投资。统筹用好财政资金。坚持存量适当调整、增量重点倾斜,省财政厅要组织有关部门制定财政资金整合使用管理办法,指导县级政府按照"渠道不变、管理不乱、各负其责、各记其功"的原则,根据建设规划,从项目申报环节抓起,推进资金整合。改革省级财政资金使用方法,除国家有特殊规定的专项资金外,省级各部门相关专项资金50%以上按因素法分配到县,其余资金通过竞争立项或以奖代补等方式投入到县,以县为单位进行资金统筹整合。支持有条件的县运用市场机制吸引社会资金参与建设,充分发挥财政资金"四两拨千斤"杠杆作用,撬动社会投资。要积极调整财政支出结构,省财政新增农村基础设施等的增量主要用于"四在农家·美丽乡村"基础设施建设六项行动计划,市、县应积极筹措资金,将六项行动计划项目配套资金列入财政预算,确保自筹资金到位。拓宽融资渠道。金融机构要加大信贷支持力度,对六项行动计划项目优先安排贷款,充分发挥公路、水利、民生等投融资平台的作用。各地要积极探索依法取得的农村集体经营性建设用地使用权、生态项目特许经营权、污水和垃圾处理收费权以及水利设施、林地、矿山、宅基地使用权等作为抵押物进行抵押贷款。支持金融机构在乡村开设服务网点。鼓励不同经济成分和各类投资主体以独资、合资、承包、租赁等多种形式参与建设。电力、通信、邮政等单位要积极争取总部支持,督促引导所属企业筹措建设资金。积极争取对口帮扶城市和广泛动员社会力量捐赠捐助或投资参建。动员组织群众投工投劳。完善一事一议财政奖补机制,在坚持群众自愿、民主决策的前提下,引导农民对直接受益的农村基础设施建设投工投劳,发动农民群众自建、自用、自管。对小农水、农业综合开发等农村基础设施建设项目,优先安排给农民专业合作社组织实施。对群众参与积极、基层干部工作得力的村寨给予优先扶持和奖励。

(三)强化政策支持。确保项目用地。严格集约节约用地,强化土地利用规划统筹,推进村庄空闲地、闲置地和废弃土地盘活利用,用好土地利用增减挂钩试点等政策,加强农村土地综合整治,保障建设用地需求。县、乡、村要积极配合做好项目建设用地选址工作,提供建设用地,受赠新建公共体育设施的乡村应无偿提供实施项目建设用地。村委会应提供邮件捎转服务场所。简化审批程序。减少前置条件,缩短审批时限。技术要求高、施工难度大的项目,通过招投标选择有实力的公司组织实施建设。除施工技术复杂、安全系数要求高的项目外,原则上采取一事一议财政奖补办法,由群众投工投劳自主建设或乡村组织施工队伍完成,不得发包、转包、分包。总投资1 000万及以下项目,通过"一事一议"方式组织实施的,可以不招投标。减免相关费用。依法减免六项行动计划建设新增路款等税费,制定建设项目豁免管理名录。小康电建设项目享受农网项目相关优惠政策,减免管线建设地方规费。公共场所和设施对通信基础设施免费开放,免收"通信村村通"管线穿越公路等基础设施入场、占用等费用。省直相关部门指导市(州)、贵安新区制定和完善六项行动计划项目建设征地拆迁、青苗补偿标准和办法。六项行动计划建设项目涉及5个100工程的,按照《贵州省人民政府关于支持"5 个 100 工程"建设政策措施的意见》(黔府发〔2013〕15 号)文件执行。

（四）强化监督管理。加强质量监管。省直牵头部门要研究制定具体建设标准，指导工程实施，全程加强监管，未经批准不得随意变更设计、调整概预算、降低建设标准，确保工程质量。加强资金监管。严格执行建设项目资金公示制，资金数额、用途、程序、效果等要向农民群众及时公开。审计部门要加强前置审计、在建审计、跟踪审计、结算审计和绩效审计，确保资金使用安全高效。纪检监察机关要加强行政监督，严肃查处工程实施中的违纪违法行为。加强工程管护。加快农村公路、水利等非经营性公共基础设施法规建设，明确建设主体、产权归属、职责权益等。建立"政府主导、分级负责、共建共管"的长效管护机制，以县为单位，建立健全农村公共服务设施运行维护机制，加强后续管护，确保工程长期发挥效益。鼓励采取承包、租赁、拍卖、转让等多种形式，明确小型农村基础设施管护责任，充分调动广大农民投资建设和管好农村小型基础设施的积极性。加强工作调度。省直牵头部门要对六项行动计划按月调度、按季抽查、半年通报、年终考核。省政府督查室要强化专项督查，督查结果及时通报。统计部门要组织行业主管部门建立六项行动计划统计指标体系，进行季度、半年、年度统计。加强考评奖惩。省政府办公厅要组织有关部门建立六项行动计划考评奖惩办法，定期开展绩效评估，强化绩效考核，严格兑现奖惩，及时有效整改，严肃行政问责。

（五）强化氛围营造。充分发挥电视、广播、报刊、网络等媒体作用，开展形式多样、生动活泼的宣传教育活动，提高广大基层干部群众的知晓率、认同感、参与度。要认真总结成功经验，大力宣传先进典型，形成全社会关心、支持和监督六项行动计划实施的良好氛围。

　　附件：1. 贵州省"四在农家·美丽乡村"基础设施建设—小康路行动计划(略)
　　　　　2. 贵州省"四在农家·美丽乡村"基础设施建设—小康水行动计划(略)
　　　　　3. 贵州省"四在农家·美丽乡村"基础设施建设—小康房行动计划(略)
　　　　　4. 贵州省"四在农家·美丽乡村"基础设施建设—小康电行动计划(略)
　　　　　5. 贵州省"四在农家·美丽乡村"基础设施建设—小康讯行动计划(略)
　　　　　6. 贵州省"四在农家·美丽乡村"基础设施建设—小康寨行动计划(略)
　　　　　7. 贵州省"四在农家·美丽乡村"基础设施建设六项行动计划资金筹措方案(略)

贵州省人民政府
2013 年 9 月 13 日
（此件公开发布）

C2　贵州省"四在农家·美丽乡村"基础设施建设六项行动计划资金筹措方案

（2013—2017 年）

为确保贵州省"四在农家·美丽乡村"基础设施建设六项行动计划顺利实施，特制定本方案。

一、资金需求

（一）小康路行动计划。到 2017 年，村以上道路预计投入 631.62 亿元，通组(寨)道路和村内道路预计投入 112 亿元(不含投工投劳)，两项合计 743.62 亿元。

（二）小康水行动计划。到 2017 年，预计投入 266.5 亿元。

（三）小康房行动计划。到 2020 年，预计投入 205.71 亿元。

（四）小康电行动计划。到 2017 年，预计投入 165.6 亿元。

（五）小康讯行动计划。到 2017 年，"通信村村通"预计投入 25.53 亿元，"便捷邮政"预计投入 3.22 亿元，两项合计 28.75 亿元。

（六）小康寨行动计划。到 2017 年，预计投入 100.5 亿元。

六项行动计划预计总投入 1 510.68 亿元。其中，到 2017 年预计投入 1 422.47 亿元，小康房行动计划 2018—2020 年预计投入 88.21 亿元。

二、资金筹措方案

六项行动计划建设所需资金可通过争取国家支持、盘活财政存量、激励企业投入、广集社会资金、运用市场融资等多渠道筹措。到 2017 年预计可筹措资金 1 422.47 亿元（其中：政府投资 1 263.85 亿元，企业自筹 158.62 亿元），可满足到 2017 年的建设需要（见附表 1）。

各行动计划具体筹资情况如下：

（一）小康路行动计划。包括村以上道路建设和通组（寨）道路、村内道路硬化两部分，预计可筹措资金 743.62 亿元，无资金缺口（见附表 2）。

1. 村以上部分。按"十二五"和"十三五"规划的资金渠道，预计到 2017 年可筹措资金 631.62 亿元。其中：通过申请中央车购税 402.95 亿元，整合省级部门资金 19.85 亿元，市县筹集 208.82 亿元。加上成本控制，可基本满足建设需求。如 2013—2017 年完成规划任务，由省政府与交通运输部签署"先建后补"协议，明确中央补助资金用于我省偿还提前实施规划任务的贷款本息。对于提前实施部分，省级财政每年安排 3 亿元，对完成目标任务并经考核验收的县给予奖补贴息支持。具体实施办法由省财政厅商省交通运输厅等部门另行制定。

2. 村以下部分。一是继续安排一事一议财政奖补资金投入。按 2013 年各级财政一事一议财政奖补资金用于村内道路建设 18 亿元（中央 7.2 亿元、省级 3.6 亿元、市县 7.2 亿元）测算，到 2017 年预计可筹集资金 90 亿元。二是争取中央加大对我省支持力度。按中央每年在 2013 年基础上定比增长 8%，到 2017 年预计可筹集资金 7.4 亿元（中央 3 亿元、省级 1.5 亿元、市县 2.9 亿元）。三是整合资金。目前，发展改革部门的以工代赈资金、民族事务部门的少数民族发展资金等每年均有部分用于通组（寨）道路、村内道路建设，2013 年约 3 亿元，按此测算，到 2017 年预计可筹集资金 14.6 亿元。通过以上渠道合计可筹措资金 112 亿元，基本满足建设需要。如果国家补助政策有调整，相应调整建设计划。

（二）小康水行动计划。到 2017 年，计划解决农村 1 165 万人饮水安全问题，计划新增有效灌溉面积 463 万亩（见附表 3）。

1. 农村饮水安全。一是通过完成"十二五"人饮安全规划任务解决 468 万人，预计投入 25 亿元。二是通过水利建设"三大会战"解决 697 万人，仅地下水（机井）开发利用预计投入 79 亿元。其中，计划新增机井 7 000 口，预计投入 70 亿元（省级负责 3 000 口、资金 30 亿元，市级负责 1 800 口、资金 18 亿元，县级负责 2 200 口、资金 22 亿元）；省级负责 1 200 口已打未用成井配套设施建设，按每口 75 万元补助，预计投入 9 亿元。

2. 新增有效灌溉面积。除水利建设"三大会战"（骨干水源工程、引提水工程）和黔中水利枢纽工程等灌区建设外，仅小型农田水利建设预计投入 162.5 亿元，主要通过省国土资源厅规划高标准农田建设治理、省财政厅农业综合开发高标准农田建设及中低产田改造治理和省水利厅中央小型农田水利重点县建设等解决。以上预计筹资 266.5 亿元，无资金缺口。

（三）小康房行动计划。按现有中央补助标准，申请中央补助资金 86.7 亿元。按 2013 年省财政扶贫生态移民资金和农村危房改造资金配套措施，省级每年安排扶贫生态移民搬迁工程 6 亿元专项资金统筹用于新一轮农村危房改造及扶贫生态移民搬迁工程，共计 24 亿元，市县筹资 6.8 亿元，以上预计筹资 117.5 亿元，缺口资金 88.21 亿元（在 2018—2020 年解决）。考虑到中央补助资金的不确定性，年度具体实施任务视中央实际下达资金情况，结合我省实际作相应调整和安排（见附表 4）。

（四）小康电行动计划。在确保国家安排我省农网改造升级资本金 3 亿元/年（即按 2013 年资本金规模）

的基础上,由省发展改革委牵头协调国家发展改革委提高国家资本金补助,力争达到小康电总投资的20%,预计33.1亿元,其余132.5亿元由企业自筹资金(贷款)解决,省级财政每年对企业自筹部分给予全额贴息补助,以上预计筹资165.6亿元,无资金缺口(见附表5)。

(五) 小康讯行动计划。各级政府投入2.61亿元,企业自筹26.14亿元,合计筹措资金28.75亿元,无资金缺口(见附表6)。

(六) 小康寨行动计划。一是按2013年各级财政一事一议财政奖补资金用于村内公益事业建设水平7.5亿元(中央3亿元,省级1.5亿元,市县3亿元)测算,到2017年预计筹集资金37.5亿元。二是争取中央加大对我省支持力度。按中央每年在2013年基础上定比增长8%,到2017年预计可筹集资金3亿元(中央1.2亿元,省级0.6亿元,市县1.2亿元)。三是整合扶贫旅游专项、新农村建设补助、清洁工程补助、烟草示范工程补助、水库移民后扶补助等20余项专项资金32.95亿元。四是争取中央支持农民体育健身工程专项资金3.6亿元。五是投入环保专项资金2亿元。六是市、县投入及对口帮扶、社会捐赠等21.45亿元。以上合计筹资100.5亿元,无资金缺口(见附表7略)。

三、政策建议

(一) 坚持以县为主。在规划的基础上,以县为主整合资源、组织实施,中央、省、市(州)资金与"以县为单位同步小康目标"进程考核挂钩。

(二) 改革省级专项资金分配方式。按照"渠道不变、管理不乱、各负其责、各记其功"的原则,除国家有特殊规定的专项资金外,省级各部门相关专项资金50%以上按因素法分配到县;其余资金通过竞争立项或以奖代补等方式投入到县,支持有条件的县运用市场机制吸引社会资金参与建设。

(三) 推广一事一议财政奖补机制。充分发挥农民群众的主体作用,尊重农民群众的意愿,建立健全农民群众自建、自管的长效机制。重点支持省级示范村寨特色优势产业发展,推进农村集体经济组织和农民专业合作组织建设,增强村级集体经济实力,促进农村社会经济可持续发展。

附表1—附表7(略)

C3　关于切实加强中国传统村落保护的指导意见

建村〔2014〕61号

各省、自治区、直辖市住房城乡建设厅(建委,北京市农委)、文化厅(局)、文物局、财政厅(局):

传统村落传承着中华民族的历史记忆、生产生活智慧、文化艺术结晶和民族地域特色,维系着中华文明的根,寄托着中华各族儿女的乡愁。但是,近一个时期以来,传统村落遭到破坏的状况日益严峻,加强传统村落保护迫在眉睫。为贯彻落实党中央、国务院关于保护和弘扬优秀传统文化的精神,加大传统村落保护力度,现提出以下意见:

一、指导思想、基本原则和主要目标

(一) 指导思想。以党的"十八大"、十八届三中全会精神为指导,深入贯彻落实中央城镇化工作会议、中央农村工作会议、全国改善农村人居环境工作会议精神,遵循科学规划、整体保护、传承发展、注重民生、稳步推进、重在管理的方针,加强传统村落保护,改善人居环境,实现传统村落的可持续发展。

(二) 基本原则。坚持因地制宜,防止千篇一律;坚持规划先行,禁止无序建设;坚持保护优先,禁止过度开发;坚持民生为本,反对形式主义;坚持精工细作,严防粗制滥造;坚持民主决策,避免大包大揽。

(三) 主要目标。通过中央、地方、村民和社会的共同努力,用3年时间,使列入中国传统村落名录的村落(以下简称"中国传统村落")文化遗产得到基本保护,具备基本的生产生活条件、基本的防灾安全保障、基本的保护管理机制,逐步增强传统村落保护发展的综合能力。

二、主要任务

（一）保护文化遗产。保护村落的传统选址、格局、风貌以及自然和田园景观等整体空间形态与环境。全面保护文物古迹、历史建筑、传统民居等传统建筑,重点修复传统建筑集中连片区。保护古路桥涵垣、古井塘树藤等历史环境要素。保护非物质文化遗产以及与其相关的实物和场所。

（二）改善基础设施和公共环境。整治和完善村内道路、供水、垃圾和污水治理等基础设施。完善消防、防灾避险等必要的安全设施。整治文化遗产周边、公共场地、河塘沟渠等公共环境。

（三）合理利用文化遗产。挖掘社会、情感价值,延续和拓展使用功能。挖掘历史科学艺术价值,开展研究和教育实践活动。挖掘经济价值,发展传统特色产业和旅游。

（四）建立保护管理机制。建立健全法律法规,落实责任义务,制定保护发展规划,出台支持政策,鼓励村民和公众参与,建立档案和信息管理系统,实施预警和退出机制。

三、基本要求

（一）保持传统村落的完整性。注重村落空间的完整性,保持建筑、村落以及周边环境的整体空间形态和内在关系,避免"插花"混建和新旧村不协调。注重村落历史的完整性,保护各个时期的历史记忆,防止盲目塑造特定时期的风貌。注重村落价值的完整性,挖掘和保护传统村落的历史、文化、艺术、科学、经济、社会等价值,防止片面追求经济价值。

（二）保持传统村落的真实性。注重文化遗产存在的真实性,杜绝无中生有、照搬抄袭。注重文化遗产形态的真实性,避免填塘、拉直道路等改变历史格局和风貌的行为,禁止没有依据的重建和仿制。注重文化遗产内涵的真实性,防止一味娱乐化等现象。注重村民生产生活的真实性,合理控制商业开发面积比例,严禁以保护利用为由将村民全部迁出。

（三）保持传统村落的延续性。注重经济发展的延续性,提高村民收入,让村民享受现代文明成果,实现安居乐业。注重传统文化的延续性,传承优秀的传统价值观、传统习俗和传统技艺。注重生态环境的延续性,尊重人与自然和谐相处的生产生活方式,严禁以牺牲生态环境为代价过度开发。

四、保护措施

（一）完善名录。继续开展补充调查,摸清传统村落底数,抓紧将有重要价值的村落列入中国传统村落名录。做好村落文化遗产详细调查,按照"一村一档"要求建立中国传统村落档案。统一设置中国传统村落的保护标志,实行挂牌保护。

（二）制定保护发展规划。各地要按照《城乡规划法》以及《传统村落保护发展规划编制基本要求》（建村〔2013〕130号）抓紧编制和审批传统村落保护发展规划。规划审批前应通过住房城乡建设部、文化部、国家文物局、财政部（以下简称"四部局"）组织的技术审查。涉及文物保护单位的,要编制文物保护规划并履行相关程序后纳入保护发展规划。涉及非物质文化遗产代表性项目保护单位的,要由保护单位制定保护措施,报经评定该项目的文化主管部门同意后,纳入保护发展规划。

（三）加强建设管理。规划区内新建、修缮和改造等建设活动,要经乡镇人民政府初审后报县级住房城乡建设部门同意,并取得乡村建设规划许可,涉及文物保护单位的应征得文物行政部门的同意。严禁拆并中国传统村落。保护发展规划未经批准前,影响整体风貌和传统建筑的建设活动一律暂停。涉及文物保护单位区划内相关建设及文物迁移的,应依法履行报批手续。传统建筑工匠应持证上岗,修缮文物建筑的应同时取得文物保护工程施工专业人员资格证书。

（四）加大资金投入。中央财政考虑传统村落的保护紧迫性、现有条件和规模等差异,在明确各级政府事权和支出责任的基础上,统筹农村环境保护、"一事一议"财政奖补及美丽乡村建设、国家重点文物保护、中央补助地方文化体育与传媒事业发展、非物质文化遗产保护等专项资金,分年度支持中国传统村落保护发展。支持范围包括传统建筑保护利用示范、防灾减灾设施建设、历史环境要素修复、卫生等基础设施完善和公共环境整治、文物保护、国家级非物质文化遗产代表性项目保护。调动中央和地方两个积极性,鼓励地方各级财政在中央补助基础上加大投入力度。引导社会力量通过捐资捐赠、投资、入股、租赁等方式参与保护。探索建立传统建筑认领保护制度。

(五) 做好技术指导。四部局制定全国传统村落保护发展规划,组织保护技术开发研究、示范和技术指南编制工作,组织培训和宣传教育。省级住房城乡建设、文化、文物、财政部门(以下简称"省级四部门")做好本地区的技术指导工作,成立省级专家组并报四部局备案。每个中国传统村落要确定一名省级专家组成员,参与村内建设项目决策,现场指导传统建筑保护修缮等。

五、组织领导和监督管理

(一) 明确责任义务。四部局按照职责分工共同开展传统村落保护工作,公布中国传统村落名录,制定保护发展政策和支持措施,组织、指导和监督保护发展规划的编制和实施、非物质文化遗产保护和传承、文物保护和利用,会同有关部门审核、下达中央财政补助资金。

省级四部门负责本地区的传统村落保护发展工作,编制本地区传统村落保护发展规划,制定支持措施。地市级人民政府负责编制本地区传统村落保护整体实施方案,制定支持措施,建立健全项目库。县级人民政府对本地区的传统村落保护发展负主要责任,负责传统村落保护项目的具体实施。乡镇人民政府要配备专门工作人员,配合做好监督管理。

村集体要根据保护发展规划,将保护要求纳入村规民约,发挥村民民主参与、民主决策、民主管理、民主监督的主体作用。村两委主要负责人要承担村落保护管理的具体工作,应成为保护发展规划编制组主要成员。传统建筑所有者和使用者应当按规划要求进行维护和修缮。

(二) 建立保护管理信息系统。四部局建立中国传统村落保护管理信息系统,登记村落各类文化遗产的数量、分布、现状等情况,记录文化遗产保护利用、村内基础设施整治等项目的实施情况。推动建立健全项目库,为传统村落保护项目选择、组织实施、考核验收和监督管理奠定基础。

(三) 加强监督检查。四部局组织保护工作的年度检查和不定期抽查,通报检查结果并抄送省级人民政府。省级四部门要组织开展本地区的检查,并于每年 2 月底前将上年度检查报告报送四部局。四部局将利用中国传统村落保护管理信息系统和中国传统村落网站公开重要信息,鼓励社会监督。项目实施主体应公开项目内容、合同和投资额等,保障村民参与规划、建设、管理和监督的权利。

(四) 建立退出机制。村落文化遗产发生较严重破坏时,省级四部门应向村落所在县级人民政府提出濒危警示通报。破坏情况严重并经四部局认定不再符合中国传统村落入选条件的,四部局将该村落从中国传统村落名录予以除名并进行通报。

六、中央补助资金申请、核定与拨付

中央补助资金申请原则上以地级市为单位。省级四部门汇总初审后向四部局提供如下申请材料:申请文件、各地级市整体实施方案(编制要求见附件 1)、本地区项目需求汇总表(格式见附件 2)、传统村落保护发展规划。相关专项资金管理办法有明确要求的,应当同时按照要求另行上报。2014 年申请中央补助的地区,省级四部门应于 5 月 20 日前完成报送工作。

四部局根据各地申请材料,研究确定纳入支持的村落范围,结合有关专项资金年度预算安排和项目库的情况,核定各地补助资金额度,并按照原专项资金管理办法下达资金。各地要按照资金原支持方向使用资金,将中央补助资金用好用实出成效。[1-2]

附件:1. 地级市传统村落保护整体实施方案编制要求(略)

2. 项目需求表格式(略)

中华人民共和国住房和城乡建设部

中华人民共和国文化部

国家文物局

中华人民共和国财政部

2014 年 4 月 25 日

C4 贵州省休闲农业与乡村旅游示范点评分细则

为更好地推动全省休闲农业与乡村旅游的发展,做好省级休闲农业与乡村旅游示范点创建工作,特制定示范点评分细则:

(一) 休闲农业与乡村旅游包括以原始景观和遗址为依托的乡村休闲观光型、以自然气候为依托的避暑度假型、以特色作物栽种来吸引游客采摘蔬果的农业观光型、依附景区景点发展的乡村田园观光型、少数民族原生态文化为依托的文化体验型、以城市为依托的城郊农家乐型等。

(二) 经营活动的时间必须满一年(含一年)以上。统计数据考评,原则以上一年实绩为准。

(三)《标准》考评得分最高为 100 分。评定得分在 60 分(含 60 分)以上,方具有被评定为"省级休闲农业与乡村旅游示范点"的资格。

(四) 必须提供真实数据,不得造假。如发现有造假问题,则取消考评资格。

(五) 关于几个考评项目的指标解释的说明:

1. 接待人数:是指在标准规定的时间内,示范点所接待的所有参观人数的总和;

2. 旅游收入:是指在标准规定的时间内,示范点通过提供"食、住、行、游、购、娱"旅游服务所取得的各项收入总和;

3. 示范点特色产品销售收入,指示范点内提供农产品和加工品(如水产品、家禽、水果、竹笋以及相关加工品等)的销售总额。

4. 间接提供就业岗位和周边农民直接受益人数:是指通过示范点兴办旅游业而在区内、外增加的间接提供劳动就业岗位,有相对固定收入的人数和示范点周边农民直接受益人数总和;

5. 示范点依法纳税额:包括实际缴纳的税额和依据国家政策而减免的纳税额;

6. 休闲活动项目:是指钓鱼、捕鱼、采摘、棋牌、观景、划船、爬山、游泳、参与农事活动和民间传统工艺制作活动等。

C5 贵州省现代高效农业示范园区建设标准

贵州省现代高效农业示范园区以推进农业结构调整和产业升级为目标,作为促进现代农业发展的平台和载体,是全省农业主导产业发展的核心集聚区、先进科技转化的中心区、生态循环农业的样板区、现代农业技术的示范区、新型农民的培养区、体制机制创新的试验区,是快速做大产业规模和提升产业水平的强力"推进器"、"发动机",是带动区域经济发展和促进农民增收的"火车头"。具备规划布局合理、生产要素集聚、科技和设施装备先进、经营机制完善、经济、生态、社会效益显著、示范带动作用明显、能招商引资的条件和功能。其建设标准如下:

1 规划设计

示范园区规划由县级人民政府组织编制,经市(州)人民政府审核,报省联席会议办公室组织相关部门和专家审查后,批准发布和实施。

1.1 规划符合有关法律法规，与县域社会经济发展、土地和水资源利用、城镇建设、农业发展、特色主导产业等规划相衔接，符合生态循环与产业可持续发展要求，布局合理，可操作性强。

1.2 规划的主导产业特色鲜明，优势突出，符合当地产业发展方向和结构布局。园区主导产业不超过 3 个，产值占园区农林牧渔业总产值的 70% 以上。围绕主导产业进行产业和功能的合理配置。

1.3 规划选址合理，区位优势明显，交通便利，农业生产条件良好，处于县域主导产业集聚区，具有典型性和代表性，对周边地区有较强的示范、引导和带动作用。

2 建设规模

2.1 种植业类园区。相对集中连片建设，其中：粮油作物、茶叶、烟草、核桃 2 万亩以上，蔬菜、水果、油茶、花卉苗木 1 万亩以上，或占本县该产业总规模的 20% 以上；食用菌 1 000 万棒（袋）或 70 万平方米以上；中药材 1 万亩以上（珍稀类药材 500 亩以上）。

2.2 养殖类园区。生猪年出栏 50 万头以上；肉牛年出栏 5 000 头以上；羊年出栏 10 万只以上；肉禽年出栏 1 000 万羽以上；蛋禽年存栏 100 万羽以上；或者畜禽出栏占本县该产业出栏（存栏）的 20% 以上。库区养殖水域面积 2 万亩以上，养殖规模 4 万平米以上；大鲵养殖 2 万尾以上；特色渔业养殖，冷水鱼、观赏鱼等主要品种 100 万尾以上。

2.3 种养业结合类园区。按照农牧结合、生态循环、地摊排放的原则，生产规模与单一产业园区规模相当，其中种植、养殖规模均不低于单一产业园区规模的 40%。

2.4 休闲农业类园区。主要由农业生产精品园构成，同时具备科技示范、科普教育、观光休闲、采摘游玩、住宿娱乐等多种功能，核心区面积 1 万亩以上，日接待游客能力 2 000 人以上。

2.5 拓展区。以各类园区为中心，在其服务半径内合理布置拓展区。拓展区规模在园区规模的 5 倍左右，综合利用园区和拓展区现有的设施、设备和旅游服务功能，提升园区发展水平。

3 设施装备

3.1 按照服务半径，建立覆盖园区的技术推广、疫病防控、质量监测、信息服务为一体的公共服务中心。

3.2 充分利用现代科学技术发展成果，高标准合理配套现代农业生产设施、配备与其相适应的先进机械、器材等。在生产作业、商品化处理、储藏加工、环境控制、流通设施、产品质量安全检验检测和服务管理等方面处于先进水平。

3.3 园区内外道路畅通，能够满足生产、营销及示范等方面需要，机耕道布局合理，能满足农业机械作业田间转场需要。各区块沟渠路等农田基本建设和基础设施配套合理、排灌方便、水电设施配套、便捷安全。电力通信、市场信息服务设施齐全，建有产地交易市场、信息服务站（室）、气象服务站等。

3.3.1 蔬菜园区建有相应的农资贮藏库、集约化育苗中心、采后处理中心、检验检测室和档案室，并根据需要建设展示平台，肥水一体化生产比例占 70% 以上，集中育苗生产比例占 80% 以上；田间生产操作道路面硬化；育苗、耕作、移栽、灌溉、病虫防治、分级包装、保鲜贮运等装备配套；标准化大棚、避雨栽培等排列布局规范整齐。食用菌园区配套菌种研发中心、制种车间、温控栽培车间、自动灭菌设备、废菌包处理车间、加工配套设施等。

3.3.2 茶叶园区耕作规范化，修剪基本机械化，生产茶园病虫防治设施先进齐全，加工标准化、清洁化，加工企业通过 QS 认证，加工设备先进。

3.3.3 果树园区喷滴灌、标准大棚、棚架、杀虫灯等生产设施先进，避雨栽培设施规范整齐；加工厂房配备自动选果机、果品保鲜冷库等先进的采后商品化处理和贮运设施设备，苹果、柑桔、梨、桃等机械选果率在 40% 以上。

3.3.4 花卉苗木园区合理配置温室、大棚、遮荫棚和喷滴灌设施等，设施栽培面积达到 10 万平米以上。

3.3.5 干果油茶园区基础设施完善,合理配置必要的林区主要干道和作业道,示范区主要干道宽2.5米以上,作业道不小于1米,实现主要道路硬化。科学配置自然引水和动力引水等设施,设施有效灌溉面积1 000亩以上。有管理用房等其他辅助设施。

3.3.6 畜牧园区养殖设施先进,主要生产环节采用机械化、自动化、信息化设施,病死畜禽无害化处理设施完备,沼气及粪污无害化处理设施设备配套齐备并运转正常,动物防疫和畜产品安全监测设施齐全。

3.3.7 渔业园区管理设施具备"三室一库"。办公室、检测室、档案室设施设备完善,有仓库和单独配置的药械房。生产设施具备符合标准化生产要求的养殖塘、网箱等基础设施,进排水独立,生产所需渔业机械齐全、足量;养殖区应配有占总养殖面积5%~10%左右的蓄水池、净化设施及废水处理系统,养殖废水排放需经过一定的净化处理,符合国家有关要求。

3.3.8 休闲农业类园区所需用地、排污、卫生、安全等符合有关规定,实行农旅融合发展,按照3A级以上旅游景区质量等级标准和休闲农业与乡村旅游标准进行公共设施、服务设施、基础设施和接待设施建设,水、电、路、气、讯、排污、停车等基础设施完善,住宿、餐饮等旅游配套服务设施建设达到3星级酒店基本标准。

3.3.9 其他产业根据实际情况,符合3.1和3.2设施要求。

4 科技应用

4.1 园区有力量较强的技术依托,具备良好的技术转化和培训、推广能力,能够广泛采用新品种、新技术、新材料、新工艺、新设施、新设备。

4.2 建成农科教相结合、省市县乡四级联动的科技支撑体系。落实农技推广责任制度,实行首席农技专家负责制,各产业区块责任农技人员到位、工作任务量化到人。努力提高从业队伍素质。主要从业人员经过职业技能培训,有若干名科技人员或大学生创业。全面实行标准化种植和质量管理制度,标准化技术应用率95%以上。

4.3 种植业类园区,主导品种覆盖率达到100%,主推技术指导覆盖率100%,质量安全关键技术到位率100%,病虫害统防统治覆盖率100%。建立健全生产档案制度、产地准出制度和培训制度。新建茶园无性系良种率100%。食用菌原料资源得到高效循环利用,对林木资源的依赖程度逐年下降,畜禽粪、桑果枝条、稻草及其它农作物残料与菌糠二次利用的综合利用率达到80%以上。花卉苗木、干果油茶科技成果转化率达70%。

4.4 养殖业类园区,普遍采用高效生态养殖模式,饲养品种统一,标准化生产比例达到100%。养殖档案记录齐全,并建立饲养管理、动物防疫、产品质量安全、投入品监管等为主体的追溯体系,粪污、病死畜禽(水产品)实行无害化处理。产品达到无公害标准。

5 组织化程度

园区内形成一批带动能力较强的龙头企业、专业合作社和种养大户,促进"园区+企业+合作社+农户"利益共同体的形成。规模经营水平较高,园区内耕地流转率30%以上,或主导产业专业化统一服务(统一投入品、统一标准、统一加工、统一品牌,统一销售)达80%以上,规模经营主体生产规模占总规模的90%以上。园区内龙头企业、合作社、专业种养大户实行产加销联动,形成紧密的利益联结,实现订单生产80%以上。在确保主导产业生产功能的基础上,园区的休闲、观光、文化、生态、科教等功能得以合理开发与利用。

6 商品化率

把提高商品化生产水平作为园区建设的主要目标,园区主导产业、主导产品商品化率达到90%以上,有稳定的销售市场和销售利润,园区成为当地农业产业的主要商品生产基地。

7 产品质量

园区实行投入品登记制度,强化质量安全管理,种子(苗、畜、禽)、农药、化肥、饲料、兽药等投入品符合农产品安全生产要求。主要农产品生产有技术标准和安全生产操作规程，100%达到农产品安全质量标准，并建立可追溯制度。注重生态环境建设，坚持"减量化、再利用、再循环"的原则，以每亩种植业基地消纳 2 头生猪的标准(其他畜禽按生猪排泄量标准折算)配套，畜禽养殖的粪污利用率达到95%以上。园区内不能消纳的畜禽排泄物，通过有机肥加工、槽罐车等设施实现异地消纳，不发生环境污染事故。动植物疫病综合防控、产品质量安全等设施配套。主导产业产品获得无公害农产品或绿色、有机食品认证，有条件的要积极申请原产地标识、地理标志和名牌农产品，引导形成统一品牌。

8　保障措施

当地党委、政府重视，切实加强领导，成立由县领导任组长的现代高效农业示范园区建设领导小组。园区建设主体清晰，管理部门明确，建立由农业主管部门和其他相关部门等组成的工作机构。园区规章制度健全，运行机制顺畅。建立科学的组织管理机制、高效的经营管理机制和健全的社会化服务机制，有一套较完整的监督、考核、检查管理办法，园区建设资金筹措到位，并出台了相关扶持政策。

9　综合效益显著

9.1　经济效益。园区土地产出率、资源利用率、劳动生产率居全省先进水平，种植业单位面积产值比全县平均产值高30%以上，生猪、肉禽的出栏率及蛋禽、牛单产水平分别高于周边同类企业 10%以上，渔业单位水面产量比周边同类生产区高 20%以上。园区农民人均纯收入比全县平均高50%以上。

9.2　社会效益。园区建设对农业由主要注重数量向更加注重质量和效益转变产生推动作用，促进区域产业结构优化和产业升级，农业整体效益提升，示范带动、拉动内需和扩大就业机会的作用充分发挥，示范带动作用显著。

9.3　生态效益。通过园区建设，广泛推广高效生态栽培技术、节水灌溉和标准化养殖等生态经营模式，化肥、农药和兽药的使用量减少，集约化生产水平和资源利用率提高，有效减轻面源污染。食品安全检测体系建立健全，农民食品安全意识提高，农民的生产环境和居住环境明显改善，当地农业可持续发展。

后 记

　　"贵州省村庄发展建设政策实施状况的典型案例调查"至此告一段落,眼前这本书就是初步调研的成果。它不仅凝聚了上海同济规划设计研究院中国乡村规划与建设研究中心调查团队的辛勤努力,更重要的是汇聚了贵州省、地州、县、乡镇和村等各级相关部门的大力支持,以及上海同济城市规划设计研究院和同济大学建筑与城市规划学院有关领导及同事的关切与支持。

　　本次课题得以进行,既有前言中已经指出的时代背景原因,也与国家和社会各界对城乡规划事业发展的需要,以及同济大学在推动学科发展方面的责任有着紧密关系。同济大学与贵州省在城乡规划领域有着长期的紧密关系,近年来同济大学承担了一些贵州省重要的城乡规划科研和编制任务,在传统村落保护和村庄规划等领域也投入了大量精力。

　　为此,自中国城市规划学会乡村规划与建设学术委员会成立并挂靠上海同济城市规划设计研究院,以及上海同济城市规划设计研究院正式组建"中国乡村规划与建设研究中心"后,即明确以贵州省的美丽乡村政策为对象开展调研工作,并将该部分成果纳入到同济大学所承担的科技支撑计划课题中。希望通过课题调研,较为系统地梳理贵州省的美丽乡村相关政策,从而从连接政府和社会各界的政策入手,去探寻更具时代意义和普遍意义的国内欠发达地区的乡村地区发展特征,展现美丽乡村工作的进展和面临的问题。

　　相比以往或者目前常见的乡村领域的研究,本次调查研究聚焦于村庄发展建设的政策过程,涵盖从省级政策制定到各级政策实施,直至典型村庄层面的实施状况。这一切入视角,不仅与通常的城乡规划设计任务不同,也与常见的乡村规划调查有别,但却为与政府工作有着密切关系的城乡规划编制工作,以及业内人士,提供了重要的理解乡村发展特征和政府政策导引特征的视角和途径。事实证明,自从2015年6月份开始启动该项课题的前期准备工作至今,课题调研组已经从中得到了丰厚回报,对于乡村及相关政府工作的认识也有了质的提升。这也是我们考虑首先将有关政策及其实施状况系统梳理并结集出版的重要原因。希望这一调查报告不仅能够为我们的后续研究提供重要基础,而且能够为有志于该方面工作或者仅仅是有兴趣者提供必要的线索。

　　本次调研得以进行,首先需要感谢国家科技支撑计划课题和上海同济城市规划设计研究院的科研资助计划,使得我们可以组织十余人的调研队伍开展多轮次的现场调研。从课题选题、框架设定,直至与贵州方面的前期接触等,都得到了周俭教授、张尚武教授在上海和贵阳两地的直接指导和支持。张尚武教授还亲自前往贵州省住建厅与多个部门进行初步的座谈调研,为课题调研的顺利推进提供了重要支持。

　　其次还应特别感谢贵州省住建厅的大力支持,从省厅领导直至村镇处诸位同事,不仅热情接受访谈,积极协助安排课题组与省级相关部门和地州、县级政府部门的接洽和访谈调研,而且对课题组的调研计划给予直接的指导建议,特别是在典型村庄遴选方面更是提供了非常宝贵的建议和资料。

　　在省级单位层面,本次调研不仅与贵州省住建厅、农委、发改委、水利厅、交通运输厅、财政厅、旅游局、文物局、公路局、通信管理局、电网公司等重要部门组织了座谈,还对部分单位的有关部门及领导进行了部门访谈,得到了这些部门的慷慨支持并提供了重要的公开政策文件和给予了必要释疑,为课题组更为深入地理解贵州省村庄发展建设政策及其实施落实状况提供了重要线索。为此表示真挚感谢!

　　课题组还要特别感谢遵义、铜仁、安顺、六盘水、黔西南、黔东南等地州的信息化建设及规划系统,凤冈县、印江县、黄果树管委会、盘县、义龙新区、丹寨县和榕江县等县级相关政府部门,开阳县文物局的有关部门及领导,盘县六项行动办的有关领导所提供的支持,以及进化镇、郎溪镇、合水镇、黄果树镇、刘官镇、顶效镇、龙泉镇、南皋乡和栽麻乡等地政府部门及领导为我们所提供的支持。很多部门和领导为课题组深入村庄的调研工作提供了从车辆到生活的诸多后援支持,更使调研组深为感动!深入到临江村、河西村、兴旺村、合水村、高寨村、卡拉村、石桥村、大利村、楼纳村、刘家湾村和石头寨村等11个村庄,对村两委干部和部分村民分别开展深度访谈,更感受到从村干部到村民对我们的信任和关心。课题调研组在这个过程中不仅收获了课题所需要的素材,而且也在驻村和访谈过程中,以及经历停电和闲谈的过程中收获了友谊,通过亲身感受收获了难得的第一手材料!为此,向所有为课题组提供了便利的地州、县、乡镇政府部门及有关领导,以及村干部和村民,特别是接受了深度访谈的56位村民,致以真挚感谢!

同时还要特别感谢中国城市规划学会乡村规划与建设学术委员会委员、贵州省住建厅王春总规划师和贵州省师范大学但文红教授。王春总规划师为我们提供了多方面的联系和无私支持,但文红教授不仅热情地亲自驾车陪同课题组深入有关村庄进行调研并给予讲解介绍,还为课题组从调研提纲设计到典型村庄选择甚至后续的具体调研安排等给予无私帮助。

为开展本次调研,课题组高度重视,不仅多次召开预备会议和精心组织调研队伍,而且从开始接洽到正式进场调研前,多次前往贵州省与有关部门进行沟通,以及选择不同村庄进行预调。后来的分组同步深入调研表明,前期的这些准备工作极具价值甚至不可或缺。并且,这种深入的前期准备,以及课题组深入到典型村庄开展驻村调查的方法,也得到了各级地方政府部门和村干部及村民的信任与支持。这为课题组获得准确信息,特别是在减少了隔阂后获得村民的真实感受方面,提供了重要保障。

基于多年来的调研经验,本次调研刻意避免了批量化的问卷调研方式,而是始终如一地采用了调研小组半结构式深度访谈方法,不仅要求课题组成员在访谈前熟知访谈内容及提纲,而且特别强调开放式沟通的重要性,甚至强制性限制每天的访谈量。譬如要求进入村庄的第一天,每个调研小组的访谈量不得超过2份等,期望以访谈的质量和深度来替代单纯的问卷数量。这种方法实际上也是首次应用,实践证明了它的价值和重要意义。从实际反馈来看,也正是这样的工作态度和短暂驻村期间的便利回访,得到了大多数受访人的尊重,也明显提高了调研质量。课题组的第三方身份,也因此受到了从政府部门到村民和村干部的高度认可,获得了大量敞开心扉的交流信息,这些信息部分已经呈现在此次成果中。

根据我们事后整理,截止到本次报告成文,课题组已经阅读了170余份政策文件,完成了94份访谈记录和问卷,实拍4030幅照片。这些成果凝聚了课题组的大量心血和耐心,本次整理成文的仅是其中的部分资料。随着后续的深入调研和整理,我们还将会陆续以多种方式为大家提供相应的成果和材料。

本项课题从开始选题到多次现场调研,直至报告成文,已经有十余位课题组成员深入参与。课题的初步选题,以及与贵州省住建厅及多个主要省级部门的座谈沟通,由张尚武教授和栾峰副教授于2015年7月份完成。确定选题后,栾峰副教授又与奚慧博士和邹海燕副研究员于同月赴贵阳市拜访主要相关部门、落实主要调研部门,确定调研地州、县和典型村庄,并由但文红教授陪同指导,对两个村庄进行了初步考察,获得了宝贵的直观感受。此后,由栾峰副教授、奚慧博士、杨犇研究员和邹海燕副研究员负责,华东师范大学何丹副教授共同指导,组建了由同济大学研究生吕浩、叶人可、薛皓颖,华东师范大学研究生高鹏、韩小爽、唐露园共同参与的联合调研组,组织了多次深入到现场的调研工作。由奚慧、叶人可与高鹏负责楼纳村、刘家湾村和石头寨村的调研及资料整理,由邹海燕、吕浩与韩小爽负责临江村、河西村、兴旺村、合水村和高寨村的调研及资料整理,由杨犇、薛皓颖与唐露园负责卡拉村、石桥村和大利村调研及资料整理。

在上述调研和初步整理的基础上,2015年10月,课题组进入初步调研报告的撰写阶段,并在对初步调研筛选的基础上,确定了重点围绕10个典型村庄案例组织调研报告的撰写技术路线。最终,由栾峰副教授拟定了报告框架和行文方式,由奚慧博士具体组织了报告初稿的撰写工作。初稿草案中,第一、二与第十二章由奚慧博士执笔;第三章由叶人可执笔;第四章由薛皓颖执笔;第五章由韩小爽、薛皓颖执笔;第六章由唐露园、叶人可执笔;第七章由邹海燕、薛皓颖执笔;第八章由邹海燕、叶人可执笔;第九章由杨犇、薛皓颖执笔;第十章由吕浩、叶人可执笔。村庄案例报告的初稿,临江村与河西村由邹海燕执笔;高寨村由韩小爽执笔;兴旺村由吕浩执笔;合水村由韩小爽执笔;卡拉村由薛皓颖执笔;石桥村由唐露园执笔;大利村由杨犇执笔;石头寨村、刘家湾村与楼纳村由叶人可执笔。这部分内容由杨犇进行了最终汇总。

全文初稿草案形成后,2015 年 12 月份,首先由奚慧博士对全文进行了初步统稿并最终负责对村庄案例报告的统稿及定稿;随后,栾峰副教授负责对整体报告的框架进行优化,并对前十章、前言和后记进行了统稿修订及最终定稿,此后又对全文进行了核对。

至今,这份稿件终于脱稿送交出版社,尽管此间花费了大量心血,但掩卷回顾,不得不承认这仍然只是一个丰硕调研的初步资料汇集与分析成果。尽管课题组在调研过程中和报告成文过程中,已经投入大量精力并且小心翼翼,但是对于如此翔实的政府政策文件,仍然有很多较为陌生的方面,需要在反复的求证中推进报告撰写和统稿工作。假以时日,这份报告必将更加成熟,但限于课题时限要求,我们不得不尽快提交。好在课题的研究工作一定还会持续进行。

正如我们前面所指出的那样,希望通过聚焦于政策过程的调研,不仅及时总结和介绍已经在国内闻名的贵州省"四在农家·美丽乡村"政策的成功经验,而且希望为很多涉足乡村规划领域不久的城乡规划师们,以及对乡村规划与建设感兴趣的业内外人士,提供有关国内乡村建设规划政策实践的生动画卷,为大家深入理解这一时期的中国乡村建设发展状况,以及具有重大战略影响的美丽乡村政策,提供鲜活案例。当然,这项工作充满挑战。本报告中可能存在的疏漏甚至不当之处,也由课题组独立承担责任!

我们希望,这仅仅是一个开端。希望本次调查成果能够抛砖引玉,引起乡村规划研究与实践领域对相关政策过程更为广泛的关注。

编者
2016 年 5 月